Magnetische Induktion

in

Eisen und verwandten Metallen

Von

J. A. Ewing,
Professor an der Universität Cambridge.

Deutsche Ausgabe

von

Dr. L. Holborn und **Dr. St. Lindeck.**

Mit 163 in den Text gedruckten Abbildungen.

Springer-Verlag Berlin Heidelberg GmbH
1892

ISBN 978-3-642-89245-5 ISBN 978-3-642-91101-9 (eBook)
DOI 10.1007/978-3-642-91101-9
Softcover reprint of the hardcover 1st edition 1892

Vorrede zur englischen Ausgabe.

In der neueren Zeit, namentlich aber während des letzten Jahrzehnts, hat unsere Kenntniss von den Erscheinungen der magnetischen Induktion einen merklichen Fortschritt zu verzeichnen. Vielleicht hatte kein Wissenszweig grösseren Nutzen von der wohlthätigen Rückwirkung der Technik auf die Wissenschaft. Die Bemühungen einer Anzahl von Beobachtern haben es möglich gemacht, eine zusammenhängende Darstellung der Erscheinungen der magnetischen Induktion und derjenigen Eigenschaften zu bieten, welche die Gruppe der magnetischen Metalle auszeichnen. Natürlich harren noch viele Fragen der experimentellen Beantwortung; doch kann schon jetzt ein Lehrbuch über den Gegenstand einigen Anspruch auf Zusammenhang und Vollständigkeit machen.

Indem der Verfasser sich dieser Aufgabe unterzog, hat er die Materie nicht vom Standpunkt des wissenschaftlichen Geschichtsschreibers aus in Angriff genommen. Er wollte mehr von den Entdeckungen als von den Entdeckern berichten. In vielen Fällen sind deshalb die Arbeiten früherer Beobachter gar nicht oder nur ganz kurz erwähnt worden, weil dieselben Fragen später Gegenstand einer ausführlicheren und abschliessenderen Untersuchung waren.

Es war das Bestreben des Verfassers, hinreichend viel Einzelheiten zu bringen, um dem Bedürfniss des wissenschaftlichen Lesers zu genügen; gleichzeitig sollte es aber auch diejenigen nicht im Stiche lassen, welche aus ihm Zahlenangaben zum Zwecke technischer Verwerthung entnehmen wollen.

Ueberall wurden Litteraturhinweise auf die Originalarbeiten für diejenigen beigefügt, welche sich eingehender mit dem Gegenstand beschäftigen wollen.

Nach einem einleitenden Kapitel über die fundamentalen Begriffe und die Terminologie folgt eine Darstellung derjenigen Methoden, welche gewöhnlich zur Messung der magnetischen Eigenschaften der Metalle verwandt werden. Es werden dann Beispiele solcher Beobachtungsreihen für verschiedene Proben von Eisen, Stahl, Nickel und Kobalt mitgetheilt. Die nächsten Abschnitte handeln über magnetische Hysteresis und über die charakteristischen Eigenthümlichkeiten der Induktion in sehr schwachen und in sehr starken magnetischen Feldern; dabei werden weitere experimentelle Methoden und ihre Zahlenergebnisse erläutert. Der Einfluss der Temperatur und der von elastischen Kräften bilden den Inhalt der beiden nächsten Kapitel. Hierauf wird der Begriff des magnetischen Kreises erklärt, und es werden einige Versuche besprochen, die sich am besten nach dieser wesentlich neuen Anschauung behandeln lassen. Den Schluss bildet ein Abschnitt über die Molekulartheorie der magnetischen Induktion, und es sind gleichzeitig eine Anzahl verschiedenartiger Beobachtungen erwähnt, welche durch die Molekulartheorie verständlich werden.

Durch das ganze Buch hindurch ist sowohl der Begriff der Intensität der Magnetisirung (I), als auch derjenige der magnetischen Induktion (B) benutzt worden. Von einigen Seiten wurde darauf hingewiesen, dass auf diese Weise eine unnöthige und nur verwirrende Alternative geboten werde, und dass, wenn wir an B festhalten, wir I nicht nöthig haben. Der wissenschaftliche Werth und der praktische Nutzen der Grösse B ist freilich so augenfällig, dass niemand von ihrer Anwendung abräth. „I“ sollen wir fallen lassen. Der Verfasser kann sich hiermit keineswegs einverstanden erklären. Es ist nicht zu viel gesagt, dass bei der Bezeichnung der magnetischen Eigenschaften eines Metalls die Grösse „I“ von primärer Wichtigkeit ist. Die Erscheinung der Sättigung, die Molekulartheorie und die magneto-optischen Phänomene beweisen alle ihre physikalische Existenz und ihre fundamentale Bedeutung.

Der Verfasser ergreift auch hier die Gelegenheit, einer Anzahl seiner Schüler für die bereitwillige und werthvolle Hülfe zu danken, die sie ihm bei der Durchführung von Beobachtungen über einige in diesem Buche behandelte Gegenstände geliehen haben. Die Herren Tanakadaté, Fujisawa, Tanaka und Sakai in Japan, sowie W. Low, Cowan, D. Low und Free in Dundee waren talentvolle und sympathische Mitarbeiter, deren Interesse so lebhaft als ihre Geduld unerschöpflich war.

Einen Beweis, wie weit unser Gegenstand noch von einem vollkommenen Abschluss entfernt ist, liefert, gerade als die letzten Seiten des Buches durch die Presse gehen, die Veröffentlichung eines Versuches von Prof. J. J. Thomson; er bewies nämlich, dass Eisen durch so rapide Aenderungen der magnetischen Kraft noch stark magnetisirbar ist, wie sie bei der Entladung einer Leydener Flasche erzeugt werden. Ferner wies er darauf hin, dass das Auslöschen der elektrischen Schwingungen, wenn die Entladung durch eine Spule mit Eisenkern erfolgt, trotz der ausserordentlich hohen Frequenz der Cyklen auf magnetische Hysteresis zurückzuführen ist. Unabhängig davon angestellte Versuche führten Prof. Trowbridge zu demselben Schlusse. Die Anwendung, welche Prof. Thomson von Vakuumröhren ohne Elektroden, an Stelle von sekundären Spulen, macht, eröffnet der magnetischen Forschung neue, von ihm zuerst betretene Wege.

Cambridge, den 28. Nov. 1891.

Vorrede zur deutschen Ausgabe.

Eine genaue Kenntniss der Vorgänge, die mit der Magnetisirung des Eisens und der verwandten Metalle verbunden sind, ist heut zu Tage für den Elektrotechniker ebenso wichtig wie für den Physiker. Trotzdem fehlte es bis jetzt an einem Lehrbuche, das die Ergebnisse der experimentellen Forschung übersichtlich zusammenstellte und es vielen erspart, auf die oft nur schwierig zugänglichen Originalarbeiten immer wieder zurückzugehen.

Die vorliegende Uebersetzung schliesst sich überall an die englische Ausgabe an. Nur an wenigen Stellen sind von den Uebersetzern Anmerkungen beigefügt, die durch eckige Klammern als solche gekennzeichnet sind. Kapitel 1, 2, 3, 8, 10 und 11 sind von Dr. Holborn, die übrigen von Dr. Lindeck übersetzt worden. Der letzte Theil des Anhangs rührt von Herrn Privatdocenten Dr. du Bois her, der sich auch an der Lesung der Korrektur freundlichst betheiligte und manche gute Rathschläge ertheilte.

Charlottenburg, September 1892.

Inhalt.

Erstes Kapitel.

Einleitung.

Zweites Kapitel.

Magnetische Messungen: Die magnetometrische Methode.

Drittes Kapitel.

Magnetische Messungen: Die ballistische Methode.

Viertes Kapitel.

Beispiele.

Fünftes Kapitel.

Magnetische Hysteresis.

Sechstes Kapitel.

Magnetisirung in schwachen Feldern.

Siebentes Kapitel.

Magnetisirung in starken Feldern.

Achtes Kapitel.

Einfluss der Temperatur auf den Magnetismus.

Neuntes Kapitel.

Einfluss von elastischen Kräften auf die Magnetisirung.

Zehntes Kapitel.

Der magnetische Kreis.

Elftes Kapitel.

Molekulartheorie.

Anhang.

Erstes Kapitel.

Einleitung.

§ 1. **Einleitung.** Alle Körper zeigen gewisse magnetische Eigenschaften. Drei Körper, welche zu einer Gruppe gehören, unterscheiden sich jedoch in dieser Beziehung von allen andern. Während man nämlich bei den meisten Metallen und Metalloiden eine schwache Magnetisirung nur mit grosser Mühe hervorrufen kann, werden Eisen, Nickel und Kobalt im Verhältniss zu andern Körpern leicht und in hohem Grade magnetisch. Bei den andern Substanzen existirt die Erscheinung, welche wir permanenten Magnetismus nennen, so viel wir wissen, nicht; die drei genannten Metalle dagegen können dauernd magnetische Eigenschaften beibehalten. Ihre Magnetisirungsfähigkeit, welche mehr oder weniger auch die Legirungen der drei Metalle und das Eisenoxyduloxyd auszeichnet, ist im Vergleich zu derjenigen aller übrigen Körper so auffallend gross, dass man diese Stoffe als die magnetische Gruppe der Metalle bezeichnet. Unsere Absicht ist es, eine Beschreibung der Eigenschaften zu geben, welche sie zur Führung dieses Namens berechtigen.

Bevor wir von den Experimenten und ihren Resultaten handeln, werden wir zweckmässiger Weise die übliche Bezeichnung der magnetischen Grössen dem Leser ins Gedächtniss zurückrufen. Das meiste davon wird natürlich bekannt sein, aber manches ist vielleicht weniger geläufig. In Folge der verschiedenen Wege, welche man bei der Definition und Darstellung der magnetischen Erscheinungen einschlagen kann, tritt leicht eine gewisse Verwirrung der Begriffe ein. Die Magnetisirung eines Eisenstabes kann z. B. durch sein magnetisches Moment angegeben werden, aber auch durch die Intensität seiner Magnetisirung oder durch seine magnetische Induktion. Seine Aufnahmefähigkeit für den Magnetismus kann ferner durch die sogenannte magnetische Permeabilität gemessen werden, oder durch eine andere, nicht ganz gleichwerthige Grösse, die magnetische Susceptibilität. Der Anfänger neigt in Folge dessen zu dem Glauben, dass ein gewisser embarras de richesse in Bezug auf die magnetischen Begriffe im wissenschaftlichen Sprachgebrauch vorhanden ist. Die verschiedenen Gesichtspunkte, nach denen der Magnetismus eines Körpers und seine magnetischen Eigenschaften betrachtet werden, sind natürlich mit einander verträglich und haben ziemlich einfache Beziehnngen zu einander. Einige Ausdrucksformen haben den Vortheil, am besten die heutigen Anschauungen über den magnetischen Zustand zum Ausdruck zu bringen; andere sind noch im Gebrauche, weil sie für besondere Fälle am geeignetsten sind.

Der magnetische Kreis einer Dynamomaschine z. B. ist am einfachsten bei der Benutzung einer besimmten Anschauungsweise zu behandeln, während eine andere brauchbarer ist, wenn wir die Eigenschaften eines magnetisirten Stahlstabes zu betrachten haben. Der Leser wird daher gut thun, sich mit der Bedeutung aller magnetischer Bezeichnungsweisen vertraut zu machen, und er sollte sich daran gewöhnen, die magnetischen Erscheinungen von verschiedenen Gesichtspunkten aus anzusehen.

§ 2. Magnetische Pole, Achse und Moment. — Einer alten und noch immer nützlichen Vorstellungsweise liegt die Annahme zu Grunde, dass die Wirkung eines Magnetes von zwei Massen einer hypothetischen magnetischen Substanz, dem freien Magnetismus, abhängt, die der Menge nach gleich, aber dem Vorzeichen nach entgegengesetzt in der Nähe der beiden Enden angehäuft ist. Diese hypothetischen, positiven und negativen Stoffe haben die Eigenschaft, dass zwei Theilchen gleicher Art einander abstossen und zwei ungleicher Art einander mit einer Kraft anziehen, die dem Produkt der Massen der Theilchen direkt und dem Quadrat ihrer Entfernung umgekehrt proportional ist. In einem gewöhnlichen Stabmagnet ist der freie Magnetismus, der besonders an den Enden auftritt, theils über die Oberfläche, theils im Innern vertheilt. Die Wirkung des Magnetes auf einen entfernten Punkt ist dieselbe, als wenn der freie Magnetismus in zwei Punkten in der Nähe der Enden — den Polen — koncentrirt wäre. Eigentlich giebt es keine punktförmigen Pole in einem Magnete, d. h. es giebt keine zwei Punkte, wo wir uns den positiven und negativen freien Magnetismus so angehäuft denken können, dass die magnetische Wirkung auf äussere Punkte dieselbe ist, wie diejenige des über den ganzen Stab vertheilten Magnetismus. Es ist dies nur der Fall, wenn ein sehr dünner Stab gleichförmig magnetisirt wird (§ 7). Alsdann kommen wir der Verwirklichung der Vorstellung nahe, dass es zwei bestimmte Kraftcentren an den Enden des Stabes giebt, wo der positive und negative freie Magnetismus koncentrirt gedacht werden kann. Obwohl daher der Begriff der Magnetpole sehr vorsichtig angewandt werden muss, so ist er anderseits zu nützlich, um ganz aufgegeben zu werden.

Die Stärke eines Pols ist der Gesammtbetrag des Magnetismus, welcher dort angehäuft gedacht wird. Einheitspol oder die Masseneinheit des freien Magnetismus ist diejenige Masse, welche eine andere, ihr gleiche Masse mit der Krafteinheit anzieht oder abstösst, wenn die beiden um die Längeneinheit von einander entfernt sind. Es ist jetzt allgemein üblich, die magnetischen Grössen in Einheiten des Centimeter-Gramm-Sekunden-Systems auszudrücken. Wir wollen daher den Einheitspol als solchen definiren, welcher auf einen andern Pol von gleicher Stärke mit der Kraft einer Dyne wirkt, wenn beide ein Centimeter von einander entfernt sind. Die Hauptachse eines Magnetes ist die Linie, welche seine Pole verbindet. Das Moment eines Magnetes ist das Produkt der Polstärke in die Entfernung beider Pole. Nach dieser Vorstellung ist die magnetische Wirkung eines Stabes von dem freiem Magnetismus der Pole abhängig. Der mittlere Theil des Stabes ist neutral.

§ 3. **Magnetisches Feld und magnetische Kraft.** — Für manche Zwecke ist der Begriff der Pole sehr nützlich. Besonders ist dies der Fall, wenn wir die Wirkung des Magnetes auf den benachbarten Raum, das magnetische Feld, betrachten. Zur Untersuchung desselben bestimmen wir die Kraft, welche der Magnet NS auf ein magnetisches Massentheilchen P ausübt, das irgend wo in seiner Nähe sich befindet. Die beiden Pole des Magnetes üben zwei Kräfte F_1 und F_2 aus, die $1/_{NP^2}$ und $1/_{SP^2}$ proportional sind. Der eine Pol stösst das Theilchen ab, der andere zieht es an. Diese Kräfte haben als Resultante eine einzige Kraft R, welche der Gesammtkraft gleich ist, die von dem Magnet auf das Theilchen ausgeübt wird. Die Richtung dieser Resultante ist in jedem Punkte des Feldes bestimmt, aber ihre Grösse hängt von dem Betrage der magnetischen Masse ab, welche das Theilchen besitzt. Nehmen wir an, es hätte die Einheit der magnetischen Masse (§ 2). Die Kraft, welche darauf ausgeübt wird, wenn es sich irgendwo im Felde befindet, ist für jeden Punkt der Grösse und Richtung nach bestimmt. Sie giebt ein Maass für die Intensität des Feldes in dem betreffenden Punkte und heisst die magnetische Kraft. Anstatt eines einzigen kann eine beliebige Anzahl von Magneten vorhanden sein, deren Pole bei der Erzeugung der magnetischen Kraft an irgend einem Punkte des Feldes mitwirken. Jeder Pol übt alsdann eine Kraftkomponente auf die Masseneinheit aus, und alle diese Komponenten setzen sich zu einer Resultante zusammen, welche die magnetische Kraft darstellt.

Elektrische Ströme rufen gleichfalls eine magnetische Kraft in ihrer Nähe hervor. Folglich muss man ihre Wirkung ebenso gut berücksichtigen wie die benachbarter Magnete, wenn man die magnetische Kraft in einem Punkt bestimmen will. Welchen Beitrag

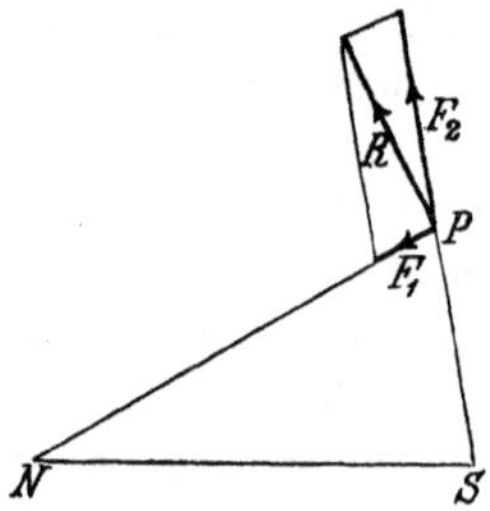

Fig. 1.

elektrische Ströme und Magnete auch zur Hervorbringung eines magnetischen Feldes liefern mögen, so hat die magnetische Kraft stets für jeden Punkt des Raumes eine bestimmte Richtung und einen bestimmten Werth. Sie wird durch die mechanische Kraft dargestellt, welche auf den Einheitspol an jener Stelle wirken würde. Die Richtung der magnetischen Kraft wird durch den Weg bestimmt, in dem sich die Einheitsmasse zu bewegen sucht; ihre Grösse ist die Anzahl von Dynen, die auf das Theilchen wirken.

§ 4. **Magnetische Kraftlinien.** — Wenn sich das Theilchen in jedem Augenblick in der Richtung der magnetischen Kraft bewegt, so beschreibt es eine Bahn, die wir eine magnetische Kraftlinie nennen. Im Allgemeinen sind diese Linien gekrümmt. Denn die Richtung der magnetischen Kraft ändert sich von einem Punkte des Feldes zum andern. Wenn das magnetische Feld durch ein einziges Paar ungleichnamiger Pole hervorgerufen wird, so gehen die Kraftlinien vom Nordpol aus und laufen durch den Raum im Bogen nach dem Südpol hin alle wieder zusammen (Fig. 2). Die bekannten Kurven, in denen Eisenfeilspähne sich anordnen, wenn sie auf einer Ebene in der Nähe des Magnetes umhergestreut werden, stellen annähernd die Formen der Kraftlinien dar. In dem Felde, welches durch einen Stabmagnet in Wirklichkeit hervorgebracht wird (Fig. 3), konvergiren die Linien nicht wie in Fig. 2 zu einem einzigen Punktpaar, weil der positive und negative freie Magnetismus über einen beträchtlichen Theil der Stablänge vertheilt ist. Wo die Linien eng bei einander verlaufen, ist die magnetische Kraft stark, wo sie in grösseren Zwischenräumen auftreten, ist das Feld schwach. Wenn wir längs den Kraftlinien von einer Stelle des magnetischen Feldes

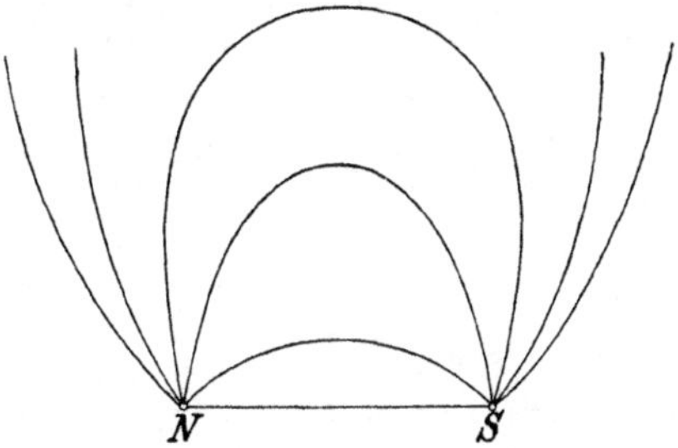

Fig. 2.

zu einer andern übergehen, so finden wir, dass die Intensität der magnetischen Kraft an jeder Stelle der Anzahl Kraftlinien proportional ist, die durch die Einheit einer auf den Kraftlinien senkrecht stehenden Fläche hindurchgehen. Wir können die Anzahl derselben, die eine solche Fläche durchschneiden, nicht allein proportional, sondern auch gleich der magnetischen Kraft in jedem Punkte des ganzen Raumes machen, wenn wir übereinkommen, dass die Anzahl der Kraftlinien, die von einem Pol mit der Stärke m ausgehen sollen, gleich 4π m ist. Betrachten wir nämlich eine Kugelfläche vom Radius r cm, in deren Mittelpunkt ein Magnetpol von der Stärke m sich befindet. Nach der Uebereinkunft ist die Anzahl der Kraftlinien, die von dem Pol ausgehen und die Kugeloberfläche schneiden, gleich 4π m. Der Inhalt der Kugeloberfläche ist aber gleich $4\pi r^2$. Die Anzahl der Kraftlinien für das Quadratcentimeter der Kugeloberfläche ist deshalb $\frac{4\pi m}{4\pi r^2} = \frac{m}{r^2}$. Dies ist aber auch an jener Stelle das Maass für die magnetische Kraft, die vom Pol in der Entfernung r hervorgebracht wird.

§ 5. **Gleichförmiges magnetisches Feld.** — In einem gleichförmigen Felde, d. h. in einem solchen, wo die magnetische Kraft in allen Punkten dieselbe Richtung und Grösse hat, sind die Kraftlinien gerade, parallel und gleichweit von einander entfernt. Das magnetische Feld, das der Magnetismus der Erde hervorbringt, ist für einen kleinen Raum, z. B. in einem Zimmer, merklich gleichförmig. Ein annähernd gleichförmiges Feld kann man auch durch

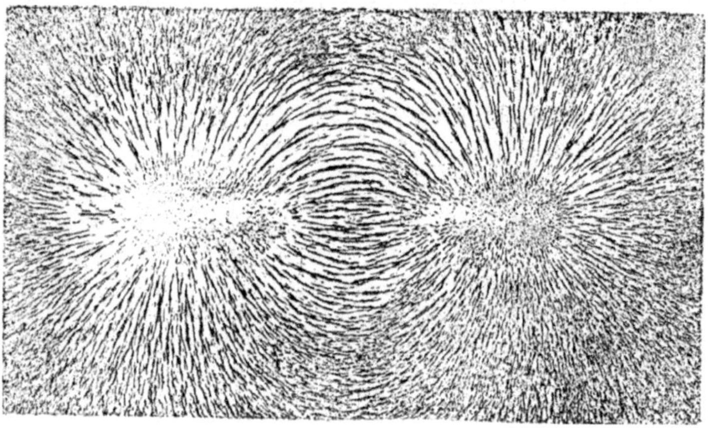

Fig. 3.

passende Anordnungen von Magneten oder stromführenden Leitern erhalten. So liefert eine lange, gleichförmig gewickelte Drahtspule, d. h. eine solche, bei welcher der Durchmesser und die Anzahl der Windungen auf der Längeneinheit überall dieselbe Grösse haben, ein magnetisches Feld, das, abgesehen von den beiden Enden, fast durch den ganzen Raum der Rolle hindurch gleichförmig ist. Die Grösse der magnetischen Kraft dieses Feldes ist $4\pi n i$, wenn i der Strom in absoluten elektromagnetischen Einheiten ist und n die Anzahl von Windungen, die auf das Centimenter der Spulenlänge kommen. Reduciren wir dies auf praktische Einheiten*), so ist die

*) Die absolute elektromagnetische Stromeinheit des Centimeter-Gramm-Sekunden-Systems ist gleich 10 Ampère.

magnetische Kraft im Innern der Spule 1,257 mal der Anzahl der Ampèrewindungen, welche auf das Centimeter der Länge kommen.

Ferner wird ein nahezu gleichförmiges Feld dadurch erzeugt, wenn wir zwei gleiche Magnete mit ebenen Endflächen einander so gegenüberstellen, dass diese parallel sind und der Nordpol des einen Magnetes den Südpol des andern fast berührt. In dem engen Zwischenraume zwischen den gegenüberstehenden Enden herrscht ein starkes magnetisches Feld, durch das die Kraftlinien von einer Fläche zur andern geradlinig hindurchlaufen. Das Feld ist, abgesehen von den Rändern, fast gleichförmig.

§ 6. **Kontinuität des magnetischen Zustandes.** — Nach dem vorhergehenden können wir uns die positive und negative magnetische Substanz eines magnetischen Stabes an seinen Enden angehäuft denken, während seine mittleren Theile neutral sind.

Von einem andern Gesichtspunkt aus betrachtet, erstreckt sich die Magnetisirung über den ganzen Körper: jeder Theil des Magnetes ist polarisirt, mit anderen Worten, jedes Molekül des Stabes bildet einen Magnet für sich. In der Mitte des Stabes sind die Moleküle so gruppirt, dass jeder Pol des einen den entgegengesetzten Pol seines nächsten Nachbars berührt, und die Folge davon ist, dass die Mitte des Stabes weder positiven noch negativen freien Magnetismus zeigen kann. Aber an den Enden werden die Pole der Moleküle nicht neutralisirt und bilden hier die Pole des Stabes. Dies ist die neuere Auffassungsweise, die gegenüber der einfachen Anschauung von Magnetpolen in mancher Beziehung gewisse Vortheile bietet. Sie gründet sich auf die experimentell festgestellte Thatsache, dass, wenn ein Magnet in Stücke getheilt wird, selbst das kleinste wieder ein Magnet ist.

§ 7. **Intensität der Magnetisirung.** — Nach dieser Anschauung müssen wir uns vorstellen, dass sich der magnetische Zustand stetig durch den ganzen Stab hindurch erstreckt. Ist der Zustand von einem Ende des Stabes bis zum andern überall derselbe, so nennt man das Metall gleichförmig magnetisirt. Wenn wir einen solchen Stab in kürzere Stücke quer durchschneiden könnten, ohne die Gleichförmigkeit der Magnetisirung zu stören, so wäre jedes dieser Stücke ein Magnet von derselben Polstärke wie der ursprüngliche. Könnten wir ihn durch Längsschnitte spalten, so würde die Polstärke jedes einzelnen Theils der Fläche seines Querschnitts proportional sein. Mit andern Worten, wenn wir den Stab in irgend einer Weise theilen könnten (immer vorausgesetzt, dass der magnetische Zustand des Metalles dabei nicht geändert wird), so würden die einzelnen Theile Magnete geben, deren Momente dem Volumen proportional wäre. Das magnetische Moment jedes Theils verhält sich also zu dem magnetischen Moment des ungetheilten Stabes, wie das Volumen des betreffenden Theils zu dem Volumen des ganzen Stabes. Der magnetische Zustand, welcher im Stabe vor und nach der Theilung herrscht, kann durch das Moment dargestellt werden, das auf ein Kubikcentimeter des Metalls kommt. Diese Grösse wird Intensität der Magnetisirung genannt und gewöhnlich mit I bezeichnet.

§ 8. Beziehung zwischen der Intensität I und der Polstärke m. — Es sei M das Moment eines gleichförmig magnetisirten geraden Stabes und l seine Länge in Centimeter, s die Fläche seines Querschnitts in Quadratcentimeter und m seine Polstärke. Dann ist (§ 2)

$$M = m\,l.$$

Das Volumen des Stabes ist s l. Folglich, da

$$I = \frac{M}{s\,l},$$

$$I = \frac{m\,l}{s\,l} = \frac{m}{s}.$$

Wir können daher I als die Polstärke definiren, die auf das Quadratcentimeter des Querschnitts kommt. Diese Definition von I ist zuweilen auch nützlich, obwohl der wesentliche Begriff, der in dem Worte „Intensität der Magnetisirung" liegt, besser durch die frühere Definition wiedergegeben wird. Wir müssen uns denken, dass I das Maass für einen polarisirten Zustand ist, welcher überall in der Substanz wirklich existirt, obgleich er nur an ihren Enden zu Tage tritt, in so weit eine Wirkung nach aussen in Frage kommt.

§ 9. Ringmagnet. — Der Nutzen dieser Anschauung wird sofort an dem folgenden Beispiele klar werden. Ein gleichförmig magnetisirter Stab werde zu einem geschlossenen Ringe zusammengebogen. Es giebt alsdann keine Pole mehr, da sie jetzt aneinander liegen und sich gegenseitig aufheben. Ebensowenig existirt ein magnetisches Moment und die Begriffe Pol und Moment können nicht länger den magnetischen Zustand des Ringes definiren. Trotzdem ist der Ring noch magnetisch. Schnitten wir ihn in Stücke, so bildeten diese wieder Magnete. Durch die Grösse I dagegen können wir den magnetischen Zustand noch darstellen: es besteht überall im Innern des Metalls eine bestimmte Intensität. Wenn wir ein schmales Stück quer aus dem Ringe herausschneiden, so erhalten wir an der einen Seite des Schnitts einen positiven und an der andren Seite einen negativen Pol von der Stärke I s.

§ 10. **Magnetisirungslinien.** — Nehmen wir an, ein solcher Schnitt wäre gemacht. Alsdann ist die Anzahl der Kraftlinien, welche ihn durchsetzen, gleich 4π I s (nach § 4), und folglich die magnetische Kraft in dem Schnitt, soweit sie von dem Magnetismus des Ringes abhängt, gleich 4π I (Anzahl der Kraftlinien für das Quadratcentimeter). Selbstverständlich kann ausserdem ein Theil der magnetischen Kraft in dem Schnitt von benachbarten Magneten oder elektrischen Strömen herrühren. Aber wir wollen augenblicklich unsere Betrachtung auf den Fall einschränken, wo die Kraft allein von dem Magnetismus des Ringes abhängt. Dieselbe Anzahl 4π I s von Linien, die den Schnitt durchkreuzen, können wir uns stetig durch den ganzen Ring innerhalb des Metalls fortgesetzt denken. Jede Linie bildet eine geschlossene Kurve: der kürzere Theil liegt in dem Schnitt, während der längere in dem Metall verläuft. Wir wollen die Linien, soweit sie im Metall verlaufen, Magnetisirungslinien nennen. Der Name Kraftlinien, welcher auf die Linien in dem Schnitt anwendbar ist, eignet sich nicht für die Linien im Innern des Metalls, weil diese hier kein Maass für die magnetische Kraft bilden.

§ 11. **Magnetisirungslinien** (Fortsetzung). — Fig. 4 stellt einen magnetisirten Ring dar, welcher an der Stelle A B aufgeschnitten ist. Im Innern des Metalls verlaufen die Magnetisirungslinien, die in der Figur punktirt sind. Für ein Quadratcentimeter des Querschnitts ist ihre Anzahl gleich 4π I. Diese Linien sind stetige, geschlossene Kurven und durchsetzen den Schnitt, indem sie dort Kraftlinien bilden. Messen wir die magnetische Kraft in dem Schnitt, so finden wir, dass sie gleich 4π I ist, wenn wir von der Wirkung benachbarter elektrischer Ströme oder Magnete absehen. Diese magnetische Kraft 4π I ist unmittelbar dadurch entstanden, dass wir den Zusammenhang des magnetischen Ringes an einer Stelle unterbrochen haben. Sie muss dort vorhanden sein, weil sich die Magnetisirungslinien nach aussen hin nothwendigerweise als Kraftlinien fortsetzen.

Betrachten wir die Sache noch von einem andern Gesichtspunkt. Wir können uns denken, dass diese Kraft in dem Schnitt A B von dem freien Magnetismus der Oberflächen A und B abhängt. Wenn wir den magnetisirten Ring aufschneiden, rufen wir einen positiven Pol hervor, dessen Magnetismus über die Oberfläche A und einen negativen, dessen Magnetismus über die Oberfläche B vertheilt ist. Die Stärke jedes dieser Pole ist I s und die Flächendichtigkeit des freien Magnetismus — d. h. der freie Magnetismus für das Quadratcentimeter der Oberfläche — ist I.

Nach einem bekannten Satze der Potentialtheorie zieht eine Ebene, deren Flächendichtigkeit gleich I ist, die Einheit der Masse, die in ihrer Nähe sich befindet, mit der Kraft 2π I an (ausgenommen

Fig. 4.

in der Nähe des Randes, wo die Kraft geringer ist). Nun möge sich ein positiver Einheitspol in dem Schnitte des Ringes befinden. Die Schicht von freiem Magnetismus auf A stösst den Einheitspol mit der Kraft 2π I ab, die Schicht auf B zieht ihn mit derselben Kraft an. Die gesammte Kraft in einem Punkte des Schnitts, welche von dem Magnetismus des Ringes herrührt, ist die Summe der Kräfte, welche von beiden Schichten ausgeübt wird, also gleich 4π I.

Denken wir uns nun den gleichförmig magnetisirten Ring zu einem geraden Stabe ausgestreckt. Wird dieser an irgend einer Stelle seiner Länge quer durchschnitten, so werden in dem Schnitt noch immer 4π I Kraftlinien auf das Quadratcentimeter kommen, welche von der gleichförmigen Magnetisirung des Stabes herrühren, abgesehen solchen, welche ihre Existenz benachbarten elektrischen Strömen oder Magneten verdanken. Das ganze Feld in dem (idealen) Schnitt kann man sich somit aus zwei Komponenten zusammengesetzt denken, nämlich erstens aus den Kraftlinien, die als Fortsetzung der Magnetisirungslinien in der Zahl $4\pi I$ für ein Quadratcentimeter auftreten, und zweitens aus der magnetischen Kraft, welche von äusseren Ursachen herrührt, wie elektrische Ströme und Magnete in der Nachbarschaft. Zu den letztern gehört auch der freie Magnetismus der Stabenden selbst, eben so gut, wie die Pole irgend eines andern Magneten, der nahe genug ist, um eine merkbare Wirkung zu erzeugen.

§ 12. **Magnetische Kraft innerhalb des Metalls.** — Die magnetische Kraft, die von äussern Ursachen herrührt, also von benachbarten elektrischen Strömen oder Magneten, und die einen Theil der magnetischen Kraft ausmacht, die wir in dem Schnitt messen, müssen wir uns ebenso in dem unzerschnittenen Metall wirkend denken. Sie bildet dort die ganze magnetische Kraft. Wir werden diese Grösse mit H bezeichnen. Wenn wir den Werth von H an irgend einer Stelle innerhalb der Substanz eines magnetisirten Metalls berechnen, müssen wir daran denken, dass wir nicht allein die Kräfte in Rechnung zu ziehen haben, die von elektrischen Strömen, von dem Erdmagnetismus oder von den Polen fremder Magnete herrühren, sondern auch diejenigen, welche von den Polen des betreffenden Stückes selbst ausgehen.

§ 13. **Magnetische Induktion.** — Wir müssen uns vorstellen, dass sämmtliche Linien, welche den Schnitt durchsetzen. schon vorher, ehe der Schnitt gemacht wird, im Innern des Metalls theils als Magnetisirungslinien, theils als Kraftlinien vorhanden waren. Die gesammte Anzahl der Linien, die durch die Flächeneinheit eines gedachten Schnitts durchtritt, besteht aus der Resultante von $4\pi I$ und H. Dies nennt man die magnetische Induktion in dem Metall und bezeichnet sie mit B. $4\pi I$ und H sind Vektorgrössen, da sie sowohl Richtung wie numerische Grösse haben; sie werden wie Kräfte und Geschwindigkeiten zusammengesetzt. Haben H und I dieselbe Richtung, so ist B gleich der numerischen Summe von $4\pi I$ und H. In jedem Falle ist aber die Gleichung

$$B = 4\pi I + H$$

richtig, wenn sie im Vektorsinne verstanden wird, so dass B die

Resultante von $4\pi I$ und H ist. In den meisten Fällen, die von praktischem Interesse sind, hat H entweder dieselbe oder die entgegengesetzte Richtung wie B, so dass die obige Gleichung im algebraischen Sinne zu verstehen ist, wenn das passende Vorzeichen (+ oder —) für H angewendet wird, je nachdem H die Magnetisirung vergrössert oder verkleinert.

§ 14. Unterschied zwischen magnetischer Induktion und magnetischer Kraft in dem Metall. — Die Linien magnetischer Induktion (B) in dem Stabe setzen sich im äusseren Raum als magnetische Kraftlinien fort, und zwar so, dass sie geschlossene Kurven bilden. Für viele Zwecke ist B die wichtigste Grösse, durch die die Magnetisirung eines Magnetes charakterisirt wird. In einer Dynamomaschine z. B. ist es der Werth von B in dem Ankerkern, welcher die Stärke des magnetischen Kreises bestimmt. Die Zerlegung von B in die beiden Komponenten H und $4\pi I$ ist ohne Zweifel sehr künstlich, aber sie ist zweckmässig, wenn wir die Beziehungen behandeln wollen, die zwischen dem Magnetismus des Magnetes und denjenigen Einflüssen bestehen, die von aussen auf diesen Magnetismus einwirken. Für den Leser wird es nützlich sein, sich den Zustand eines Magnetes an irgend einer Stelle so zu veranschaulichen, dass zwei Gruppen von Linien das Metall durchlaufen, nämlich die Gruppe $4\pi I$ und die Gruppe H, die zusammen die Resultante B bilden. Um B direkt zu erhalten, denken wir uns einen engen Schnitt quer durch den Magnet gemacht; B wird alsdann durch die Kraft gemessen, die auf den Einheitspol wirkt, wenn er in den Schnitt gebracht wird; mit andern Worten: B ist die Anzahl der Kraftlinien, die durch die Flächeneinheit des Schnitts hindurchgehen. Wollen wir anderseits die magnetische Kraft H allein darstellen, die in irgend einem Punkte innerhalb des Metalls wirkt, so denken wir uns einen Kanal in der Richtung der Magnetisirung durch den Magnet von einem Ende zum andern gebohrt, der durch den Punkt geht, wo H gemessen werden soll. Die Kraft, die auf einen Einheitspol in diesem Kanal wirkt, ist gleich dem Werth von H an dieser Stelle. Dies wird dadurch bewiesen, dass es keinen freien Magnetismus an den Seiten des Kanals giebt, weil wir uns ihn in der Magnetisirungsrichtung gebohrt denken. Die Kraft ist dort also allein von den äusseren Einflüssen abhängig, die die magnetische Kraft H hervorbringen. Nach § 12 rühren sie von dem freiem Magnetismus an den Enden des Magnetes selbst und von andern Magneten oder elektrischen Strömen in der Nähe her.

Nur im Innern des Metalls müssen wir die magnetische Kraft H von der magnetischen Induktion B unterscheiden, ausserhalb in einem Punkt des nicht magnetisirbaren Raumes ist die magnetische Induktion mit der magnetischen Kraft identisch. Es ist also keine Diskontinuität in den Induktionslinien vorhanden, wo sie das Metall verlassen oder betreten.

§ 15. **Beispiele.** — Die folgenden Beispiele mögen das Vorhergehende noch deutlicher machen. Die Spule eines ringförmigen Elektromagnetes, bei welchem n Windungen auf das Centimeter kommen, möge von einem Strom i durchflossen werden. Dann ist die magnetische Kraft im Innern des Solenoids, soweit sie von diesem Strom erzeugt wird, überall annähernd gleich $4\pi n i$. Giebt es in unmittelbarer Nähe keine Magnete oder sonstige Quellen magnetischer Kraft, so ist dies die Grösse von H, die auf den Metallring wirkt. Schneidet man nun den Ring auf und streckt ihn zu einem geraden Stabe, jedoch so, dass die Spirale auf ihm sitzen bleibt, und fliesst durch diese noch immer der Strom i, so ist die magnetische Kraft, die der Strom ausübt, immer noch gleich $4\pi n i$ (ausgenommen in der Nähe der Enden). Aber wir haben jetzt noch eine andere Grösse bei der Berechnung von H zu berücksichtigen. Der freie Magnetismus an den Enden des Stabes erzeugt nämlich in allen Punkten des Innern ebenso gut eine magnetische Kraft wie in den Punkten des äusseren Raumes, und H ist die Resultante dieser Kraft und der andern, welche vom Strom der Spirale herrührte und gleich $4\pi n i$ war. Die beiden Komponenten haben entgegengesetzte Richtung und deshalb ist H an irgend einem Punkte im Innern des Metalls kleiner als $4\pi n i$, und zwar um einen Betrag, der von der Entfernung des betreffenden Punktes von den Enden des Stabes abhängt. Je länger der Stab ist, um so mehr wird H mit dem Werthe $4\pi n i$ übereinstimmen, und ist der Stab sehr lang, mithin die Enden so weit entfernt, dass sie keinen merkbaren Einfluss ausüben, so können wir die magnetische Kraft in der Mitte des Stabes gleich $4\pi n i$ setzen.

Folglich existirt in jedem Punkte eines permanenten Stabmagnetes eine gewisse magnetische Kraft H, die von dem freien Magnetismus der Enden herrührt, und die den Magnetisirungslinien im Metall entgegengesetzt ist. Wir wollen sie die entmagnetisirende

Kraft des Stabes nennen, da sie seinen Magnetismus zu verringern sucht.

Auf einen langen Eisendraht, der sich in der Richtung der Kraftlinien des erdmagnetischen Feldes befindet, wirkt eine magnetische Kraft H, die der Kraft des erdmagnetischen Feldes gleich ist. Es ist zweckmässig, sich das erdmagnetische Feld in eine horinzontale und eine vertikale Komponente zerlegt zu denken. Hängt der Draht vertikal, so wirkt erstere quer auf den Draht, die letztere ist alsdann die wichtigste von beiden, da sie den ganzen longitudinalen Theil der magnetischen Kraft H bildet und, wie wir sehen werden, fast vollständig die Magnetisirung des Drahtes bestimmt.

§ 16. **Magnetische Permeabilität.** — Im Allgemeinen wird eine Substanz magnetisirt, wenn sie in ein magnetisches Feld gebracht wird. Wir können die Beziehung zwischen dem erlangten Magnetismus und der magnetischen Kraft, die ihn hervorgerufen hat, auf zweierlei Weise ausdrücken.

Einmal kann man die entstandene magnetische Induktion B mit der magnetischen Kraft H vergleichen, welche sie hervorgerufen hat. Für die meisten Zwecke ist dies das beste.

Denken wir uns einen sehr langen, homogenen Stab in ein gleichförmiges magnetisches Feld gebracht, so dass seine Länge der Richtung der Kraftlinien parallel ist. Wenn er magnetisirt wird, so ändern seine Enden das Feld. Aber wir können von dieser Aenderung absehen, wenn wir uns den Stab als unbegrenzt lang vorstellen oder wenigstens so lang, dass man den Einfluss, welchen die Enden ausüben, vernachlässigen kann. Nun möge das gleichförmige Feld mit einer gewissen Kraft H auf den Stab einwirken, die in dem Stabe eine gewisse Induktion B erzeugt. Ihren Werth können wir messen, wenn wir einen schmalen Schnitt an irgend einer Stelle quer durch den Stab machen und die Kraftlinien zählen, die in diesem Schnitt auf das Quadratcentimeter kommen.

Besteht der Stab aus Eisen, Nickel oder Kobalt, so ist die Anzahl der Induktionslinien B für die Flächeneinheit innerhalb des Stabes viel grösser als die Anzahl der Kraftlinien, die auf das Quadratcentimeter des Feldes kommen. Wir sagen also, der Stoff des Stabes hat eine grössere Aufnahmefähigkeit für die magnetischen Induktionslinien als der Raum oder das Medium, das ihn umgiebt. Nach Faradays ausdrucksvollem Sprachgebrauch hat der Stoff des Stabes eine grössere Leitungsfähigkeit für die Induktionslinien als der umgebende Raum. Wir können uns dies so vorstellen, dass die Kraftlinien in dem Stabe sich zusammendrängen, da sie hier einen leichteren Durchgang gewinnen als in dem umgebenden Mittel.

Die Eigenschaft, vermöge deren der Stoff des Stabes die Kraftlinien besser leitet als der leere Raum, nennen wir seine magnetische Permeabilität. Diese Bezeichnung wurde von Sir William Thomson in seiner mathematischen Untersuchung über diesen Gegenstand eingeführt. Sie bedeutet dasselbe, was Faraday „Leitungsfähigkeit des magnetischen Mediums für die Kraftlinien" nennt.

In dem besprochenen Fall eines unbegrenzt langen Stabes ist die magnetische Kraft in jedem Punkte innerhalb des Metalls dieselbe wie in dem Aussenraume, da durch die Magnetisirung des Stabes keine Aenderung der magnetischen Kraft eintritt. Wir können hier die Permeabilität als das Verhältnis der Anzahl Induktionslinien B (für das Quadratcentimeter) in dem Stabe zu der Anzahl Kraftlinien (für das Quadratcentimeter) im äusseren Raum definiren. Bei einer Definition, die allgemeiner angewendet werden kann, und sowohl bei langen als kurzen Stäben, als auch bei anderen Magnetformen zu gebrauchen ist, müssen wir berücksichtigen, dass das umgebende Feld im Allgemeinen durch die Magnetisirung des Stückes verändert wird. Zu vergleichen ist die Induktion an irgend einer Stelle im Metall mit der magnetischen Kraft, die dort wirkt. Wir können also die Permeabilität definiren als das Verhältniss der Induktion B an irgend einer Stelle des Metalls zu der magnetischen Kraft H in diesem Punkte. Wenn wir, wie gewöhnlich, die Permeabilität mit μ bezeichneten, so haben wir

$$\mu = \frac{B}{H}.$$

Bei dieser Definition ist zu bedenken, dass B, die magnetische Induktion, dadurch entstanden ist, dass wir den Stoff der Wirkung der magnetischen Kraft H aussetzten.

§ 17. Permeabilität von paramagnetischen und diamagnetischen Stoffen. — Ein paramagnetischer Stoff ist ein solcher, bei welchem die Permeabilitat grösser ist, als im leeren Raume. Wird ein solcher Stoff in ein magnetisches Feld gebracht, so wird er derart magnetisch, dass B grösser als H ist. Die Kraftlinien des umgebenden Feldes werden mehr oder weniger nach demselben hin konvergiren, indem sie ihn als einen magnetischen Leiter dem benachbarten Raume vorziehen. Eisen, Nickel und Kobalt sind paramagnetisch und haben eine ausserordentlich grosse Permeabilität.

In einem diamagnetischen Stoffe ist anderseits die Permeabilität geringer als im leeren Raume. Wenn ein solcher Stoff in das magnetische Feld gebracht wird, so werden ihn die Kraftlinien als einen schlechten Leiter mehr oder weniger umgehen. Keine Substanz hat starken Diamagnetismus Selbst bei Wismuth, das von allen bekannten Stoffen am meisten diamagnetisch ist, beträgt die magnetische Permeabilität nur etwas weniger als die Einheit. Ihr Werth ist hier ungefähr 0·99982.

Die Permeabilität der Luft ist ziemlich dieselbe wie die des leeren Raumes. Wenn also ein magnetisches Feld in der Luft entsteht, so sind die Induktionslinien von den Kraftlinien nicht zu unterscheiden. Nur wenn die Linien durch eine Substanz hindurchgehen, die entweder paramagnetisch oder diamagnetisch ist, muss ein Unterschied zwischen magnetischer Kraft und magnetischer Induktion gemacht werden.

§ 18. Beispiele für die Permeabilität. — Fig. 5 und 6, welche einer Abhandlung[1]) von Sir William Thomson entlehnt sind, sollen das Verhalten paramagnetischer und diamagnetischer Stoffe zeigen, wenn sie in ein magnetisches Feld gebracht werden. Fig. 5 stellt ein magnetisches Feld dar, das ursprünglich gleichförmig war und dadurch gestört ist, dass eine Kugel aus einem Stoffe von grosser Permeabilität hineingebracht wurde. Bevor dies geschah, waren die Kraftlinien gerade, parallel und gleich weit von einander entfernt. Dadurch, das die Kugel in das Feld gebracht wird, konvergiren sie in der Weise, wie die Fig. 5 es zeigt. Ausserhalb der Kugel können die Linien Induktions- oder Kraftlinien genannt werden (§ 14). Die punktirten Linien in den Figuren bilden ihre Fortsetzung und sind Induktionslinien. Die magnetische Induktion in der Kugel ist gleichförmig. Fig. 5 stellt ungefähr die Erscheinung dar, die wir beobachten, wenn eine homogene Kugel aus weichem Eisen in ein ursprünglich gleichförmiges magnetisches Feld gebracht wird.

---

[1]) Reprint of Papers on „Electrostatics and Magnetism“, Deutsche Ausgabe, von Dr. Levy und Dr. Weinstein, Berlin 1890, J. Springer; S. 471.

Figur 6 zeigt in derselben Weise, wie ein ursprünglich gleichförmiges Feld verändert wird, wenn man eine Kugel aus einem diamagnetischen Stoff hineinbringt. Es ist hier ein idealer Stoff

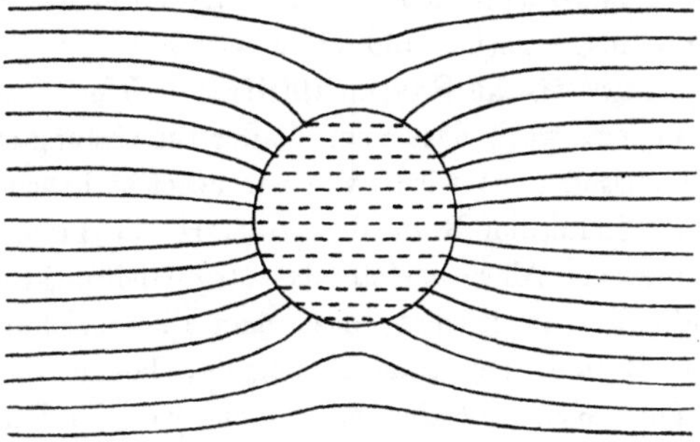

Fig. 5.

angenommen, dessen Permeabilität nur halb so gross ist als die des umgebenden Mediums. Er hat deshalb einen viel stärkeren Diamagnetismus als irgend eine bekannte Substanz.

Es ist natürlich klar, dass die Konvergenz oder Divergenz der Induktionslinien, wie sie bei diesen typischen Fällen hervortritt,

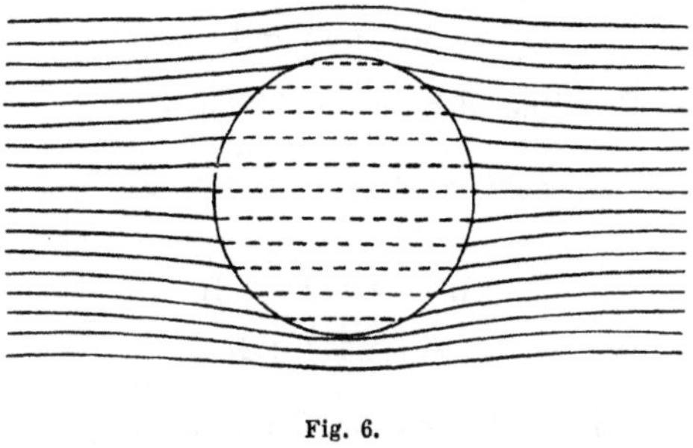

Fig. 6.

davon abhängt, ob die Permeabilität des Körpers grösser oder kleiner ist als die des Mediums, in das er gebracht wird. Wenn das umgebende Mittel selbst ein paramagnetischer Stoff ist, so lässt sich der Fall, den Figur 6 darstellt, sehr gut verwirklichen, wenn man als Material für die Kugel einen Stoff wählt, dessen Permeabilität ungefähr die Hälfte (genauer 0,48) von der des umgebenden Mediums ist.

Wir werden später auf diese Figuren zurückkommen, wenn wir von dem Einfluss sprechen, welchen die Form des Körpers auf die Grösse der magnetischen Induktion ausübt.

§ 19. **Magnetische Susceptibilität.** — Wenn eine Substanz dadurch magnetisirt wird, dass man sie der Einwirkung einer magnetischen Kraft aussetzt, so wird, wie wir gesehen haben, durch das Verhältniss der Induktion B zu der Kraft H die Permeabilität der Substanz gemessen. Aber anstatt das Magnetisirungsvermögen der Substanz dadurch auszudrücken, dass man die Beziehung zwischen der Induktion B und der Kraft H angiebt, können wir es auch auf eine andere Weise bestimmen, indem wir die Beziehung der Intensität der Magnetisirung I zu der Kraft H angeben. Das Verhältnis der Magnetisirungsintensität zu der wirkenden magnetischen Kraft nennt man magnetische Susceptibilität des Stoffes und bezeichnet es gewöhnlich mit $\varkappa$, so dass

$$\varkappa = \frac{\mathrm{I}}{\mathrm{H}}.$$

§ 20. **Beziehung zwischen den Begriffen Permeabilität und Susceptibilität.** — Wir haben gesehen, dass

$$\mathrm{B} = 4\pi\,\mathrm{I} + \mathrm{H}$$

und nach der Definition der Susceptibilität $\varkappa$

$$\mathrm{I} = \varkappa\,\mathrm{H},$$

ist, folglich

$$\begin{aligned}\mathrm{B} &= 4\pi\varkappa\,\mathrm{H} + \mathrm{H}\\ &= (4\pi\varkappa + 1)\,\mathrm{H}\end{aligned}$$

und da, gemäss der Definition der Permeabilität μ,

$$\mathrm{B} = \mu\,\mathrm{H}, \text{ so ist}$$

$$\mu = 4\pi\varkappa + 1$$

und

$$\varkappa = \frac{\mu - 1}{4\pi}.$$

In einer Substanz wie Luft, deren Permeabilität gleich der Einheit ist, hat die magnetische Susceptibilität den Werth Null. In einem paramagnetischen Stoffe, bei dem μ grösser als 1 ist, hat die Susceptibilität positive, in einem diamagnetischen, wo μ kleiner als 1 ist, hat sie negative Werthe.

Mit andern Worten, wenn ein paramagnetischer Stoff der Einwirkung einer magnetischen Kraft ausgesetzt wird, so erlangt er eine Magnetisirung I, welche dieselbe Richtung hat wie die Kraft, und B wird somit grösser als H. Ein diamagnetischer Stoff nimmt dagegen eine Magnetisirung I an, die der Kraft entgegengesetzt gerichtet ist, und B wird mithin kleiner als H.

§ 21. **Fortsetzung.** — Wir wollen noch auf eine Vorsicht aufmerksam machen, die beim Gebrauch der soeben gegebenen Formeln zu beobachten ist. Wir haben angenommen, dass das Material, auf welches die magnetische Kraft H wirkt, keinen andern Magnetismus hat als den, welchen die Kraft selbst inducirt. Wenn andere Kräfte vorher gewirkt und einen remanenten Magnetismus zurückgelassen haben, so würde das Verhältniss B/H nicht das wahre Maass für die Permeabilität, noch I/H das für die Susceptibilität sein.

Ferner haben wir vorausgesetzt, dass das Material in magnetischer Beziehung isotrop ist, das heisst, dass ein Stück davon nach allen Richtungen hin dieselbe Magnetisirung annimmt. Wäre dem nicht so, wären vielmehr die magnetischen Eigenschaften des Stoffes nach verschiedenen Richtungen verschieden (wie es in gewissem Grade der Fall ist bei einem Eisenstück, das von einem gewalzten Blech abgeschnitten ist), so müssten wir, wenn wir die Beziehung der Magnetisirung zu der magnetischen Kraft vollständig bestimmen wollten, diese Kraft in Komponenten zerlegen, die den Richtungen der grössten und kleinsten Susceptibilität parallel wären. Wir müssten sodann für jede dieser Richtungen die Magnetisirungskomponente bestimmen, indem wir jede Komponente der Kraft mit dem Werth multiplicirten, den die Susceptibilität in dieser Richtung hat und zuletzt die Resultirende I aus den Komponenten der Magnetisirung zusammensetzen. In einem solchen Falle stimmt die Richtung der Magnetisirungsresultante im allgemeinen nicht mehr mit der Richtung der Resultante der magnetischen Kraft überein, und die Gleichung $B = 4\pi I + H$ ist nur dann noch richtig, wenn sie im Vektorsinne angewandt wird.

Wenn es sich, wie gewöhnlich, um die Magnetisirung des Eisens handelt, so kommt diese Vorsichtsmaassregel nicht in Frage. Denn das Eisen ist entweder fast vollkommen isotrop, oder die Richtung der wirkenden magnetischen Kraft fällt mit der Achse der grössten oder kleinsten Susceptibilität zusammen, so dass I und B dieselbe Richtung wie H haben.

§ 22. Einfluss der Form auf die Magnetisirung. — Wenn ein Körper in ein magnetisches Feld gebracht wird, so hängt der Grad, bis zu dem er magnetisirt wird, nicht allein von der ursprünglichen Feldstärke und der Permeabilität des Stoffes ab, sondern auch (oft in sehr grossem Maasse) von seiner Form. Dies rührt daher, dass der Körper, wenn er magnetisch wird, gewöhnlich das Feld verändert; die magnetische Kraft in einem Punkte des innern oder äussern Raumes ist alsdann von derjenigen verschieden, welche dort herrschte, bevor der Körper in das Feld gebracht wurde. Der freie Magnetismus, der durch die Magnetisirung des Körpers entsteht, erzeugt nämlich auch eine magnetische Kraft und bewirkt so, dass die resultirende Kraft in jedem Punkte innerhalb oder ausserhalb des Körpers merkbar geändert wird. Bei Eisen und andern Körpern von grosser Susceptibilität ist die Störung des Feldes oft so gross, dass der ursprüngliche Werth der magnetischen Kraft nicht einmal eine rohe Annäherung an den Werth darstellt, welchen die Kraft annimmt, wenn sie durch die Magnetisirung des Körpers geändert wird. Die Intensität der Magnetisirung an jedem Punkte innerhalb des Körpers hängt von dem wirklichen Werthe ab, welchen die magnetische Kraft dort hat, und diese ihrerseits wieder theilweise von der Magnetisirung des Körpers als Ganzes. Wenn wir die magnetische Susceptibilität oder Permeabilität einer Substanz untersuchen wollen, so wünschen wir den wirklichen Werth der magnetischen Kraft in ihrem Innern zu kennen, um diesen mit der Intensität der Magnetisirung oder mit der magnetischen Induktion zu vergleichen. Die Permeabilität wird gemessen durch das Verhältniss, das die Induktion B zu der Intensität aufweist, die die magnetische Kraft H wirklich an dieser Stelle besitzt, nicht zu jener Intensität, die sie dort vorher gehabt haben kann, ehe der Körper in das Feld gebracht wurde, noch zu derjenigen Intensität, die sie in äussern Theilen des Feldes besitzt.

Wir müssen deshalb darauf Rücksicht nehmen, dass der magnetisirte Körper auf das magnetische Feld eine Rückwirkung ausübt.

In sehr vielen Fällen ist die Rückwirkung des Körpers auf das Feld zu verwickelt, um eine mathematische Berechnung zu gestatten. Bei Körpern von unregelmässiger Form ist eine Vorausberechnung der magnetischen Kraft und der magnetischen Induktion für innere Punkte unmöglich, wenn auch die ursprüngliche Stärke des äussern Feldes und die Permeabilität der Substanz bekannt sind. Die Aufgabe ist zwar bestimmt, aber ihre Lösung ist zu schwierig. Selbst der scheinbar so einfache Fall eines kurzen cylindrischen Eisenstabes mit ebenen Endflächen, welcher der Länge nach in ein ursprünglich gleichförmiges Feld gebracht wird, bietet so unüberwindliche Schwierigkeiten, dass es eine exakte Lösung bis jetzt noch nicht giebt. Die Schwierigkeit wird hier dadurch vergrössert, dass, obgleich der Stab im Anfang vollständig homogen ist, die Susceptibilität oder die Permeabilität nicht durchweg gleich sind, wenn der Stab magnetisch wird. Dies kommt daher, dass die Magnetisirung nicht gleichförmig ist und dass, wie wir später sehen werden, die Permeabilität des Eisens in beträchtlichem Maasse von der Intensität der Magnetisirung abhängt. Die Rückwirkung des Stabes auf das ursprüngliche Feld sucht die magnetische Kraft für innere Punkte zu verkleinern, aber die Wirkung ist an verschiedenen Punkten der Länge verschieden. Sie ist in der Mitte am kleinsten; deshalb ist dort die magnetische Kraft und folglich auch die Induktion am grössten und in der Nähe der Enden geringer.

§ 23. Ein langer Stab im gleichförmigen Felde, dessen Kraftlinien seiner Längsrichtung parallel sind. — Wenn der Stab im Vergleich zu seiner Breite und Dicke lang ist, so ist die Wirkung seines freien Magnetismus, die das magnetische Feld verkleinert, geringer als wenn der Stab kurz ist; besonders ist diese Wirkung in der Mitte des Stabes sehr klein, weil die Enden, an denen sich der freie Magnetismus hauptsächlich befindet, zu weit entfernt sind, um grossen Einfluss auf die Mitte zu haben. Die magnetische Induktion ist folglich in einem langen Stab grösser als in einem kurzen von derselben Dicke und Breite, wenn die ursprüngliche Feldstärke und die Permeabilität des Stoffes in beiden Fällen dieselben sind. Wird ein sehr langer Stab derart in ein gleichförmiges Feld gebracht, dass die Kraftlinien seiner Längsrichtung parallel sind, so ist der Einfluss der Enden fast unmerkbar. Wenn wir von den Enden absehen, so ist alsdann die wirkliche magnetische Kraft in Punkten innerhalb des Stabes fast dieselbe wie ausserhalb.

Die Magnetisirung ist in dem ganzen mittleren Theil annähernd gleichförmig, fällt aber gegen die Enden hin ab.

Hat die Substanz des Stabes eine grosse Permeabiltät, so muss der Stab im Verhältniss zu seinem Querschnitt sehr lang sein, damit wir seine Rückwirkung auf das magnetische Feld vernachlässigen, die magnetische Kraft an innern Punkten der Kraft in äussern Punkten gleich setzen und die Magnetisirung als nahezu gleichförmig ansehen dürfen. Wenn der Stoff eine geringere Permeabilität hat, so erhalten wir schon bei einer kleineren Länge eine ebenso gute Annäherung an die gleichförmige Kraft und gleichförmige Magnetisirung.

§ 24. Analogie zwischen inducirtem Magnetismus und elektrischem Leitungsvermögen. — Die Koncentrirung der magnetischen Induktionslinien bei einem paramagnetischen Körper in einem magnetischen Felde lässt sich mit der Stromverdichtung vergleichen, die stattfindet, wenn ein Stück Kupfer in eine Röhre voll Quecksilber getaucht wird, durch das ein elektrischer Strom fliesst. Nehmen wir an, dass die Röhre weit und lang und dass die Stromdichte über den ganzen Querschnitt hin gleich ist, so haben wir eine Aehnlichkeit mit einem gleichförmig magnetischen Felde. Wird nun ein kurzes Stück Kupferdraht parallel zu der Achse ungefähr in die Mitte der Röhre gebracht, so konvergiren die Stromlinien, welche vorher gerade und parallel waren, mehr oder weniger gegen das Kupferstück und häufen sich darin an, weil sein Leitungsvermögen viel grösser ist als das des umgebenden Quecksilbers. Der ganze Strom theilt sich zwischen dem Kupfer und dem umgebenden Quecksilber, und jenes erhält einen Theil, der grösser ist als das Verhältniss, indem sein Querschnitt zu demjenigen der ganzen leitenden Röhre steht. Wenn das Kupferstück kurz ist, so kann nur eine geringe Konvergenz der Stromlinien entstehen. Denn nehmen wir z. B. den Grenzfall: eine kleine Scheibe aus dünnem Kupferblech, die so in das Quecksilber gestellt wird, dass ihre breiten Endflächen zur Stromrichtung senkrecht stehen, hat nur ein um wenig grösseres Leitungsvermögen als die gleiche Querschnittsfläche der umgebenden Flüssigkeit; die Scheibe erzeugt also nur eine geringe Störung der Stromvertheilung in der Röhre. Anderseits nimmt ein langer dünner Kupferdraht, dessen Längsrichtung der Röhrenachse parallel ist, viel mehr Stromfäden in sich auf, und wenn der Draht sehr lang ist, so übertrifft die ihn durchfliessende Strommenge die des gleichen Quecksilberquerschnitts in demselben Verhältnis, wie das Leitungsvermögen des Kupfers das des Quecksilbers. Setzen wir statt des elektrischen Leitungsvermögens die magnetische Permeabilität, statt des elektrischen Stromes die magnetische Induktion, so haben wir eine fast vollkommene Analogie zu der Erscheinung, die eintritt, wenn ein eiserner Stab oder Draht in ein magnetisches Feld gebracht wird.

Jedoch ist ein wichtiger Unterschied zu beachten, welcher den magnetischen Fall weniger einfach gestaltet. Die elektrische Leitungsfähigkeit des Kupfers ist eine konstante Grösse, die von der Stromstärke im Metall unabhängig ist. Dagegen hängt die Permeabilität des Eisens von der Intensität der Magnetisirung ab und variirt also im allgemeinen bis zu einem gewissen Betrage in dem Körper.

§ 25. Beispiele für gleichförmige Magnetisirung: Ellipsoid. — In einigen besondern Fällen ist die magnetische Kraft im ganzen Innern eines magnetisirbaren Körpers, welcher in ein gleichförmiges magnetisches Feld gebracht wird, gleichförmig, wenn auch ihr Werth im Innern nicht derselbe ist, wie in den äussern Punkten. Ein sehr wichtiges Beispiel hierfür ist ein Ellipsoid aus homogenem Material, in welchem die Permeabilität überall denselben Werth hat. In diesem Falle lässt sich zeigen, dass ein ursprünglich gleichförmiges äusseres Feld eine ganz gleichförmige Magnetisirung hervorbringt[1]).

Es möge das Ellipsoid aus einem paramagnetischen Stoffe, z. B. Eisen, hergestellt sein. Wird es in ein gleichförmiges Feld gebracht, so werden die ursprünglich geraden und parallelen Kraftlinien des Feldes gekrümmt, so dass sie nach dem Körper hin konvergiren, wie es bei der Kugel (Fig. 5) der Fall ist. Die Rückwirkung des Körpers auf das Feld ist derart, dass die magnetische Kraft an äussern Punkten in der Nähe des Körpers nicht mehr gleichförmig ist. Aber für die innern Punkte ist die Rückwirkung eine andere. Die Kraft bleibt hier gleichförmig, nimmt jedoch einen kleineren Werth an, als sie im ungestörten Felde besass. Die Gleichförmigkeit der innern Kraft schliesst gleichförmige Induktion und gleichförmige Intensität der Magnetisirung ein, d. h. jede der Grössen H, I und B ist im ganzen Körper konstant. Es ist dabei freilich nicht zu vergessen, dass H von dem Werthe

---

[1]) cf. Maxwell, Elektricität nnd Magnetismus. Vol. II. §§ 437—438.

oft beträchtlich abweicht, welchen die Kraft urspünglich hatte und welchen sie auch jetzt noch an entfernteren Stellen des Feldes aufweist. Die Grösse des Unterschieds hängt von dem Achsenverhältnis des Ellipsoids und der Intensität der Magnetisirung ab. Der Kürze halber bezeichnen wir mit H′ die äussere Kraft, also den ursprünglichen Werth, den die Kraft besass, ehe das Feld gestört wurde oder, was dasselbe sagt, den Werth, den die Kraft noch nachher an entfernten äussern Punkten hat; H behalten wir bei, wenn es sich um die magnetische Kraft an Punkten innerhalb des Metalls handelt.

§ 26. Magnetisirung eines Ellipsoids (Fortsetzung). — Der Fall, wo ein Ellipsoid der Wirkung eines ursprünglich gleichförmigen Feldes ausgesetzt wird, ist von so grossem praktischen

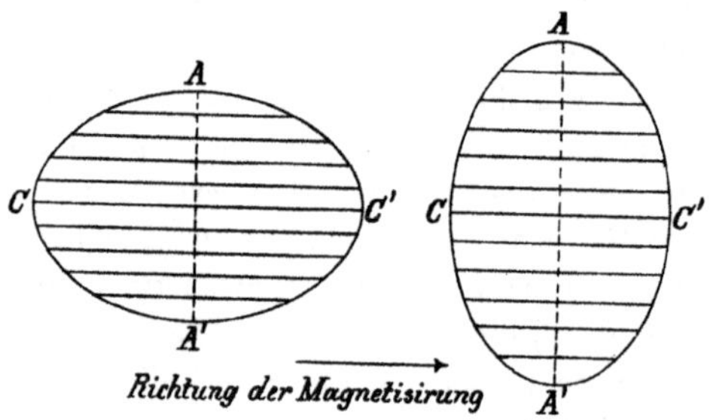

Fig. 7. Fig. 8.

Interesse, dass es sich lohnt, dabei zu verweilen und einige Resultate der mathematischen Untersuchung mitzutheilen.

Das Ellipsoid soll so aufgestellt sein, dass eine seiner Achsen der Richtung der magnetischen Kraft parallel ist. Es sei c die halbe Länge dieser Achse und a und b die Hälften der beiden andern, die senkrecht zu der Richtung der Kraft stehen. Es genügt, wenn wir den Fall eines Rotationsellipsoids betrachten, wo $a = b$ ist.

Die ursprüngliche äussere Kraft sei H′ und die, welche thatsächlich wirkt, H. Alsdann haben wir

$$H = H' - NI,$$

wo N eine Zahl ist, welche von dem Verhältniss der Länge des Ellipsoids zu seinem Querschnitt abhängt. Wir können N durch die Excentricität e ausdrücken. Wenn das Ellipsoid eine längliche Form hat (der polare Durchmesser $2c = CC'$ also grösser als der äquatoriale $2a = AA'$ ist) Fig. 7, so ist

$$e = \sqrt{1 - \frac{a^2}{c^2}},$$

$$N = 4\pi \left(\frac{1}{e^2} - 1\right) \left(\frac{1}{2e} \log \text{nat} \frac{1+e}{1-e} - 1\right) \ldots (1)$$

Wenn das Ellipsoid sehr gestreckt ist, so nähert sich dieser Ausdruck der folgenden einfacheren Form

$$N = 4\pi \frac{a^2}{c^2} \left(\log \text{nat} \frac{2c}{a} - 1\right) \quad \ldots . (2)$$

Ist das Ellipsoid abgeplattet (der polare Durchmesser $2c$ kleiner als der äquatoriale $2a$), so haben wir

$$e = \sqrt{1 - \frac{c^2}{a^2}} \quad \text{und}$$

$$N = 4\pi \left(\frac{1}{e^2} - \frac{\sqrt{1-e^2}}{e^3} \sin^{-1} e\right) \ldots . (3)$$

§ 27. **Vertheilung des freien Magnetismus in einem gleichförmig magnetisirten Ellipsoid.** — Innerhalb des Ellipsoids verläuft die Richtung der Kraft H, der Magnetisirung I und der magnetischen Induktion B, wie Fig. 7 und 8 zeigen, geradlinig und parallel zu den Kraftlinien des ungestörten Feldes. Da die Magnetisirung gleichförmig ist, so befindet sich der freie Magnetismus nur an der Oberfläche. Um zu erfahren, wie er über diese vertheilt ist, müssen wir berücksichtigen, dass I die Flächendichtigkeit des freien Magnetismus auf dem Quadratcentimeter jedes Theiles einer gedachten Fläche darstellt, die entsteht, wenn wir das Ellipsoid auf eine zur Magnetisirungsrichtung normale Ebene projiciren. Wir können uns daher eine Vorstellung von der wahren Flächendichtigkeit auf dem Ellipsoid machen, wenn wir uns dies um eine sehr kleine Strecke in der Richtung der Magnetisirung verschoben denken, so dass auf jeder Seite ein Segment zwischen der alten und neuen Lage gebildet wird. Alsdann ist die Dicke dieses Segments der Flächendichtigkeit des freien Magnetismus proportional. So ist in Fig. 9 C A C′ A′ das ursprüngliche Ellipsoid. Dadurch, dass wir es um die kleine Strecke C D oder C′ D′ verschieben, erhalten wir das positive Segment C′ D′, welches ein Bild für die Oberflächendichtigkeit des positiven freien Magnetismus auf

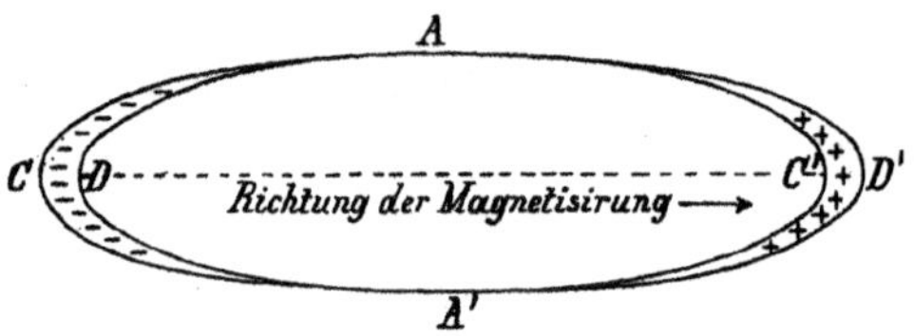

Fig. 9.

der einen Hälfte giebt; das negative Segment C D stellt in derselben Weise den negativen Magnetismus auf der andern Hälfte dar. Der freie Magnetismus ist an den Enden am dichtesten, erstreckt sich jedoch nach der Mitte hin und ist nur an dem Aequatorumfang Null. Berücksichtigt man die geometrischen Eigenschaften des Ellipsoids, so lässt sich leicht zeigen, dass dieselbe Vertheilung entsteht, wenn

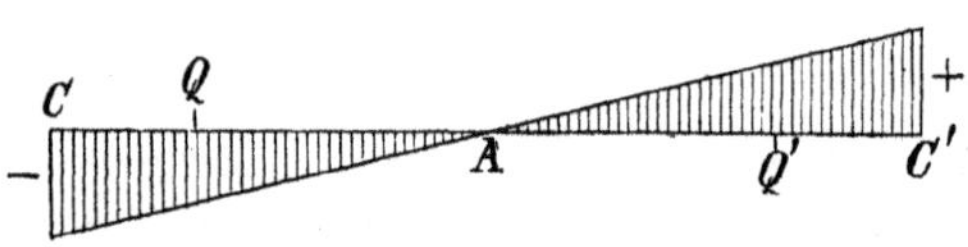

Fig. 10.

man annimmt, dass der ganze freie Magnetismus einer schmalen Zone, deren Ebene auf der Magnetisirungsrichtung senkrecht steht, der Dicke dieser Zone und ihrer Entfernung vom Aequator A A proportional ist oder mit andern Worten: die lineare Dichte des freien Magnetismus in der Richtung der Achse C C′ wird genau dargestellt durch die Länge der Linien über und unter C C′ in Fig. 10.

Ferner folgt mit Rücksicht auf die lineare Vertheilung der Dichte, dass der Punkt, den wir als Schwerpunkt des negativen

Magnetismus auffassen können, in Q sich befindet, wo $QA = {}^2/_3\,AC$. Analoges gilt für Q', den Schwerpunkt des positiven Magnetismus. Die Entfernung QQ' ist gleich $^2/_3\,\overline{CC'}$ oder $^4/_3\,c$.

§ 28. **Moment des Ellipsoids.** — Die ganze Menge des positiven oder negativen Magnetismus ist $\pi a^2 I$, nämlich I multiplicirt mit dem Flächeninhalt des äquatorialen Querschnitts, der in unserem besondern Fall ein Kreis ist. Auf entfernte äussere Punkte wirkt das magnetisirte Ellipsoid ebenso, als ob die Menge des positiven Magnetismus in Q' angesammelt wäre, und eine gleiche Menge negativen Magnetismus in Q. Das magnetische Moment des Ellipsoids ist deshalb

$$I \pi a^2 \overline{QQ'} = \frac{4\pi}{3} a^2 c I.$$

Dies Resultat hätten wir noch einfacher erhalten können. Da I nach der Definition das Moment der Volumeneinheit (§ 7) und das Volumen des Ellipsoids $= {}^4/_3\,\pi a^2 c$ ist, so muss das Moment gleich $^4/_3\,\pi a^2 c I$ sein.

§ 29. **Anwendung auf den Fall einer Kugel.** — Wenn $c = a$ ist, so ist $e = 0$ und das Ellipsoid geht in eine Kugel über. Wir haben alsdann die Fälle, welche in Fig. 5 und 6 dargestellt sind. Die Kugel ist gleichförmig magnetisirt, aber selbst wenn ihr Stoff eine grosse Permeabilität hat, ist die Magnetisirung keineswegs stark, weil der freie Magnetismus an der Oberfläche bewirkt, dass die wahre magnetische Kraft H im Innern viel geringer wird, als die ursprüngliche magnetische Kraft H', die vom äussern Felde herrührt.

Indem wir die Formel von § 26 anwenden, um N in dem Ausdruck

$$H = H' - NI$$

zu finden, ergiebt sich für die Kugel

$$N = \frac{4}{3}\pi,$$

also

$$H = H' - \frac{4\pi}{3} I.$$

Dividirt man durch H, so folgt

$$1 = \frac{H'}{H} - \frac{4}{3}\pi\frac{I}{H} = \frac{H'}{H} - \frac{4}{3}\pi\varkappa.$$

Danach ist das Verhältniss der wahren magnetischen Kraft H zu der Kraft des ungestörten Feldes

$$\frac{H}{H'} = \frac{1}{\frac{4}{3}\pi\varkappa + 1}$$

Diese Formel zeigt, dass, wenn der Stoff grosse Susceptibilität besitzt, $\varkappa$ also sehr gross ist, die wahre Kraft H nur einen kleinen Bruchtheil von H' ausmacht. Die Susceptibilität des weichen Eisens bei schwachen magnetischen Kräften, wie sie z. B. von dem magnetischen Felde der Erde erzeugt werden, ist ungefähr 20. Legen wir $\varkappa$ diesen Werth bei, so haben wir annähernd $\frac{H}{H'} = \frac{1}{85}$. Die wirkliche magnetische Kraft innerhalb einer Kugel von weichem Eisen, die sich im magnetischen Felde der Erde befindet, ist also ungefähr nur $^1/_{85}$ der Kraft in den ungestörten Theilen des Feldes, und die Magnetisirung I, welche die Kugel annehmen wird, ist ungefähr nur $^1/_{85}$ von der eines sehr langen Stabes aus demselben Stoffe, der mit seiner Längsrichtung parallel den Kraftlinien in das erdmagnetische Feld gebracht wurde.

Für die magnetische Induktion und ihre Beziehung zu der Permeabilität erhalten wir ferner (da die Permeabilität $\mu = 4\pi\varkappa + 1$ ist)

$$B = \mu H = \frac{\mu H'}{^4/_3\pi\varkappa + 1} = \frac{3\mu}{\mu + 2} H'.$$

Wenn μ sehr gross ist, nähert sich der Faktor $\frac{3\mu}{\mu + 2}$ der Zahl 3. Folglich ist in einer Kugel von grosser Permeabilität die Zahl der Induktionslinien, die das Quadratcentimeter des Querschnitts der Kugel durchschneiden, fast dreimal so gross als die Anzahl der Kraftlinien im ungestörten Felde. Dies ist bei der Kugel in Figur 6 der Fall. Hier verhält sich der Abstand der Kraftlinien innerhalb der Kugel zu dem der ausserhalb verlaufenden wie $\sqrt{3}$ zu 1. Besonders ist zu beachten, dass bei grosser Permeabilität geringe Aenderungen dieser Grösse nur wenig Einfluss auf die Zahl der durch die Kugel gehenden Induktionslinien ausüben. Deshalb würde die Kugel eine sehr schlechte Körperform sein, wenn wir durch die Messung der Induktion die Permeabilität des Stoffes bestimmen wollten. Ein geringer Fehler in der Form der Kugel würde thatsächlich mehr Einfluss auf die Aenderung der Induktion haben als ein grosser Unterschied in dem Werthe von μ oder $\varkappa$, so dass, wie Prof. Chrystal treffend sagt, der Experimentator mehr die Arbeit seines Mechanikers als die magnetische Susceptibilität seines Materials untersuchen würde[1]).

§ 30. **Fortsetzung.** — Derselbe Einwand würde, obgleich in geringerem Maasse, bei einem kurzen Ellipsoid zutreffen. Um dies besser zu erläutern, ist Fig. 11 gezeichnet. Sie zeigt die Induktion

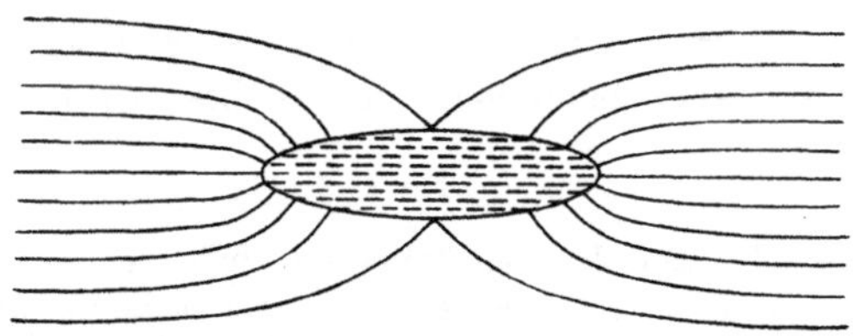

Fig. 11.

in einem Ellipsoid und die Aenderung, die ein ursprünglich gleichförmiges Feld erfährt, wenn die Achsen das Verhältniss von 4 zu 1 haben. Der gewählte Stoff hat grosse Permeabilität. Bei diesem Verhältniss der Achsen ist N nach Formel (1) des § 26 gleich 0,946 und auf jede Kraftlinie (für das Quadratcentimeter) im ungestörten Felde kommen 13,3 Induktionslinien (für das Quadratcentimeter) innerhalb des Ellipsoids. Der Zwischenraum zwischen den Linien innerhalb des Körpers ist deshalb enger als der zwischen den Linien in irgend einem entfernten Punkte des Feldes, und zwar im Verhältniss von 1 zu $\sqrt{13,3}$. Die Permeabilität kann in weiten Grenzen variiren,

[1]) Siehe den Artikel „Magnetism." Encyc. Britannica. 9. Ausg.

ohne den Betrag der Induktion merklich zu beeinflussen. Die Figur stellt annähernd die Erscheinung beim weichen Eisen dar[1]).

§ 31. **Transversale Magnetisirung eines langen cylindrischen Stabes mit kreisförmigem Querschnitt in einem gleichförmigen Felde.** — Hiefür liefert ein langer Draht, welcher seiner Länge nach senkrecht zu den Kraftlinien im erdmagnetischen Felde ausgespannt wird, ein Beispiel. Wir leiten diesen besondern Fall aus dem allgemeinen des Ellipsoids dadurch ab, dass wir eine der Achsen unendlich gross werden lassen[2]). Man erhält $N = 2\pi$, also

$$H = H' - 2\pi I.$$

Folglich

$$\frac{H}{H'} = \frac{1}{2\pi\varkappa + 1} \quad \text{und}$$

$$\frac{B}{H'} = \frac{2\mu}{\mu + 1}.$$

Wenn μ sehr gross ist, z. B. bei weichem Eisen, so nähert sich die transversale Induktion B des Drahtes einem Werthe, der

---

[1]) Um allgemein das Verhältniss der Induktion B innerhalb des Ellipsoids zu der Kraft H' im ungestörten Felde zu bestimmen, haben wir

$$\begin{aligned} H' &= H + NI \\ &= H + \frac{N}{4\pi}(B - H) \\ &= B\left\{\frac{1}{\mu} + \frac{N}{4\pi}\left(1 - \frac{1}{\mu}\right)\right\}. \end{aligned}$$

Wenn die Permeabilität des Stoffes sehr gross ist, nähert sich der Klammerausdruck dem Werthe $\frac{N}{4\pi}$, so dass

$$B = \frac{4\pi}{N} H'.$$

In dem besprochenen Falle ist $\frac{4\pi}{N} = 13{,}3$.

[2]) Wir machen hierbei von einer im § 26 nicht angeführten Formel Gebrauch, die sich auf die Magnetisirung längs der Richtung einer äquatorialen Achse bezieht. Siehe Maxwell, loc. cit.

das Doppelte der äussern Feldstärke beträgt. Verglichen mit der Induktion, die derselbe Draht bei einer Längsmagnetisirung annehmen würde, ist also die Induktion bei der Quermagnetisirung sehr gering (vgl. § 15 oben). Setzen wir $\varkappa$ gleich 20, so ergiebt sich das Verhältniss der Induktion in beiden Fällen wie 1 : 127.

Bringen wir also einen Draht vertikal in das Feld der Erde, so ist seine transversale Magnetisirung, die von der horizontalen Komponente der Erdkraft herrührt, so klein, dass sie im allgemeinen vernachlässigt werden kann. Dasselbe gilt für die transversale Magnetisirung eines Drahtes, der horizontal in das Feld der Erde gelegt wird.

§ 32. Dünne, senkrecht zu ihrer Ebene in einem gleichförmigen Felde magnetisirte Scheibe. — Wir können die magnetische Kraft in einer Scheibe oder einer dünnen Platte bestimmen, die normal zu ihrer Ebene magnetisirt wird, wenn wir berücksichtigen, dass die Induktionslinien B in der Scheibe die Fortsetzung der Kraftlinien H′ des äussern Raumes bilden. Ist nun die Fläche der Scheibe im Vergleich zu ihrer Dicke sehr gross, so gehen die Linien durch sie hindurch, ohne merkbar abgelenkt zu werden. Deshalb ist

$$H' = B = 4\pi I + H, \quad \text{also}$$

$$H = H' - 4\pi I \quad \text{und}$$

$$\frac{H}{H'} = \frac{1}{\mu}.$$

Die Induktion in der Scheibe ist folglich dieselbe, welche Permeabilität das Material auch haben mag. Das nämliche Resultat lässt sich aus Gleichung (3) des § 26 ableiten, wenn man a im Vergleich zu c unendlich gross werden lässt. Dies giebt e = 1 und $N = 4\pi$.

§ 33. Längliches Ellipsoid; Einfluss der Länge auf die magnetisirende Kraft. — Gehen wir nun auf den allgemeinen Fall eines länglichen Rotationsellipsoids zurück, das der Länge nach von den Kraftlinien eines gleichförmigen magnetischen Feldes durchsetzt wird, so ist es von Interesse zu bestimmen, wie weit die gleichförmige Magnetisirung des Ellipsoids selbst die magnetische Kraft beeinflusst, wenn wir dem Verhältnis der Länge 2 c zu dem äquatorialen Durchmesser 2 a verschiedene Werthe beilegen.

In der Formel

$$H = H' - N I$$

können wir $\frac{B - H}{4\pi}$ für I einsetzen (nach § 13), und wenn das Material grosse Permeabilität besitzt, so dass B im Verhältniss zu H gross ist, so ist I nahezu gleich $\frac{B}{4\pi}$. Daher erhalten wir für ein Ellipsoid von grosser Permeabilität, z. B. für ein eisernes, näherungsweise

$$H = H' - \frac{N}{4\pi} B.$$

Die Werthe von N und $\frac{N}{4\pi}$ in der folgenden Tabelle sind mit Hülfe der Formeln des § 26 für Ellipsoide berechnet, bei denen das Verhältniss $\frac{c}{a}$ von Länge zur Breite die Werthe 50, 100, 200, 300 400 und 500 hat.

$\frac{c}{a}$	N	$\frac{N}{4\pi}$
50	0·01817 [1]	0·001446
100	0·00540	0·000430
200	0·00157	0·000125
300	0·00075	0·000060
400	0·00045	0·000037
500	0·00030	0·000024

Nun ist

$$H = H' - N I, \quad \text{also}$$

$$\frac{H'}{H} = \frac{N I}{H} + 1 = N \varkappa + 1.$$

[1]) Die Näherungsformel (2) des § 26 giebt den Werth 0,01812. Für die längeren Ellipsoide sind die Werthe von N, die sich aus dieser Formel ergeben, hinreichend genau.

Für das Verhältnis der resultirenden Kraft H zu der ursprünglichen Kraft H′ des ungestörten Feldes erhalten wir mithin

$$\frac{H}{H'} = \frac{1}{N\varkappa + 1}.$$

Mit Hülfe der obigen Tabelle lässt sich leicht für ein bestimmtes Verhältnis der Länge zur Breite die Grösse $\frac{H}{H'}$ berechnen, wenn die Susceptibilität des Materials bekannt ist.

Wir wollen z. B. $\varkappa$ gleich 200 setzen, einem Werthe, welcher der Susceptibilität des weichen Eisen für eine mässig starke magnetische Kraft gleichkommt. Nehmen wir dann weiter an, dass das Ellipsoid 100 mal länger als breit ist, so haben wir

$$\frac{H}{H'} = \frac{1}{0{,}0054 \times 200 + 1} = \frac{1}{2{,}08},$$

das heisst, die magnetische Kraft innerhalb des Eisens, die durch den Magnetismus des Stückes selbst vermindert wird, ist in diesem Falle um mehr als die Hälfte kleiner als die äussere Kraft.

§ 34. **Remanenter Magnetismus und Remanenz.** — Wenn ein Stück eines stark magnetisirbaren Metalls, wie Eisen, Stahl, Nickel oder Kobalt, durch eine magnetische Kraft magnetisirt wird, und diese äussere magnetische Kraft alsdann aufhört zu wirken, so verschwindet der Magnetismus in dem Stück nicht vollständig. Den zurückbleibenden Theil nennt man gewöhnlich den remanenten Magnetismus, und von Metallen, welche remanenten Magnetismus aufweisen, wenn die äussere magnetische Kraft zu wirken aufgehört hat, sagt man, dass sie Remanenz besitzen.

Wir werden später sehen, dass der remanente Magnetismus nur ein Beispiel dafür ist, dass diese Metalle jeder Aenderung ihres magnetischen Zustandes einen Widerstand entgegensetzen.

§ 35. **Entmagnetisirende Kraft.** — Bei der Behandlung der Remanenz ist die Thatsache von besonderer Wichtigkeit, dass im Allgemeinen, obgleich die äussere wirksame Kraft nicht mehr auf das magnetisirte Stück wirkt, dennoch eine magnetische Kraft vorhanden ist. Sie rührt von dem remanenten Magnetismus her und hat das Bestreben, die Remanenz zu verringern. In einem Stabmagnete z. B. ruft der remanente Magnetismus an den Enden des Stabes eine magnetische Kraft hervor, die in seiner Längsrichtung wirkt und die den Stab zu entmagnetisiren strebt. In einem gleichförmig magnetisirten Ring haben wir keine entmagnetisirende Kraft, da hier die Enden gleichsam aneinander gefügt sind. In einem sehr langen Stab ist die entmagnetisirende Kraft gering, da die Enden von den meisten Theilen des Magnetes weit entfernt sind. Der remanente Magnetismus ist daher bei einem Ringe oder bei einem sehr langen Stabe unter sonst gleichen Umständen grösser als bei einem kurzen Stabe. Thatsächlich ist dies in solchem Maasse der Fall, dass wir beim Experimentiren mit weichem Eisen fast keinen remanenten Magnetismus finden, wenn wir Stäbe verwenden, deren Länge nur 10 bis 20 mal grösser ist als ihr Durchmesser, weil bei diesen Stäben die entmagnetisirende Kraft hinreicht, um den remanenten Magnetismus fast vollständig zu entfernen. Dagegen findet man, dass ein Stab, dessen Länge das 400 bis 500 fache seines Durchmessers beträgt, einen grossen Theil seines inducirten Magnetismus beibehält, wenn die inducirende Kraft zu wirken aufhört. Der Ausdruck „remanenter Magnetismus" hat deshalb zweierlei Bedeutungen: einmal bezeichnet man damit den Magnetismus, der zurückbleibt, wenn die magnetische Kraft vollständig zu wirken aufhört, ohne dass eine entgegengesetzt wirkende Kraft auftritt, Bedingungen, welche man bei Anwendung eines sehr langen Stabes oder eines Ringmagneten verwirklichen kann. Eine ganz andere Bedeutung hat der Ausdruck, wenn er für den Magnetismus gebraucht wird, den ein kurzer Stab oder ein anderes kurzes Stück trotz der entmagnetisirenden Kraft beibehält, die das Stück auf sich selbst ausübt.

§ 36. Entmagnetisirende Kraft bei Ellipsoiden. — Bei einem gleichförmig magnetisirten Ellipsoid ist die entmagnetisirende Kraft ebenfalls überall dieselbe, und ihr Werth ist

$$N I,$$

wo N dieselbe Bedeutung wie im § 26 hat und I die Intensität des remanenten Magnetismus bedeutet.

Um die Grösse der Kraft ungefähr zu überschlagen, wollen wir für I, die remanente Intensität, den bei der Magnetisirung von Eisen häufig vorkommenden Werth von 1000 C. G. S.-Einheiten annehmen. Wenn das Ellipsoid 200 mal länger als breit ist, so ist N gleich 0,00157 (nach § 32), und die Intensität des remanenten

Magnetismus I im Betrage von 1000 Einheiten würde daher eine entmagnetisirende Kraft von 1,57 hervorrufen. Aus den unten mitgetheilten Resultaten der Versuche ist ersichtlich, dass eine Kraft von dieser Grösse keineswegs unbedeutend ist und dass sie thatsächlich hinreichen würde, um einen grossen Theil des remanenten Magnetismus zu vernichten. Erst wenn die Länge 400 bis 500 mal grösser ist als der äquatoriale Durchmesser, kann man die entmagnetisirende Kraft selbst bei einem Material vernachlässigen, das eine so grosse Susceptibilität wie das Eisen besitzt.

Zweites Kapitel.

Magnetische Messungen: Die magnetometrische Methode.

§ 37. **Methoden für magnetische Messungen.** — In dem vorhergehenden Kapitel wurde die Rückwirkung behandelt, die ein magnetisirter Körper auf das magnetische Feld ausübt. Es wurde gezeigt, dass die Enden eine entmagnetisirende Kraft hervorrufen, wenn die äussere Kraft zu wirken aufhört. Wenn wir nun die Permeabilität, die Susceptibilität oder die Remanenz eines magnetischen Metalls messen wollen, so müssen wir offenbar die Bedingungen des Versuchs so wählen, dass der Einfluss der Enden berechnet werden kann, oder wir müssen solche Stücke untersuchen, bei denen der Einfluss der Enden thatsächlich oder wenigstens mit einer für praktische Messungen hinreichenden Annäherung nicht in Frage kommt.

Man kann lange Ellipsoide verwenden (kurze sind aus dem schon besprochenen Grunde unbrauchbar, da bei ihnen die Magnetisirung zu sehr von der Gestalt und zu wenig von dem Material des Stückes abhängt). Nachdem man I beobachtet hat, lässt sich die wahre magnetische Kraft innerhalb des Metalls berechnen, wenn man N I von der äusseren wirkenden Kraft H' abzieht.

Ist das untersuchte Stück ein sehr langer cylindrischer Stab oder Draht, so kann der Einfluss der Enden annähernd dadurch bestimmt werden, dass man das Stück als ein Ellipsoid betrachtet. Macht man die Länge gross genug (400 mal so gross als den Durchmesser, wenn es sich um die Untersuchung eines geraden eisernen Stabes handelt), so lässt sich der Einfluss der Enden so sehr verringern, dass die magnetische Kraft in dem Metall dieselbe ist als die Kraft des Feldes, nachdem der Stab daraus entfernt ist.

Die Einwirkung der Enden kann vollständig dadurch beseitigt werden, dass man dem zu magnetisirenden Stück die Form eines Ringes giebt. Wickeln wir auf einen Ring von überall gleichem Querschnitt gleichförmig eine Magnetisirungsspule, so erhalten wir auf der ganzen Länge des Stabes ein homogenes magnetisches Feld. Die magnetische Kraft, die auf den Ring wirkt, ist von dessen Magnetismus ganz unabhängig. Der Ring hat keine Pole; er wirkt auf das magnetisirende Feld nicht zurück und wenn die äussere Kraft verschwindet, übt er keine entmagnetisirende Kraft auf sich selbst aus.

Bei der Untersuchung der Permeabilität, sowie der sonstigen magnetischen Eigenschaften des Eisens, wurden Ellipsoide, lange Stäbe und Ringe verwandt. Die neueren Beobachtungen wurden in der Regel an Ringen (oder solchen Formen, die den Ringen gleichwerthig sind) oder an sehr langen cylindrischen Stäben angestellt. Aus manchen Gründen würden sich lange Ellipsoide für die Untersuchung am meisten empfehlen, aber die Schwierigkeit, welche die Herstellung dieser Gestalt bereitet, ist für ihren Gebrauch ein grosses Hindernis.

§ 38. **Eintheilung der Methoden: Magnetometrische und ballistische Methode.** — Der Magnetismus, der durch eine magnetisirende Kraft in einem Körper hervorgerufen wird, oder allgemeiner, die Aenderung des Magnetismus in Folge einer Aenderung der Kraft wird gewöhnlich nach zwei Methoden gemessen.

Bei der einen — der magnetometrischen Methode — bestimmt man den Magnetismus des Stückes mit Hülfe des Magnetometers; seine Magnetnadel erfährt durch die Annäherung des magnetisirten Körpers eine Ablenkung, die man beobachtet. Diese Methode ist anwendbar, wenn wir es mit Ellipsoiden oder Stäben zu thun haben; bei Ringen kann sie offenbar keine Verwendung finden, da ein gleichförmig magnetisirter Ring nach aussen hin keine Wirkung ausübt.

Bei der andern Methode wird jede Aenderung der magnetischen Induktion, die in dem zu untersuchenden Körper auftritt, durch die Messung des elektrischen Stromes bestimmt, der in einer das Stück umschliessenden Drahtspule gleichzeitig inducirt wird. Diese Spule wirkt wie die sekundäre Spule eines Induktionsapparates oder Transformators. Wenn sich nämlich die Anzahl der Kraftlinien innerhalb der Spule ändert, so wird ein momentaner Strom hervorgerufen, dessen ganze Elektricitätsmenge (also das Zeitintegral des Stromes) dieser Aenderung proportional ist. Dieser Strom wird dadurch gemessen, dass er durch ein „ballistisches“ Galvanometer fliesst. Die Nadel eines solchen Galvanometers muss so langsam schwingen, dass der momentane Strom vollständig abgelaufen ist, ehe die Nadel sich merkbar aus ihrer Ruhelage entfernt hat. Die ballistische Methode ist ebenso gut auf Ringe als auf Stäbe von jeder beliebigen Form anwendbar und bildet thatsächlich die einzige Anordnung, mit der man den magnetischen Zustand eines Ringes untersuchen kann. Sie dient alsdann nur dazu, plötzliche Aenderungen des Magnetismus zu messen, wie sie durch Schliessen, Oeffnen, Umkehren, plötzliche Zu- oder Abnahme des Stromes in der Magnetisirungsspule hervorgerufen werden. Wird die ballistische Methode zur Untersuchung von Stäben benutzt, so kann man hier mit ihr nicht allein die plötzlichen Aenderungen, sondern auch den gerade vorhandenen Magnetismus des Probestückes messen. Zu diesem Zwecke wickelt man die sekundäre Spule in solcher Weise, dass sie plötzlich von dem magnetisirten Stab abgezogen werden kann; sie muss vollständig aus dem Bereich der magnetischen Wirkung entfernt werden, dabei aber fortwährend in dem Stromkreise des ballistischen Galvanometers eingeschaltet bleiben. Das Abziehen der Spule ruft einen momentanen Strom hervor, weil alle Induktionslinien plötzlich vernichtet werden.

Wir wollen nun die beiden Methoden im Einzelnen behandeln und für ihre Anwendung Beispiele geben.

§ 39. **Magnetometrische Methode.** — Bei dieser Methode befestigt man den Stab oder sonst einen Körper, dessen Magnetismus gemessen werden soll, in der Nähe des Magnetometers, dessen Magnet einer bekannten Richtkraft unterworfen ist. Im Allgemeinen hängt der Magnet horizontal in dem magnetischen Felde der Erde, so dass die auf ihn wirkende Direktionskraft allein von der horizontalen Komponente des erdmagnetischen Feldes herrührt. Der magnetisirte Körper ist in einer solchen Lage festgelegt, dass die magnetische Kraft, die er auf das Magnetometer ausübt und die wir die ablenkende Kraft nennen wollen, rechtwinklig zu der Richtkraft wirkt. Die Tangente des Ablenkungswinkels misst alsdann das Verhältnis der ablenkenden zu der richtenden Kraft. Wenn, wie in Fig. 12, der magnetisirte Körper eine solche Lage hat, dass er eine magnetische Kraft F_2 auf die Nadel a b des Magnetometers ausübt und F_1 die Richtkraft ist, so wird die Nadel, die ursprünglich die Richtung F_1 hatte, um den Winkel θ abgelenkt, so dass

$$F_2 = F_1 \operatorname{tg} \theta.$$

Wenn wir F_1 kennen und θ beobachten, können wir F_2 bestimmen und daraus mit Berücksichtigung der Lage und der Dimensionen des magnetisirten Körpers die Intensität der Magnetisirung berechnen.

Nehmen wir z. B. an, dass der magnetische Körper ein Rotationsellipsoid sei (mit der polaren Achse 2 c und der äquatorialen 2 a) und dass er sich in der Lage befinde, welche die Linie CC′ in Fig. 13 angiebt. Das Ellipsoid möge in derselben Horizontalebene liegen,

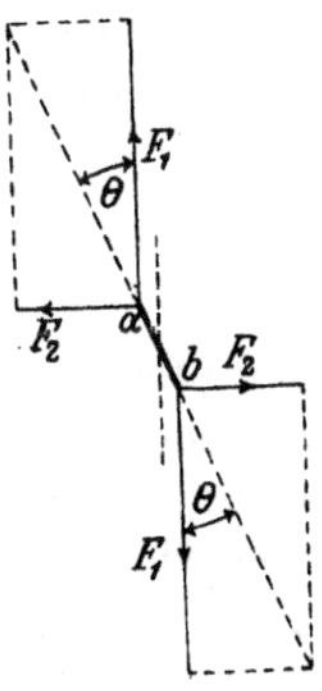

Fig. 12.

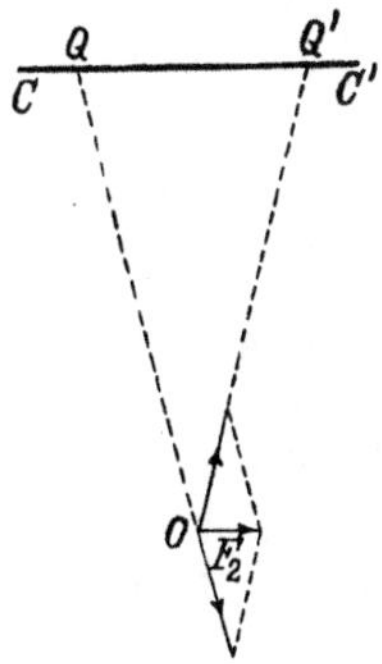

Fig. 13.

wie die Nadel O des Magnetometers; die Verlängerung der Nadel in der Ruhelage soll die Mitte von CC′ treffen. In seiner Wirkung auf einen entfernten Punkt[1]) ist das Ellipsoid, wie wir in § 27 gesehen haben, der Wirkung eines positiven Pols von der Stärke $\pi a^2 I$ in Q und eines gleichen negativen Pols in Q′ gleichwerthig, wobei die Entfernung QQ′ gleich $^4/_3$ c ist. Die ablenkende Kraft

[1]) Nur wenn der Punkt O in beträchtlicher Entfernung von CC′ liegt, ist die Wirkung des im Körper vertheilten Magnetismus annähernd dieselbe als die der Pole Q und Q′. Wenn O nahe bei dem Körper liegt, kann man die Formel nicht anwenden; aber in jedem Falle lässt sich die ablenkende Kraft in O berechnen, da die Vertheilung des freien Magnetismus längs CC′ bekannt ist.

F_2, die der Körper auf das Magnetometer ausübt, ist die Resultante der beiden gleichen Kräfte

$$\frac{\pi a^2 I}{\overline{OQ}^2} \text{ und } -\frac{\pi a^2 I}{\overline{OQ'}^2}.$$

Ihre Richtung ist dem Stabe parallel, und aus der Figur geht hervor, dass

$$F_2 : \frac{\pi a^2 I}{\overline{OQ}^2} = QQ' : OQ$$

$$\text{oder} \quad F_2 = \frac{\pi a^2 I \, \overline{QQ'}}{\overline{OQ}^3} = \frac{4 \pi a^2 c I}{3 \, \overline{OQ}^3}.$$

Da $F_2 = F_1 \operatorname{tg} \theta$, haben wir folgende Formel, um die Intensität der Magnetisirung bei dem Ellipsoid zu bestimmen:

$$I = \frac{3 \, \overline{OQ}^3 F_1 \operatorname{tg} \theta}{4 \pi a^2 c}.$$

§ 40. **Magnetometrische Methode** (Fortsetzung). — Eine andere Lage des zu untersuchenden Körpers zeigt Fig. **14**. Die Ebene der Zeichnung ist vertikal zu denken. O ist das Magnetometer, dessen Nadel in der Ruhelage rechtwinklig zur Ebene der Zeichnung steht. Hinter ihr ist der Stab vertikal aufgestellt; sein oberer Pol liegt in derselben Horizontalebene wie die Magnetometernadel. Die ablenkende Kraft F_2 rührt hauptsächlich von dem oberen Pole her, und ihr Werth beträgt

$$\frac{\pi a^2 I}{\overline{OQ}^2} - \left(\frac{\pi a^2 I}{\overline{OQ'}^2}\right) \frac{OQ}{OQ'} = \frac{\pi a^2 I}{\overline{OQ}^2} \left\{ 1 - \left(\frac{OQ}{OQ'}\right)^3 \right\}.$$

Da dieser Ausdruck gleich $F_1 \operatorname{tg} \theta$ ist, so haben wir

$$I = \frac{\overline{OQ}^2 F_2 \operatorname{tg} \theta}{\pi a^2 \left\{ 1 - \left(\frac{OQ}{OQ'}\right)^3 \right\}}.$$

Diese Anordnung lässt sich besonders dann mit Vortheil anwenden, wenn man es mit einem sehr langen, cylindrischen Stabe zu thun hat (Durchmesser 2 a). In diesem Falle ist die Lage der wirklichen Pole Q und Q′ unsicher und ändert sich thatsächlich mit der Intensität der Magnetisirung. Aber die Methode hat den Vortheil, dass eine Aenderung in der Lage des Poles Q auf dem Stabe nur eine sehr geringe Aenderung seiner Entfernung vom Magnetometer zur Folge hat. Die ablenkende Kraft ändert sich deshalb auch nur wenig, da die ganze Wirkung des andern Poles Q′ so klein ist, dass die Veränderung seiner Lage ohne Einfluss ist. Die passendste Höhe für den Stab wird dadurch gefunden, dass man ihn mässig stark magnetisirt und durch Versuche ausprobirt, wie hoch das obere Ende über der Ebene des Magnetometers stehen muss, damit die Ablenkung ein Maximum wird. Auf diese Weise kann man die Lage von Q und Q′ mit genügender Genauigkeit finden, um die Formeln, die für einen sehr langen Cylinder gelten, anwenden zu können. Der Kürze halber bezeichnen wir diese Anordnung als die unipolare Methode, da die Ablenkung des Magnetometers, wie wir gesehen haben, hauptsächlich von einem der beiden Pole des Stabes bewirkt wird.

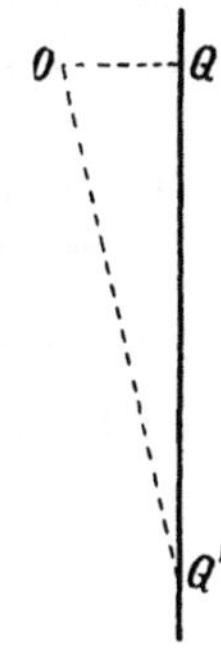

Fig. 14.

§ 41. **Einzelheiten der magnetometrischen Methode.** — Eine Form des Magnetometers, die für Beobachtungen dieser Art sehr passend ist und die man mit geringen Kosten sich selbst anfertigen kann, zeigt Fig. 15. Die aufgehängte Nadel besteht, wie bei Sir W. Thomsons Spiegelgalvanometer, aus einem Spiegel, auf dessen Rückseite kleine Magnete aufgeklebt werden. Der Spiegel M hängt mit Hülfe eines acht bis zehn Centimeter langen Kokonfadens und des Stiftes S an dem oberen Ende eines hölzernen Ständers, in dessen Mitte sich eine Nuth befindet, damit der Kokonfaden frei herabhängt. Unten mündet die Nuth in eine runde Ausbohrung des Bretts, die den Schwingungsraum für den Spiegel bildet und deshalb mit einer Glasscheibe verschlossen ist. An der Rückseite des Ständers ist eine Glasplatte befestigt; sie schliesst die Nuth und den Raum für den Spiegel nach dieser Seite ab. Ein horizontales Brett mit drei Fussschrauben bildet den Fuss des Ständers. Die Ablenkung des Spiegels wird auf die gewöhnliche Weise an einer beleuchteten Skale abgelesen.

Beim Gebrauch des Spiegelmagnetometers können die Ablenkungswinkel so klein gewählt werden, dass die trigonometrische Tangente sich nicht merklich von dem Bogen unterscheidet; man kann alsdann die abgelesenen Skalentheile den ablenkenden Kräften proportional setzen. Wenn die 50 Centimeter lange Skale 1 Meter vom Magnetometer entfernt ist, so lässt eine Ablenkung der Nadel um ungefähr 7^0 das Lichtbild von der Mitte an das eine Ende der Skale wandern. (Es ist zu beachten, dass die Drehung des Spiegels nur halb so gross ist als die des Lichtstrahls.) Nimmt man alsdann die Skalentheile statt der Tangenten, so beträgt selbst für diese grösste Ablenkung der Fehler nur 0,5 %, während der Fehler für kleinere Winkel natürlich noch viel geringer ist. In einem solchen Falle können wir deshalb statt tg θ einfach θ schreiben oder $\frac{\delta}{2\,D}$, wo δ die Ablenkung in Skalentheilen und D die Entfernung der Skale von dem Spiegel, in Skalentheilen ausgedrückt, bedeutet.

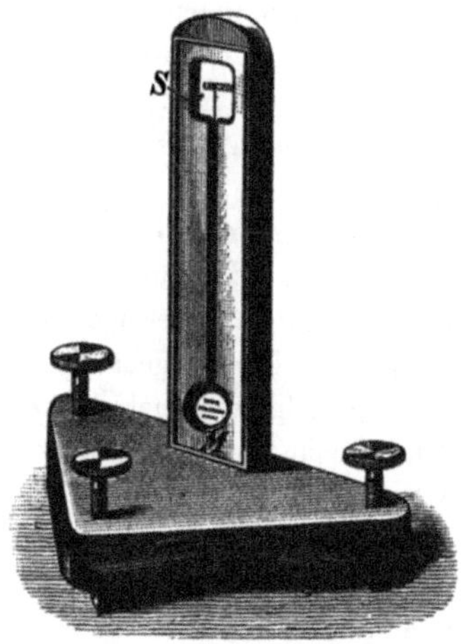

Fig. 15.

Eine Anordnung, die für die Untersuchung der magnetischen Eigenschaften von langen, dünnen Stäben nach der unipolaren Methode passt, ist die folgende. Der zu untersuchende Draht steckt in einer Röhre A (Fig. 17), welche in vertikaler Stellung hinter dem Magnetometer B festgeklemmt ist. Der Abstand wird durch Probiren so gewählt, dass die Ablenkung eine passende Grösse erhält. Ueber die Röhre ist eine Magnetisirungsspule gewickelt, die nach beiden Seiten etwas über den Drahtkern hinausragt. Die magnetisirende Kraft kann alsdann im Innern der Spirale als nahezu gleichförmig angesehen werden, wenn man von dem Einfluss der Enden des Untersuchungsobjektes absieht. (Soll nur ein einziger Draht untersucht werden, so kann die Magnetisirungsspule auch unmittelbar auf den Draht selbst, anstatt auf eine Röhre gewickelt werden.) In Folge seiner senkrechten Stellung ist der zu untersuchende Draht der Wirkung der vertikalen Komponente des Erdmagnetismus ausgesetzt. In vielen Fällen ist es wünschenswerth, diesen Einfluss zu beseitigen, so dass die Kraft, die auf den Draht wirkt, nur von der Magnetisirungsspule herrührt. Man wickelt zu diesem Zweck eine zweite Spule auf die Röhre und schickt durch diese einen konstanten Strom. Seine Stärke wählt man derart (nach einer Methode, die unten beschrieben wird), dass die magnetische Kraft, die er in der Röhre hervorruft, der vertikalen Komponente der Erdkraft gerade entgegengesetzt gleich ist. Ein Daniell-Element C und der Widerstandskasten D dienen zur Erzeugung und Regulirung dieses konstanten Stromes.

Im Stromkreise der Hauptspule und hinter dem zu untersuchenden Draht befindet sich eine Spule E, die nur aus wenigen Windungen besteht. Sie sind auf einen hölzernen Rahmen gewickelt, der gegen das Magnetometer verschoben werden kann; und dessen Achse durch die Mitte des Magnetometers geht und zwar rechtwinklig zu der Richtung der Nadel in ihrer Ruhelage. Diese Kompensationsspule, wie wir sie nennen wollen, dient dazu, um die direkte Wirkung der Magnetisirungsspule auf das Magnetometer zu kompensiren. Ihre Stellung wird folgendermaassen ausprobirt: Bevor der zu magnetisirende Stab in die Magnetisirungsspule gebracht wird, schickt man einen ziemlich starken Strom durch den Kreis beider Spulen und verschiebt die Kompensationsspule so lange, bis das Magnetometer keine Ablenkung mehr zeigt. Diese Justirung bleibt für alle Ströme richtig und bewirkt deshalb, dass, wenn der zu untersuchende Draht in die Röhre gebracht wird, von der beobachteten Ablenkung nichts wegen der Wirkung der Magnetisirungsspule in Abzug gebracht zu werden braucht.

Wir können natürlich die Wirkung dieser Spirale auch bestimmen, ohne von der Kompensationsspule Gebrauch zu machen. Wir beobachten zu diesem Zwecke die Ablenkung, die die Magnetisirungsspule selbst, nachdem der zu untersuchende Draht aus ihr herausgenommen ist, bei einer bestimmten Stromstärke ausübt und berechnen danach für andere Stromstärken die diesen proportionale

Ablenkung. Die Kompensationsspule ist jedoch praktisch bequemer und hat zudem noch andere Vortheile, die später erläutert werden.

Damit die Leitungsdrähte keine Wirkung auf das Magnetometer ausüben, werden sie überall um einander geschlungen.

Um die Permeabilität eines Probestücks zu untersuchen, wird zuerst ein schwacher magnetisirender Strom angewandt und dieser dann stufenweise oder stetig verstärkt, indem zugleich mit der Bestimmung der Stromstärke die Ablenkungen am Magnetometer beobachtet werden. Eine Akkumulatorenbatterie bildet die beste

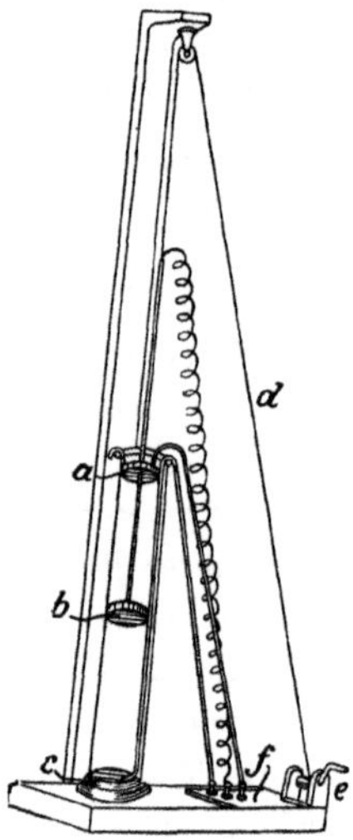

Fig. 16.

Stromquelle; es reicht aber auch eine Batterie von Daniell-Elementen aus. Zur Bestimmung der Stromstärke dient ein gutes Galvanometer oder Ampèremeter, welches in den Stromkreis der Magnetisirungsspule eingeschaltet wird. Sehr empfehlenswerth ist es, ein Spiegelgalvanometer von geringem Widerstand zu benutzen, auf dessen Nadel ein fest aufgestellter Magnet eine starke Richtkraft ausübt. Die Empfindlichkeit dieses Instruments wird dadurch bestimmt, dass man den Strom von einem grossen Daniell-Element hindurchschickt. Die Intensität dieses Stromes kann man als 1,1/R annehmen, wo R der gesammte Widerstand des Schliessungskreises in Ohm bedeutet. Man muss dafür sorgen, dass das Galvanometer weit genug von dem Magnetometer aufgestellt wird, damit diese beiden Instrumente sich nicht gegenseitig stören.

Bei vielen magnetischen Untersuchungen ist eine Vorrichtung wünschenswerth, mittelst deren man den magnetisirenden Strom stetig, nicht stufenweise, von Null bis zu seinem grössten Werth ändern kann. Dies geschieht in zweckmässiger Weise durch einen Flüssigkeitsrheostaten, wie ihn Fig. 16 darstellt. Ein hoher Glascylinder von ziemlich gleichförmigem Querschnitt, ungefähr 5 Centimeter im Durchmesser, ist mit einer verdünnten Lösung von Zinksulfat gefüllt. Drei Scheiben von amalgamirten Zink, a, b und c,

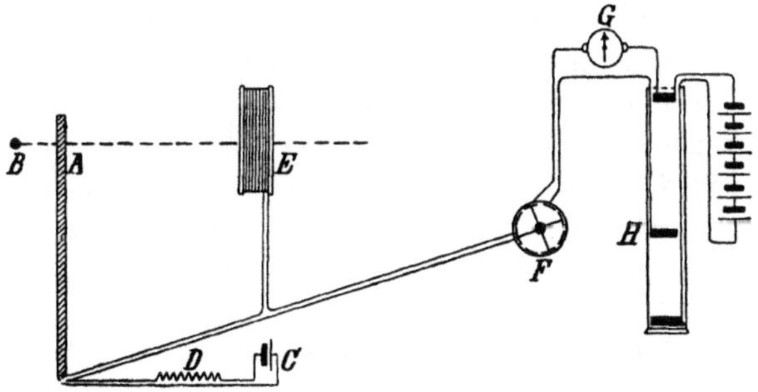

Fig. 17.

sind in diesem Cylinder angebracht; eine davon liegt am Boden, die andere ist am oberen Ende befestigt und die dritte hängt zwischen beiden und kann durch einen Faden d, der oben über eine Rolle zu der kleinen Kurbel bei e führt, gehoben oder gesenkt werden. Die Zinkscheiben sind mit den drei Klemmen bei f verbunden, da isolirte Drähte von der mittleren und unteren Scheibe durch die Flüssigkeit geführt sind. Die Batterie ist mit a und c verbunden; ein Theil des Stromes wird für die Magnetisirungsspirale abgezweigt, indem ihre Enden mit einer festen und einer beweglichen Zinkscheibe, also z. B. mit a und b verbunden werden. Wenn die Scheibe b soweit gehoben wird, dass sie a berührt, so geht kein Strom durch die Spirale; wird nun b allmählich gesenkt, so wächst der Strom in der Spirale und erreicht sein Maximum, wenn b mit c in Berührung kommt. Auf diese Weise lässt sich mittelst der verschiebbaren Scheibe in gewissen Grenzen jede Stromstärke herstellen und für beliebig lange Zeit konstant halten.

Fig. 17 giebt die allgemeine Anordnung des Versuchs an. Die Buchstaben A, B, C, D und E beziehen sich auf dieselben Theile wie vorher. F ist ein Kommutator, G ein Galvanometer für die Strommessung und H der eben beschriebene Flüssigkeitsrheostat.

§ 42. Entmagnetisirung durch Stromwechsel. — Der Flüssigkeitsrheostat leistet gute Dienste, wenn es sich darum handelt, das zu untersuchende Stück von allem Magnetismus zu befreien, den es etwa anfänglich besitzt, oder der noch von vorhergegangenen Magnetisirungen als remanenter zurückgeblieben ist. Das Verfahren der Entmagnetisirung durch Stromwechsel besteht darin, dass man eine grosse Zahl von magnetischen Kräften hinter einander in Anwendung bringt, die fortwährend ihre Richtung wechseln und dabei allmählich bis Null hin abnehmen. Ein Kommutator oder eine schnell zu handhabende Wippe wird entweder zwischen die Batterie und den Flüssigkeitsrheostaten oder zwischen diesen und die Magnetisirungsspule eingeschaltet. Indem der Beobachter mit der einen Hand den Strom fortwährend schnell kommutirt und mit der anderen sehr langsam die Kurbel des Flüssigkeitsrheostaten dreht (Fig. 16), erzeugt er eine lange Reihe von magnetisirenden Wechselströmen, von denen jeder folgende schwächer als der vorhergehende ist. Wenn das Experiment sorgfältig ausgeführt wird, so ist zum Schluss jede Spur von remanentem Magnetismus entfernt, vorausgesetzt, dass die Stromstärke im Anfang wenigstens ebenso stark war als die, bei welcher das Probestück vorher magnetisirt wurde.

§ 43. Regulirung des Stromes, der die Wirkung der vertikalen Komponente der Erdkraft kompensiren soll. — Das Entmagnetisiren durch Stromwechsel ist nur dann von vollständigem Erfolg begleitet, wenn die Wirkung der Vertikal-Intensität vollständig aufgehoben wird, denn sonst ist die in der einen Richtung wirkende Kraft immer grösser als die entgegengesetzte, so dass remanenter Magnetismus in der einen oder andern Richtung zurückbleibt, je nachdem der konstante Strom, der zur Kompensation der vertikalen Komponente dient, zu stark oder zu schwach ist. Gerade dieser Umstand bietet uns ein ausgezeichnetes Kriterium für die richtige Stromstärke. Wir verstärken oder vermindern den Strom so lange, bis das Verfahren der Stromwechsel eine vollständige Entmagnetisirung zur Folge hat. Je grösser die Susceptibilität des Materials in der Spule ist, um so empfindlicher ist diese Probe, und es ist daher zweckmässig, bei der Regulirung des Kompensationsstromes einen Kern aus weichem Eisen in die Spule zu bringen. Wird eine genaue Kompensation gefordert, so kann die Magnetisirungsspule um die Empfindlichkeit noch weiter zu steigern, bei diesem Versuch noch näher an das Magnetometer herangeschoben werden, als es nachher bei der eigentlichen Untersuchung eines Drahtes oder Stabes auf seine magnetischen Eigenschaften nöthig ist.

§ 44. **Direktionskraft des Magnetometers.** — Wenn wir den Magnetismus nach der magnetometrischen Methode messen, so müssen wir die Kraft F_1 kennen, welche auf die Nadel einwirkt, wenn sie sich in der Ruhelage befindet. Selbst wenn man besondere Richtmagnete nicht in Anwendung bringt, ist die Annahme nicht sicher, dass F_1 mit der horizontalen Komponente des Erdmagnetismus identisch ist, da das Feld der Erde innerhalb des Zimmers häufig durch den magnetischen Einfluss eiserner Röhren, Balken u. s. w. stark geändert wird. So lange diese störenden Körper nicht von ihrem Ort bewegt werden oder ihre Temperatur sich nicht allzu sehr ändert, ist ihre Wirkung auf das magnetische Feld — wenn sie auch bedeutend ist — ziemlich konstant, und in diesem Fall genügt eine einmalige Messung von F_1. Sind aber eiserne Heizröhren oder Oefen in der Nähe, so ist mit grösster Sorgfalt darauf zu achten, ob F_1 sich nicht ändert. Gegen feste Eisenmassen in einem magnetischen Laboratorium, welche die Temperatur der Luft haben, lässt sich gerade nicht allzu viel einwenden; viel störender sind eiserne Oefen oder Heizröhren, die schnellen Temperaturänderungen unterliegen.

Wir können eine vollständig einwurfsfreie Messung von F_1 anstellen, wenn wir die bekannte Methode anwenden, nach der die horizontale Komponente des Erdmagnetismus[1]) bestimmt wird und dafür Sorge tragen, dass der Ablenkungsmagnet an dem Platze schwingt, wo das Magnetometer stehen soll.

Im Allgemeinen braucht man auch nur das Verhältniss der Kraft F_1 und der horizontalen Komponente des Feldes F an einem

---

[1]) Eine vollständige Anleitung für die Bestimmung der horizontalen Komponente des Erdmagnetismus findet man in Kohlrauschs Leitfaden der praktischen Physik. 6. Aufl., S. 184—202.

Orte zu bestimmen, wo keine lokalen magnetischen Störungen vorhanden sind. Denn an vielen Stellen ist F genau genug durch die Bestimmungen der neueren magnetischen Landesaufnahmen bekannt, so dass der absolute Werth von F_1 aus seinem Verhältniss zu F hergeleitet werden kann.

Um die beiden Kräfte mit einander zu vergleichen, hängt man ein kurzes Stück eines geraden magnetisirten Stahldrahts innerhalb eines Glasgefässes in einem kleinen horizontalen Schiffchen mit Hülfe eines 8—10 cm langen Seidenfadens so auf, dass es frei schwingen kann. Man stellt die Vorrichtung an dem Platze auf, wo das Magnetometer stehen soll und setzt den Magneten in Schwingungen um die vertikale Achse. Dies geschieht am leichtesten dadurch, dass man einen Stabmagnet nähert und ihn darauf wieder so entfernt, dass seine beiden Pole gleich weit von dem aufgehängten Magneten entfernt sind. Sobald die Schwingungen soweit abgenommen haben, dass der Ausschlag nach jeder Seite nur noch etwa fünf Grad beträgt, fängt man an, sie zu zählen. Mit Hülfe einer Uhr notirt man den Zeitpunkt, wo der schwingende Magnet durch seine Ruhelage geht, zählt alsdann 30 bis 40 vollständige Schwingungen und notirt wiederum die Zeit, wenn der Magnet durch die Ruhelage nach derselben Seite wie zu Anfang hindurchschwingt. Man findet auf diese Weise die Zahl t_1 (in Sekunden), die für eine vollständige Schwingung erforderlich ist. Alsdann bringt man den Schwingungsmagnet an einen Ort, wo das erdmagnetische Feld nicht gestört ist und die Horizontal-Intensität F allein die Direktionskraft bildet, wiederholt die Zählung und bestimmt die Zeit t, die hier für eine vollständige Schwingung nöthig ist. Die Direktionskraft ist dem Quadrat der Schwingungsdauer umgekehrt proportional; deshalb hat sie an dem Orte, wo die Schwingungen zuerst gezählt wurden, den Werth

$$F_1 = \frac{F\,t^2}{t_1^2}.$$

Wenn das Magnetometer mit einer Kompensationsspule (§ 41) versehen ist, lässt sich F_1 auf folgende Weise bequem bestimmen. Man entfernt die Magnetisirungsspule und bringt die Kompensationsspule in eine bekannte Entfernung O A (Fig. 18) hinter das Magnetometer. Nun schickt man einen Strom von bekannter Stärke i[1]) durch die Spule und beobachtet die Ablenkung θ am Magnetometer. Es sei AB der mittlere Radius der Spule und OA die Entfernung vom Mittelpunkt des Magnetometers O bis zur Mitte der Spule. Ferner möge q die Anzahl ihrer Windungen bedeuten; alsdann ist die ablenkende Kraft, welche der Strom i in O ausübt

$$\frac{2\pi i q \overline{AB}^2}{(OA^2 + AB^2)^{3/2}} = \frac{2\pi i q \overline{AB}^2}{\overline{OB}^3}$$

und da dieser Ausdruck gleich F_1 tang θ ist, so haben wir

$$F_1 = \frac{2\pi i q \overline{AB}^2}{\overline{OB}^3 \cdot \text{tang}\,\Theta}$$

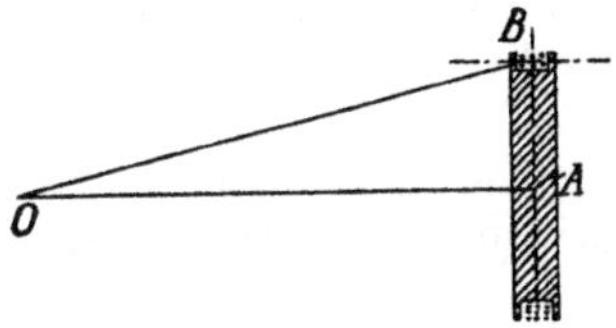

Fig. 18.

§ 45. **Beispiel für die Untersuchung von Eisen nach der magnetometrischen Methode.** — Bevor wir dazu übergehen, die ballistische Methode zu beschreiben, ist es vielleicht von Nutzen, die magnetometrische Methode dadurch noch näher zu erläutern, dass wir einen Versuch, der mit einem Draht aus weichem Eisen wirklich ausgeführt wurde, in seinen Einzelheiten angeben.

Der Durchmesser des Drahtes (d) war 0,077 cm; seine Länge betrug 30,5 cm, sie war also 400 mal so gross wie der Durchmesser. Vor dem Versuch wurde er ausgeglüht, indem man ihn langsam durch eine Flamme hindurchzog, so dass jeder Theil in helle Rothgluth kam und darauf langsam erkaltete, wenn er von der Flamme sich allmählich entfernte. Es wurde die unipolare Methode angewandt. Ein vorläufiger Versuch hatte gezeigt, dass die Pole sehr nahe an

[1]) Hier, wie auch sonst überall, wird die Stromstärke in absoluten elektromagnetischen (C. G. S.) Einheiten angegeben. Ist der Werth in Ampère ausgedrückt, so muss man die Zahl der Ampère durch 10 dividiren, um i in absolutem Maasse zu finden.

den Enden des Drahtes lagen. Das obere wurde in einer Entfernung (O Q) von 10 cm hinter dem Magnetometer befestigt; die Entfernung O Q' des unteren Pols betrug 31 cm. Die Direktionskraft F_1 des Magnetometers war 0,299 C. G. S.-Einheiten. Die Ablenkungen wurden in Millimeter auf einer Skale abgelesen, die 1 Meter vom Magnetometer entfernt war. Es entsprach daher ein Skalentheil dem Werth von $^1/_{2000}$ für θ oder tang θ.

Setzen wir diese Werthe in die Formel des § 40

$$I = \frac{4\,\overline{OQ}^2 F_1 \operatorname{tang} \Theta}{\pi d^2 \left\{ 1 - \left(\frac{OQ}{OQ'} \right)^3 \right\}}$$

ein, so entspricht eine Ablenkung des Magnetometers von 1 Skalentheil dem Werth für I

$$\frac{4 \times (10)^2 \times 0{,}299}{3{,}1416 \times (0{,}077)^2 \times 0{,}9665 \times 2000} = 3{,}32.$$

Es kamen ferner bei der Magnetisirungsspule 69 Windungen auf das Centimeter. Ihre magnetisirende Kraft für den Strom von 1 Ampère war daher

$$\frac{4\pi \times 69}{10} = 86{,}7.$$

Der Strom wurde mit Hülfe eines Spiegelgalvanometers gemessen, das für einen Strom von 0,235 Ampère 575 Skalentheile Ausschlag gab. Der Ausschlag von einem Skalentheil entspricht also 0,000408 Ampère. Folglich war die magnetisirende Kraft für einen Strom, der einen Skalentheil Ausschlag im Galvanometer hervorrief,

$$86{,}7 \times 0{,}000408 = 0{,}0354.$$

Nachdem auch in der Spule, die die Wirkung der Vertikal-Intensität kompensiren sollte, der Strom einer zweiten Stromquelle abgeglichen war, begann der Vorgang des Entmagnetisirens durch Stromwechsel, um jede Spur von etwa vorhandenem Magnetismus aus dem Draht zu entfernen. Alsdann wurden Magnetometer und Galvanometer abgelesen, während der Strom langsam von Stufe zu Stufe von Null an so weit verstärkt wurde, bis die magnetische

Kraft den Werth von 22,27 Einheiten erreichte. Nun wurde die Stromstärke in derselben Weise wieder langsam verringert und der Magnetismus beobachtet, den der Draht auf jeder Stufe annahm. Darauf wurde die Richtung des Stromes und der magnetisirenden Kraft umgekehrt und die Stromstärke dabei so lange gesteigert, bis der remanente Magnetismus das Vorzeichen wechselte. Die Beobachtungsresultate sind in Tabelle I auf der folgenden Seite dargestellt. Die Spalte (1) giebt die beobachteten Galvanometerausschläge und Spalte (2) die daraus berechnete magnetisirende Kraft. Es ist dies die Kraft, die die Spule ausübt; in § 25 haben wir sie mit H′ bezeichnet. Sie ist ein wenig grösser als die wahre magnetische Kraft H, da letztere durch die Wirkung des freien Magnetismus an den Enden des Drahtes etwas kleiner ausfällt (siehe § 47). Spalte (3) enthält die beobachteten Magnetometerausschläge (die allein von dem Magnetismus des Drahtes herrühren), und Spalte (4) die daraus berechneten Werthe von I.

§ 46. Magnetisirungskurve. — Für eine graphische Darstellung der Resultate ist es zweckmässig, eine Kurve zu zeichnen, die die Beziehung der magnetischen Kraft zu I oder zu B darstellt. In dieser Weise stellt Fig. 19 nach den in der Tabelle enthaltenen

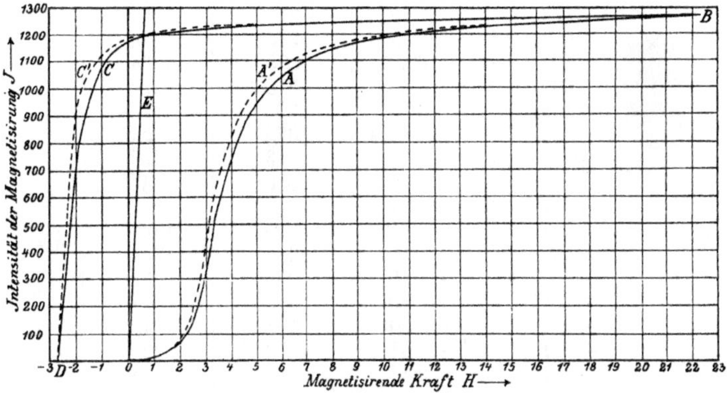

Fig. 19.

Beobachtungen die Beziehung der magnetisirenden Kraft der Spule zu I dar. O A B ist der ansteigende Ast, der durch Anwendung eines magnetisirenden Stroms von wachsender Stärke erhalten wurde, als sich das Eisen anfangs in einem vollständig unmagnetischen Zustande befand. Von B nach C nimmt der magnetisirende Strom wieder bis Null ab, von C bis D wirkte eine entgegengesetzt gerichtete Kraft.

Tabelle I.

Magnetisirung eines Drahtes aus weichem Eisen.

(1) Magnetisirender Strom (Galv. Ables.)	(2) Magnetisirende Kraft	(3) Ablesungen am Magnetometer	(4) I
0	0	0	0
9	0·32	1	3
24	0·85	4	13
39	1·38	10	33
59	2·18	28	93
79	2·80	89	295
99	3·50	175	581
119	4·21	239	793
139	4·92	279	926
159	5·63	304	1 009
189	6·69	327	1 086
239	8·46	348	1 155
289	10·23	359	1 192
342	12·11	365	1 212
441	15·61	373	1 238
574	20·32	378	1 255
629	22·27	380	1 262
461	16·42	379	1 258
239	8·46	375	1 245
139	4·92	372	1 235
89	3·15	369	1 225
39	1·38	363	1 205
0	0	350	1 162
— 11·5	— 0·41	342	1 135
— 23	— 0·81	329	1 092
— 31	— 1·10	318	1 056
— 41	— 1·45	295	979
— 51	— 1·80	253	840
— 62	— 2·20	166	551
— 71	— 2·51	70	232
— 81	— 2·87	— 12	— 40

Dies Beispiel ist für das Verhalten des weichen Schmiedeeisens sehr charakteristisch. Den ansteigenden Ast kann man im Grossen und Ganzen in drei Stücke theilen. Zuerst bei schwachen magnetischen Kräften ist die Ordinate der Kurve sehr klein; die magnetische Susceptibilität ist an dieser Stelle also (verhältnissmässig) nur gering[1]). Später, wenn die Kraft wächst, wird die Kurve sehr steil und fast geradlinig; es ist dies die Region der grossen Susceptibilität. Zuletzt biegt die Kurve um und das Ansteigen wird wieder gering, so dass die Susceptibilität wieder abnimmt; I kann alsdann nur noch dadurch einen grösseren Zuwachs erhalten, dass man eine sehr starke magnetisirende Kraft anwendet.

Diese dritte Stufe ist die nothwendige Folge derjenigen Erscheinung, die unter dem Namen der magnetischen Sättigung bekannt ist. Wir werden später sehen, dass der Werth von I eine bestimmte Grenze hat, welche auf keinen Fall überschritten wird, wie gross die magnetisirende Kraft auch wird.

§ 47. Remanenter Magnetismus und Koercitivkraft. — Bei dem absteigenden Ast der Kurve ist es bemerkenswerth, in wie geringem Grade der Magnetismus verschwindet, wenn die magnetische Kraft vermindert wird. Selbst wenn der Strom der Spule auf Null herabsinkt, ist der remanente Magnetismus O C in unserm Falle noch gleich 1162 C.G.S.-Einheiten, also nicht weniger als 92 Procent seines maximalen Werthes (1262 Einheiten). Dieser remanente Magnetismus wird jedoch nur sehr schwach festgehalten. Denn kehrt man die magnetisirende Kraft um, so verschwindet er schnell, wie die Fortsetzung C D des absteigenden Astes zeigt, und eine Kraft O D von — 2,75 C. G. S.-Einheiten genügt, um ihn ganz zu zerstören. Diese Kraft O D kann man als ein Maass für die Stabilität betrachten, mit der der remanente Magnetismus festgehalten wird, und nach Hopkinson nennt man sie die Koercitivkraft; dadurch ist einem alten unbestimmt angewandten Ausdruck eine genaue und sehr passende Bedeutung verliehen.

§ 48. Rückwirkung des untersuchten Drahtes auf das magnetisirende Feld. — Wenn der zu untersuchende Draht so lang ist, wie in unserm Beispiel (400 mal länger als dick), so üben seine Enden keinen grossen Einfluss auf das Feld aus. Wir können

---

[1]) Die verhältnissmässig geringe Susceptibilität des Eisens schwachen Kräften gegenüber scheint zuerst klar von Stoletow erkannt zu sein (Phil. Mag., 45, S. 40, 1873), dessen Beobachtungen, was die Beziehung der Magnetisirung zur magnetischen Kraft anbelangt, von Rowland bestätigt und bedeutend erweitert wurden (Phil. Mag., 46, S. 140, 1873; 48, S. 321, 1874).

in diesem Falle ohne merklichen Fehler den Unterschied zwischen H′ und H vernachlässigen und annehmen, dass die magnetisirende Kraft der Spule die ganze magnetisirende Kraft repräsentirt. Eine ziemlich zutreffende Annahme für den Einfluss der Enden gewinnen wir jedoch dadurch, dass wir den untersuchten Draht als Ellipsoid ansehen[1]). Nach § 33 haben wir in diesem Falle

$$H = H' - 0{,}00045\,I.$$

Daher ist für unser Beispiel die magnetische Kraft, die eine Magnetisirung von 1000 hervorbringt, um 0,45 Einheiten kleiner als die Kraft, die von der Spule herrührt, und an andern Werthen von I sind proportionale Korrektionen anzubringen. Ziehen wir also in Fig. 19 eine gerade Linie O E, welche von O ausgehend die Linie I = 1000 bei der Kraft 0,45 schneidet, so muss der wahre Werth von H für jeden Punkt der Magnetisirungskurve von dieser Linie statt von der Achse O C aus gemessen werden. Mit andern Worten: die Wirkung der Enden des untersuchten Drahtes kommt darauf hinaus, dass wir unser Diagramm um den Winkel C O E nach der Seite der positiven H scheeren[1]), und wir können die korrigirte Kurve aus der ursprünglichen O A B ableiten, wenn wir jeden Punkt, wie z. B. A, um die Entfernung A A′ zurücksetzen, d. h. um die Entfernung zwischen O E und der Achse O C für den entsprechenden Werth von I. Dieselbe Konstruktion lässt sich offenbar auch auf den absteigenden Ast anwenden. Die punktirten Kurven O A′ B und B C′ D, die auf diese Weise gezeichnet sind, geben eine genauere Darstellung der Beziehung zwischen I und H als die ursprünglichen Kurven.

Diese Korrektion bewirkt unter anderm, dass die Susceptibilität des untersuchten Körpers grösser wird. Ihr maximaler Werth (der dadurch gefunden wird, dass man von O aus eine Tangente an die Kurve zieht) steigt von 189 auf 209. Ferner wird der remanente Magnetismus grösser, er beträgt statt 92,1 jetzt 93,8 Proc.

---

[1]) Wahrscheinlich ist diese Korrektion zu gross. Denn in einem cylindrischen Stabe ist der Magnetismus näher an den Enden angehäuft als bei einem Ellipsoid. Seine Rückwirkung auf die magnetische Kraft ist an verschiedenen Stellen der Drahtlänge verschieden; aber man kann annehmen, dass die mittlere Wirkung kleiner ist als in dem Fall eines Ellipsoids.

des inducirten Magnetismus. Endlich wird die Kurve in ihrem mittleren Theil sowohl im aufsteigenden wie im absteigenden Aste noch steiler[1]).

Tabelle II enthält die Resultate desselben Versuchs (für den ansteigenden Ast der Kurve) auf Grund der obigen Voraussetzung, dass die Korrektion für H sich nicht merkbar von der unterscheidet, die in dem Falle eines Ellipsoids anzubringen wäre, wenn dessen Länge 400 mal so gross als der äquatoriale Durchmesser ist. Es sind sowohl die Werthe von B, μ und $\varkappa$, als auch die von I und H angegeben. Die Grösse B, die gleich $4\pi I + H$ ist, kommt dem Werth von $4\pi I$ nahe, so dass wir annehmen können, dass Fig. 19 die Beziehung von B, statt von I, zu H darstellt, indem wir einfach den Maassstab der Ordinaten derart ändern, dass wir 1257 B statt 100 I lesen.

Tabelle II.

H	I	$\varkappa = \frac{I}{H}$	B	$\mu = \frac{B}{H}$
0	0	—	0	—
0·32	3	9	40	120
0·84	13	15	170	200
1·37	33	24	420	310
2·14	93	43	1 170	550
2·67	295	110	3 710	1 390
3·24	581	179	7 300	2 250
3·89	793	204	9 970	2 560
4·50	926	206	11 640	2 590
5·17	1 009	195	12 680	2 450
6·20	1 086	175	13 640	2 200
7·94	1 155	145	14 510	1 830
9·79	1 192	122	14 980	1 530
11·57	1 212	105	15 230	1 320
15·06	1 238	82	15 570	1 030
19·76	1 255	64	15 780	800
21·70	1 262	58	15 870	730

§ 49. Differentiale Susceptibilität und Permeabilität. — In vielen Fällen kommt es uns weniger auf das wirkliche Verhältniss von I oder B zu H, als vielmehr darauf an, in welcher Weise I

[1]) Diese Scheerungskonstruktion wurde von Lord Rayleigh in einer Abhandlung „The Energy of Magnetised Iron“ angegeben. (Phil. Mag., 22, S. 175, 1886.)

oder B bei einer Aenderung von H zu- oder abnimmt — mit andern Worten: uns interessirt die Tangente der Magnetisirungskurve. Wir haben gesehen, dass die Steigung dI/dH anfangs klein ist, dann sehr gross und zuletzt in der Gegend der Sättigung wieder klein wird. Prof. Knott hat vorgeschlagen, diese Grösse die differentiale Susceptibilität zu nennen, ebenso kann dB/dH als differentiale Permeabilität bezeichnet werden. In dem behandelten Beispiel hat die differentiale Susceptibilität (nachdem wir die Korrektion für die Enden angebracht haben) einen maximalen Werth von 530 in dem aufsteigenden Ast der Kurve, der annähernd konstant bleibt, während sich I von 150 bis 650 ändert. Der entsprechende Werth für die differentiale Permeabilität ist 6660. In dem absteigenden Ast ist das Maximum der differentialen Susceptibilität 1660 und diese ändert sich nicht merklich, während I von 700 bis 0 abnimmt (und auch bis — 700, wie wir später bei anderen Beispielen sehen werden). Die differentiale Permeabilität hat hier den Werth 20850.

§ 50. Bemerkungen zu der magnetometrischen Methode. Wenn wir die Magnetisirung von weichem Eisen untersuchen, besonders aber, wenn der zu untersuchende Gegenstand dicker ist, so ist es nothwendig, nach jedem Zuwachs des magnetisirenden Stromes eine Pause zu machen und einige Sekunden oder selbst Minuten lang den Strom konstant zu halten, bevor das Eisen seinen vollen Magnetismus annimmt. Das „Kriechen" der Magnetometernadel, das nach jedem Anwachsen der magnetisirenden Kraft stattfindet, wird später ausführlicher besprochen werden (vgl. § 88, 89).

Wenn das zu untersuchende Stück nahe an das Magnetometer herangebracht wird und die Ablenkung in Folge dessen über die Skale hinausgeht, so kann die Magnetometernadel mit Hülfe eines permanenten Magnetes (ein harter Stahldraht ist hierfür recht zweckmässig) nach der Ruhelage hin zurückgeführt werden; hierdurch wird einem Theile der ablenkenden Kraft, die der zu prüfende Stab ausübt, das Gleichgewicht gehalten. Dieser Kompensationsmagnet muss so aufgestellt werden, dass er auf das Magnetometer nur eine Richtkraft ausübt, die der des zu untersuchenden Stückes genau entgegengesetzt ist, d. h. er darf nur eine ablenkende, aber keine richtende Kraft (§ 39) ausüben und deshalb muss er vor oder hinter das Magnetometer in die Linie B A E der Fig. 17 gelegt werden. Bei der Anwendung des Kompensationsmagnetes muss die Zahl der Skalentheile notirt werden, um die hierbei die Nadel zurückgeführt wird;

sie sind zu den folgenden Skalenablesungen hinzuzufügen. Dies Kompensationsverfahren ist besonders dann zweckmässig, sobald wir die Wirkung untersuchen wollen, die eine kleine Aenderung der magnetisirenden Kraft in dem oberen Theil der Magnetisirungskurve zur Folge hat.

Zur Vergrösserung der Empfindlichkeit können wir uns ferner mit Vortheil einer Kompensationsspule (§ 41) bedienen, um einen Theil (oder selbst die ganze) Ablenkung aufzuheben, die durch die Magnetisirung des Stabes selbst entsteht. Wenn wir z. B. die Form der Magnetisirungskurve bei ziemlich schwachen magnetischen Kräften besonders ausführlich untersuchen wollen — also den Theil O A B der Kurve (Fig. 20) —, so können wir den zu untersuchenden Gegenstand nahe an das Magnetometer heranbringen und gleichzeitig die

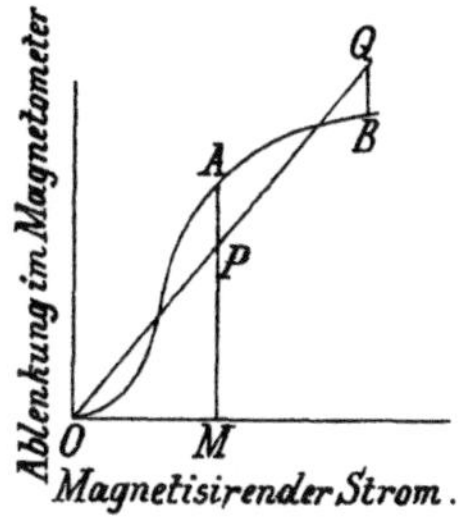

Fig. 20.

Kompensationsspule so weit nähern, dass sie einen Theil der Ablenkung aufhebt. Wenn P M der Theil der Ablenkung ist, der durch die Spule aufgehoben wird, so erhält man die wahre Ablenkung für den magnetisirenden Strom O M, wenn man zu dieser Grösse die beobachtete Ablenkung P A hinzufügt. Für jeden stärkeren oder schwächeren Strom ist die zu addirende Ablenkung durch die entsprechende Ordinate der Geraden O P Q gegeben. Die Neigung dieser Linie ergiebt sich aus der Ablenkung, die Kompensations- und Magnetisirungsspule zusammen bei einer bestimmten Stromstärke bewirken, wenn das zu untersuchende Stück aus der Spule entfernt ist. Wird das Stück wieder in die Magnetisirungsspule gebracht und dem Magnetisirungsprocess unterworfen, so sind die thatsächlichen Ablenkungen des Magnetometers natürlich auf die (positiven oder negativen) Strecken der Ordinaten beschränkt, die zwischen der Linie O Q und der Kurve liegen. Indem man die Lage der Kompensationsspule so abpasst, dass sich O Q nirgends weit von der Kurve entfernt, ist ein hoher Grad der Empfindlichkeit möglich. Denn die Magnetometerskale kann alsdann in ihrer ganzen Ausdehnung dazu verwandt werden, um die Differenzen P A, Q B u. s. w. zu messen. Diese Anordnung ist besonders empfehlenswerth, wenn man es mit Ellipsoiden von mässiger Länge zu thun hat.

Drittes Kapitel.

Magnetische Messungen: Die ballistische Methode.

§ 51. **Die ballistische Methode.** — Die ballistische Methode, der schon in § 38 Erwähnung geschah, wurde von W. Weber erfunden, darauf von Thalèn, Stoletow, Rowland und andern angewandt; ihr Name stammt von Sir William Thomson her[1]). Man bestimmt hier jede plötzliche Aenderung der magnetischen Induktion dadurch, dass man die Elektricitätsmenge des momentanen Stromes misst, der in einer um den magnetisirten Gegenstand gewickelten Spule entsteht. Wir wollen diese Spule, die um den Stab, den Ring, oder den beliebig gestalteten zu magnetisirenden Körper gewickelt ist, der Kürze halber als sekundäre Spule bezeichnen. Sie braucht sich nicht über die ganze Länge des zu untersuchenden Stücks zu erstrecken, und bei der Untersuchung eines Stabes ist eine kurze Spule, die nur den mittleren nahezu gleichförmig magnetisirten Theil bedeckt, vorzuziehen. Die Spule ist mit einem Galvanometer verbunden, dessen Magnetnadel (im Verhältniss zu der darauf einwirkenden Direktionskraft) ein beträchtliches Trägheitsmoment hat, so dass sie langsam schwingt. Ein gewöhnliches Spiegelgalvanometer ist leicht als ballistisches Galvanometer einzurichten, wenn man ein kleines Gewicht an dem Spiegel befestigt. Liegt der zu magnetisirende Körper in einer Magnetisirungsspule, so können plötzliche Aenderungen seines Magnetismus dadurch hervorgebracht werden, dass man einen magnetisirenden Strom wirken lässt, ihn stufenweise steigert, seine Richtung umkehrt u. s. w. Alle diese Operationen erzeugen einen plötzlichen Ausschlag der Galvanometernadel, der der Aenderung

[1]) Phil. Trans., 166, S. 693.

der magnetischen Gesammtinduktion innerhalb der sekundären Spule proportional ist. Der Ausschlag ist nämlich der ganzen Elektricitätsmenge proportional, die während der Dauer des Stromstosses das Galvanometer durchfliesst, und diese ihrerseits wieder der Aenderung der magnetischen Gesammtinduktion in der Spule. Es sei Q die Zahl aller magnetischen Induktionslinien innerhalb der sekundären Spule, und $\triangle Q$ irgend eine plötzliche Aenderung, die diese Zahl erfährt. Ferner bedeute N_2 die Anzahl der Windungen auf der sekundären Spule und R_2 den Widerstand (in Ohm) des ganzen sekundären Kreises, worin der Widerstand des ballistischen Galvanometers natürlich mit eingeschlossen ist. Alsdann ist die ganze Elektricitätsmenge des entsprechenden Stromstosses

$$\frac{N_2 \triangle Q}{R_2}.$$

Diese Grösse wird durch den Ausschlag des Galvanometers gemessen. Um $\triangle Q$ daraus zu berechnen, vergleicht man am besten mit diesem Ausschlag einen andern, der entsteht, wenn die Anzahl der Induktionslinien innerhalb der sekundären Spule um einen bekannten Betrag geändert wird, d. h. wir können das ballistische Galvanometer am einfachsten dadurch aichen, dass wir den Ausschlag beobachten, den eine bekannte Aenderung der Gesammtinduktion verursacht.

§ 52. **Erdinduktor.** — Nehmen wir z. B. an, es sei in den sekundären Stromkreis noch eine zweite Spule eingeschaltet; sie soll aus einer Anzahl von Drahtwindungen auf einem ziemlich grossen Rahmen bestehen und flach so auf einem horizontalen Tisch liegen, dass sie schnell um eine horizontale Achse um 180° gedreht werden kann. Hierdurch bewirken wir, dass die Richtung der vertikalen Komponente der erdmagnetischen Kraft in Bezug auf die Spule ihr Vorzeichen ändert und wir erhalten auf diese Weise einen Ausschlag des ballistischen Galvanometers, der von der bekannten Aenderung der Anzahl der Induktionslinien innerhalb des Stromkreises herrührt. Danach lassen sich leicht die Ausschläge bestimmen, die durch Aenderungen in dem Magnetismus des zu untersuchenden Körpers hervorgerufen werden.

Der Erdinduktor, wie diese Spule der Kürze halber genannt werden mag, wurde zuerst von Rowland[1]) bei magnetischen Unter-

[1]) Phil. Mag., 46, 1873.

suchungen angewandt. Anstatt horizontal kann man die Spule auch vertikal mit der Achse im magnetischen Meridian aufstellen, so dass beim Umdrehen die horizontale Komponente des Erdfeldes wirkt, oder sie kann auch normal zur Inklinationsrichtung aufgestellt werden, so dass das ganze Feld der Erde darauf einwirkt. Die horizontale oder vertikale Lage ist jedoch zweckmässiger. Im ersten Fall ist sehr gut ein leichter hölzerner Rahmen zu gebrauchen, der auf den Tisch gestellt wird. Fig. 21 ist nach der Photographie eines Erdinduktors gezeichnet, den der Verfasser zweckmässig gefunden hat. Ein weiter Messingring, auf den der Draht gewickelt ist, ruht in

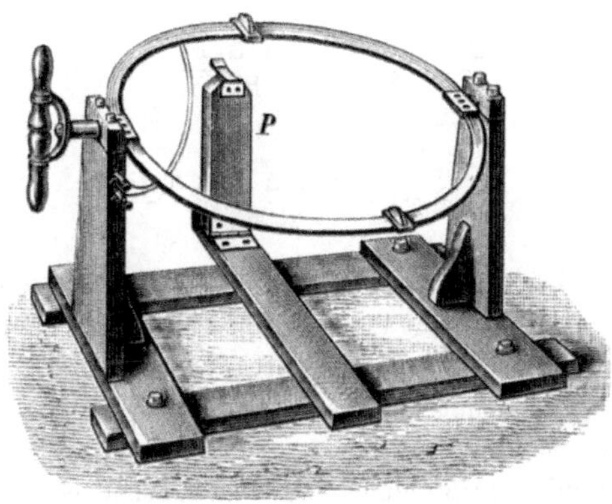

Fig. 21.

Zapfen auf einem Gestell und ist mit Anschlägen versehen, die die Säule P treffen und eine Drehung der Spule um gerade 180° gestatten. Wenn die Säule P, wie in der Figur, aufrecht steht, so liegt die Spule horizontal, und die vertikale Komponente der Erdkraft wirkt alsdann darauf ein. Die Säule kann jedoch mit Hülfe eines Scharniers auch heruntergeklappt werden und die Spule von der vertikalen Lage aus gedreht werden, so dass die horizontale Komponente wirksam ist.

Es sei N_1 die Anzahl der Windungen des Erdinduktors, A_1 seine Windungsfläche in qcm und F der bekannte Werth der wirksamen Komponente des Erdmagnetismus. Ein plötzliches Drehen des Induktors verändert die Anzahl der durch ihn gehenden Kraftlinien um den Betrag $2\,A_1\,F$, und die totale Elektricitätsmenge des momentanen Stromes ist

$$\frac{2\,N_1\,A_1\,F}{R_1},$$

wo R_1 den Widerstand des sekundären Stromkreises bedeutet. Es ist zweckmässig und bequem, den Erdinduktor fortwährend in dem sekundären Stromkreis eingeschaltet zu lassen, so dass der Widerstand des Kreises stets derselbe bleibt. Ist d_1 der Ausschlag am ballistischen Galvanometer, der durch die Drehung des Erdinduktors hervorgerufen wird, d_2 der Ausschlag in Folge der magnetischen Aenderung $\Delta\,Q$, welche wir bestimmen wollen, so ist

$$\frac{N_2\,\Delta Q}{R_2} : d_2 = \frac{2\,N_1\,A_1\,F}{R_1} : d_1;$$

folglich

$$\Delta Q = \frac{2\,N_1\,A_1\,F\,R_2\,d_2}{N_2\,R_1\,d_1}.$$

§ 53. **Aichung des ballistischen Galvanometers.** — Bei der Anwendung des Erdinduktors müssen wir die horizontale oder die vertikale Komponente des magnetischen Feldes für den betreffenden Ort genügend genau kennen. Diese ändern sich aber in schwer bestimmbarer Weise in einem gewöhnlichen Laboratorium. Die folgende Methode zur Aichung eines ballistischen Galvanometers (soweit dem Verfasser bekannt ist, rührt sie von Sir William Thomson her) ist ein guter Ersatz für den Erdinductor. Die nach diesem Verfahren gewonnenen Resultate sind von der Aenderung des lokalen Feldes unabhängig, sie erfordern allerdings die absolute Messung einer Stromstärke. Eine lange Magnetisirungsspule wird gleichmässig auf ein Rohr von bekanntem Durchmesser gewickelt, das aus Messing, Glas oder einem andern nicht magnetischen Stoff besteht. Ueber die Mitte dieser primären Rolle wickelt man noch eine sekundäre und verbindet diese mit dem ballistischen Galvanometer. Es sei A_3 der mittlere Querschnitt der primären Spule und n_3 die Anzahl der Windungen, die auf das Centimeter ihrer Länge kommen. Wird alsdann ein Strom i (C. G. S.-Einheiten) hindurchgeschickt, so ist die magnetische Kraft (oder Induktion) innerhalb der Spule (an irgend einer Stelle in der Nähe der Mitte) $4\,\pi\,i\,n_3$ und die gesammte Anzahl aller Kraft- oder Induktionslinien, welche der Strom erzeugt, ist $4 \pi i n_3 A_3$. Wenn N_4 die Zahl aller Windungen der sekundären Spule ist und R_4 der Widerstand ihres Schliessungskreises, so ist die Elektricitätsmenge des momentanen Stromes, welcher entsteht, wenn der primäre Strom i geschlossen oder unterbrochen wird

$$\frac{4 \pi i n_3 A_3 N_4}{R_4}$$

Wird hierbei der Ausschlag d_4 am ballistischen Galvanometer beobachtet, so ist

$$\triangle Q = \frac{4 \pi i n_3 A_3 N_4 R_2 d_2}{N_2 R_4 d_4}.$$

Eine weitere Methode für die Aichung des ballistischen Galvanometers besteht darin, mit Hülfe eines Kondensators von gegebener Kapacität, der auf ein bekanntes Potenzial geladen ist, eine bekannte Elektricitätsmenge durch das Galvanometer zu entladen. Sie hat keinen besonderen Vortheil gegenüber dem schon beschriebenen Verfahren und giebt in der Praxis weniger genaue Resultate.

§ 54. **Dämpfung und Kalibrirung des ballistischen Galvanometers.** — Für manche Zwecke ist es wichtig, dass das ballistische Galvanometer eine geringe Dämpfung hat, die Schwingungen der Nadel also nur sehr langsam abnehmen. Aber bei den hier in Frage kommenden magnetischen Messungen, wo es nur auf eine Vergleichung verschiedener ballistischer Ausschläge ankommt, ist dies nicht nöthig: es ist vielmehr aus Bequemlichkeitsrücksichten wünschenswerth, eine ziemlich starke Dämpfung zu haben, wenn sie nur nicht so gross ist, dass die Ausschläge den Aenderungen der magnetischen Induktion nicht mehr proportional sind. Um zu untersuchen, ob dieser Bedingung Genüge geschieht, schickt man eine Reihe von Strömen von immer grösserer Intensität durch die primäre Spirale (§ 53), während man gleichzeitig die entsprechenden Ausschläge am ballistischen Galvanometer bei Unterbrechung des primären Stroms beobachtet. Vergleicht man dies darauf mit der Stärke des primären Stromes, so wird man sehen, ob beide Grössen sich einander proportional ändern. Nach einer andern Methode schiebt man eine kleine Induktionsspule (die in dem Stromkreis des ballistischen Galvanometers eingeschaltet ist) über einen langen Stabmagnet. Man zieht sie alsdann von dem Magnete herunter und beobachtet den Ausschlag. Darauf verändert man die Windungszahl der Spule, indem man Draht auf- oder abwickelt und beobachtet wiederum den Ausschlag, wenn die Spule abgezogen wird. Die beobachteten Ausschläge müssen der entsprechenden Windungszahl proportional sein.

Wenn die Dämpfung nicht bedeutend ist, so ist es der Zeitersparniss wegen zweckmässig, nach Rowlands Vorgang[1]) in den sekundären Stromkreis eine kleine Spule einzuschalten, die auf einen Magnet geschoben wird. Dadurch, dass der Beobachter sie im richtigen Augenblick aufschiebt oder abzieht, gelingt es bei einiger Uebung leicht, den schwingenden Galvanometermagnet zur Ruhe zu bringen. Man muss sich natürlich hüten, diese Spule während der Messungen zu bewegen.

§ 55. Untersuchung von Ringen und Stäben mit Hülfe des ballistischen Galvanometers. — Fig. 22 zeigt die Versuchs-

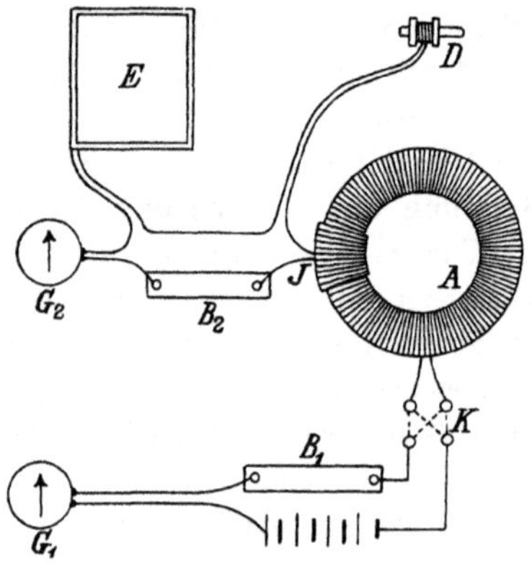

Fig. 22.

anordnung, wie sie bei der Untersuchung eines magnetischen Ringes nach der ballistischen Methode angewandt wird. Der Ring A ist mit einer primären oder magnetisirenden Spule bewickelt; ihr Strom kann am Galvanometer G_1 gemessen und durch Ziehen oder Einstecken der Stöpsel in dem Widerstandskasten B_1 plötzlichen Aenderungen unterworfen werden. Auch kann er mittelst des Schlüssels K beliebig geschlossen, unterbrochen oder umgekehrt werden. G_2 ist das ballistische Galvanometer, in dessen Schliessungskreise sich noch folgende Theile befinden: die sekundäre oder Induktionsspule

[1]) Phil. Mag., 46, S. 147, 1873.

(die über einen Theil oder den ganzen Ring gewickelt ist), der Widerstandskasten B_2, der dazu dient, die Grösse der Ausschläge zu verändern, der Erdinduktor E und die kleine Spirale D, die man braucht, um die Schwingungen der Galvanometernadel zu beruhigen. Ferner ist es noch zweckmässig, in den primären Kreis den Flüssigkeitsrheostaten und einen schnell zu handhabenden Stromschlüssel einzuschalten, mit deren Hülfe man durch Umkehrung des Stromes den zu untersuchenden Körper entmagnetisiren kann, wie es in § 42 beschrieben worden ist.

Um die Permeabilität zu untersuchen und die Form der Magnetisirungskurve zu bestimmen, kann man nach einer der beiden folgenden Methoden verfahren.

1. Stufenartige Aenderung der Stromstärke.

Wir beobachten den Ausschlag, den ein schwacher Magnetisirungsstrom am Galvanometer zur Folge hat, verringern darauf den Widerstand in B_1 um einen gewissen Betrag und beobachten wiederum den Ausschlag u. s. w.; dabei wird die magnetische Wirkung jeder plötzlichen Aenderung des magnetisirenden Stromes durch den Ausschlag des ballistischen Galvanometers gemessen. Der ganze in irgend einem Stadium vorhandene Magnetismus wird also durch die Summe aller vorangegangenen Ausschläge bestimmt. Nach demselben Verfahren kann man offenbar ebenso die Wirkung von einer einzelnen, wie die von zahlreichen Verkleinerungen messen, welche die Intensität des Magnetisirungsstromes erfährt, und so die vollständige Magnetisirungskurve auf Grund dieser schrittweise vorgehenden Methode zeichnen, wo die magnetisirende Kraft stufenweise ansteigt, verschwindet und ihre Richtung wechselt. Hierin liegt der Vortheil der Methode, anderseits hat sie den praktischen Nachtheil, dass ein Beobachtungsfehler, der beim Messen des Ausschlages an irgend einer Stelle gemacht wird, alle folgenden Werthe der Magnetisirung beeinflusst.

2. Umkehrung der Stromrichtung.

Eine zweite Methode besteht darin, den Strom der primären Spule plötzlich umzukehren. Die gerade vorhandene Magnetisirung wird dann durch die Hälfte des entstehenden Ausschlages gemessen. Durch Unterbrechung des Stromes findet man auch denjenigen Theil der Magnetisirung, der beim Entfernen der magnetischen Kraft verschwindet; wir können also auch den remanenten Theil berechnen. Bei der Anwendung dieser Methode muss man darauf achten, dass die Stromstärken fortwährend zunehmen, und selbst dann ist die Annahme nicht genau richtig, dass die Hälfte des Ausschlages, der bei dem Stromwechsel entsteht, die ganze Magnetisirung bestimmt. Besonders lassen sich hartes Eisen und Stahl weniger leicht durch eine Kraft von bestimmter Richtung magnetisiren, nachdem eine Kraft der entgegengesetzten Richtung auf sie eingewirkt hat. Bei weichem Eisen ist die Magnetisirungskurve, wie sie nach der zweiten Methode beobachtet wird, nicht merkbar verschieden von der, die das erste Verfahren liefert.

Die Untersuchung langer Stäbe, Ellipsoide oder anderer Körper, bei denen die Enden einen Einfluss ausüben, kann natürlich nach jedem der beiden Verfahren ausgeführt werden; ausserdem ist aber in diesem Fall noch eine dritte Methode empfehlenswerth. Hierfür ist die sekundäre Spule so einzurichten, dass sie von dem magnetisirten Körper abgezogen werden kann. In Folge dessen bringen wir die Induktionslinien innerhalb der Spule zum Verschwinden, vorausgesetzt, dass diese schnell weit genug entfernt wird, um der Wirkung des magnetischen Feldes entzogen zu sein. Der Ausschlag des ballistischen Galvanometers misst alsdann die ganze Induktion, die gerade vor der Entfernung der Spule vorhanden war. Diese Methode ist oft von Nutzen, aber man muss bedenken, dass die mechanischen Erschütterungen, die mit dem Abziehen der Spule verbunden sind, besonders bei weichem Eisen den Betrag der Magnetisirung sehr verändern können, den eine bestimmte magnetische Kraft hervorruft. Wir werden hierauf unten zurückkommen, wenn wir die Wirkung von Erschütterungen auf die magnetische Susceptibilität des Eisens besprechen. Wir können deshalb die Methode nicht anwenden, wenn wir den Einfluss auf einander folgender Ströme von zu- und abnehmender Stärke bestimmen wollen. Falls wir das stufenweise fortschreitende Verfahren bei einem langen Stabe angewandt haben, bietet jedoch das Abziehen der Spule eine nützliche Kontrole für die Genauigkeit, mit der die Summirung der einzelnen Ausschläge ausgeführt worden ist.

§ 56. Berechnung von B aus ballistischen Messungen. — Wir haben gesehen, wie sich nach den ballistischen Messungen die Gesammtzahl Q der Induktionslinien in der sekundären Spule bestimmen lässt. Wenn die sekundäre Spule unmittelbar auf das Eisen gewickelt ist, so liegen fast alle Linien innerhalb des Eisens, und wir haben alsdann

$$B = \frac{Q}{S},$$

wo S der Flächeninhalt des Eisenquerschnitts in Quadratcentimeter ist. Umschliesst jedoch die sekundäre Spule, abgesehen vom Eisen, noch einen merklichen Luftraum (oder einen andern nicht magnetischen Raum), so muss an Q eine Korrektion angebracht werden, bevor man es, um B zu finden, durch den Flächeninhalt des Eisenquerschnitts dividirt. Wenn sich die sekundäre Spule z. B. ausserhalb der primären befindet, und die mittlere Windungsfläche der letzteren S' ist, so gehen (S' — S)H Linien durch die sekundäre Spule, die ausserhalb des Eisens verlaufen. Diese Zahl muss von Q abgezogen werden. Selbst wenn die sekundäre Spule direkt auf das Eisen gewickelt wird, so ist ihre mittlere Windungsfläche selbstverständlich etwas grösser als der Querschnitt des Eisenkerns, und folglich muss auch hier eine kleine Korrektion (nämlich die Differenz beider Flächen multiplicirt mit H) angebracht werden; aber gewöhnlich ist diese Korrektion sehr klein.

§ 57. **Magnetische Kraft in Ringen.** — Wenn auch die Magnetisirungsspule gleichförmig über den ganzen Ring gewickelt wird, so dass ihre Wirkung in jedem Querschnitte des Ringes dieselbe ist, so ist deshalb die magnetische Kraft noch nicht überall gleichförmig. Sie ist am stärksten an der innern Seite des Ringes und nimmt gegen die Aussenseite in demselben Verhältniss ab, in dem der Radius wächst. Es rührt dies daher, dass die Anzahl der Windungen, die auf das Centimeter kommen, auf der Innenseite am grössten, auf der Aussenseite am kleinsten ist. Bedeutet N die Anzahl aller Windungen der Magnetisirungsspule, so kommen bei einem Radius r auf das Centimeter die Zahl $\frac{N}{2\pi r}$, und die magnetisirende Kraft ist $\frac{4\pi i N}{2\pi r} = \frac{2 i N}{r}$. Es variirt deshalb die magnetisirende Kraft zwischen $\frac{2 i N}{r_1}$ auf der innern und $\frac{2 i N}{r_2}$ auf der äussern Seite (Fig. 23). Hierin liegt ein Nachtheil bei der Anwendung ringförmiger Untersuchungskörper.

Um den Einfluss dieser Fehlerquelle möglichst abzuschwächen, muss die Dicke des Ringes im Vergleich zu seinem Radius klein sein. Fig. 24 zeigt eine Form, wo bei kleinem Radius des Ringes die magnetisirende Kraft für verschiedene Punkte des Querschnitts nicht sehr verschieden ist und wo gleichzeitig dieser Querschnitt nicht zu klein ausfällt.

Wenn wir es mit schwachen magnetischen Kräften zu thun haben, ist es wünschenswerth, den Ring in eine solche Lage zu bringen, dass der Erdmagnetismus die Gleichförmigkeit seiner Magnetisirung nicht beeinflusst, also in die Ebene, die normal zur Rich-

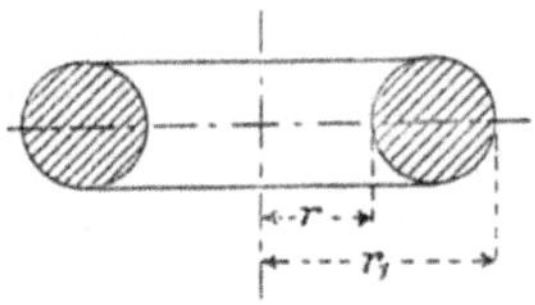

Fig. 23.

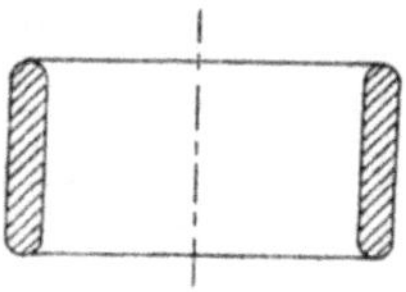

Fig. 24.

tung der erdmagnetischen Kraftlinien ist. Damit das Metall möglichst homogen ist, zieht man es vor, einen Ring aus einem massiven Stück zu drehen und ihn nicht aus einem Stabe zusammenzuschmieden.

§ 58. **Schlussjoch.** — Bei einem Ringe von gleichförmigem Querschnitt und gleichförmiger Wicklung ist (soweit es die Homogenität des Metalls zulässt) der Einfluss der Enden vermieden. Diese Bedingung kann auch dann annähernd erfüllt werden, wenn der zu

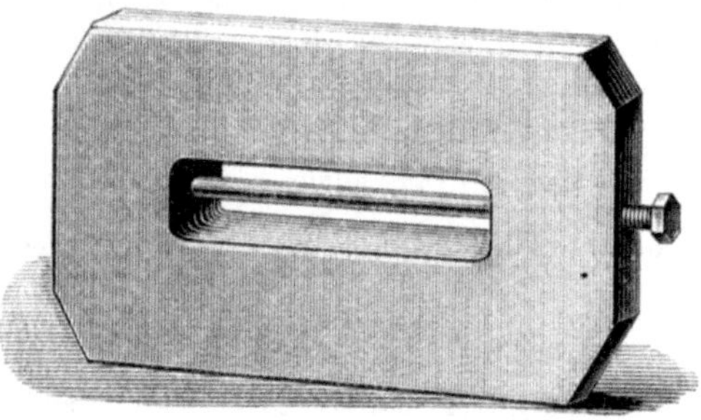

Fig 25.

untersuchende Körper die Form eines kurzen Stabes hat, und zwar dadurch, dass man die sehr interessante und werthvolle Methode anwendet, die von J. Hopkinson[1]) erfunden worden ist. Die Enden des Stabes stecken hierbei in Ausbohrungen eines massiven

[1]) „Magnetisation of Iron", Phil. Trans. S. 455, 1885.

Schlussjoches (Fig. 25), das einen viel grösseren Querschnitt als der Stab hat und aus einem Stoffe von höchster Permeabilität, nämlich aus weichem ausgeglühten Schmiedeeisen, besteht. Das Joch ist ein so guter Leiter für die Linien der magnetischen Induktion, dass diese, von dem einen Ende des Stabes ausgehend, fast sämmtlich durch das Joch hindurch nach dem andern Ende verlaufen, anstatt sich in den umgebenden Raum zu zerstreuen. Dieser Schluss des magnetischen Kreises mittelst des Joches verhindert fast vollständig, dass der Stab eine entmagnetisirende Kraft auf sich selbst ausübt. Bewickelt man ihn auf seiner ganzen freien Länge innerhalb des Joches[1]) mit einer Magnetisirungsspule, so ist die magnetische Kraft, die thatsächliche auf den Stab wirkt, wenig von der totalen Kraft verschieden, die von der Spule herrührt.

Den Unterschied beider Kräfte behandeln wir unten (§ 161) ausführlicher, wenn wir auf magnetische Kreise im Allgemeinen zu sprechen kommen und auf die Beziehung, in der die Induktion in dem Kreise zu der Anzahl aller Ampèrewindungen der Magnetisirungsspule steht. Vorläufig mag es genügen hervorzuheben, dass der Magnetismus des Stabes und des Schlussjoches eine geringe Rückwirkung auf die magnetische Kraft ausübt und deren Werth um einen Betrag verkleinert, der annähernd der Magnetisirung proportional ist. Die Wirkung ist ungefähr dieselbe, wie bei einem Stabe oder Ellipsoid, die nicht so lang sind, dass wir den Einfluss der Enden gänzlich vernachlässigen können. Die Magnetisirungskurve wird daher gescheert (§ 48); die beobachtete Susceptibilität und die beobachtete remanente Magnetisirung sind geringer als die wahren Werthe. Dieser Umstand macht die Schlussjochmethode unbrauchbar, wenn wir die Susceptibilität und die Remanenz eines Metalls von grosser Susceptibilität, wie weichen Schmiedeeisens, genau bestimmen wollen; für die Untersuchung von hartem Eisen oder Stahl ist die Methode aber einwurfsfrei.

Die Enden des Stabes müssen tief in das Joch hineinragen und in die Ausbohrungen gut eingepasst sein. Sind diese zu weit, so kann eine bedeutende entmagnetisirende Kraft auftreten.

§ 59. Hopkinsons Anordnung der Schlussjochmethode. — Wenn man die Untersuchung eines in einem Joche liegenden Stabes nach der ballistischen Methode ausführt, so können wir natürlich

---

[1]) In der Figur befindet sich der Stab an seinem Platze; Magnetisirungs- und Induktionsspule sind indessen fortgelassen.

gerade so wie bei einem Ringe sowohl das stufenweise fortschreitende Verfahren, als die Umkehrung der Stromrichtung anwenden. Hopkinson schlug jedoch bei der ersten Anwendung des Joches einen andern Weg ein. Der Stab bestand aus zwei Theilen, CC (Fig. 26), die in der Mitte aneinander stiessen, wo auch die sekundäre Spule D in einem Zwischenraume zwischen den beiden Hälften BB der Magne-

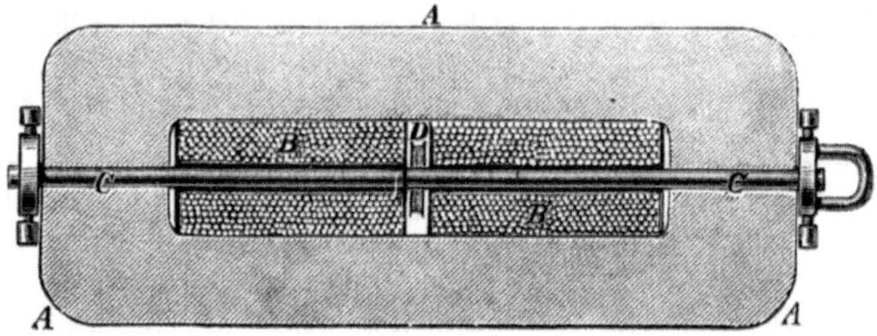

Fig. 26.

tisirungsspule aufgeschoben war. Mittelst eines Griffes an dem vorstehenden Ende des einen Stabes C konnte man diesen plötzlich von dem andern soweit fortziehen, dass die Spule D (welche durch eine Feder seitwärts gezogen wurde) aus dem Felde herausschnellte. Hierdurch entstand ein ballistischer Ausschlag, der den magnetischen Zustand des Stabes für den Augenblick bestimmte, wo die eine Hälfte herausgezogen wurde. Der Schnitt zwischen den beiden Theilen C' ist nicht einwurfsfrei; denn, wie wir später (§ 162—165) sehen werden, ist sein Einfluss auf die Magnetisirung des Eisens im Allgemeinen keineswegs zu vernachlässigen, selbst wenn die sich berührenden Flächen sorgfältig geschliffen sind.

§ 60. **Doppeltes Schlussjoch.** — Fig. 27 zeigt eine Anordnung, die gute Dienste leistet, wenn zwei Stäbe des zu untersuchenden Materials vorhanden sind. Die Stäbe müssen sehr lang sein —

Fig. 27.

wenigstens zwanzig Mal so lang als dick — die Joche dagegen kurz und dick. Gleiche Magnetisirungsspulen sind über die beiden Stäbe gewickelt und so verbunden, dass sie entgegengesetzte Magnetisirungen erzeugen. Die sekundären Spulen werden am besten auf dem mittlern Theil eines jeden Stabes angebracht. Wenn man den zu irgend einer Zeit gerade bestehenden magnetischen Zustand messen will, so wird eines der Joche so eingerichtet, dass, wenn man es fortzieht, die sekundären Spulen mitgenommen werden.

§ 61. Beispiel für die ballistische Methode. — In dem folgenden Beispiel[1]) hatte der zu untersuchende Körper die Form

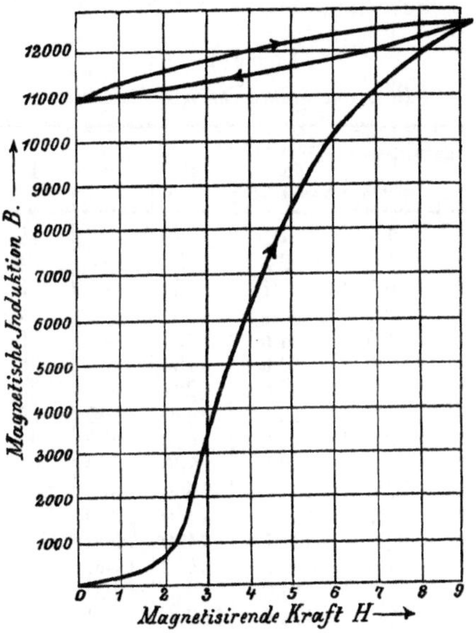

Fig. 28.

eines Ringes, der aus einem Stück ziemlich weichen Eisendrahts geschmiedet war:

Durchmesser des Drahtes	0,248	cm
Querschnitt des Drahtes	0,0483	qcm
Mittlerer Radius des Ringes	5,0	cm
Mittlerer Umfang des Ringes	31,4	cm
Windungszahl der Magnetisirungsspule	474	
Windungszahl der sekundären Spule	167	
Windungsfläche des Erdinduktors	1216	qcm
Windungszahl des Erdinduktors	10	

[1]) Phil. Trans. S. 530—532, 1885.

Erdmagnetische Kraft, die auf den Erdinduktor wirkte 0,34

Ballistischer Ausschlag, wenn der Erdinduktor gedreht wurde . . . . 42,9 Skalenth.

Der mittlere Werth der magnetischen Kraft für einen Strom von 1 Ampère war daher:

$$\frac{4\pi \times 474}{10 \times 31{,}4} \text{ oder } \frac{2 \times 474}{10 \times 5{,}0} = 18{,}96.$$

Tabelle III.

Ring aus ausgeglühtem Schmiedeeisen.

H	Ballistischer Ausschlag	Summe der Ausschläge	B	μ	I	$\varkappa$
0·13	1·1	1·1	26	—	2	—
0·26	1·1	2·2	53	—	4	—
0·30	0·5	2·7	65	—	5	—
0·40	0·8	3·5	84	—	7	—
0·53	1·0	4·5	107	—	9	—
0·71	2·1	6·6	158	—	12	—
0·93	2·9	9·5	227	—	18	—
1·31	3·9	13·4	320	245	25	19
1·69	9·2	22·6	540	320	43	25
1·89	6·9	29·5	705	370	56	30
2·78	77·5	107·0	2560	920	203	73
3·36	78·7	185·7	4440	1320	353	105
4·01	82	267·7	6400	1600	509	127
4·95	91·5	359·2	8580	1740	683	138
5·86	57	416·2	9940	1700	791	135
7·20	57	473·2	11300	1570	899	125
8·10	23·5	496·7	11870	1460	944	116
9·14	24	520·7	12440	1360	989	108
7·83	— 4·4	516·3	12330	—	981	—
6·21	— 6·7	509·6	12170	—	968	—
4·75	— 7·1	502·5	12000	—	955	—
2·70	— 14·0	488·5	11670	—	929	—
0	— 33·2	455·3	10880	—	866	—
2·78	15	470·3	11240	—	894	—
4·95	14·2	484·5	11570	—	921	—
6·21	11·9	496·4	11860	—	943	—
8·00	14·5	510·9	12170	—	971	—
9·14	10	520·9	12440	—	990	—

Der Widerstand des sekundären Schliessungskreises wurde während des ganzen Versuchs nicht geändert, und die Korrektion wegen des Luftraums in der sekundären Spule war zu vernachlässigen. Deshalb ist die Aenderung der Induktion B für ein Quadratcentimeter des Eisens, die dem ballistischen Ausschlag von einem Skalentheil entsprach, nach den obigen Angaben

$$\frac{1216 \times 10 \times 0,34 \times 2}{0,0483 \times 167 \times 42,9} = 23,89.$$

Bei dem Versuche wurde zuerst eine schwache magnetische Kraft angewandt; man liess sie dann stufenweise bis auf 9,14 C. G. S-Einheiten anwachsen, wieder bis auf Null abnehmen und von Neuem in derselben Weise anwachsen, während gleichzeitig die Ausschläge am ballistischen Galvanometer beobachtet wurden. Die nebenstehende Tabelle III enthält die Resultate; die Grössen μ, I und $\varkappa$ sind aus B und H berechnet.

Die Beziehung von B zu H bei diesem Versuch wird durch Fig. 28 (S. 71) erläutert. Wie man sieht, weist die Magnetisirungskurve dieselben charakteristischen Züge auf, wie in dem früheren Beispiel. Der remanente Betrag von B ist 88 Procent des inducirten Werthes.

Viertes Kapitel.

Beispiele.

§ 62. Ballistische Methode mit Umkehrung des Stromes: Magnetisirung eines Eisenringes (Rowland). — Einige Beispiele mögen noch dazu dienen, die Beziehung zwischen der Magnetisirung und der magnetisirenden Kraft im Eisen näher zu erläutern.

Rowland[1]) stellte die folgenden Beobachtungen an einem zusammengeschweissten und ausgeglühten Ring aus „Burden's Best" Schmiedeeisen von 6,77 cm mittlerem Durchmesser und 0,916 qcm Querschnitt an. *B* wurde durch Umkehren des magnetisirenden Stromes gemessen, indem man den halben Ausschlag (α) im ballistischen Galvanometer der Induktion proportional setzte; ferner beobachtete er auch den durch Unterbrechung des magnetisirenden Stromes entstehenden Stromstoss (α'). Die Differenz $\alpha - \alpha'$ misst die jeder Stufe des Magnetisirungsprocesses entsprechende remanente Magnetisirung. Die auf C. G. S.-Einheiten reducirten Werthe sind in Tabelle IV[2]) aufgeführt, in welcher mit B_r die Werthe der remanenten magnetischen Induktion bezeichnet sind.

Fig. 29 giebt ein Bild der Beziehung von B und B_r zu H für magnetische Kräfte bis zu 10 C. G. S. - Einheiten. Bei noch grösseren

---

[1]) Phil. Mag. 46, S. 151, 1873.

[2]) Die Dimensionen von H, B und I sind $m^{\frac{1}{2}}\, l^{-\frac{1}{2}}\, t^{-1}$. Rowland drückt in der angeführten Abhandlung die Induktion in Meter-Gramm-Sekunde-Einheiten aus. Seine in der Abhandlung mit Q bezeichneten Zahlen müssen also durch 10 dividirt werden, um sie auf C. G. S.-Einheiten zu reduciren. Was H betrifft, so sind Rowlands Zahlen (unter dem Kopfe M) gleich der magnetischen Kraft, dividirt durch 4π; dieselben müssen also mit $\frac{4\pi}{10}$ multiplicirt werden, um sie in C. G. S.-Einheiten von H auszudrücken.

Kräften wird die remanente Induktion B_r nahezu konstant. Das Verhältniss der remanenten zur inducirten Magnetisirung ist bei diesen Versuchen beträchtlich kleiner, als bei Beobachtungen an geraden oder ringförmig zusammengeschweissten Drähten. Vermuthlich ist dies nicht durch die Ungleichförmigkeit des Materials, sondern durch die Anordnung des Versuchs bedingt. Vor vielen Jahren schon hat v. Waltenhofen gezeigt, dass die Remanenz eines Eisenstabes geringer ist, wenn die magnetische Kraft plötzlich zu wirken aufhört, als wenn sie allmählich bis auf Null abnimmt[1]); dies ist besonders dann der Fall, wenn das zu untersuchende Stück

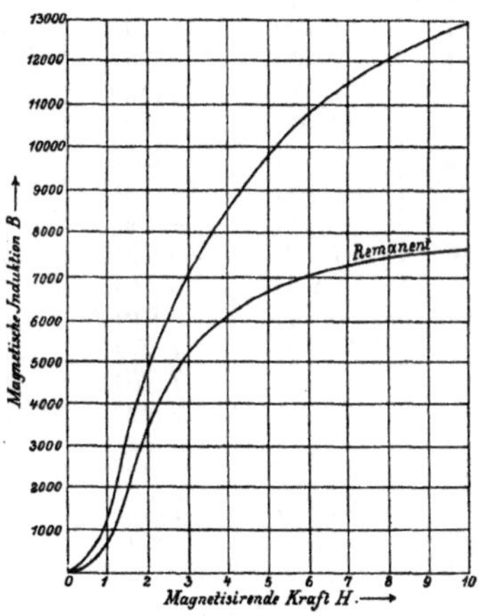

Fig. 29.

verhältnissmässig dick ist. In einem dicken Stab oder Ring erzeugt nämlich das plötzliche Verschwinden der magnetischen Kraft oscillirende Ströme, welche an der Oberfläche des Metalls verlaufen und eine ähnliche Wirkung haben, wie wir sie bei dem in § 42 beschriebenen Verfahren der Entmagnetisirung durch Stromwechsel kennen gelernt haben. Bei sehr langen Drähten oder Ringen von geringem Querschnitt findet man gewöhnlich, dass 80 bis 90 Procent des inducirten Magnetismus nach dem Verschwinden der magnetisirenden Kraft remanent bleiben, besonders, wenn die Kraft ruckweise um kleine Beträge oder ganz stetig verringert wird.

---

[1]) Pogg. Ann. 120, 1863. Vgl. auch G. Wiedemann, Lehre von der Elektricität 4, § 338.

Bei den vorliegenden Versuchen von Rowland an einem verhältnissmässig dicken Ring wurde die Wirkung der Kraft plötzlich aufgehoben.

Tabelle IV.

Ausgeglühter Ring aus Schmiedeeisen.

H	B	B_r	μ
0·18	71	18	390
0·69	600	211	869
0·86	967	439	1 129
1·27	2 460	1 570	1 936
1·41	2 920	1 940	2 078
1·45	3 080	2 060	2 124
2·04	4 960	3 630	2 433
2·22	5 480	3 810	2 470
2·34	5 780	4 010	2 472
2·72	6 650	4 750	2 448
3·16	7 470	5 430	2 367
4·05	8 940	6 270	2 208
5·31	10 080	6 840	1 899
8·48	12 270	7 500	1 448
10·23	12 970	7 670	1 269
11·99	13 630	7 520	1 137
17·69	14 540	7 990	824
34·17	15 770	8 130	462
46·02	16 270	7 850	354
64·33	16 600	7 890	258

§ 63. Cyklischer Magnetisirungsprocess: Langer Eisendraht. — Das untersuchte Stück war ein gerader Draht von sehr weichem ausgeglühten Eisen; seine Dicke betrug 0,158 cm und seine Länge 64 cm; er war also 400 mal so lang wie dick. Die Beobachtungen wurden nach der ballistischen Methode[1]) angestellt, indem man die magnetische Kraft stufenweise zuerst von 0 auf 17,26 Einheiten verstärkte und dann bis — 17,26 erniedrigte; man liess sie nun wieder bis auf + 17,26 anwachsen, verringerte sie auf Null und erhöhte sie schliesslich wieder bis + 17,26. Die Ergebnisse dieser cyklischen Processe sind aus Fig. 30 genügend ersichtlich, so dass es unnöthig ist, die numerischen Werthe von B und H anzugeben. Bei Beginn der Versuche hatte der Draht schon einen geringen Betrag an Magnetismus, welcher durch plötzliches Abziehen der sekundären

[1]) Phil. Trans. S. 539, 1885.

Spule ermittelt wurde. Ohne Rücksicht auf die Einwirkung der Enden ist in der Figur angenommen, dass die magnetisirende Kraft des Solenoids die ganze magnetische Kraft H darstellt. Wenn wir den Stab als ein Ellipsoid ansehen, dessen grosse Achse das 400fache von einer der beiden andern Achsen ist, müssen wir H von der Linie OA anstatt von Oy an zählen[1]).

Sowohl nach der positiven, wie nach der negativen Magnetisirung beträgt die remanente Induktion 82 Procent der maximalen, und die magnetische Kraft von entgegengesetztem Zeichen, welche

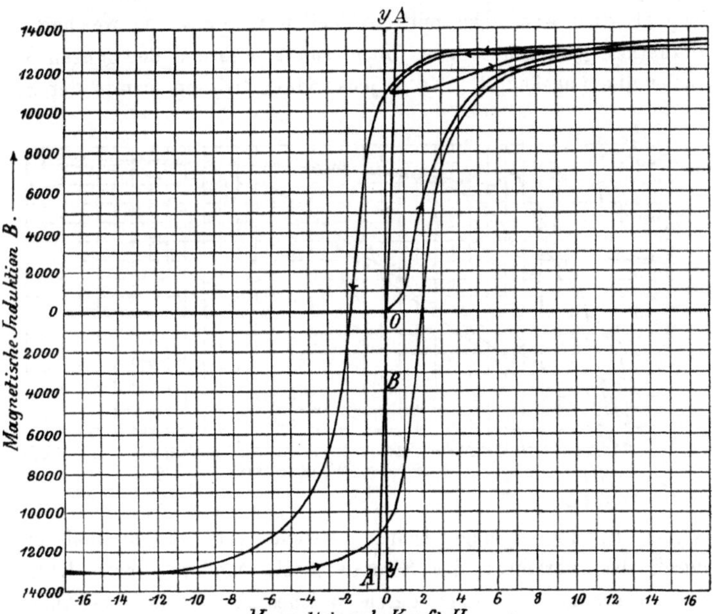

Fig. 30.

zur Vernichtung der Remanenz nöthig ist, die Koercitivkraft (§ 47), ist 1,9. Dieser Werth ist durchaus typisch für das Verhalten von

---

[1]) Nach der Tabelle in § 33 ist der Werth von $\frac{N}{4\pi}$ für ein solches Ellipsoid 0,000037. Die Linie O A hat also eine solche Neigung, dass die Rückwirkung des Magnetismus auf das Feld gleich einer Kraft von 0,37 für B = 10 000 wird.

weichem Schmiedeeisen, welches einer vollständigen cyklischen Magnetisirung unterworfen wird.

§ 64. Magnetisirung von Eisenstäben verschiedener Länge. — Die Kurven in Fig. 31 sind einer Reihe von Versuchen[1]) entnommen, bei welchen ein ausgeglühter Draht aus weichem Schmiedeeisen nach der ballistischen Methode geprüft wurde; er war 300 mal so lang als dick und wurde zuerst in seiner vollen Länge untersucht. Die Beobachtungen wurden wiederholt, nachdem seine Länge durch Abschneiden gleicher Theile von beiden Enden soweit verringert war, dass er nur noch 200, 150, 100, 75 und 50 mal so lang als dick war. Der mittlere Theil des Drahtes, in welchem die Induktion gemessen wurde, blieb somit während der ganzen Versuchsreihe ungeändert. Nach jeder Magnetisirung wurde der Stab

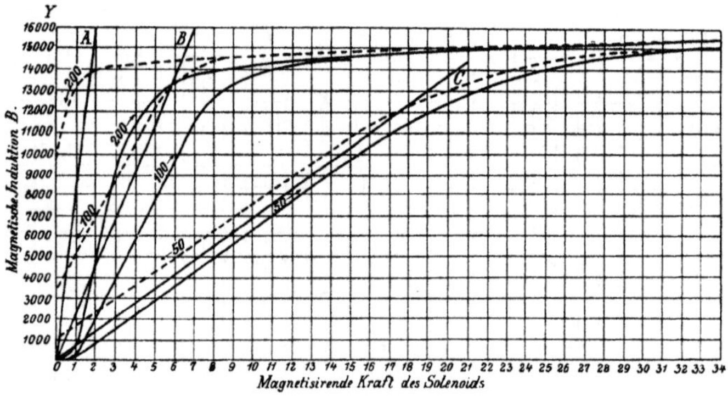

Fig. 31.

wieder in den unmagnetischen Zustand versetzt, diesmal nicht durch das Verfahren der Stromwechsel, sondern durch lebhafte Erschütterungen, in Folge deren weiches Eisen seinen remanenten Magnetismus fast vollständig verliert. Weiches Eisen ist in der That gegen Erschütterung ausserordentlich empfindlich. Stösse, welche während der Wirkung der magnetischen Kraft erfolgen, bewirken eine sehr starke Vergrösserung der Permeabilität; anderseits bringt Klopfen den remanenten Magnetismus fast vollkommen zum Verschwinden. Die leiseste Berührung mit der Hand genügt, um ihn erheblich zu verringern, und nach lebhaftem Klopfen findet man in einigen Fällen nur noch 1 bis 2 Procent. Der remanente Magne-

[1]) Phil. Trans. S. 535, 1885.

tismus wird also von weichem Eisen nur sehr lose gehalten. So lange man es vollkommen unberührt lässt, scheint es durch den Verlauf der Zeit allein nichts zu verlieren; jede Temperaturänderung oder irgend eine mechanische Störung verringert indessen die Remanenz auffallend schnell.

Die drei in Fig. 31 gezeichneten Kurven stellen die Fälle dar, in welchen die Länge des Drahtes das 200, 100 und 50 fache der Dicke betrug. Die Abscissen bedeuten die von dem Solenoid herrührende magnetisirende Kraft, nicht den wahren, durch die Wirkung der Enden des Stücks beeinflussten Werth von H. Die Geraden 0A, 0B und 0C dienen dazu, um dem Leser einen Begriff von dem wirklichen Werth der Grösse H zu geben; sie stellen die Rückwirkung dar, welche Ellipsoide ausüben würden, deren Länge das 200, 100 und 50 fache ihrer grössten Dicke betrüge. Wir bekommen einen Näherungswerth für den wahren Betrag von H, wenn wir die magnetische Kraft von diesen Geraden, anstatt von 0Y, aus rechnen. Diese Annäherung ist eine sehr gute für die Drähte, welche 200 und 100 mal länger als dick sind. Zeichnet man in beiden Fällen die Kurven, indem man die Abscissen von 0A bez. 0B aus rechnet, so stimmen sie unter einander und ebenso mit solchen Kurven gut überein, welche man für längere Stäbe oder Ringe aus demselben Material erhält. Die Kurven lassen deutlich die schon genügend erklärte Thatsache erkennen, dass weiches Eisen, wenn es in Form eines kurzen Stabes untersucht wird, wenig Remanenz aufweist; wird es dagegen in Form eines langen Stabes oder Ringes geprüft, so zeigt es viel mehr. Die gestrichelten Linien stellen die stetige Verminderung des inducirten Magnetismus dar, als die magnetisirende Kraft des Solenoids bis auf Null abnahm; verlängert man diese Linie über die Achse 0Y hinaus bis zum Schnitt mit 0X, so findet man, dass die Koercitivkraft des Materials 1,9 beträgt; bei den in Fig. 30 (§ 63) dargestellten Beobachtungen, welche sich auf ein anderes Stück desselben ausgeglühten Eisendrahtes bezogen[1]), hatten wir denselben Werth gefunden.

---

[1]) Zur weiteren Orientirung über den Einfluss der Länge von Stäben auf ihre Magnetisirung vgl. eine Abhandlung von A. Tanakadaté, Phil. Mag. Nov. 1888; die dort beschriebenen Versuche beziehen sich auf kürzere Stäbe, als die hier mitgetheilten Beobachtungen.

§ 65. **Stab aus Schmiedeeisen.** — Fig. 32, welche einer Abhandlung von J. Hopkinson entnommen ist[1]), stellt Beobachtungen an ausgeglühtem Schmiedeeisen dar; sie sind mit dem ballistischen Galvanometer nach der Schlussjochmethode (§ 59) ausgeführt. Die magnetische Kraft wurde auf 240 Einheiten gesteigert, bis —240 Einheiten vermindert und dann wieder auf +240 erhöht; in der Figur sind die auf negative Magnetisirung und hohe magnetische Kräfte bezüglichen Theile der Kurven weggelassen. Eine Vergleichung dieser Figur mit den früheren lässt die Vermuthung aufkommen, dass die Einwirkung der Enden nicht vollkommen vermieden war (zum grossen Theil jedenfalls durch den in § 59 erwähnten Einfluss des Schnitts). Die Kurven können annähernd dadurch berichtigt werden,

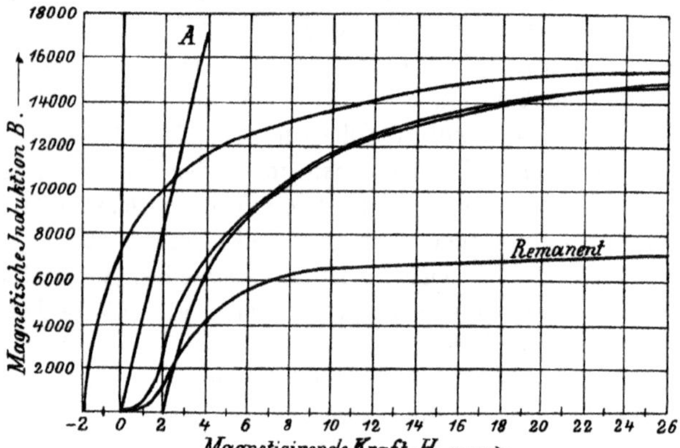

Fig. 32.

dass man H etwa von der Geraden 0A, welche in der Originalfigur nicht vorhanden ist, an rechnet. Die Enden würden also auf den im Joch liegenden Stab denselben Einfluss gehabt haben, wie auf einen Stab mit freien Enden, dessen Länge etwa das 150fache der Dicke betrug. Die Koercitivkraft hat in dem vorliegenden Fall fast genau denselben Werth, wie man ihn gewöhnlich bei weichem Eisendraht findet; die verhältnissmässig geringe Remanenz dieses Stabes dürfte somit nicht einem wesentlichen Unterschied in der Qualität des Eisens, sondern eher dem Umstand zuzuschreiben sein, dass der Einfluss der Enden nicht vollkommen vermieden war.

[1]) Phil. Trans. 1885, Tafel 47.

§ 66. Magnetisirung von mechanisch gehärtetem Eisen. In allen bisher angeführten Beispielen war das Eisen durch Erhitzen bis zur Rothglut weich gemacht. Dagegen zeigt Eisen, welches durch Hämmern, Walzen, durch Ausziehen zu Draht oder

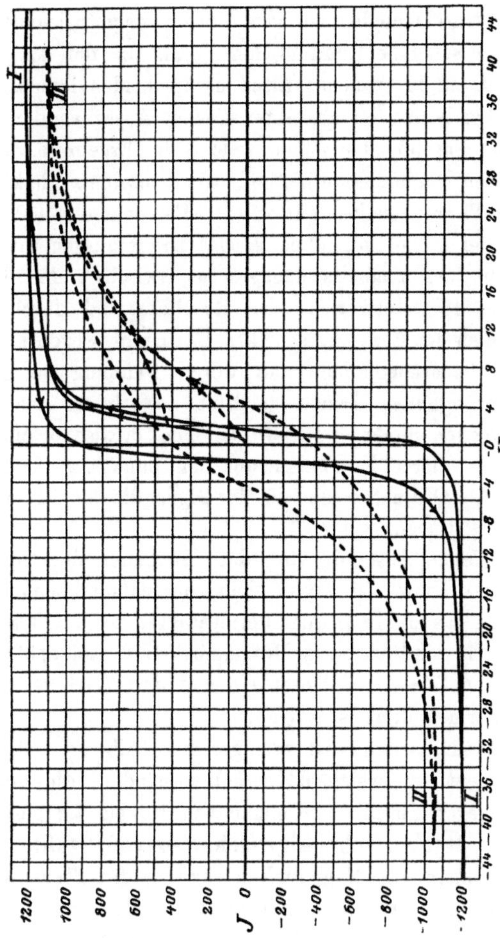

Fig. 33.

durch irgend welche andere Beanspruchung über die Elasticitätsgrenze hinaus mechanisch gehärtet ist, viel geringere Permeabilität und Susceptibilität, sowie viel geringere Remanenz, wenn es in einer Form untersucht wird, bei welcher die Enden ohne Einfluss sind;

die Koercitivkraft ist anderseits beträchtlich grösser. Die Remanenz eines langen Stabes oder eines Ringes aus hartem Eisen ist also geringer wie bei weichem Eisen; ein kurzer, harter Stab hält dagegen wegen seiner grösseren Koercitivkraft den remanenten Magnetismus besser als ein weicher.

Diese Unterschiede bedingen für die Magnetisirungskurven von gehärtetem Eisen eine Rundung der Form, an der sie sich leicht von den Kurven für weiches Eisen unterscheiden lassen.

Die Aenderung im charakteristischen Aussehen der Kurven ist deutlich aus Fig. 33 zu ersehen, welche die Ergebnisse zweier nach der unipolaren Magnetometermethode an demselben Stück Eisendraht angestellten Versuchsreihen darstellt[1]). Bei dem ersten Versuch war der (0,158 cm dicke und 60 cm lange) Draht ausgeglüht und wurde einem cyklischen Magnetisirungsprocess zwischen den Feldstärken +46 und —46 unterworfen. Die Resultate sind durch die ausgezogenen Linien der Figur dargestellt. Der Draht wurde sodann durch Stromwechsel entmagnetisirt und durch Dehnung um 10 Procent seiner ursprünglichen Länge gehärtet. Nachdem das streckende Gewicht weggenommen war, wurde eine cyklische Magnetisirung vorgenommen, deren Ergebnisse aus den punktirten Linien ersichtlich sind. Als Ordinaten sind in der Figur die Magnetisirungsintensitäten I aufgetragen.

Im weichen Zustand wird das Maximum der Susceptibilität früh bei einer Kraft von 2,6 erreicht; der entsprechende Werth ($\varkappa$) ist 245, und das Maximum der Permeabilität beträgt 3080. In dem gestreckten Zustand tritt das Maximum von $\varkappa$ viel später bei einer Kraft von ungefähr 11 Einheiten ein und der Werth ist nur 53; die maximale Permeabilität ist 670.

Im harten Zustand ist weniger als halb so viel remanenter Magnetismus wie im weichen Zustand vorhanden; die Koercitivkraft hat sich dagegen durch das Dehnen von 1,7 bis 4,5 gesteigert.

§ 67. Magnetische Eigenschaften von Stahl. — Im Allgemeinen können die Magnetisirungskurven für Stahl den Kurven für Eisen dadurch sehr ähnlich gemacht werden, dass man einfach den Massstab für H ändert. Bei starken magnetischen Kräften wird die Sättigung im Stahl so ziemlich bei denselben Werthen von I oder B erreicht wie im Eisen; im ersten Fall ist aber zu diesem

---

[2]) Phil. Trans., 1885, S. 547.

Zweck eine stärkere Kraft anzuwenden. Für jede Stufe der Magnetisirung sind Susceptibilität und Permeabilität im Stahl geringer als im Eisen, und die Koercitivkraft ist entsprechend höher.

Die magnetischen Eigenschaften des Materials, welches man unter dem Namen „Stahl" zusammenfasst, sind so verschieden wie die mechanischen. Abgesehen von den durch die verschiedene chemische Zusammensetzung hervorgerufenen Unterschieden ist die mechanische Behandlung und vor Allem der Umstand von wesentlichem Einfluss, ob der Stahl ausgeglüht, durch Ablöschen gehärtet oder angelassen ist. Mechanisch weicher oder ausgeglühter Stahl ist in der Regel auch magnetisch weich, d. h. seine Permeabilität ist vergleichsweise hoch und seine Koercitivkraft gering; mechanisch harter Stahl ist auch magnetisch hart. Vergleicht man z. B. Sorten von verschiedenem Kohlenstoffgehalt, so findet man gewöhnlich entsprechende Unterschiede in der magnetischen Härte. Die Sorten mit mehr Kohlenstoff sind die härteren, sie haben also geringere Susceptibilität und grössere Koercitivkraft. Was die mechanische Härte betrifft, so sind Stücke, die rothglühend abgelöscht wurden, magnetisch viel härter als ausgeglühte Stäbe von derselben Zusammensetzung[1]).

Ausser Kohlenstoff beeinflussen auch noch andere Bestandtheile die magnetischen Eigenschaften oft sehr erheblich. Chrom und Wolfram verstärken die Koercitivkraft ausserordentlich; Wolfram insbesondere ist ein gewöhnlicher Bestandtheil von Magnetstahl. In weichem Eisen beträgt, wie wir gesehen haben, die Koercitivkraft ungefähr 2 Einheiten oder manchmal sogar noch weniger. In Chromstahl, welcher durch Ablöschen in Oel gehärtet ist, beläuft sie sich auf 40 und kann bei Wolframstahl sogar 50 überschreiten[2]). Diese Zahlen sind einer Arbeit von Hopkinson entnommen, welche für die Kenntniss der magnetischen Eigenschaften verschiedener Stahlsorten bis jetzt die wichtigsten Resultate enthält. Auf seine Ergebnisse, deren Werth dadurch sehr erhöht wird, dass für jede Sorte die chemische Analyse mitgetheilt ist, werden wir später zurückkommen;

---

[1]) Der Einfluss, welchen Unterschiede im Anlassen auf die magnetische Remanenz haben, ist erschöpfend von Strouhal und Barus untersucht worden; von ihren Resultaten wird in einem späteren Kapitel, wenn vom permanenten Magnetismus die Rede ist, Einiges mitgetheilt werden.

[2]) Hopkinson, Phil. Trans. 1885, S. 463.

die Magnetisirung von Stahl soll an dieser Stelle durch 2 Beispiele erläutert werden, die einer anderen Quelle entnommen sind[1]).

§ 68. **Magnetisirung von Klaviersaitendraht.** — Die Figuren 34 und 35 zeigen die Ergebnisse einer cyklischen Magne-

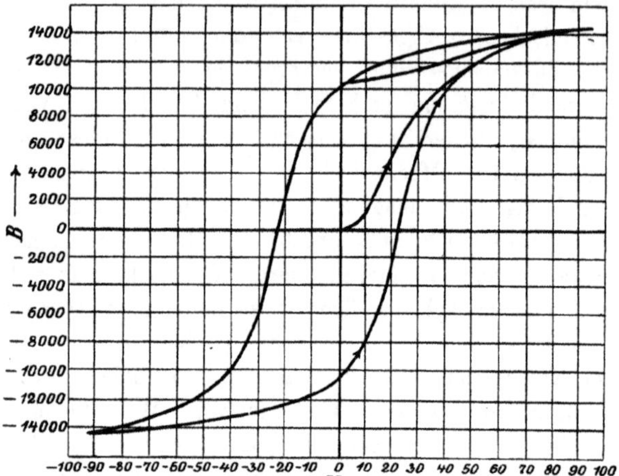

Fig. 34.

tisirung (mit positiven und negativen magnetischen Kräften bis nahe an 100 Einheiten) von zwei Stücken desselben Klaviersaitenstahl-

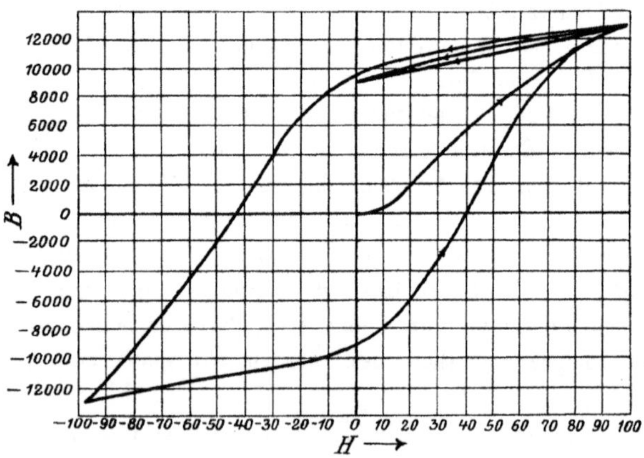

Fig. 35.

drahts; der eine (Fig. 34) war durch Ausglühen weich, der andere (Fig. 35) dadurch glashart gemacht, dass er rothglühend in Wasser

[1]) Phil. Trans. 1885, S. 546—47.

abgelöscht wurde. Die Koercitivkraft des letzteren ist kaum geringer als die von Wolframstahl. Die grösste Permeabilität ist nur 118, in Fig. 34 ist sie 295.

§ 69. **Gusseisen.** — Gusseisen erfährt, auch unter dem Einfluss starker Kräfte, eine etwas geringere Magnetisirung als Schmiedeeisen oder Stahl. Die Intensität der Sättigung ist ungefähr $^3/_4$ von derjenigen des Schmiedeeisens. Die Permeabilität bei geringen magnetisirenden Kräften und die Koercitivkraft haben im Allgemeinen ähnliche Werthe wie bei weichem Stahl. Fig. 36 (von Hopkinson) stellt die Hälfte eines cyklischen Magnetisirungsprocesses für ein vermuthlich ausserordentlich weiches Stück von grauem Gusseisen dar,

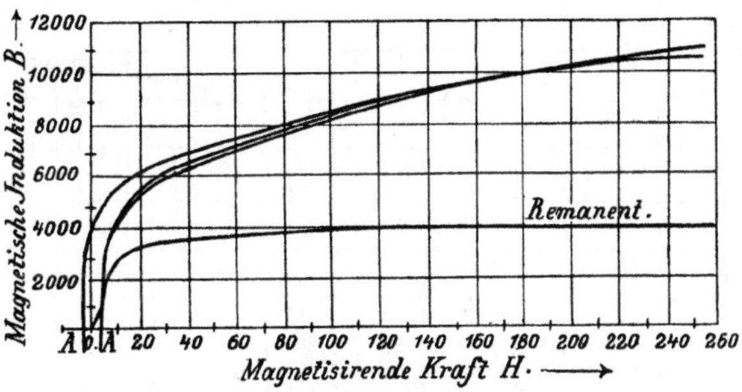

Fig. 36.

bei welchem die Koercitivkraft kaum die doppelte von der des geglühten Schmiedeeisens ist. Das Stück wurde in Form eines kurzen Stabes nach der Schlussjochmethode (§ 59) untersucht.

§ 70. **Unmagnetische Stahlsorten.** — Gewisse Eisenlegirungen sind auffallend wenig magnetisch. Die Anwesenheit von Mangan in grossen Mengen nimmt dem Metall fast alle Susceptibilität. Ein bemerkenswerthes Beispiel ist Hadfield's „Manganstahl", welcher etwa 12 % Mangan und 1 % Kohlenstoff enthält. Die Permeabilität dieser Legirung beträgt ungefähr nur 1,3 bis 1,5 und ist in starken und schwachen Feldern merklich konstant. Remanenter Magnetismus ist selbst nach Einwirkung sehr starker magnetisirender Kräfte nicht zu bemerken. Noch auffallender ist das Verhalten von „Nickelstahl". Hopkinson[1]) fand, dass eine Sorte mit 25 Procent Nickel bei gewöhnlichen Temperaturen fast unmagnetisch

[1]) Proc. Roy. Soc. Dec., 1889; Mai, 1890.

ist; die Permeabilität ist konstant und gleich 1,4. Wir haben hier also eine unmagnetische Verbindung zweier stark magnetischer Stoffe. Besonders interessant ist bei dieser Legirung der Umstand, dass sie durch Abkühlung auf eine sehr niedrige Temperatur stark magnetisch wird und in diesem Zustand auch dann verharrt, wenn die Temperatur des Stückes wieder auf die der Umgebung gestiegen ist. Der Einfluss der Temperatur auf die Susceptibilität wird in einem späteren Kapitel behandelt werden.

§ 71. **Nickel.** — Figur 37 stellt cyklische Magnetisirungskurven[1]) für ein langes Stück Nickeldraht dar (0,068 cm dick und 25,4 cm lang); bei einer Versuchsreihe (ausgezogene Kurven) war der Draht ausgeglüht, bei einer zweiten (gestrichelte Kurven) durch

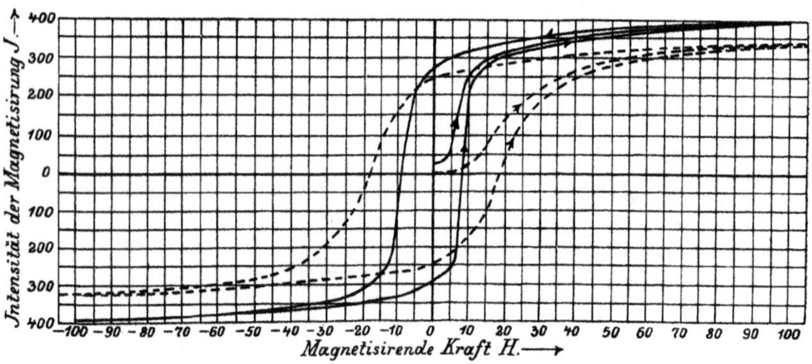

Fig. 37.

Dehnen über die Elasticitätsgrenze gehärtet. Als Ordinaten sind nicht die Werthe von B, sondern diejenigen von I aufgetragen. Wie man sieht, ist bei starken Kräften die Magnetisirung von Nickel bedeutend geringer als von Schmiedeeisen, Gusseisen oder gewöhnlichen Stahlsorten. Der Sättigungswerth von I beträgt für Nickel nur $^1/_4$ bis $^1/_3$ des entsprechenden Werths für Schmiedeeisen. Die folgenden (in Fig. 37 graphisch dargestellten) Zahlen wurden erhalten, als der Draht sich in dem weichen Zustand befand.

Die beiden letzten Werthe in der ersten und zweiten Spalte der Tabelle ergeben die remanente Magnetisirung und die Koercitivkraft. Die grösste Susceptibilität ($\varkappa = 23{,}5$) entspricht einer Per-

---

[1]) Phil. Trans., Vol. 179 A, S. 327, 1888.

meabilität von $\mu = 283$. Bei den Beobachtungen an dem hart gezogenen Draht war der grösste Werth von $\varkappa$ nur 8,3 ($\mu = 105$) und die Koercitivkraft 18. Die Kurven für ausgeglühtes und mechanisch gehärtetes Nickel sind also den entsprechenden Kurven für Eisen sehr ähnlich. Rowland[1]) fand bei einem aus Nickel gegossenen Ring als maximale Susceptibilität 17,6 ($\mu = 222$) und erreichte mit einer Kraft $H = 104$ für I einen Werth von 434 Einheiten.

Ausgeglühter Nickeldraht.

H	I	$\varkappa$
0	22	—
4·0	36	—
6·5	83	12·8
8·0	177	22·1
9·5	223	23·5
10·9	251	23·0
12·3	273	22·2
24·6	325	13·2
52·6	371	7·1
79.7	392	4·9
100.4	401	4·0
0	284	—
—7·5	0	—

§ 72. **Kobalt.** — Kobalt kann entschieden kräftiger magnetisirt werden als Nickel. Der Wirkung eines starken Feldes ausgesetzt, wird dieses Metall ungefähr ebenso magnetisch wie Gusseisen; bei schwachen Kräften dagegen ist seine Susceptibilität verhältnissmässig gering. Fig. 38 stellt einen cyklischen Magnetisirungsversuch mit einem gegossenen und abgedrehten Kobaltstabe dar, welcher ungefähr 2 Procent Eisen enthielt; die Untersuchung erfolgte nach der § 58 beschriebenen Jochmethode, indem der Magnetismus durch Summirung der Stromstösse ermittelt wurde, welche bei der jedesmaligen Aenderung der Kraft eintraten. Ein geringer Betrag an Magnetismus, welcher bei Beginn des Versuchs schon vorhanden war, wurde nicht entfernt. Die grösste Permeabilität ergab sich bei einer Kraft von etwa 25 Einheiten; ihr Werth betrug $\mu = 174$, also $\varkappa = 13{,}8$. Rowland fand bei einem gegossenen Kobaltring die grösste Susceptibilität zu 11,2.

[1]) Phil. Mag., November 1874.

Die Kurven für Kobalt haben eine abgerundete Form, welche an die von hartem Eisen erinnert. Der remanente Magnetismus ist ziemlich gering und die Koercitivkraft beträgt bei dem in Fig. 38 dargestellten Versuch 12 Einheiten.

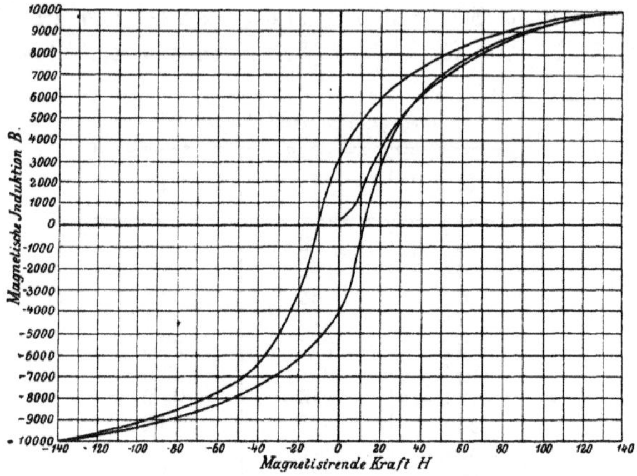

Fig. 38.

§ 73. **Kurven der Permeabilität und Susceptibilität.** — Das Verhalten der magnetischen Metalle unter der Wirkung einer magnetischen Kraft wird graphisch manchmal auch auf andere Weise dargestellt. Anstatt eine Kurve zu zeichnen, welche das Verhältniss von B oder I zu H angiebt, wie es in den bisherigen Beispielen der Fall war, können wir auch die Beziehung von $\varkappa$ oder μ zu H darstellen. Diese Methode, die Ergebnisse der Versuche zu veranschaulichen, wurde von Stoletow[2]) angewandt. Ein anderer und noch besserer Weg, welchen wir Rowland[3]) verdanken, ist der, als Koordinaten μ und B oder $\varkappa$ und I zu wählen. Solche Kurven, von welchen einige Beispiele folgen, mögen Kurven der Permeabilität und Susceptibilität genannt werden.

§ 74. **Kurven der Susceptibilität für einen Draht aus Schmiedeeisen.** — Fig. 39 stellt in zwei Kurven die Beziehung von $\varkappa$ zu I für Versuche dar, welche schon in § 66 beschrieben sind. Dasselbe Stück Schmiedeeisen war einmal in weichem, ausgeglühten

---

[2]) Phil. Mag., Jan. 1873.

[3]) Phil. Mag., Aug. 1873.

Zustande und dann nach mechanischem Härten untersucht worden. Kurven der Permeabilität würden dieselbe Form haben, da für Schmiedeeisen μ fast genau gleich $4\pi\varkappa$ und B gleich 4πI ist.

Rowland machte auf die annähernde Symmetrie dieser Kurve zu einer durch ihren Scheitel gehenden, etwas geneigten Geraden aufmerksam; er stellte eine empirische Formel auf, aus welcher durch Extrapolation über die Grenzen der Beobachtungen hinaus ein Endwerth oder Sättigungswerth von B oder I berechnet werden kann. Es ist jedoch von anderen Beobachtern nachgewiesen worden, dass

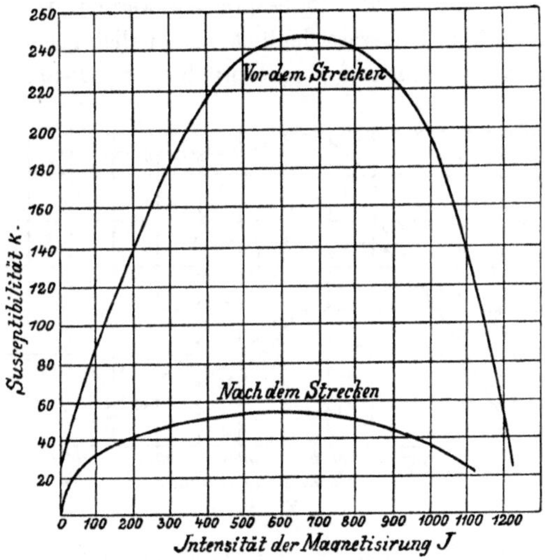

Fig. 39.

die Kurven, wenn die magnetische Kraft genügend gesteigert wird, aufhören auch nur angenähert symmetrisch zu sein. Die empirische Formel versagt dann, und es ist somit unmöglich, durch Extrapolation der Kurve einen Endwerth der Magnetisirungsintensität zu finden. Wie wir später sehen werden, giebt es wirklich einen Sättigungswerth für I (nicht für B); aber derselbe kann nicht in der von Rowland vorgeschlagenen Weise gefunden werden, weil die Kurven für $\varkappa$ und I oder μ und B bei hohen Kräften einen Wendepunkt haben, indem sie nach der in der Figur oben liegenden Seite hin konkav werden. Dies Verhalten wird in den nächsten Paragraphen aus den entsprechenden Kurven für Nickel und Kobalt ersichtlich.

§ 75. **Kurven der Permeabilität für Nickel.** — In Fig. 40 sehen wir drei Permeabilitätskurven, die für einen ausgeglühten Nickelstab nach der Jochmethode erhalten wurden. Die unterste, ausgezogene Kurve bezieht sich auf Versuche, die mit dem Stabe unter gewöhnlichen Bedingungen angestellt wurden. Die beiden andern, gestrichelten Kurven stellen Beobachtungen dar, bei welchen man den Stab einem Druck unterwarf. Später wird die Abhängigkeit der magnetischen Eigenschaften in Eisen, Nickel und Kobalt von der Wirkung einer Kraft, die eine Formveränderung hervorzubringen sucht, ausführlich besprochen werden; vorläufig sei nur erwähnt, dass Nickel ausserordentlich empfindlich gegen die Wirkung solcher Kräfte ist, indem die Susceptibilität bei Beanspruchung auf

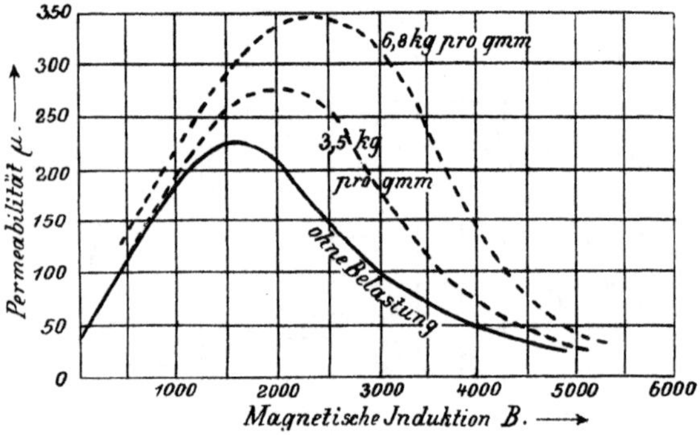

Fig. 40.

Zug stark vermindert und bei Beanspruchung auf Druck stark vermehrt wird. Die beiden gestrichelten Kurven entsprechen einer Beanspruchung auf Druck von 6,8 und 3,5 kg auf das Quadratmillimeter.

§ 76. **Kurven der Permeabilität für Kobalt.** — Analog sind in Fig. 41 zwei nach der Jochmethode erhaltene Permeabilitätskurven für einen gegossenen Kobaltstab gezeichnet. Bei diesen Versuchen wurde der Stab zuerst unter gewöhnlichen Verhältnissen ohne Einwirkung einer mechanischen Kraft untersucht, sodann setzte man ihn nach und nach verschiedenen Druckbelastungen aus. Die ausgezogene Kurve entspricht Beobachtungen an dem unbelasteten Stabe, die gestrichelte gehört zu einer Belastung von 16,2 kg für das Quadratmillimeter. Die Kurven schneiden sich; bei schwachen magnetischen Kräften wird also die Permeabilität von Kobalt durch

Beanspruchung auf Druck vergrössert; bei genügend starken Kräften jedoch ist das Gegentheil der Fall[1]). In einem späteren Abschnitt werden wir sehen, dass auch bei Eisen eine Umkehrung in dem

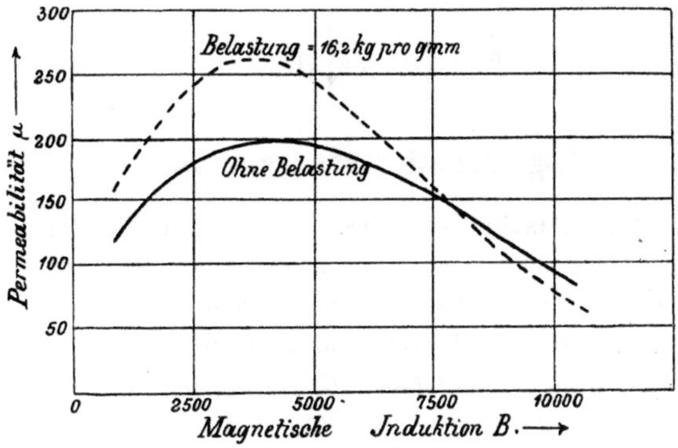

Fig. 41.

Sinne der Wirkung, welche eine deformirende Kraft ausübt, einzutreten pflegt.

---

1) In einer Abhandlung von C. Chree, die im Auszug in Proc. Roy. Soc., December 19., 1889 veröffentlicht ist, werden neben andern Versuchsergebnissen über den Einfluss von Druck auf die magnetischen Eigenschaften von Kobalt, diese Beobachtungen ebenfalls bestätigt. Die oben beschriebenen und durch die Figuren 38 und 41 dargestellten Versuche wurden von dem Verfasser und W. Low im Jahre 1888 angestellt und sind anderweit noch nicht veröffentlicht.

Fünftes Kapitel.

Magnetische Hysteresis.

§ 77. Magnetische Hysteresis. — Die Kurven, welche den Einfluss von cyklischen Magnetisirungsprocessen bei Eisen, Stahl, Nickel und Kobalt veranschaulichen, zeigen alle die wichtige Eigenschaft, dass die Metalle die Neigung haben, in dem einmal erlangten magnetischen Zustand zu verharren. Diese Neigung tritt ganz besonders hervor, sobald man eine qualitative Aenderung in dem Magnetisirungsprocess eintreten lässt. Hat man z. B. die magnetisirende Kraft bis zu ihrem höchsten Werthe gesteigert und verringert sie alsdann wieder, so finden wir, dass die Magnetisirung das Bestreben hat, den erlangten Werth beizubehalten. Es verschwindet wohl ein Theil, indessen ist die Geschwindigkeit der Abnahme während der Verringerung der magnetisirenden Kraft, namentlich zu Beginn dieser Operation, augenscheinlich kleiner, als die entsprechende Zunahme bei der vorausgegangenen Steigerung. Die remanente Magnetisirung, die vorhanden ist, nachdem die Kraft zu wirken aufgehört hat, ist eben eine Folge dieses Widerstandes, welchen das Metall einer Aenderung seines magnetischen Zustandes entgegensetzt. Die Folgen dieser Eigenschaft machen sich indessen noch in anderer Weise bemerkbar. Wenn wir zum Beispiel nach dem Verschwinden der magnetisirenden Kraft diese von Neuem wirken lassen, so finden wir in den ersten Stadien des Processes dasselbe Widerstreben gegen jede Aenderung. Die Magnetisirung des Metalls fängt wieder zu wachsen an, aber nicht so rasch, wie sie in den letzten Stadien bei Abnahme der Kraft verschwand. Die Unterschiede nehmen indessen immer mehr ab und wenn wir die Kraft wieder in ihrer vollen Stärke hergestellt haben, so hat auch das untersuchte Stück eben so viel, oder wenigstens beinahe eben so viel, manchmal sogar noch etwas mehr Magnetismus wieder gewonnen, als es bei dem Verschwinden der Kraft verloren hatte. Die Magnetisirungskurve kommt wieder zu demselben, oder doch nahezu demselben Punkte zurück, von welchem sie ausging. Die Kurve für steigende Magnetisirung ist aber vollkommen von der für abnehmende Magnetisirung verschieden; sie bilden zusammen eine Schleife, und zu jedem Zwischenwerth der magnetisirenden Kraft gehören bei den zwei Processen verschiedene Werthe der Magnetisirung.

Die eben gegebene Beschreibung lässt sich in gleicher Weise auf die Wirkung irgend einer cyklischen Aenderung der magnetischen Kraft anwenden, vorausgesetzt, dass das Bereich, in welchem die Kraft geändert wird, nicht verschwindend klein ist. Wir wollen von einer gegebenen Magnetisirung und einer bekannten magnetisirenden Kraft ausgehen. Wir lassen nun die Kraft um einen gewissen Bruchtheil abnehmen und dann wieder wachsen, oder wir lassen umgekehrt eine Zusatzkraft wirken und heben sie dann wieder auf, und zwar ordnen wir die Versuche in Form eines Kreisprocesses an. Die beiden Theile des Versuchs werden sich stets durch zwei getrennte Kurven darstellen lassen, deren Unterschied dadurch kurz gekennzeichnet werden kann, dass man dem Metall das Bestreben zuschreibt, bei jeder Aenderung den augenblicklichen magnetischen Zustand beizubehalten.

Die Aenderungen des Magnetismus bleiben hinter den Aenderungen der Kraft zurück. Diese Tendenz hat den Namen magnetische Hysteresis erhalten[1]) (abgeleitet von ὑστερέω, zurückbleiben).

§ 78. Wirkung der Hysteresis. — Die Figuren 42 und 43 dienen zur weiteren Erläuterung für die Wirkung der Hysteresis; sobald die magnetisirende Kraft irgend eine cyklische Aenderung erfährt, entstehen in den Magnetisirungskurven Schleifen. Fig. 42 veranschaulicht Versuche, die nach der ballistischen Methode an einem sehr weichen, ausgeglühten Eisenring angestellt wurden. Abgesehen von der grossen, durch Umkehren der magnetisirenden Kraft erzeugten Schleife, ist noch eine kleinere Schleife dadurch entstanden, dass man die Kraft bis auf Null abnehmen und dann wieder auf den früheren Werth anwachsen liess; schliesslich treten auf dem steilen Theil der negativen Magnetisirungskurve zwei kleine Schleifen hervor, die dadurch hervorgebracht sind, dass man an diesen Punkten

[1]) Proc. Roy. Soc., 1881, S. 22; Phil. Trans., 1885, S. 524.

die magnetisirende Kraft auf Null verringerte und wieder auf den vorherigen Werth brachte. Unterwirft man einen langen Draht

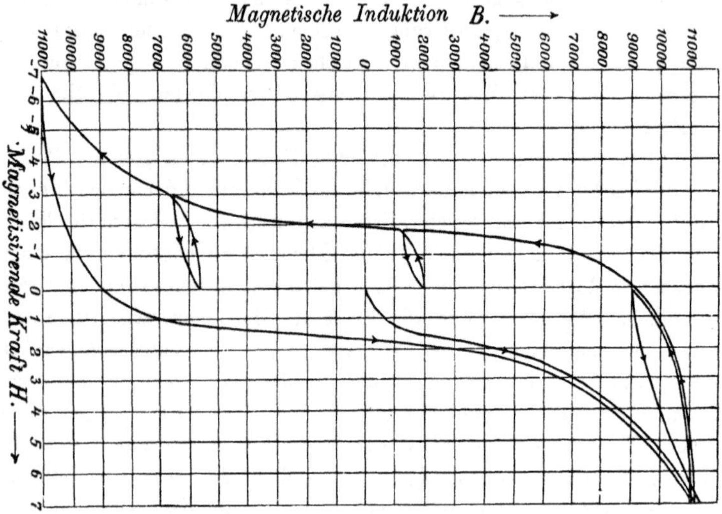

Fig. 42.

aus weichem, ausgeglühten Eisen in verschiedenen, auf einander folgenden Punkten der Magnetisirungskurve cyklischen Magneti-

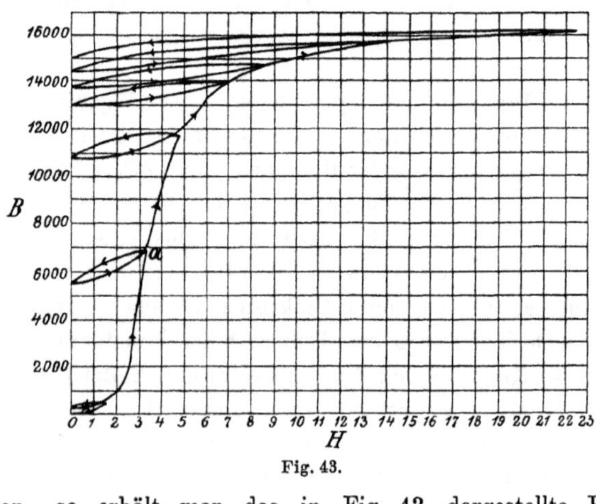

Fig. 43.

sirungen, so erhält man das in Fig. 43 dargestellte Ergebniss. Zahlreiche andere Beobachtungen haben gezeigt, dass ähnliche

Schleifen entstehen, auch wenn die magnetisirende Kraft nur theilweise, also nicht bis zum Werthe Null, vermindert und dann wieder gesteigert wird. Stahl, Nickel und Kobalt verhalten sich unter diesen Umständen qualitativ vollkommen gleich. Die Form der Kurven ist kaum davon abhängig, ob die Aenderungen der magnetisirenden Kraft mässig rasch oder ausserordentlich langsam stattfinden. Mit andern Worten, die Erscheinung der Hysteresis, wie sie in diesen Schleifen zum Ausdruck kommt, ist keine Funktion der Zeit. Sogar nach längeren Pausen, während deren die magnetisirende Kraft auf einem zwischen den beiden äussersten Werthen des Kreisprocesses gelegenen Werth konstant gehalten wird, lässt sich eine merkliche Abnahme oder gar ein Verschwinden der von Hysteresis herrührenden Unterschiede nicht nachweisen (Vgl. indessen § 83).

An den steilen Theilen der Magnetisirungskurve ist die Wirkung der Hysteresis am auffälligsten. Verringern wir z. B. von dem Punkt a (Fig. 43) ausgehend die Kraft auf Null und erhöhen sie dann wieder auf den alten Werth, so wächst der Magnetismus; dies rührt daher, dass bei dem ursprünglichen Ansteigen der Kraft die Magnetisirung durch Hysteresis verzögert wurde; jede Art von Störung (wie die Verminderung und darauffolgende Erhöhung der magnetisirenden Kraft) bewirkt dann eine Zunahme des Magnetismus. Wenn wir diese cyklische Störung in ganz derselben Weise wiederholten, wäre der entstehende Zuwachs viel geringer. Erst nach mehreren Kreisprocessen würde die Aenderung des Magnetismus vollkommen cyklisch werden.

Aus allen Schleifen in diesen Figuren sehen wir, dass, sobald man bei einer Aenderung der magnetisirenden Kraft anstatt einer Steigerung eine Verminderung eintreten lässt oder umgekehrt, der Magnetismus sich anfänglich viel langsamer ändert, als die Grösse H, ohne Rücksicht darauf, wie schnell sich die Magnetisirung unmittelbar vorher (in der umgekehrten Richtung) geändert hatte. Diese Erscheinung ist so ausgeprägt, dass die Tangenten in den Stellen der Kurven, in denen die Aenderung von H im umgekehrten Sinne zu erfolgen beginnt, bei dem kleinen Maassstab der hier dargestellten Figuren, scheinbar horizontal verlaufen. In dem nächsten Kapitel wird indessen gezeigt werden, dass der Differentialquotient im Anfang dieser Kurven nicht wirklich Null, sondern eine kleine positive Grösse ist.

In dem steilsten Stück der grossen Schleife von Fig. 42

beträgt der Werth von dB/dH nicht weniger als 14 500; dagegen ist der Werth des Differentialquotienten zu Anfang einer der kleinen Schleifen vermuthlich kleiner als 200. Wenn wir also während der Magnetisirung in negativem Sinn an dem steilsten Stück der Kurve anhalten und die magnetische Kraft allmählich verringern, so ist die Tangente des Neigungswinkels dieser neuen Kurve gegen die Abscissenachse 70 bis 80 mal geringer als die gleiche Grösse an der Stelle der alten Kurve, wo die neue abzweigt.

Offenbar kann in Folge der Hysteresis eine eindeutige Beziehung zwischen H und I oder B nicht bestehen. Um die Magnetisirung zu bestimmen, müssen wir nicht allein den augenblicklichen Werth der magnetisirenden Kraft kennen, sondern es muss auch bekannt sein, auf welche Weise dieser Werth erreicht worden ist. Zu einem bestimmten Werth der Kraft kann eine grosse Reihe von Werthen für die Grössen B oder I gehören.

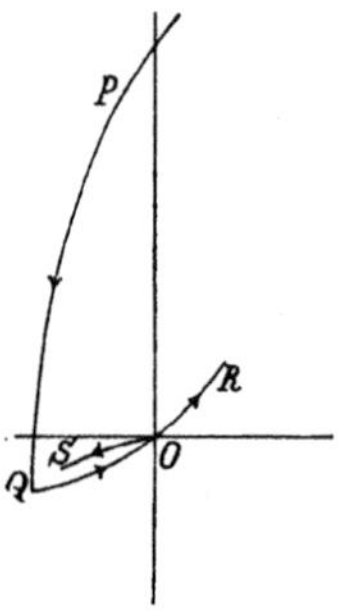

Fig. 44.

Durch ein passendes Verfahren bei der Steigerung und Verringerung von H lässt sich die Magnetisirungskurve durch jeden beliebigen Punkt der grossen Fläche hindurchführen, die von der Magnetisirungskurve bei einem vollständigen cyklischen Process eingeschlossen wird. Definiren wir also die Permeabilität als das Verhältnis von B zu H, und die Susceptibilität als das Verhältnis von I zu H, so müssen (wie schon in § 21 erwähnt wurde) die Bedingungen hinzugefügt werden, dass 1. das zu magnetisirende Stück zu Anfang keinen Magnetismus besitzt; 2. die magnetisirende Kraft, auf welche die Permeabilität oder Susceptibilität bezogen werden, von dem Werth Null an fortwährend gesteigert wurde, ohne zu irgend einer Zeit von höheren zu niederen Werthen überzugehen.

Die Magnetisirungskurve kann nicht allein durch jeden vorgeschriebenen Punkt in der Fläche zwischen den beiden Kurven eines vollständigen Cyklus hindurchgelegt werden, sondern sie kann einen solchen Punkt sogar mit verschiedener Neigung passiren. Als Beispiel für diese Wirkung der Hysteresis mag der folgende interessante Fall dienen. Auf dem absteigenden Ast der grossen Magnetisirungskurve PQ (Fig. 44) lassen wir im Punkte Q die negative magnetische Kraft nicht mehr wachsen. Der Punkt Q ist so gewählt, dass bei Abnahme der Kraft die Kurve QO durch den Ursprung O hindurchgeht. Wenn der Weg QO durchlaufen ist, hat der Körper keinen Magnetismus mehr und befindet sich in einem Feld von der Stärke Null. Eine Prüfung nach irgend einer der besprochenen Methoden würde ergeben, dass sich das untersuchte Stück in einem vollkommen neutralen Zustand befindet. Trotzdem ist sein Zustand ein ganz anderer, als der eines noch niemals magnetisirten Körpers, oder eines solchen, der durch Stromwechsel entmagnetisirt wurde. Diese zeigen keinen qualitativen Unterschied bei der Magnetisirung nach verschiedenen Richtungen; ihre Susceptibilität ist dieselbe, einerlei ob die zuerst wirkende magnetische Kraft positiv oder negativ ist. In unserem Falle dagegen würde eine positive Kraft die Kurve OR, also die Fortsetzung von QO liefern, während einer negativen Kraft die vollständig verschiedene Kurve OS entsprechen würde. Die anfängliche Susceptibilität ist in dem ersten Fall bedeutend grösser als in dem zweiten. In Folge der Hysteresis behält also der Körper obwohl er augenblicklich weder magnetisch ist, noch von einer magnetischen Kraft beeinflusst wird, latente Spuren der magnetischen Zustände bei, die er vorher durchlaufen hat. Hierdurch erklärt sich der auffällige Mangel an Symmetrie, wenn er in dem einen oder dem andern Sinne magnetisirt wird. Obwohl sich der Körper nach aussen hin scheinbar vollkommen neutral zeigt, nimmt er dennoch eine positive Magnetisirung viel leichter an, als die Magnetisirung von entgegengesetztem Zeichen.

§ 79. Energievergeudung in Folge von magnetischer Hysteresis. — Eine sehr wichtige Wirkung der magnetischen Hysteresis besteht darin, dass Aenderungen der Magnetisirung (bei Eisen sowohl, wie bei den andern magnetischen Metallen, die alle Hysteresis zeigen) mit einer Energievergeudung verknüpft sind. Wenn die Magnetisirung durch cyklische Aenderungen der magnetisirenden Kraft eine cyklische Reihe von Werthen annimmt, so bildet die Kurve, welche die Beziehung von I zu H darstellt, eine Schleife; der Inhalt dieser Schleife, mit andern Worten, das Integral $\int H\,dI$, ist ein Maass für die Energievergeudung, die während des Cyklus in Folge der Hysteresis eingetreten ist[1]).

---

[1]) Dieser Satz wurde zuerst von Warburg in einer wichtigen Arbeit, die einige Wirkungen der magnetischen Hysteresis behandelt, Wied. Ann., 13, S. 141, 1881, ausgesprochen. Der Beweis wurde unter

Der einfachste Weg zum Beweis dieses Satzes ist der, dass man sich die Magnetisirung durch eine von einem Strom durchflossene Magnetisirungsspule hervorgebracht denkt, und dass man die Arbeit berechnet, welche der Strom bei Aenderungen der Magnetisirung leisten muss. Der Kern des Solenoids sei ein Ring oder ein sehr langer Stab von der Länge l und dem Querschnitt s; das Solenoid habe n Windungen für das Centimeter, so dass die Gesammtzahl der Windungen l n beträgt. Wir nehmen an, die magnetische Induktion B werde in der sehr kleinen Zeit dt dadurch, dass man den magnetisirenden Strom um einen sehr kleinen Betrag verstärkt, um das Differential dB erhöht. Die Gesammtzahl der Induktionslinien in dem Solenoid wächst dann um die Zahl s dB und die Geschwindigkeit dieser Zunahme ist s dB/dt. Hierdurch wird in dem umgebenden Solenoid eine elektromotorische Kraft in der dem Strom entgegengesetzten Richtung von der Grösse l n s dB/dt erzeugt. Der Strom hat also bei der Ueberwindung dieser elektromotorischen Gegenkraft Arbeit zu leisten, ganz abgesehen von der Energiemenge, die durch Erwärmung des Leiters vergeudet wird. Mit dieser letzteren haben wir uns nicht zu beschäftigen; wir wollen vielmehr die Energie berechnen, die zur Erzeugung der Magnetisirung verbraucht wird. i möge den Mittelwerth der Stromstärke während der Zeit dt darstellen.

Die von dem Strom in dieser Zeit geleistete Arbeit ist das Produkt aus der durch Veränderung der magnetischen Induktion in dem Kern erzeugten elektromotorischen Gegenkraft, der Stromstärke und der Zeit dt. Bei der Veränderung der Magnetisirung um den Betrag dB hat also der Strom die Arbeit

$$l\,n\,s\,\frac{dB}{dt}\,i\,dt \text{ oder } l\,n\,s\,i\,dB$$

geleistet. Die Thatsache, dass dt in dem Ausdrucke nicht vorkommt, zeigt, dass diese Arbeit von der Geschwindigkeit, mit

der Annahme geführt, dass die Grösse der magnetischen Kraft von der Lage sogenannter permanenter Magnete abhängt, und es wurde die Arbeit berechnet, die aufgewandt werden muss, um diese Magnete die nothwendige cyklische Reihenfolge von Lagen annehmen zu lassen. Später wurde der Satz unabhängig von dem Verfasser aufgefunden (Proc. Roy. Soc. May, 1882, No. 220, S. 39; Phil. Trans., 1885, S. 549). Der hier mitgetheilte Beweis rührt im Wesentlichen von Hopkinson her; Phil. Trans., 1885, S. 446; vgl. auch Lord Rayleigh, Phil. Mag., 22, S. 176.

welcher die Aenderung der Induktion vor sich geht, unabhängig ist. Die nämliche Energiemenge wird aufgezehrt, einerlei ob wir die Aenderung dB rasch oder langsam bewirken. Da der Rauminhalt des Kerns gleich l s ist, so beträgt die von dem magnetisirenden Strom bei der Erzeugung der Aenderung dB für die Volumeneinheit (das Kubikcentimeter) geleistete Arbeit, die wir dW nennen wollen,

$$dW = n\,i\,dB.$$

Nun ist aber die magnetisirende Kraft $H = 4\pi\,i\,n$, folglich haben wir

$$n\,i = \frac{H}{4\pi} \text{ und } dW = \frac{1}{4\pi} H\,dB.$$

Wird H um einen beliebigen Betrag geändert und dadurch B von einem Werth B_1 zu einem andern B_2 übergeführt, so haben wir obigen Ausdruck zu integriren, um die für das Kubikcentimeter des Metalls geleistete Arbeit zu finden und erhalten

$$W = \frac{1}{4\pi} \int_{B_1}^{B_2} H\,dB.$$

Es seien P und Q (Fig. 45) zwei beliebige Punkte in der Kurve, welche die Beziehung von B zu H darstellt; dann ist die Arbeit bei der Aenderung des magnetischen Zustandes von P bis Q

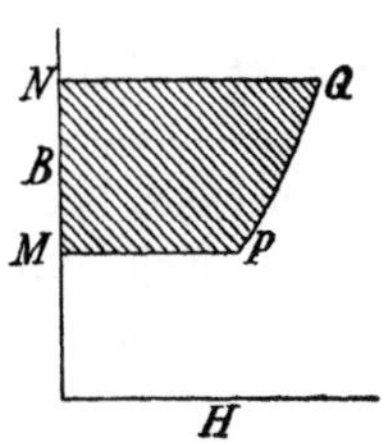

Fig 45.

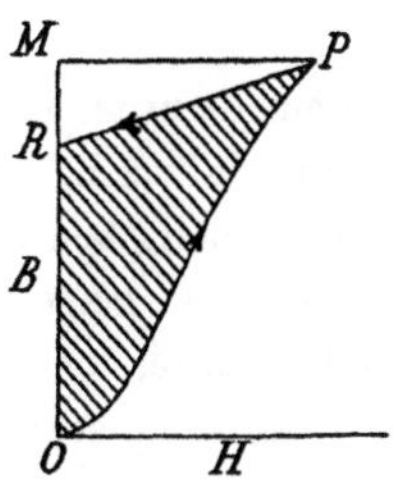

Fig. 46.

für das Kubikcentimeter gleich der Fläche M P Q N, dividirt durch 4π. Magnetisiren wir z. B. einen Körper, der anfänglich keinen Magnetismus besitzt, so hat die Kurve die Form O P (Fig. 46); die auf dem Wege nach P geleistete Arbeit ist gleich der Fläche O P M, dividirt durch 4π. Verringern wir dann die magnetisirende Kraft bis auf Null (Kurve P R), so gewinnen wir eine Arbeitsmenge wieder, welche der Fläche R P M dividirt durch 4π entspricht. Die wirkliche Vergeudung von Energie während des ganzen Processes ist also gleich der schraffirten Fläche O P R, dividirt durch 4π.

In diesem Fall ist der Endzustand R des Metalls von dem Anfangszustand O verschieden, und es ist deshalb nicht sofort ersichtlich, welcher Betrag an Energie in nicht umkehrbarer Weise vergeudet worden ist. Betrachten wir dagegen einen cyklischen Process, wo die Endwerthe der Magnetisirung und der magnetisirenden Kraft gleich den Anfangswerthen sind, so kann in diesem Falle am Ende des Kreisprocesses keine potentielle Energie angesammelt sein. Der ganze Unterschied zwischen der Energie, die in der einen Hälfte des Processes verausgabt und während der andern Hälfte

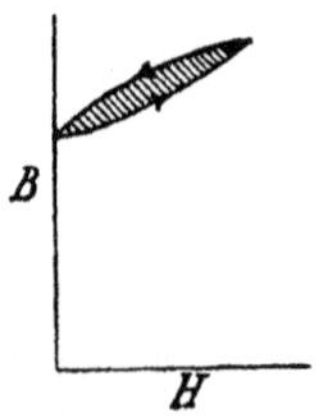

Fig. 47.

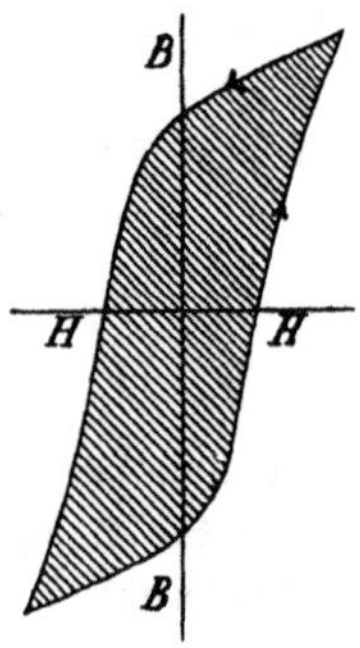

Fig 48.

wieder gewonnen wurde, ist demnach vergeudet und dient nur dazu, das Metall zu erwärmen. Wenn wir also den untersuchten Körper irgend einen magnetischen Kreisprocess durchmachen lassen, z. B. wie in Fig. 47, wo die magnetisirende Kraft auf Null verringert und wieder erhöht wurde, oder wie in Fig. 48, die einen vollständigen Kreisprocess darstellt, so tritt bei jedem Cyklus für das Kubikcentimeter Metall eine Energievergeudung von dem Betrage $\frac{1}{4\pi}\int H\,dB$ ein; dieser ist gleich der schraffirten Fläche, welche von den (H, B) Kurven eingeschlossen wird, dividirt durch 4π.

Da übrigens $dB = 4\pi\,dI + dH$ ist, so können wir schreiben

$$\frac{1}{4\pi}\int H\,dB = \int H\,dI + \frac{1}{4\pi}\int H\,dH.$$

In jedem cyklischen Processe ist aber $\int H\,dH$ offenbar gleich Null; die bei einem Cyklus für 1 ccm vergeudete Energiemenge hat also den Werth

$$\int H\,dI.$$

Stellen wir z. B. in Fig. 47 und Fig. 48 die Magnetisirung, statt durch B, durch die Grösse I dar, so ist die schraffirte Fläche unmittelbar ein Maass für die Energievergeudung in jedem Kubikcentimeter Metall bei dem durch die Kurven veranschaulichten Kreisprocess.

Die Grössen H und I drücken wir in C.-G.-S.-Einheiten aus; folglich repräsentirt die zwischen den Kurven liegende Fläche die Energievergeudung (für das Kubikcentimeter) in Arbeitseinheiten desselben Maasssystems, also in Erg.

§ 80. Thermische Wirkung eines Kreisprocesses. — Die vergeudete Energie wird in Wärme umgesetzt. Daher werden Eisen und andere Metalle, die magnetische Hysteresis zeigen, warm, wenn ihre Magnetisirung wiederholt die Richtung wechselt, oder überhaupt irgendwie geändert wird. Die Wirkung einer Umkehrung der magnetisirenden Kraft ist viel stärker, als eine einfache Verringerung auf Null und darauffolgende Steigerung, da die Fläche der Schleifen in dem ersteren Falle bedeutend grösser ist.

Bekannte Beispiele sind die Erwärmung des Eisens in Transformatoren und in den Ankern von Dynamomaschinen. Natürlich hat die Erwärmung in Folge von Hysteresis nichts mit der ausserdem noch auftretenden Temperatursteigerung zu thun, welche den Wirbelströmen (Foucaultströmen) in nicht genügend zertheiltem Eisen bei schnellen Aenderungen der Feldstärke ihre Entstehung verdankt. Die Hysteresis erzeugt immer Wärme, wenn man die Magnetisirung auch noch so langsam ändert, und wenn das Eisen noch so sehr zertheilt ist.

Zur Berechnung der Temperaturerhöhung, welche ein magnetisches Metall durch einen cyklischen Magnetisirungsprocess erfährt, haben wir den Werth $\int H\,dI$ in Wärmeeinheiten auszudrücken und durch die Dichte und die spezifische Wärme der Substanz zu dividiren. Eine Gramm-Kalorie ist gleich 42 000 000 Erg; die Dichte von Eisen ist 7,7 und die spezifische Wärme 0,11. Folglich ist die durch einen magnetischen Kreisprocess erzeugte Temperatursteigerung

$$\frac{\int H\,dI}{42\,000\,000 \times 7{,}7 \times 0{,}11} = 2{,}81 \times 10^{-8} \int H\,dI.$$

§ 81. **Werthe für das Integral $\int H\,dI$.** — Für weiches ausgeglühtes Eisen beträgt der Werth von $\int H\,dI$ für jeden vollständigen Kreisprocess etwa 10 000 Erg. Nahezu 4000 solcher Kreisprocesse würden nöthig sein, um die Temperatur eines weichen Eisenkernes um 1° C. zu erhöhen, falls der Einfluss der Wirbelströme beseitigt werden könnte.

Da in einem Kubikcentimeter 7,7 g Eisen enthalten sind und eine Tonne 1 000 000 g enthält, so beträgt die Energievergeudung für eine Tonne Eisen, wenn es eine vollständige cyklische Magnetisirung erfährt,

$$\frac{1\,000\,000}{7{,}7}\int H\,dI.$$

Finden N Kreisprocesse in der Sekunde statt, so ist die in der Sekunde geleistete Arbeit in Erg

$$\frac{1\,000\,000\,N}{7{,}7}\int H\,dI.$$

Durch Division mit der Zahl $7{,}36 \times 10^9$, welche 1 Pferdestärke in absolutem Maass darstellt, können wir den obigen Ausdruck auf Pferdestärken umrechnen. Die in Folge von magnetischer Hysteresis verbrauchte Arbeit beträgt also für eine Tonne Eisen, das N vollständigen Magnetisirungscyklen in der Sekunde unterworfen wird,

$$0{,}000\,0176\,N\int H\,dI.$$

Bei weichem Eisen, für welches das Integral $\int H\,dI$ bei einem vollständigen Kreisprocess den Werth von etwa 10 000 Einheiten hat, beträgt also, bei 100 Cyklen in der Sekunde, die vergeudete Leistung 17,6 Pferdestärken.

Für härtere Sorten von ausgeglühtem Schmiedeeisen kann der Werth des Integrals für einen vollständigen Kreisprocess auf 16 000 Erg für 1 ccm steigen. Ein Härten des Metalls durch mechanische Deformation vergrössert, wie ein Blick auf die Figuren 33 und 37 zeigen wird, die Fläche der Schleife. Bei weichem Stahl liegt nach Hopkinson's[1]) Versuchen der Werth zwischen dem von Schmiedeeisen und 40 000 oder sogar 60 000; er wächst im Allgemeinen mit dem Kohlenstoffgehalt und ist bei glasharten Stücken grösser als bei angelassenen. Für Stahlsorten mit hohem Kohlenstoffgehalt kann der Werth des Integrals 60 000 überschreiten. Ausgeglühter Klavier-

[1]) Phil. Trans., 1885, S. 463.

saitendraht ergab 94 000, während für den käuflichen Draht 116 000 und für glasharten 117 000 Erg für 1 ccm erhalten wurde. Für

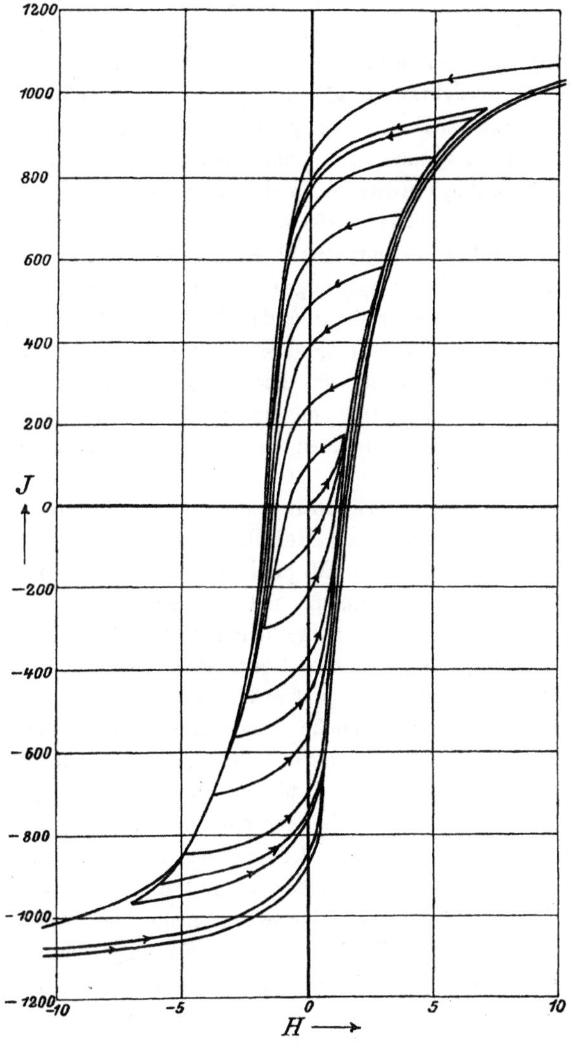

Fig. 49.

Chromstahl (mit 1 % Chrom) lagen die Werthe zwischen 65 000 (ausgeglüht) und 167 000 (in Oel gehärtet). Für Wolframstahl fand sie Hopkinson sogar noch höher; ein glashartes Stück französischen Ursprungs, das 3,4 % Wolfram, 0,5 % Kohlenstoff und 0,6 % Mangan enthielt, absorbirte 216 800 Erg für 1 ccm, also mehr als das Zwanzigfache von weichem Schmiedeeisen. Die Energievergeudung für einen Kreisprocess ist meistens angenähert das Vierfache der Koercitivkraft (§ 47), multiplicirt mit der Grösse I.

Dem Gusseisen scheinen gewöhnlich Werthe von 30 000 bis 40 000 Einheiten zuzukommen; bei einer Probe von grauem Gusseisen fand allerdings Hopkinson den sehr niedrigen Werth 13 000. Hartgezogener Nickeldraht lieferte die Zahl 25 000, die sich durch Ausglühen des Drahtes auf 11 000 verringerte. Nickel verhält sich also in Bezug auf die Energievergeudung ganz ähnlich wie Schmiedeeisen; die grössere Koercitivkraft des Nickels wird durch die auch für den gesättigten Zustand geringere Intensität der Magnetisirung aufgehoben. Versuche, die an einem Kobaltstab, der 2 % Eisen enthielt, angestellt wurden, und die in § 72 besprochen und in Fig. 39 dargestellt sind, lieferten für $\int H dI$ den Werth 30 400 Erg für 1 ccm.

§ 82. **Energievergeudung beim Ummagnetisiren von mässig stark magnetisirten Metallen.** — Wenn die Ummagnetisirung bei einer geringeren Magnetisirungsintensität vorgenommen wird, so ist die Energievergeudung natürlich geringer als in § 81 angegeben worden ist. Die dort mitgetheilten Werthe für $\int H dI$ beziehen sich auf eine im gesättigten Zustand beginnende Ummagnetisirung. In Fig. 49 ist die Wirkung einer stufenweise vorgenommenen cyklischen Magnetisirung auf einen weichen, ausgeglühten Eisendraht dargestellt; zuerst wurden nur schwache magnetisirende Kräfte angewandt, während man das Feld später bis zu ± 75 Einheiten[1]) steigerte. Die Theile der Kurven, welche starken Feldern entsprechen, sind in der Figur nicht enthalten. Der 0,078 cm dicke und 29 cm lange Draht wurde nach der magnetometrischen Methode untersucht. Es waren zwischen 300 und 400 korrespondirende Beobachtungen von H und I nöthig, um die zehn aufeinander folgenden cyklischen Magnetisirungskurven, die in der Figur dargestellt sind, konstruiren zu können. In der ersten, zweiten und dritten Spalte von Tabelle V sind die Werthe von H, B und I angegeben, bei welchen jedesmal die Ummagnetisirung begann; in der nächsten Spalte ist die auf das

---

[1]) Phil. Trans., 1885, S. 555.

Kubikcentimeter bezogene Energievergeudung in Erg für jeden einzelnen Kreisprocess aufgeführt; sie wurde durch Ausmessung der von den Kurven eingeschlossenen Flächen erhalten. In der letzten Spalte schliesslich findet man die einem Kreisprocess entsprechende Temperaturerhöhung.

Tabelle V.

Stufenweise, cyklische Magnetisirung von weichem Eisen (Fig. 49).

H	B	I	$\int H\,dI$ (Erg pro ccm)	Berechnete Temperaturerhöhung.
1·50	1 974	167	410	0·000 012° C.
1·95	3 830	304	1 160	0·000 033
2·56	5 950	472	2 190	0·000 062
3·01	7 180	571	2 940	0·000 083
3·76	8 790	699	3 990	0·000 112
4·96	10 590	842	5 560	0·000 156
6·62	11 480	913	6 160	0·000 173
7·04	11 960	951	6 590	0·000 185
26·5	13 720	1 090	8 690	0·000 244
75·2	15 560	1 230	10 040	0·000 282

In Fig. 50 sind die Werthe von $\int H\,dI$ als Funktion der Induktion B, von welcher jeder Kreisprocess seinen Ausgang nahm, aufgetragen. Es ist aus der Figur zu ersehen, dass die Energievergeudung schnell wächst, sobald B höhere Werthe annimmt. Aus diesem Grunde wird man im Eisen von Transformatoren und in den Ankern von Wechselstrommaschinen eine hohe Induktion vermeiden. Für niedrige Werthe der Induktion ist die Vergeudung verhältnissmässig sehr gering.

In Tabelle VI sind aus Fig. 50 entnommene Zahlenwerthe gleichzeitig mit der Energievergeudung für die Tonne Eisen unter der Annahme aufgeführt, dass in der Sekunde 100 Kreisprocesse (also 200 Ummagnetisirungen) stattfinden[1]).

Die Ergebnisse einer Versuchsreihe, die unter den gleichen Bedingungen mit einem Stück von ausgeglühtem Klaviersaitendraht erhalten wurden, sind aus Fig. 51[2]) ersichtlich. Im Grossen und

[1]) Vgl. auch eine Abhandlung von Kapp über Wechselstrommaschinen (Min. Proc. Inst. C. E. Feb. 1889); die dort mitgetheilte ähnliche Tabelle ist auf Grund der obigen Versuche berechnet.

[2]) Phil. Trans., 1885, S. 556.

Ganzen ist die Erscheinung dieselbe wie im vorigen Fall. Bei schwacher Magnetisirung ist die Energievergeudung gering; sobald

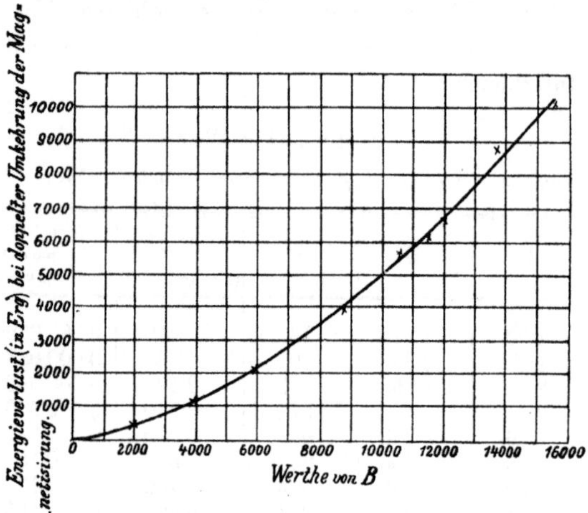

Fig. 50.

aber die Grösse I höhere Werthe erreicht, nimmt der Inhalt der Schleifen rasch zu.

Tabelle VI.

Energievergeudung bei der Ummagnetisirung von weichem Eisen.

B	$\int H dI$ (Erg pro ccm)	Vergeudung in P. S. pro Tonne bei 100 Kreisprocessen in der Sekunde
2 000	420	0·74
3 000	800	1·41
4 000	1 230	2·17
5 000	1 700	3·00
6 000	2 200	3·88
7 000	2 760	4·87
8 000	3 450	6·09
9 000	4 200	7·41
10 000	5 000	8·82
11 000	5 820	10·27
12 000	6 720	11·86
13 000	7 650	13·50
14 000	8 650	15·27
15 000	9 670	17·07

In Fig. 52[1]) (S. 108) sind die beiden Beobachtungsreihen für Eisen

[1]) Einer Abhandlung von A. Tanakadaté „On the Thermal Effect

und Stahl in etwas anderer Weise dargestellt. Als Ordinaten sind nämlich die (aus $\int H\,dI$ berechneten) Wärmewirkungen eines Kreisprocesses und als Abscissen die Werthe von H aufgetragen, bei welchen jedesmal die Ummagnetisirung begann. Zuerst ist für einen gegebenen Werth von H die durch das Ummagnetisiren erzeugte Wärmewirkung bei Stahl viel geringer als bei Eisen, da in Folge der geringeren Susceptibilität des Stahls die ganze Aenderung des magnetischen

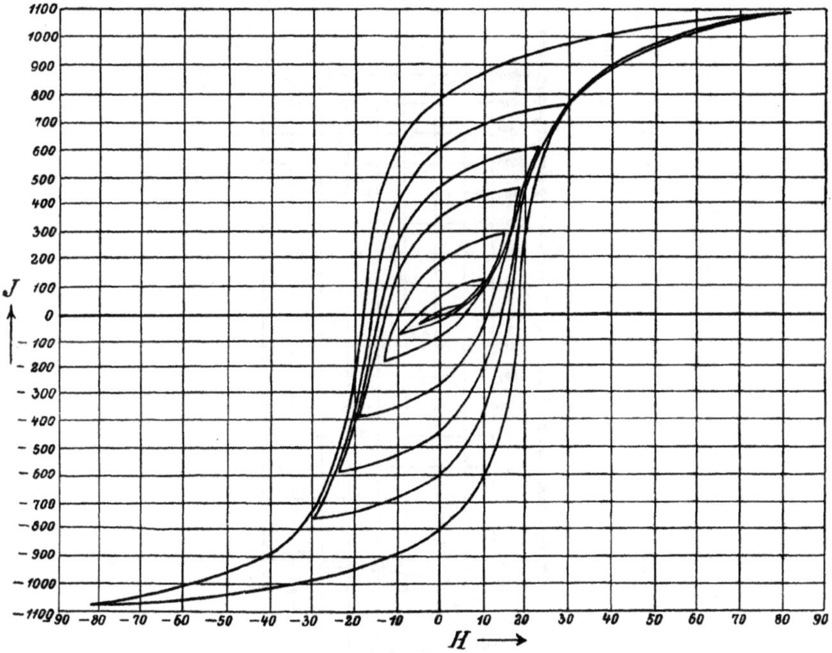

Fig. 51.

Zustands verhältnismässig klein bleibt. In stärkeren Feldern macht sich dagegen die grössere Koercitivkraft des Stahls bemerkbar; die Wärmewirkungen werden deshalb in ihm viel beträchtlicher als bei Eisen.

§ 83. **Einfluss der Geschwindigkeit auf die magnetische Hysteresis.** — Die Frage, ob die Geschwindigkeit, mit welcher ein

due to Reversals of Magnetisation in Soft Iron“, Phil. Mag., Sept. 1889 entnommen.

magnetischer Kreisprocess durchlaufen wird, einen wesentlichen Einfluss auf den Werth des Integrals $\int H dI$ hat, ist durch Versuche noch nicht allgemein entschieden. Für einzelne Fälle ist ein solcher Einfluss nachgewiesen. In dem nächsten Kapitel werden zum Beispiel Beobachtungen an weichen Eisenstäben besprochen werden, aus denen folgt, dass für kleine cyklische Aenderungen von H die entsprechenden Aenderungen der Magnetisirung in hohem Maasse von der Aenderungsgeschwindigkeit von H abhängen. Wenn die Aen-

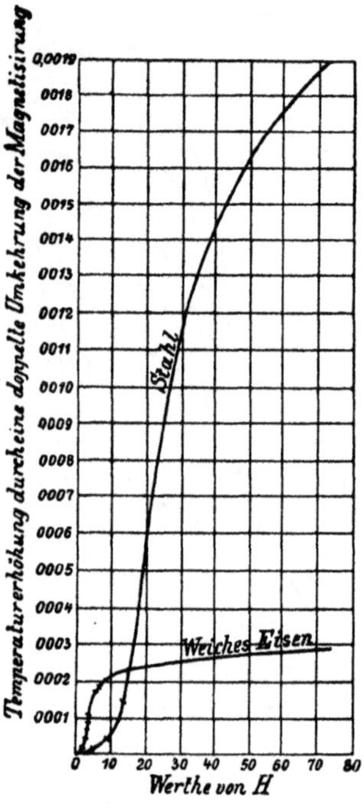

Fig. 52.

derungen des magnetischen Zustandes gross sind, scheint diese Abhängigkeit von der Zeit bei weitem nicht so beträchtlich zu sein. Indessen ist es immer noch zweifelhaft, bis zu welchem Grade die oben mitgetheilten Resultate noch anwendbar sind, wenn H schnell geändert wird; die obigen Resultate sind nämlich aus Beobachtungen von I und H berechnet, bei denen H sehr langsam geändert wurde. Jedenfalls zeigt weiches Eisen bei geringen Aenderungen der magnetisirenden Kräfte eine Erscheinung, die man magnetische Verzögerung nennen kann. Die Aenderungen des magnetischen Zustandes folgen nämlich nur träge denjenigen der magnetisirenden Kraft, ebenso wie ein Stück Kautschuk, das durch Belastung gedehnt und durch Entlastung wieder verkürzt wird, nur langsam die der jedesmaligen Belastung entsprechende Länge einnimmt. Wenn eine ähnliche Erscheinung in beträchtlichem Maasse in den Fällen stattfindet, in denen das Magnetisirungsbereich gross ist, so wird $\int H\,dI$ in einem rasch durchlaufenen Kreisprocess einen ganz andern Werth haben müssen, als man bei Versuchen, wie den obigen, beobachtet.

Die ganze Frage der magnetischen Verzögerung ist von hohem praktischen Interesse. Wahrscheinlich lässt sich ihre Lösung am ehesten durch direkte kalorimetrische Messung der durch Ummagnetisirung erzeugten Wärmemengen finden; indessen sind solche kalorimetrische Messungen mit grossen experimentellen Schwierigkeiten verbunden. Von verschiedenen Beobachtern wurden zwar in dieser Richtung Versuche unternommen, jedoch können die bisher erhaltenen Resultate noch nicht als vollständige Lösung des gestellten Problems betrachtet werden. Warburg und Hönig[1]) stellten (um Wirbelströme auszuschliessen) Beobachtungen mit Bündeln aus feinem Eisendraht an; sie fanden, dass die in einem Kalorimeter beobachteten Wärmewirkungen beim Ummagnetisiren etwa zwei Drittel des ganzen Werthes von $\int H\,dI$ betrugen, wie er bei langsam durchlaufenen magnetischen Kreisprocessen beobachtet wird. Tanakadaté[2]) benutzte einen aus vielen Windungen bestehenden Ring von umsponnenem, weichen Eisendraht; die in ihm durch Ummagnetisiren erzeugte Wärmemenge wurde mit Hülfe eines Thermoelements gemessen, das unter der Magnetisirungsspule angeordnet war. Es ergab sich, dass die Wärmeentwicklung von schnellen Kreisprocessen etwa 80% desjenigen Werthes von $\int H\,dI$ war, der bei langsamem Ummagnetisiren beobachtet wird. Ferner ist nach diesen Versuchen die Wärmeentwicklung praktisch unabhängig von der Häufigkeit der Kreisprocesse, wenn ihre Zahl zwischen 28 und 400 in der Sekunde liegt. Die Hauptschwierigkeit bei derartigen Versuchen liegt in der Bestimmung des wahren Werthes von H, der während der schnellen Aenderungen des magnetisirenden Stromes erreicht wird. Obwohl die besprochenen Resultate noch etwas unsicher sind, so machen sie es doch alle wahrscheinlich, dass für einen gegebenen Maximalwerth

---

[1]) Wied. Ann., 20, S. 814, 1883.

[2]) Phil. Mag., Sept. 1889.

von H bei schnellem Wechsel das Bereich der resultirenden Magnetisirung geringer ist, als bei Experimenten, bei denen die Ummagnetisirung langsam oder stufenweise mit dazwischen liegenden Pausen erfolgt; in einem schnellen Kreisprocess muss deshalb, da die magnetischen Aenderungen kleiner sind, auch die Energievergeudung geringer sein.

§ 84. **Einfluss von Erschütterung.** — Der Einfluss von Erschütterungen und überhaupt von Störungen mechanischer Natur auf die Magnetisirung ist in § 64 schon kurz erwähnt worden; will man ihn mit wenigen Worten schildern, so kann man sagen, dass Erschütterungen jene Unterschiede in dem magnetischen Zustande vermindern, die durch die Hysteresis bedingt sind. Erschüttern wir z. B. einen Stab, während die magnetisirende Kraft erst zunimmt und dann wieder abnimmt, so werden wir während der ersten Periode zu jeder Zeit finden, dass Erschütterungen die Susceptibilität erhöhen, während bei Verminderung der Kraft die Remanenz durch sie verringert wird. Welches auch die wahre Natur der molekularen Anordnung ist, die den magnetischen Zustand bedingt, jedenfalls wird diese Anordnung durch Erschütterung erleichtert; wir können uns vorstellen, dass die Moleküle dabei für einen Augenblick mehr oder weniger von dem Zwange frei werden, dem sie gewöhnlich unterworfen sind. Ganz analog ordnen sich Eisenfeilspäne, die in der Nähe eines Magnets auf einer Fläche umhergestreut werden, erst dann längs der magnetischen Kraftlinien an, wenn wir die Unterlage erschüttern; es darf aus dieser Analogie jedoch nicht geschlossen werden, dass der Zwangszustand der Molekularmagnete irgend etwas mit mechanischer Reibung zu thun hat. Worin dieser Zwang wahrscheinlich besteht, wird in dem letzten Kapitel besprochen werden.

In starken Feldern ist der Einfluss von Erschütterungen kaum bemerkbar. Die in einem schwachen Felde auftretende Wirkung wird deutlich durch den bekannten, vor fast dreihundert Jahren von Gilbert angegebenen Versuch illustrirt, einen Eisenstab im Erdfeld durch Hämmern zu magnetisiren. Der Stab werde z. B. senkrecht gehalten; die Vertikalkomponente des Erdmagnetismus ist zu schwach, um eine irgendwie merkliche Spur von Magnetismus zu erzeugen, solange keine mechanische Störung eintritt. Wird der Stab indessen heftig erschüttert, so wird er ziemlich stark magnetisch und behält seine Magnetisirung nach der Entfernung aus dem

Felde bei, wenn er nicht von Neuem erschüttert oder der Einwirkung einer mässig starken, entgegengesetzt gerichteten Kraft unterworfen wird. Ein weiteres Beispiel ist der Magnetismus, den ein eisernes Schiff während des Baues annimmt. Ferner wird ein Probestab von Eisen oder Stahl, der in einer Zerreissmaschine auf seine Festigkeit untersucht wird, durch die im Moment des Zerreissens eintretende Erschütterung magnetisch. Alle magnetischen Metalle werden durch Erschütterung mehr oder weniger beeinflusst; bei weichem, ausgeglühten Eisendraht tritt indessen die Erscheinung in sehr bemerkenswerther Weise hervor. Durch sanftes Reiben kann man einem im Erdfeld aufgehängten, weichen Eisendraht eine beträchtliche Magnetisirung verleihen und umgekehrt einen grossen Theil des remanenten Magnetismus hinwegnehmen, der nach vorausgegangener starker Magnetisirung übrig geblieben ist. Bei Versuchen über die Susceptibilität oder Remanenz dieser Substanz muss man deshalb sehr vorsichtig verfahren, um grosse Fehler in Folge zufälliger Störungen dieser Art zu vermeiden. Die Wirkung der Hysteresis verschwindet bei weichem Eisendraht fast vollkommen, wenn das untersuchte Stück während der Zunahme und Abnahme der magnetisirenden Kraft heftig erschüttert wird. Die Kurven, welche das Verhältnis von I zu H oder B zu H bei beiden Processen darstellen, fallen dann sehr nahe zusammen, und die Beziehung der Magnetisirung zur magnetisirenden Kraft kann in diesem Falle mit einer gewissen Annäherung eindeutig angegeben werden. Zur Veranschaulichung dieser Verhältnisse mögen zwei Versuchsreihen dienen[1]).

§ 85. Versuche über den Einfluss von Erschütterungen bei der Magnetisirung eines weichen Eisendrahts. — Der untersuchte Körper war ein sehr weicher, ausgeglühter Eisendraht, dessen Dicke 0,158 cm und dessen Länge etwa das 400fache der Dicke, nämlich 64 cm betrug. Die Sorte war dieselbe wie diejenige, auf welche sich die in § 64 besprochenen Versuche beziehen. Bei der nach der ballistischen Methode vorgenommenen Untersuchung wurde die magnetisirende Kraft stufenweise erhöht; nach jeder Steigerung wurde der Draht durch Aufstossen heftig erschüttert und dann die Magnetisirung durch Herunterziehen einer Induktionsspule gemessen. In derselben Weise wurden Beobachtungen während der Abnahme der magnetischen Kraft angestellt. In Tabelle VII sind

[1]) Phil. Trans. Roy. Soc., 1885, S. 564.

die nach erfolgter Erschütterung für B gefundenen Werthe bei aufsteigender und absteigender Magnetisirung enthalten; die Grösse der durch das Solenoid erzeugten magnetisirenden Kraft ist aus der ersten Spalte zu entnehmen.

Tabelle VII.

Magnetisirung vvn weichem Eisendraht unter Erschütterungen.

Magnetisirende Kraft des Solenoids.	B bei zunehmender Induktion	B bei abnehmender Induktion
0	240	400
0·04	840	1 440 ↑
0·15	3 370	—
0·31	5 370	5 850
0·62	8 260	8 500
0·96	9 540	9 860
1·60	10 740	11 200
2·92	12 040	12 400
5·04	13 140 ↓	13 000
7·00	13 460	13 550
16·8	14 750 ⟶	

Ein Blick auf diese Zahlen lässt die ausserordentlich grosse Erhöhung der Susceptibilität in Folge von Erschütterungen erkennen. Eine magnetisirende Kraft von 0,96 in dem Solenoid erhöht unter

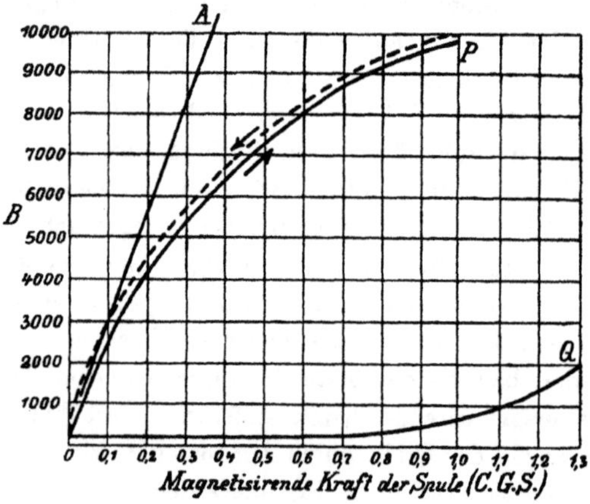

Fig. 53.

diesen Bedingungen B auf 9540, während ein anderer Versuch, der an demselben Stück ohne Erschütterungen mit der gleichen Kraft vorgenommen wurde, für B nur den Werth 550 ergab. Die Kurven von Fig. 53, bei denen der Maassstab für H sehr gross gewählt ist, sollen die Theile der Versuchsreihe, welche sich auf schwache Kräfte beziehen, zur Anschauung bringen. Die ausgezogene Linie OP gehört der steigenden, die punktirte Linie der abnehmenden Magnetisirung an, während bei beiden Processen der Draht erschüttert wurde; dagegen bezieht sich OQ auf eine steigende Magnetisirung ohne Erschütterung. Die in der Figur aufgetragenen magnetischen Kräfte rühren allein von der Wirkung des Solenoids her; dies ist aber in der unter Erschütterung angestellten Versuchsreihe keineswegs die gesammte in Rechnung zu ziehende Kraft. Obwohl der Draht 400 mal länger als dick ist, kann dennoch der Einfluss der Enden nicht vernachlässigt werden; er macht sich im Gegentheil in Folge der aussergewöhnlich grossen Susceptibilität in hohem Maasse geltend. Die wirkliche Feldstärke ist bedeutend geringer, als die vom Solenoid herrührende; der Unterschied lässt sich aus der Neigung der Linie OA beurtheilen, die (wie in § 48 beschrieben ist) unter der Annahme konstruirt wurde, dass der Draht als ein Ellipsoid betrachtet werden kann, dessen Länge das 400 fache der Dicke beträgt. Die wahre magnetische Kraft ergiebt sich unter dieser Annahme aus dem horizontalen Abstand jedes Punktes der Kurve von der Linie OA. Selbst bei Vernachlässigung dieser Korrektion für die Feldstärke ist im Anfang der Kurve das Verhältnis von B zu der magnetisirenden Kraft des Solenoids nicht geringer als 20 000. Wenn man mit Berücksichtigung des Einflusses der Enden die magnetische Kraft von der Linie OA ab misst, hat die Permeabilität den enormen Werth von 80 000 Einheiten. Die Permeabilität ist am grössten zu Anfang oder wenigstens kurz nach dem Beginn des Magnetisirungsprocesses. Während bei den Versuchen ohne Erschütterung die Kurve zuerst nach oben konkav verläuft, ist hier diese Erscheinung nahezu, wenn nicht vollständig verschwunden.

Die sämmtlichen Beobachtungen sind in Fig. 54 dargestellt. Die ausgezogenen Kurven entsprechen einer steigenden und fallenden Magnetisirung bis etwa 17 Einheiten der magnetisirenden Kraft, und zwar ohne Erschütterungen. Die strich-punktirten Kurven gehören zu einer analogen Magnetisirung unter Erschütterung. Schliesslich wurde der Draht unter Klopfen wieder bis zum Punkt *a* magnetisirt und dann die magnetische Kraft ohne Klopfen weiter gesteigert; das Ergebniss ist durch die gestrichelte Kurve veranschaulicht. Interessant ist es, zu beobachten, wie sich die

Wirkung der Hysteresis sofort wieder geltend macht, wenn wir mit dem Erschüttern aufhören und die Magnetisirung in gewöhnlicher Weise fortsetzen.

Bei einem andern Versuch mit demselben Stück Draht wurde die magnetische Kraft ohne Erschütterungen bis zu einem gewissen Werth erhöht und dann B ballistisch bestimmt; darauf wurde der Draht heftig erschüttert und die in Folge dieser Operation eintretende Aenderung der Grösse B durch Abziehen einer Induktionsspule gemessen. Nun wurde die Spule wieder aufgeschoben, und die Feldstärke sprungweise auf einen höheren Werth gebracht; darauf wurde der Draht wieder erschüttert u. s. w. Die anfängliche Induktion (B) des Drahtes im Betrage von 170 Einheiten stieg durch die Wirkung einer magnetischen Kraft von 0,32 ohne Er-

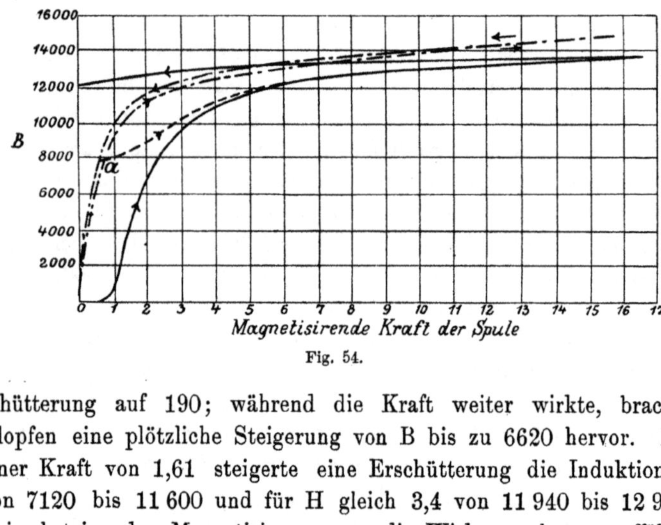

Fig. 54.

schütterung auf 190; während die Kraft weiter wirkte, brachte Klopfen eine plötzliche Steigerung von B bis zu 6620 hervor. Bei einer Kraft von 1,61 steigerte eine Erschütterung die Induktion B von 7120 bis 11 600 und für H gleich 3,4 von 11 940 bis 12 960. Bei absteigender Magnetisirung war die Wirkung ebenso auffällig. Wurde die Feldstärke von einem ziemlich hohen Werth bis auf 0,33 erniedrigt, so fiel B durch Klopfen von 11 260 bis 6880; der remanente Werth der Grösse B von 6880 wurde auf dieselbe Weise bis auf 320 erniedrigt. Die hier angeführten Kräfte rührten allein von der Magnetisirungsspule her, und es wurden für die Rückwirkung des Drahtes auf das Feld keine Korrektionen angebracht. In Fig. 55 sind die gesammten Resultate dargestellt; die ausgezogenen Linien entsprechen der Magnetisirung ohne Erschütterung, während die durch Klopfen verursachten Aenderungen in dem magnetischen Zustand, bei konstantem äusseren Felde, durch die gestrichelten Linien veranschaulicht sind.

Bei ähnlichen Versuchen mit hartem Eisen oder Stahl zeigte sich im Allgemeinen der gleiche Einfluss von Erschütterungen; jedoch tritt ihre Tendenz, die Hysteresis aufzuheben, bei weichem Eisen viel ausgeprägter hervor. Bei einem Stück Eisendraht von derselben Sorte, wie der zuletzt untersuchte, nur mit dem Unterschied, dass er nicht ausgeglüht war, blieb nach der Wirkung einer

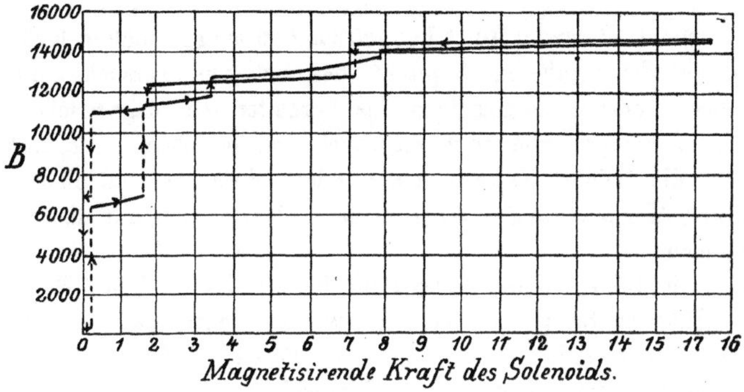

Fig. 55.

Kraft von 17 Einheiten eine remanente Induktion (B) im Betrage von 7000 zurück, die durch rasches Klopfen auf 2500 vermindert wurde.

Magnetische Hysteresis macht sich nicht nur bei Aenderungen des magnetischen Zustandes in Folge von Aenderungen der magnetischen Kraft, sondern auch in Folge der Einwirkung anderer Einflüsse bemerkbar. Dies tritt namentlich in der Wirkung, die elastische Beanspruchung auf die magnetischen Erscheinungen ausübt, deutlich hervor; es wird jedoch gut sein, die Behandlung dieses Gegenstandes einem späteren Kapitel vorzubehalten. (Kap. IX.)

Sechstes Kapitel.

Magnetisirung in schwachen Feldern.

§ 86. Permeabilität bei schwachen magnetischen Kräften. Die in den früheren Kapiteln besprochenen Versuche dürften genügen, um im Allgemeinen das Verhalten der magnetischen Metalle in Feldern von mittlerer Stärke zu erläutern. Es erübrigt noch, die beiden Extreme einer sehr schwachen und einer sehr starken Magnetisirung zu besprechen. Wir wollen mit dem ersten beginnen.

Ein Blick auf die Kurven für B und H oder I und H, die in den früheren Beispielen behandelt wurden, lehrt, dass die anfängliche Permeabilität — das heisst die Permeabilität zu Beginn des Magnetisirungsprocesses — im Vergleich zu den später erreichten Werthen ausserordentlich gering ist, so dass besondere Mittel zu ihrer Messung nothwendig sind. Die Messvorrichtung für diesen Theil der Kurve muss, ob wir nun nach der ballistischen oder nach der magnetometrischen Methode beobachten, viel empfindlicher sein als die, welche wir für spätere Theile benutzen. Bei sehr schwachen Kräften ist in der That die Permeabilität so gering, dass man sie ohne die Verwendung dieser besondern Hülfsmittel irriger Weise leicht für Null halten könnte. Versuche von Baur, Rayleigh und Andern haben indessen überzeugend nachgewiesen, dass dem nicht so ist. Es ergab sich, dass die Permeabilität gleich zu Anfang einen bestimmten Werth hat, den sie, so lange die Kraft sehr gering ist, ohne merkliche Aenderung beibehält; die Tangente an die Magnetisirungskurve bildet also gleich zu Anfang mit der Abscissenachse einen von Null verschiedenen Winkel und die Kurve ist in ihrem allerersten Theil nahezu geradlinig. Ferner hat Lord Rayleigh bei seinen Versuchen über die Wirkung schwacher Felder gezeigt, dass die Permeabilität für jede genügend oft wiederholte, kleine cyklische Aenderung der magnetischen Kraft einen bestimmten Werth hat, einerlei ob das Probestück schon durch die Wirkung anderer Kräfte magnetisirt ist oder nicht. Ihr Werth bleibt merklich konstant, wenn die Grösse der Aenderung variirt wird, vorausgesetzt, dass diese immer sehr klein bleibt; ferner ist der Werth, wenn der magnetische Zustand sich noch nicht der Sättigung nähert, nahezu unabhängig von der Grösse der schon vorhandenen Magnetisirung und Feldstärke.

Baur's Versuche wurden nach der ballistischen Methode an einem Ring aus weichem Eisen angestellt, dessen Dicke etwas über 2 cm betrug. Bei einem Versuch erhielt er folgende, auf C.G.S.-Einheiten umgerechnete Werthe[1]):

H	I	$\varkappa$
0·0158	0·263	16·5
0·0308	0·547	17·6
0·0708	1·633	23·0
0·1319	3·815	28·9
0·230	9·156	39·8
0·384	22·487	58·6

Trägt man die Werthe für die Susceptibilität $\varkappa$ als Funktion von H auf, so bekommt man mit grosser Annäherung eine gerade Linie. Verlängern wir diese nach rückwärts, bis sie die Ordinatenachse schneidet, so erhalten wir für $H = 0$ den Werth $\varkappa = 14{,}5$. Dies ist also die Grösse der Susceptibilität für unendlich kleine Kräfte. Die entsprechende Zahl für die Permeabilität μ ist 182. Des Weitern können für schwache, wenn auch nicht unendlich kleine Kräfte, die beiden Grössen durch die Gleichungen

$$\varkappa = 14{,}5 + 110\,H$$
$$\mu = 183 + 1382\,H$$

dargestellt werden[2]), welche die obigen Versuche sehr befriedigend zusammenfassen. Für beträchtlich höhere Kräfte würden indessen

[1]) C. Baur, Inaugural-Dissertation, Zürich, 1879. Wied. Ann., 11, S. 399, 1880.

[2]) Baur setzt $\varkappa = 15 + 100\,H$; die im Text gegebenen Zahlen dürften indessen nach Ansicht des Verfassers die Resultate besser wiedergeben.

diese Formeln nicht mehr anwendbar sein. Die Beziehung von Magnetisirung zu magnetischer Kraft ist also in schwachen Feldern die folgende:

$$I = 14{,}5\,H + 110\,H^2$$
$$B = 183\,H + 1382\,H^2$$

Diese numerischen Konstanten beziehen sich natürlich speciell nur auf die von Baur untersuchte Sorte von weichem Eisen. Indessen erhält man ähnliche quadratische Formeln, nur mit andern Konstanten, für jedes magnetische Metall. Die Kurve, welche die Beziehung von I zu H oder von B zu H darstellt, ist also in ihrem ersten Theil mit grosser Annäherung eine Parabel, die aber gleich im Anfang eine bestimmte Neigung gegen die H-Achse hat. Für ausserordentlich schwache Kräfte verläuft sie jedenfalls, wenn auch nicht nachweisbar, geradlinig, da dann das Glied mit H^2 vernachlässigt werden kann.

§ 87. **Versuche von Lord Rayleigh.** — Die Schlussfolgerung von Baur über den Werth von $\varkappa$ für $H = 0$ hat zur Voraussetzung, dass es erlaubt ist, die gerade Linie, welche die Beziehung von $\varkappa$ zu H darstellt, über die Grenze wirklicher Beobachtungen hinaus so weit rückwärts zu verlängern, bis sie die Ordinatenachse schneidet. Dieser Schluss ist durch die Versuche von Lord Rayleigh[1]), die sich auf die Wirkung von bedeutend schwächeren Kräften erstreckten, vollkommen bestätigt worden; es ergab sich, dass die Proportionalität der magnetischen Induktion zur magnetischen Kraft bestehen bleibt, auch wenn letztere ausserordentlich verkleinert wird.

Bei seinen Versuchen, die nach der magnetometrischen Methode angestellt wurden, befand sich das eine Ende des untersuchten Drahtes oder Stabes sehr nahe am Magnetometer; es war eine Kompensationsspule vorgesehen, so dass die durch einen schwachen magnetisirenden Strom im Probestück, einem (nicht geglühten) Draht aus schwedischem Eisen, hervorgerufene Magnetisirung durch ihre Wirkung gerade kompensirt wurde. Die Kompensationsspule wurde so justirt, dass keine Bewegung der Magnetometernadel eintrat, wenn ein magnetisirender Strom, der ein Feld von 0,04 Einheiten erzeugte, geschlossen oder unterbrochen wurde. Nun verringerte man die Stromstärke derart, dass die magnetische Kraft auf 0,00004 fiel; es ergab sich, dass die Kompensation vollständig

---

[1]) Phil. Mag., März 1887.

bestehen blieb. In diesen Grenzen war also der inducirte Magnetismus der inducirenden Kraft proportional: $\varkappa$ und μ waren konstant. Mit Rücksicht auf diese Versuche, sagt Lord Rayleigh, giebt uns weder Theorie noch Beobachtung irgend eine Veranlassung zu der Annahme, dass die Proportionalität für noch schwächere Kräfte aufhören sollte. Ganz ähnliche Ergebnisse wurden mit andern Proben von unausgeglühtem Eisen und Stahl erhalten. Das Bereich, in dem $\varkappa$ und μ ungefähr konstant sind, ist für weiches Eisen viel kleiner als für hartes. Innerhalb desselben giebt es keine Remanenz; der Magnetisirungsprocess beginnt, wie die Formveränderung eines festen Körpers in Folge der Wirkung mechanischer Kräfte, mit einem elastischen Stadium, während dessen keine dauernde Deformation eintritt. Sobald die magnetisirende Kraft über 0,04 gesteigert wurde, fand keine Kompensation mehr statt, und die beobachteten Abweichungen folgten dem oben erwähnten quadratischen Gesetz. Die Formeln

$$\varkappa = 6{,}4 + 5{,}1\,\mathrm{H}$$
$$\mu = 81 + 64\,\mathrm{H}$$

stellen die Versuche bis zu dem Werthe H = 1,2 Einheiten gut dar. (Bei der Vergleichung dieser Formeln mit den im vorhergehenden Paragraphen mitgetheilten ist zu bedenken, dass sich die einen hier auf hartes, die andern aber auf ausgeglühtes Eisen beziehen; die anfängliche Susceptibilität ist im vorliegenden Falle weit geringer und die Aenderung dieser Grösse geht viel langsamer vor sich.) Für ein anderes Stück aus hartgezogenem Eisendraht ergab sich der Anfangswerth von μ zu 87.

Lord Rayleigh hat ferner Versuche über die Wirkung angestellt, die wiederholtes Auftreten und Verschwinden einer geringen magnetischen Kraft auf Probestücke ausübt, wenn diese durch eine konstante Kraft schon mehr oder weniger stark magnetisirt sind. So lange die konstante Kraft verhältnissmässig schwach und die mittlere Magnetisirung in Folge dessen ebenfalls nicht sehr bedeutend ist, findet man, dass die Susceptibilität, die durch das abwechselnd erfolgende Entstehen und Verschwinden eines kleinen Theils der Kraft hervorgerufen wird, nicht wesentlich von der anfänglichen Susceptibilität für dasselbe, noch nicht magnetisirte Stück verschieden ist. Wird indessen die mittlere Magnetisirung gesteigert, so nimmt die Susceptibilität für solche kleine Aenderungen ab. In einem Stück von hartem Eisen verringerte eine konstant wirkende

Kraft von 29 Einheiten die Susceptibilität für kleine Aenderungen der Feldstärke um etwa 40 Procent des ursprünglichen Werthes; bei einem Stück von ausgeglühtem Eisen betrug die Verringerung für die nämliche konstante Kraft sogar mehr als 80 Procent.

§ 88. Magnetische Verzögerung in schwachen Feldern. Es wurde schon auf den Umstand hingewiesen (§ 50), dass bei der Magnetisirung von ausgeglühtem, weichen Schmiedeeisen nach jeder Aenderung der magnetischen Kraft einige Zeit vergeht, bis sich der entsprechende magnetische Zustand vollständig hergestellt hat[1]). Diese Erscheinung macht sich besonders bemerkbar, wenn es sich um kleine Kräfte oder um geringe Aenderungen einer Kraft handelt, und wenn die Probestücke beträchtliche Dimensionen haben. In solchen Fällen erfolgt der zeitliche Verlauf der Magnetisirung so langsam, dass die ballistische Methode, mittelst deren langsame und stetige Aenderungen nicht gemessen werden können, nicht anwendbar ist.

Bei seinen im letzten Paragraphen besprochenen Versuchen bemerkte Lord Rayleigh, dass die Kompensationsspule, wenn es sich um die Wirkung von kleinen Kräften auf hartes Eisen oder Stahl handelte, so eingestellt werden konnte, dass weder im Augenblick, als der Kreis des magnetisirenden Stromes geschlossen wurde, noch später eine merkbare Ablenkung des Magnetometers entstand; soweit also Magnetometerversuche hierüber entscheiden können, erreichen diese Metalle sofort ihren vollen Magnetismus. Für ausgeglühtes Schmiedeeisen waren indessen die Erscheinungen verwickelter. „Wenn die Kompensationsspule so eingestellt war, dass sie die augenblicklich eintretende Wirkung möglichst gut kompensirte, so erfolgte eine Ablenkung des Magnetometers in der Richtung, die einer weiteren Zunahme der Magnetisirung entsprach. Beim Unterbrechen des Magnetisirungsstromes war gerade die umgekehrte Erscheinung zu beobachten. Eisen nimmt also einen neuen magnetischen Zustand durchaus nicht momentan an.“

---

[1]) Phil. Trans. 1885, S. 569. „Als lange Drähte aus weichem Eisen untersucht wurden, indem man den magnetisirenden Strom stetig oder mehr oder weniger plötzlich anwachsen liess, war deutlich ein *Kriechen* des Bildes auf der Magnetomerskale zu beobachten, wenn die Stromstärke schon längst einen konstanten Werth erreicht hatte. Diese Erscheinung war manchmal so auffällig, dass ich einige Minuten warten musste, ehe ich das Magnetometer ablesen konnte.“

Unter Benutzung des Rayleigh'schen Kunstgriffes, die momentane Wirkung durch eine Spule zu kompensiren und dann den Ausschlag zu verfolgen, untersuchte der Verfasser den zeitlichen Magnetisirungsverlauf in einem dicken, ausgeglühten Draht aus Schmiedeeisen, dessen Durchmesser 0,404 cm und dessen Länge 39,6 cm betrug[1]). Zu Beginn der Untersuchung wurde der Draht durch Stromwechsel entmagnetisirt und dann der Wirkung schwacher Kräfte unterworfen, die zunächst 0,1 Einheiten nicht überstiegen. So lange die Feldstärke sich in diesen Grenzen hielt, genügte dieselbe Einstellung der Kompensationsspule, um die momentane Wirkung zu kompensiren, ob man den Stromkreis schloss, öffnete oder die Stromrichtung umkehrte. Wenn eine vollständige Kompensation hergestellt war, begann die Magnetometernadel langsam zu wandern, sobald die magnetische Kraft auftrat oder verschwand. Durch Beob-

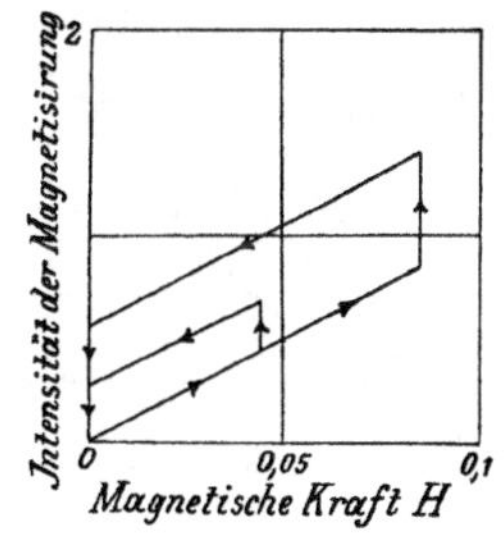

Fig. 56.

achtung dieses Ausschlages, den man zu der durch die Spule kompensirten Ablenkung hinzufügte, erhielt man in einfacher Weise die ganze zu irgend einer Zeit vorhandene Magnetisirung. Eine Kraft von 0,044 Einheiten ergab für I momentan den Werth 0,44; in fünf Sekunden wuchs dieser bis auf 0,58 und in 60 Sekunden bis auf 0,67. Darauf wurde der magnetisirende Strom geöffnet; momentan nahm die Grösse I um 0,44 Einheiten ab, während 0,27 noch zurückblieben. In 5 Sekunden fiel dieser Rückstand bis auf 0,09, und in 60 Sekunden war er vollkommen verschwunden. Nun liess man eine magnetisirende Kraft von 0,084 Einheiten wirken. Der momentan erreichte Werth von I betrug 0,85; nach 5 Sekunden beobachtete man 1,20 und nach 60 Sekunden 1,40. Unterbrach man den Strom wieder, so sank I momentan auf 0,55, in 5 Sekunden

[1]) Proc. Roy. Soc. Juni, 1889.

auf 0,23 und nach 60 Sekunden auf 0,07. Vielleicht rührte dieser kleine Rückstand, oder wenigstens ein Theil desselben, von remanenter Magnetisirung her. Diese Resultate sind in Fig. 56 dargestellt. Ganz ähnliche Ergebnisse wurden erhalten, wenn man die Richtung schwacher magnetischer Kräfte umkehrte; die anfängliche Neigung der Geraden war dieselbe, ob man die Richtung der Kraft umkehrte, oder ob man das Feld nur entstehen und dann wieder verschwinden liess. Wenn wir die Susceptibilität zu Anfang durch die momentane Wirkung messen, die das Entstehen oder Umkehren eines Feldes H hervorruft, so erhalten wir die Zahl 10; legen wir

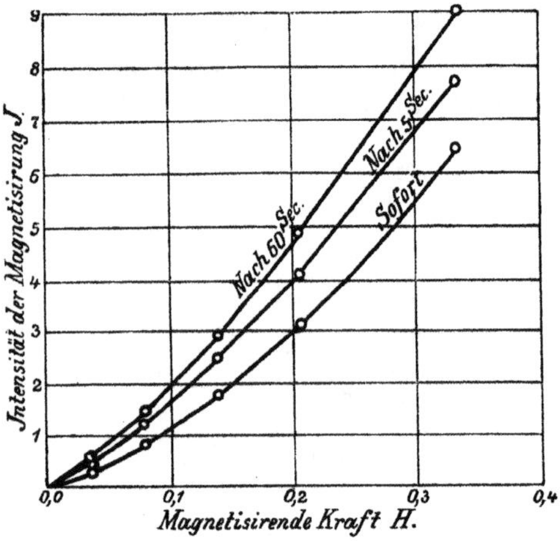

Fig. 57.

die Wirkung nach einer Minute zu Grunde, so ergiebt sich etwa der Werth 15.

In Fig. 57 sind die Ergebnisse einer andern Versuchsreihe dargestellt, bei der nach einander Kräfte bis zu 0,34 Einheiten zur Verwendung kamen; die Kompensationsspule war für jede Feldstärke so justirt, dass sie die momentan eintretende Magnetisirung aufhob; der zeitliche Verlauf konnte somit leicht beobachtet werden. Ehe man eine bestimmte Kraft wirken liess, wurde das Probestück vollständig entmagnetisirt. Die drei Kurven von Fig. 57 lassen erkennen, welchen Betrag die Magnetisirung momentan, nach fünf Sekunden und nach einer Minute erlangte.

Die Beobachtungen über die zeitliche Zunahme der Magnetisirung nach Erregung des Feldes wurden so angestellt, dass man in

Zwischenräumen von fünf Sekunden die Ablenkung des Magnetometers notirte; die beiden Kurven von Fig. 58 sollen die Geschwindigkeit dieser Zunahme für die magnetisirenden Kräfte von 0,035 und 0,081 Einheiten veranschaulichen.

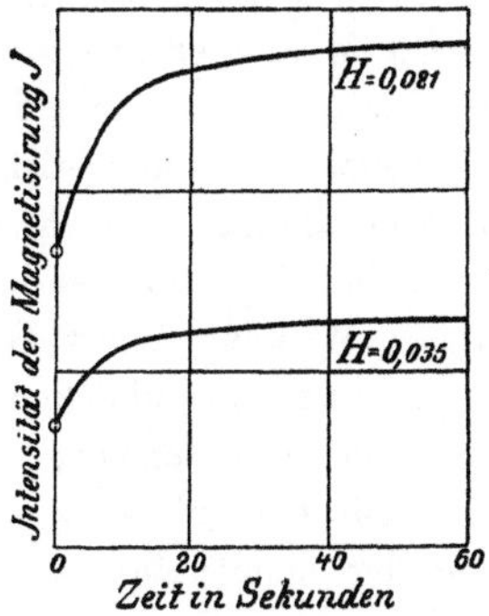

Fig. 58.

§ 89. **Weitere Versuche über den zeitlichen Verlauf der Magnetisirung.** — Aehnliche Unterschiede zwischen der momentanen und der schliesslichen Wirkung einer magnetischen Kraft auf weiches Eisen ergiebt die Beobachtung des Einflusses, den ein kleiner Zuwachs der Feldstärke in irgend einem Stadium des Magnetisirungs-

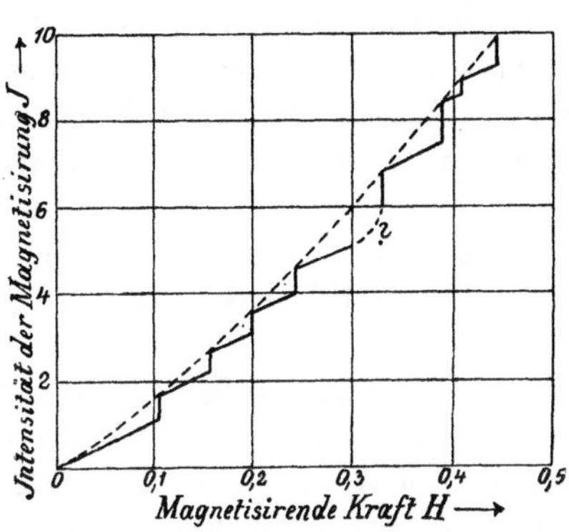

Fig. 59.

processes ausübt. Bei Versuchen, die mit demselben Stück von ausgeglühtem Schmiedeeisen angestellt wurden, steigerte man die magnetisirende Kraft in einer Reihe kleiner Sprünge; jeder Sprung entstand durch eine sehr rasche, wenn auch nicht plötzliche Erhöhung des Magnetisirungsstromes. Die momentane Wirkung eines jeden Sprunges war durch eine Kompensationsspule aufgehoben. Man beobachtete das zeitliche Anwachsen der Magnetisirung während einer Minute. Es ergaben sich die durch die ausgezogenen Linien in Fig. 59 dargestellten Resultate; die gestrichelte Linie zeigt, dass die nach Pausen von je einer Minute erreichten Werthe auf einer kontinuirlich verlaufenden Kurve liegen. Sobald man den Versuch bis zu höher gelegenen Theilen der Magnetisirungskurve ausdehnte, musste man, um eine vollständige Kompensation zu erreichen, mit der Spule etwas näher an das Magnetometer herangehen. Mit andern Worten, die momentane Wirkung eines Sprunges wurde etwas grösser. Zu Anfang war der augenblickliche Werth von dI/dH etwa 10; erstreckte man aber die Versuche von Fig. 59 so weit, bis die Feldstärke der Magnetisirungsspule etwa 3 und I etwa 320 Einheiten betrug, so stieg der momentane Werth von dI/dH auf 13. In diesem Theil der Kurve war die zeitliche Zunahme der Magnetisirung nach einer sehr kleinen Steigerung des Stromes ganz ausserordentlich gross; nach Verlauf einer Minute betrug die Zunahme das Sechs- bis Siebenfache der durch den Sprung hervorgerufenen momentanen Zunahme. In Fig. 60 ist die Erscheinung dargestellt, die wir bei der Untersuchung von weichem Schmiedeeisen beobachten, wenn wir nach einer Pause in einem Punkt des steilen Stücks der Magnetisirungskurve die magnetisirende Kraft um einen kleinen Betrag sehr schnell zunehmen lassen. Die Linie PR entspricht der normalen Steigung der Kurve, wenn die Magnetisirung langsam erfolgt. Ein sehr kleiner Zuwachs von H, der nach einer Pause in P plötzlich eintritt, ruft den momentanen Effekt PO hervor, dem dann das langsame Anwachsen OR folgt. Nur für einen sehr kleinen Sprung in der Feldstärke stellt PO genau die augenblickliche Wirkung dar.

Sehr interessante Ergebnisse liefert die experimentelle Prüfung der Frage, in welcher Weise die Geschwindigkeit in der Zunahme der Magnetisirung nach einer plötzlichen Aenderung der Feldstärke von der Länge der vorausgegangenen Pause abhängt, während deren die Kraft konstant geblieben ist. War diese Pause lang, so erfolgt nach dem Sprung in der Feldstärke das Anwachsen viel langsamer, als wenn sie nur kurze Zeit dauerte[1]. Bei Versuchen, die mit

[1]) loc. cit. S. 280.

dem nämlichen Stück von weichem Eisen angestellt wurden, verglich man die Wirkung von zwei kleinen, unter einander gleichen Sprüngen mit einander. Beide erfolgten an derselben Stelle der Magnetisirungskurve; während aber bei dem einen Versuche die magnetisirende Kraft drei Minuten auf einem konstanten Werth gehalten wurde, dehnte man die Pause bei dem andern auf eine Stunde aus. Die momentane Wirkung war in beiden Fällen die gleiche; das nun folgende Anwachsen, das sich nicht weniger als zehn Minuten lang verfolgen liess, ging jedoch in dem ersten Fall viel rascher vor sich; in zehn Minuten betrug nämlich die Zunahme 531 Skalentheile gegen 320 Skalentheile in dem zweiten Fall.

Die Wirkung von abwechselnd erfolgenden kleinen Zunahmen und Abnahmen der magnetischen Kraft äussert sich an jeder Stelle

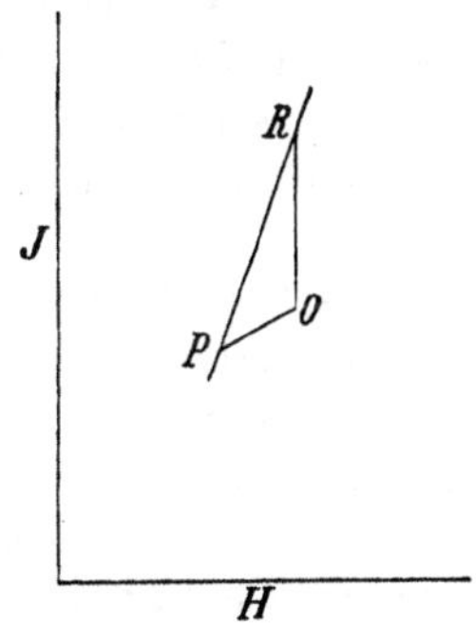

Fig. 60.

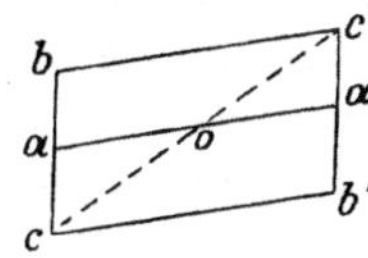

Fig. 61.

der Magnetisirungskurve ganz ähnlich, wie wir es in Fig. 56 gezeigt haben. Sind die Aenderungen der Feldstärke oft genug wiederholt worden, um cyklische Aenderungen der Magnetisirung im Gefolge zu haben, so ist der momentane Werth von dI/dH angenähert derselbe, als wie im Anfang der Kurve — für das untersuchte Stück also etwa 10 Einheiten; nur wenn der magnetische Zustand sich der Sättigung nähert, wird der Werth von dI/dH merklich kleiner. Das Diagramm (Fig. 61) stellt allgemein die Abweichung der Magnetisirung von einem mittleren Werthe O dar, die in einem weichen Eisenstab unter dem Einfluss einer sehr kleinen, periodischen Aenderung der magnetischen Kraft eintritt. Gehen diese Aenderungen schnell und ohne Pausen vor sich, so wird der Kreisprocess durch die Linien a a' und a' a dargestellt. Da sie eine Fläche nicht einschliessen, findet auch keine Energievergeudung statt. Lässt man anderseits die Aenderungen der Kraft ganz allmählich und sehr langsam vor sich gehen, so werden die Wege cc′ und c′c durchlaufen. Auch mit diesem Process ist eine Energievergeudung nicht verbunden. Wenn aber die Aenderungen rasch erfolgen und Pausen bei den äussersten Werthen eintreten, so wird der Kreisprocess durch b′ c′ b c dargestellt, und die stattfindende Energievergeudung wird durch die Fläche dieses Parallelogrammes gemessen. In den meisten praktisch wichtigen Fällen, in denen sich die Kraft periodisch ändert, tritt dies nicht sprungweise und mit Pausen bei den extremen Werthen ein, sondern derart, dass anstatt des Parallelogramms eine Schleife entsteht. Wenn die Zahl der Wechsel sehr gross ist, wird sich die Schleife zu der Geraden a a′ abflachen; ist die Wechselzahl anderseits sehr gering, so tritt eine Abflachung zu der Linie b b′ ein. Für jede Anzahl, die zwischen diesen Extremen liegt, ist eine Energievergeudung vorhanden; für bestimmte Grenzen der Kraft und eine gegebene Art der Aenderung muss eine bestimmte Anzahl von Wechseln bestehen, für welche die Energievergeudung in dem einzelnen Kreisprocess ein Maximum ist.

Auch in hartem Eisen und in Stahl ist die Erscheinung der zeitlichen Verzögerung der Magnetisirung vorhanden, wenn auch in so geringem Maasse, dass sie kaum nachweisbar ist. Ein Stück desselben Drahtes, der bei den vorher besprochenen Versuchen Verwendung gefunden hatte, wurde erst ausgeglüht und dann dadurch gehärtet, dass man ihn etwas über die Elasticitätsgrenze hinaus streckte. Mit Mühe konnte eine Spur von Verzögerung entdeckt werden, wenn man eine schwache Kraft auf den Draht in diesem harten Zustande wirken liess; dagegen konnte man dadurch einen messbaren Betrag erzeugen, dass man erst eine mässig starke magnetisirende Kraft wirken liess und dann nach einer Pause die Feldstärke sprungweise erhöhte. Der anfängliche momentane Werth von dI/dH betrug für einen kleinen Sprung 5,3.

Die ganze Erscheinung hängt in hohem Grade von der Form des Probestücks ab. Bei den besprochenen Versuchen wurde ein Eisenstab von 4 mm Durchmesser verwandt. Dünnere[1]) Stäbe zeigten

[1]) [Dünner Draht (Blumendraht, 0,38 mm dick) nimmt die Magnetisirung augenblicklich an. Vgl. v. Helmholtz, Pogg. Ann. 83, S. 535, 1851. Auch alle späteren Beobachter haben bei dünnen Drähten bis jetzt noch keinen zeitlichen Verlauf der Magnetisirung konstatiren können. Vgl. Wiedemann, Elektricität IV, S. 236 u. flgd.].

eine viel geringere magnetische Verzögerung; diese verschwand sogar fast vollständig, wenn man den Stab durch ein Bündel von feinen, ausgeglühten Eisendrähten ersetzte. Die Ursache für diesen Unterschied ist bis jetzt noch nicht genügend aufgeklärt.

§ 90. **Molekulare Akkomodation.** — H. Tomlinson hat vor nicht langer Zeit Untersuchungen veröffentlicht[1]), die mit dem Gegenstand dieses Kapitels in engem Zusammenhang stehen. Er untersuchte die Wirkung schwacher magnetischer Kräfte von einer solchen Grössenordnung, dass die Beziehung von B zu H in der Form

$$B = aH + bH^2$$

ausgedrückt werden kann (§ 86) und studirte den Einfluss, den die Wärme und andere Kräfte auf die Konstanten a und b haben. Die Grösse a ist natürlich die anfängliche Permeabilität und von dem Koefficienten b hängt die Energievergeudung ab. Einige der interessanteren Schlüsse von Tomlinson mögen in seiner eigenen Fassung hier Platz finden:

„Die innere Reibung von Eisen, Nickel und Kobalt bei irgend einem vollständigen Kreisprocess kann durch Wiederholung des Processes vermindert werden; die Moleküle akkomodiren sich gewissermaassen dem Processe.

Die molekulare Akkomodation von frisch ausgeglühtem Eisen kann in bedeutendem Maasse durch wiederholte Erwärmung des Metalls auf 100° und darauf folgende Abkühlung unterstützt werden.

Die Akkomodation der Moleküle von Eisen, Nickel und Kobalt wird gestört durch sehr leise mechanische Erschütterungen, durch kleine Temperaturänderungen, oder durch Magnetisirung über eine gewisse Grenze hinaus; durch solche Einflüsse kann die innere Reibung zeitweise oder sogar dauernd in beträchtlichem Maasse erhöht werden.

Die Werthe von a und b werden durch eine Temperaturerhöhung von 0 auf 100° zeitweilig vergrössert.“

---

[1]) Proc. Roy. Soc., Dec., 1889.

Siebentes Kapitel.

Magnetisirung in starken Feldern.

§ 91. **Magnetisirung in starken Feldern.** — Wir wollen nun zu dem andern Extrem des Magnetisirungsprocesses übergehen. Wenn wir die Beziehung des Magnetismus zu der magnetisirenden Kraft nach einer der in früheren Kapiteln behandelten Methoden verfolgen, so ist es experimentell schwer durchführbar, die Kraft H über einige Hundert Einheiten hinaus noch weiter zu steigern. Neben andern Schwierigkeiten ist namentlich die eintretende Erwärmung der Magnetisirungsspule sehr hinderlich. Wir müssen deshalb zu besondern Methoden unsere Zuflucht nehmen, wenn wir das Verhalten der magnetischen Metalle in sehr starken Feldern untersuchen wollen.

Es ist zwar richtig, dass die hauptsächlichsten Theile des Magnetisirungsprocesses im Bereiche der Kräfte liegen, die sich mit einer Magnetisirungsspule leicht erzeugen lassen. In diesem Bereich erfahren die Permeabilität und die Susceptibilität ihre grossen Aenderungen, indem sie von einem endlichen Anfangswerth an rasch bis zu einem zehn- oder fünfzehnmal so grossen Maximum zunehmen und dann wieder fast ebenso rasch auf eine unter dem Anfangswerth liegende Grösse herabsinken.

In diesem Bereich erreicht ferner die remanente Magnetisirung augenscheinlich den vollen Werth, den sie überhaupt erlangen kann. In diesem Bereich macht sich schliesslich der Einfluss von Erschütterungen, von Temperaturänderungen und von elastischen Kräften am deutlichsten geltend. Auch ist es wahrscheinlich, dass das experimentelle Studium der magnetischen Erscheinungen, soweit es im Interesse der Elektrotechnik unternommen wird, auf diesen Bereich beschränkt werden kann.

Trotzdem ist die Wirkung starker Felder, namentlich mit Rücksicht auf die Weber'sche Molekulartheorie des Magnetismus, von sehr hoher Bedeutung. Nach dieser Theorie sind die Moleküle von Eisen oder einem andern magnetisirbaren Metall jederzeit magnetisch. In dem nicht magnetisirten Stück orientiren sich ihre magnetischen Achsen in allen möglichen Richtungen, so dass die Summe ihrer Momente, bezogen auf irgend eine Richtung, den Werth Null hat, und in Folge dessen das Stück als Ganzes unmagnetisch erscheint. Wenn aber eine magnetisirende Kraft wirkt, so suchen sich die Molekularmagnete zu drehen; ihre Achsen bevorzugen mehr die Richtung, in der die Kraft wirkt, und auf diese Weise wird das Stück, als Ganzes betrachtet, magnetisch. Die Intensität I der Magnetisirung ist die Summe der Komponenten, welche die Momente der Molekularmagnete in der Volumeneinheit nach der Richtung der magnetisirenden Kraft haben. Wir werden diese Theorie ausführlich in einem späteren Kapitel (XI) behandeln. Inzwischen möge nur eine auf der Hand liegende Folgerung hervorgehoben werden. Wenn alle Molekularmagnete sich so orientirt haben, dass sie genau in der Richtung der wirkenden Kraft liegen, so kann die Magnetisirung in dieser Richtung nicht mehr verstärkt werden, mögen wir die Kraft auch noch so sehr steigern. Jene Theorie verlangt also, dass die Magnetisirungsintensität I einen Sättigungswerth erreicht, der nicht überschritten werden kann, während sie dem Ansteigen der Grösse B keine Grenzen setzt.

Bei Versuchen in mässig starken Feldern wachsen B und I zuletzt langsam, und es ist nicht möglich, aus derartigen Beobachtungen einen Schluss zu ziehen, ob eine der Grössen B und I einer bestimmten Grenze zustrebt. Die Kurven (z. B. Fig. 39, 40 und 41), welche die Permeabilität μ oder die Susceptibilität $\varkappa$ als Funktion von B oder I darstellen, geben uns ebenfalls keine Aufklärung; wir dürfen nämlich die Kurven über das durch Versuche festgelegte Bereich nicht bis zum Schnitt mit der B- oder I-Achse fortsetzen, da sie (wie es die Figuren 40 und 41 zeigen) einen Wendepunkt haben, wenn die magnetisirende Kraft genügend gesteigert wird. Diese charakteristische Eigenschaft derjenigen Kurven, welche die Beziehung von $\varkappa$ zu I oder von μ zu B darstellen, ist zuerst von Fromme[1])

[1]) Fromme, Gött. Nachr., 1875, S. 500. Wied. Ann. 13, S. 695, 1881; vgl. auch J. Haubner, Wien. Anz., Oktober 1880; Wied. Beiblätter, 5, S. 205, 1881.

gefunden und später von einer Reihe von Beobachtern kommentirt worden. Bei einigen von dem Verfasser angestellten Versuchsreihen kam sie zum Vorschein, wenn B ungefähr 15000 überstieg[1]). Bosanquet[2]) stellte Versuche mit Ringen aus Eisen und Stahl an, im Verlauf deren er die Induktion in einem Falle bis auf 19300 Einheiten steigerte; trägt man seine Beobachtungen graphisch auf, so erhält man einen ähnlichen Wendepunkt in der Kurve für μ und B, wenn die letztere Grösse etwa 15000 beträgt. Dieselbe Erscheinung prägt sich auch deutlich in Fig. 62 aus; sie ist einer Abhandlung von Bidwell[3]) entnommen, die sich auf Versuche mit weichem Schmiedeeisen bezieht. Die Induktion wurde bis auf 19820 getrieben, wobei μ bis zu 33,9 abnahm; die magnetische Kraft H war dann 585 und die Magnetisirung I betrug 1530 Einheiten. Diese Zahlen können eine Vorstellung davon geben, wie weit man bei den gewöhnlichen Versuchen erfahrungsgemäss gehen kann, wenn das Feld durch eine

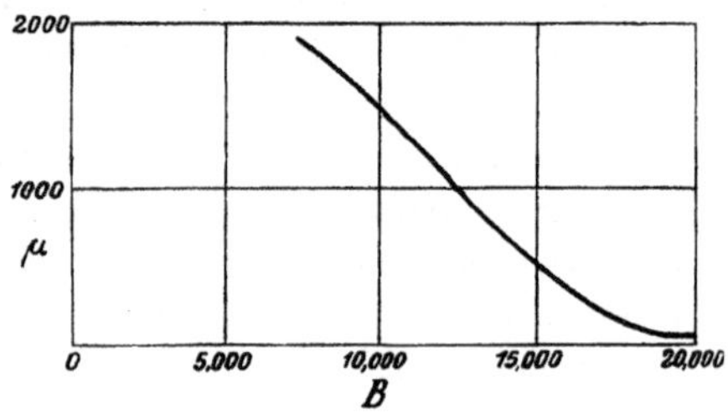

Fig. 62.

Stromspule erzeugt wird[4]). Zur Beantwortung der Frage, ob ein bestimmter Grenzwerth für I oder B existirt, müssen wir dieses Bereich weit überschreiten.

§ 92. **Die Isthmus-Methode.** — Dieser Name ist einer im Jahre 1887 von dem Verfasser und W. Low[5]) eingeführten Methode gegeben worden, die bei der Magnetisirung von Eisen bedeutend höhere Werthe zu erreichen erlaubt; es zeigte sich dabei, wie man

---

[1]) Phil. Trans. 1885, II, S. 567.

[2]) Bosanquet, Phil. Mag., Febr. und Mai 1885.

[3]) Bidwell, Proc. Roy. Soc., 40, S. 486, 1886.

[4]) Bei neueren Versuchen von du Bois, die in § 107 beschrieben sind, wurde eine Spule mit Eiskühlung benutzt, mit der man magnetische Kräfte bis zu 1300 Einheiten erzeugen konnte.

[5]) Proc. Roy. Soc., März, 1887; Phil. Trans., 1889 A, S. 221.

schon im Voraus aus Weber's Molekulartheorie schliessen kann, dass für die Grösse I ein Sättigungswerth existirt, während dies für B augenscheinlich nicht der Fall ist.

In dem Luftraum zwischen den Polstücken eines kräftigen Elektromagneten haben wir ein Feld von viel grösserer Stärke, als es durch die direkte Wirkung eines elektrischen Stromes je hervorgerufen werden kann. Wenn ein kleines Probestück des zu magnetisirenden Metalls so in diesen Luftraum gebracht wird, dass es einen Isthmus zwischen den beiden Polschuhen bildet, so wird es kräftig magnetisirt. Durch seinen Magnetismus stört es indessen das ursprüngliche Feld; die auf das Stück wirkende Kraft kann sehr verschieden von der sein, die vorher im Luftraum vorhanden war. Hat der untersuchte Körper die Form eines kurzen Cylinders, welcher der Länge nach von einem Polschuh zum andern reicht, so wird sein Magnetismus sehr ungleichförmig vertheilt sein. An den Enden wird die Induktion denselben Werth wie in den angrenzenden Polschuhen, in der Mitte wird sie einen grösseren Werth haben, da die Induktionslinien von Theilen, die in der Nachbarschaft der Polschuhe liegen, nach dem Probestück hin konvergiren und durch dessen Seiten eintreten. Offenbar können wir die Induktion in dem mittleren Theil dadurch vergrössern, dass wir dem Probestück breitere Enden geben; diese bieten für die konvergirenden Induktionslinien einen besseren Weg. Wenn nun das zu untersuchende Stück die Form einer Spule erhält, deren mittlerer Hals kurz und dünn ist, während die Enden in konische Stücke auslaufen, die mit ihren breiten Flächen die Polschuhe bedecken, so kann man (durch richtige Wahl des Konus) eine gleichförmige Magnetisirung des mittleren Stücks herbeiführen; ferner lässt sich erreichen, dass die magnetische Kraft, die das mittlere Stück beeinflusst, denselben Werth wie die Kraft in dem unmittelbar benachbarten Luftraum hat. Die magnetische Kraft und die Induktion in dem Hals kann dann gemessen werden; daraus lassen sich weiter die Permeabilität, Susceptibilität und Magnetisirungsintensität bei ausserordentlich hohen Feldstärken in einfacher Weise ableiten.

§ 93. Erste Anwendung der Isthmus-Methode. — Die Figuren 63 und 64 stellen zwei Formen der Eisenspule dar, wie sie bei den ersten Beobachtungen nach der Isthmus-Methode Verwendung fanden; ihre Dimensionen sind in Millimeter angegeben. Der Hals in der Mitte der Eisenspule war mit einer Induktionsspirale bewickelt, die aus einer einzigen Lage von feinem Draht bestand, und seine Magnetisirung wurde nach der ballistischen Methode bestimmt. Bei Benutzung der in Fig. 63 veranschaulichten Spulenform wurde die Induktion in der Weise gemessen, dass man die Eisenspule, während der Magnet erregt war, plötzlich von ihrem Platz zwischen

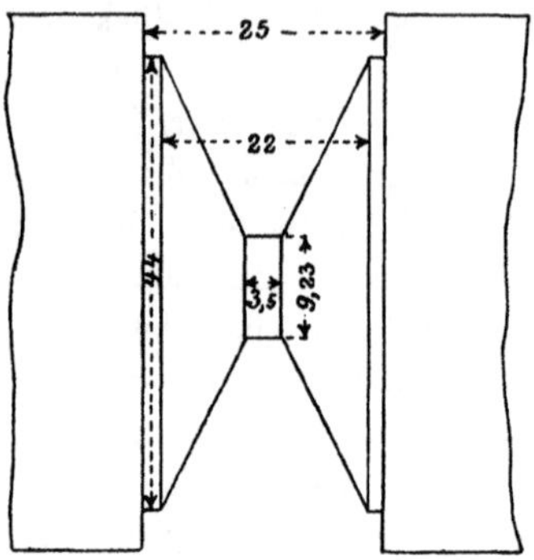

Fig. 63.

den Polschuhen entfernte. Hiergegen kann man einwenden, dass dieses Verfahren die remanente Magnetisirung nicht berücksichtigt; es wird nur diejenige Magnetisirung gemessen, die beim Entfernen

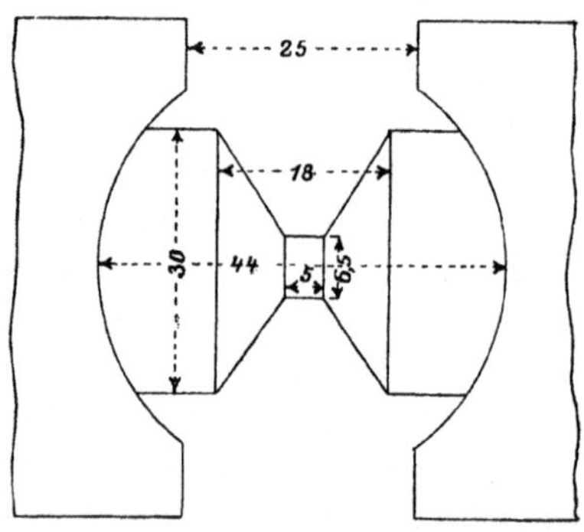

Fig. 64.

der Eisenspule aus dem Feld in ihr verschwindet. Der Rückstand ist zwar gering und kann noch nachträglich bestimmt und in Rechnung gezogen werden; indessen ist die Anordnung von Fig. 64 vorzuziehen, bei der die Eisenspule plötzlich so gedreht werden kann, dass sie in der umgekehrten Richtung magnetisirt wird; die Hälfte des hierbei beobachteten ballistischen Ausschlags ist dann ein Maass für die magnetische Induktion. Zur Messung der Feldstärke, die in dem unmittelbar an den Hals der Eisenspule grenzenden Luftraum herrschte, war eine zweite Induktionsspirale über die erste gewickelt, so dass sich zwischen beiden ein schmaler, etwa 1,3 mm dicker Ring einer unmagnetischen Substanz befand. Die magnetische Kraft in diesem Zwischenraum konnte man aus der Differenz der ballistischen Ausschläge berechnen, die man bei Benutzung der äusseren und der inneren Induktionspirale beobachtete. Es liess sich dann auch an der mit der innern Spirale beobachteten Induktion eine nothwendige Korrektion für diejenigen Induktionslinien anbringen, die zwar innerhalb der Drahtwindungen, aber nicht im Eisen verliefen.

Bei den Beobachtungen, die mit den in Fig. 63 und 64 dargestellten Eisenspulen ausgeführt wurden, war die äussere Feldstärke — d. h. die magnetische Kraft in diesem schmalen, den Hals umgebenden ringförmigen Raum — vielleicht etwas höher als die mittlere Kraft im Metall des Halses selbst. Indessen war die äussere Feldstärke (H') mit so grosser Annäherung gleich H, dass der Werth $\frac{B-H'}{4\pi}$ die Grösse I und der Werth B/H' die Grösse μ sehr gut darstellte.

Tabelle VIII.

Schwedisches Schmiedeeisen bei hohen Feldstärken.

H' (nahezu = H)	B	$\frac{B-H'}{4\pi}$ (nahezu = I)	$\frac{B}{H'}$ (nahezu = μ)
6 690	27 960	1 700	4·18
8 900	29 730	1 660	3·34
9 510	30 820	1 700	3·24
10 000	31 210	1 690	3·12
10 360	31 630	1 700	3·05
10 810	31 720	1 670	2·94
10 880	32 060	1 690	2·95
11 200	32 360	1 690	2·90

Die in Tabelle VIII mitgetheilten Ergebnisse wurden bei Versuchen mit einer ausgeglühten Spule aus weichem schwedischen Schmiedeeisen erhalten.

Aus diesen Zahlen geht hervor, dass bei sehr hohen Feldstärken, wie sie bei den Versuchen verwandt wurden, die Grösse in der dritten Spalte, die sehr nahe gleich der Magnetisirungsintensität I ist, merklich konstant wird. Die Abweichungen der Zahlen von einander verlaufen unregelmässig und sind durch Beobachtungsfehler zu erklären. Das Eisen ist hier also wirklich im Zustande der Sättigung; I hat einen Werth erreicht, der keine merkliche Aenderung mehr erfährt, obwohl die Feldstärke verdoppelt wird. Die magnetische Kraft selbst kann indessen unbegrenzt wachsen, und es ist folglich kein Anzeichen dafür vorhanden, dass B einem Grenzwerth zustrebt.

In Tabelle IX sind die Ergebnisse einer ähnlichen Versuchsreihe aufgeführt, die an einer ausgeglühten Spule aus Lowmoor-Schmiedeeisen erhalten wurden und sich auf ein grösseres Bereich in der Feldstärke erstrecken.

Tabelle IX.

Lowmoor-Schmiedeeisen bei hohen Feldstärken.

H' (nahezu = H)	B	$\frac{B - H'}{4\pi}$ (nahezu = I)	$\frac{B}{H'}$ (nahezu = μ)
3 630	24 700	1 680	6·80
6 680	27 610	1 670	4·13
7 800	28 870	1 680	3·70
8 810	29 350	1 630	3·33
9 500	30 200	1 650	3·18
9 780	30 680	1 660	3·14
10 360	30 830	1 630	2·98
10 840	31 370	1 630	2·89
11 180	31 560	1 620	2·82

Die scheinbare Abnahme von I bei den höchsten Feldstärken (dritte Spalte) rührt daher, dass das äussere Feld etwas stärker war, als die wahre magnetische Kraft innerhalb des Metalls. Giebt man der Spule eine solche Form, dass diese Fehlerquelle vermieden wird, so verschwindet auch diese Abnahme, und I ist dann innerhalb der durch die zufälligen Beobachtungsfehler gesteckten Grenzen konstant.

Eine merkwürdige Erscheinung ist die Abnahme der Permeabilität, die bei der Steigerung der magnetischen Kraft noch fortdauert, nachdem der Sättigungszustand schon erreicht ist. Für die Sorte

Schmiedeeisen, welche bei diesen Versuchen Verwendung fand, ist der Anfangswerth von μ für ausserordentlich kleine Kräfte etwa 200; der grösste Werth von μ, der gewöhnlich bei einer magnetisirenden Kraft von zwei oder drei Einheiten erreicht wird, kann bis zu 3000 betragen. Im vorliegenden Falle ist μ bei einer magnetischen Kraft von etwa 10 000 Einheiten unter den Werth 3 gesunken.

Tabelle X.

Gusseisen bei hohen Feldstärken.

H′ (nahezu = H)	B	$\frac{B-H'}{4\pi}$ (nahezu = I)	$\frac{B}{H'}$ (nahezu = μ)
3 900	19 660	1 250	5·04
6 400	21 930	1 240	3·42
7 710	22 830	1 200	2·96
8 080	23 520	1 230	2·91
9 210	24 580	1 220	2·67
9 700	24 900	1 210	2·57
10 610	25 600	1 190	2·46

Die Ergebnisse von ähnlichen Versuchen mit Gusseisen sind in Tabelle X enthalten. Wie in den beiden letzten Fällen, so war

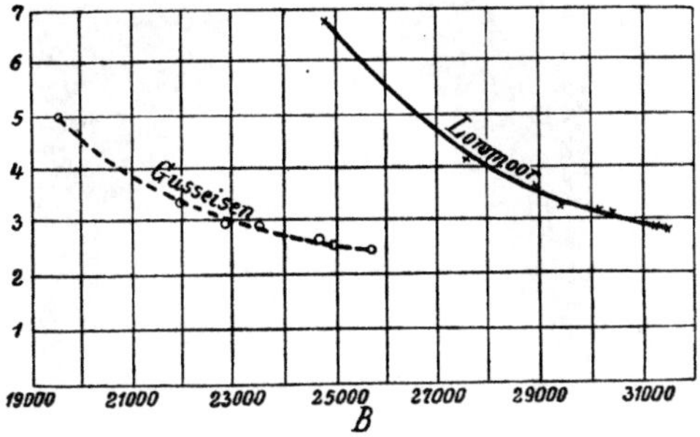

Fig. 65.

auch hier die Sättigung schon bei den Werthen von H erreicht, bei denen die Beobachtungen begannen. Der Sättigungswerth für dieses Gusseisen ist 1240, also erheblich niedriger als für Schmiedeeisen. Die in den Tabellen IX und X gegebenen Resultate sind in Form von Permeabilitätskurven in Fig. 65 dargestellt. Aehnliche Kurven, die sich allerdings nicht auf so hohe Feldstärken bezogen, haben wir schon in Fig. 40 und 41 und in Fig. 62 kennen gelernt.

§ 94. Spätere Beobachtungen nach der Isthmus-Methode. Bei späteren Versuchen[1]) wurde die Induktion im Eisen noch beträchtlich höher getrieben, indem man einen grösseren Elektromagnet benutzte und den Hals der Eisenspule noch dünner drehte. Die Grenze, bis zu der die Koncentration der Induktionslinien in dem Halse gesteigert werden kann, hängt von dem Grössen-

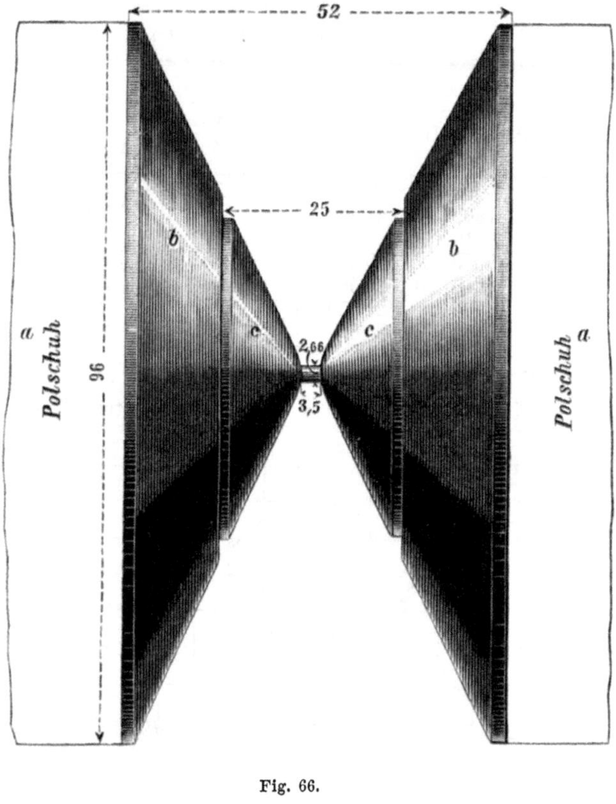

Fig. 66.

verhältniss ab, in welchem der Querschnitt des Halses zu der Polfläche steht. Bei dem im Folgenden beschriebenen Versuch betrug der Querschnitt des Halses nur noch $^1/_{1500}$ jeder einzelnen Polfläche. Der ausserordentlich kräftige Magnet, welcher dem Physikalischen

[1]) Ewing and Low, Phil. Trans. 180; S. 221, 1889, A; Rep. Brit. Assoc., 1887, S. 586.

Laboratorium der Edinburger Universität gehört, wurde durch 64000 Ampèrewindungen erregt; seine Kraft koncentrirte sich von Polflächen, die etwa 10 cm Durchmesser hatten, auf einen Hals (Isthmus) von 2,66 mm Durchmesser und 3,5 mm Länge. Fig. 66 stellt in natürlicher Grösse die Pole und die Eisenspule in ihrer richtigen Lage dar, nachdem der Hals bis zu der angegebenen Dicke abgedreht worden war. Die Dimensionen sind in Millimeter ausgedrückt. Die Eisenspule c von ausgeglühtem Lowmoor-Schmiedeeisen war dieselbe, die schon bei den früheren Versuchen Verwendung gefunden hatte; um ihre Endflächen mit den Polschuhen a a zu verbinden, wurde ein Paar konischer Stücke b b eingeschoben. Bei jeder Reduktion der Dicke des Isthmus erreichte man einen höheren Werth von B; schliesslich als der Durchmesser nur noch 2,66 mm betrug, hatte die Induktion die Grösse von 45 350 und die Kraft in der unmittelbaren Umgebung des Isthmus den Werth von 24 500 Einheiten. Aus andern Versuchen dürfen wir schliessen, dass dies mit grosser Annäherung auch der wahre Werth der magnetischen Kraft im Metalle war. Wir haben also die folgenden Zahlen:

H	B	I	μ
24 500	45 350	1660	1,85.

Es wurde kein Versuch gemacht, die Dimensionen des Halses noch weiter zu verringern und dies ist der höchste Werth für die Induktion, den man bis jetzt überhaupt erreichte. Zweifellos liessen sich mit einem noch grösseren und kräftigeren Elektromagneten auch noch höhere Werthe für H und B erzielen.

§ 95. Theorie der Isthmus-Methode: Kegelwinkel für das Maximum der Koncentration[1]). — Wir denken uns einen Schnitt durch die Mitte des Halses senkrecht zur Achse der Eisenspule gelegt. Nach einem hier nicht näher zu erörternden mathematischen Satz verändert sich die der Achse parallele magnetische Kraft in dieser Schnittebene nicht unstetig zwischen einem Punkte innerhalb des Eisens und einem nahegelegenen Punkt in der Luft. Es sind die Bedingungen aufzusuchen, unter denen die magnetische Kraft in der ganzen Ebene dieses Schnittes so gleichförmig wie möglich ist. Den Werth, welchen die Kraft in nächster Nähe des

---

[1]) Dieser und die folgenden Paragraphen sind theilweise der citirten Abhandlung (Phil. Trans. 1889 A, S. 221) entnommen.

Halses hat, können wir dann messen und ihn der magnetischen Kraft in der Substanz des Halses selbst mit grosser Annäherung gleich setzen.

Die magnetische Kraft in dem Luftraum zwischen den Polschuhen setzt sich aus zwei Theilen zusammen, nämlich 1. aus der elektromagnetischen Wirkung, die von dem Strom in den Spulen des Elektromagnetes herrührt, und 2. aus der Kraft, welche von dem zum grössten Theil über die Polflächen vertheilten freien Magnetismus erzeugt wird. Die erste bildet nur einen verhältnissmässig kleinen Theil der ganzen Kraft, und ihr Werth ist in so kleinen Abständen von der Achse, wie wir sie betrachten, genügend gleichförmig. Wenn wir die Bedingungen aufsuchen, die für die grösste Stärke oder für die grösste Gleichförmigkeit des Feldes um den Hals herum erfüllt sein müssen, brauchen wir uns nur mit der Komponente zu beschäftigen, die von dem freien Magnetismus herrührt.

Wir können uns vorstellen, dass sich der freie Magnetismus der Polschuhe aus dem Magnetismus einer Reihe konaxialer, kreisförmiger Ringe zusammensetzt, deren Ebenen zur Achse der Eisenspule senkrecht stehen. Ist M der gesammte freie Magnetismus eines dieser Ringe (Fig. 67) und r sein Radius, so hat die von ihm erzeugte magnetische Kraft F in irgend einem Punkt der Achse, der um die Strecke x von der Ringebene entfernt ist, den Werth $\frac{M x}{l^3}$, wenn wir $l = \sqrt{r^2 + x^2}$ setzen. Diese Kraft wird ein Maximum, wenn $\frac{dF}{dx} = 0$ wird, das heisst, wenn die Beziehung

$$\frac{1}{l^3} - \frac{3 x^2}{l^5} = 0$$

besteht; dies tritt für $x = \frac{r}{\sqrt{2}}$ ein; dann ist tg $\theta = \sqrt{2}$, oder $\theta = 54^0\ 44'$. Eine Reihe konaxialer Ringe bringt also die günstigste Wirkung auf einen Punkt der Achse hervor, wenn sie auf einem Konus liegen, dessen Scheitel sich in dem betreffenden Punkte befindet und dessen halber Oeffnungswinkel $54^0\ 44'$ beträgt.

Die grösste Kraft wird erzeugt werden, wenn die Polstücke selbst gesättigt sind, so dass I seinen maximalen Werth überall im Metall erreicht hat. In diesem Fall ist die Dichte in den verschiedenen Ringen gleich. Die Oberflächendichte des freien Magnetismus in einem Punkt einer kegelförmigen Polfläche ist gleich I sin θ, wo θ die Neigung der Fläche gegen die Magnetisirungsrichtung bedeutet. Die Gesammtmenge auf jedem Ring ist gleich I, multiplicirt mit der Projektion der ringförmigen Mantelfläche auf eine zu der Magnetisirungsrichtung normale Ebene, also gleich einer Grösse, die von der Neigung des Konus unabhängig ist. Es kommt deshalb stets dieselbe Zahl von wirksamen Ringen in Betracht, welches auch die Neigung der konvergirenden Flächen sein möge; der Neigungswinkel braucht nicht einmal überall derselbe zu sein. Ist also ein bestimmter Durchmesser für den Hals der zu magnetisirenden Eisenspule gegeben, so wird die grösste Kraft in der Mitte der Halsachse dann erzeugt werden, wenn die Polschuhe gesättigt sind und wenn wir ihnen die Form von Kegeln geben, deren Oeffnungswinkel 54^0 44′ beträgt und deren Scheitel in der Mitte des Isthmus liegt.

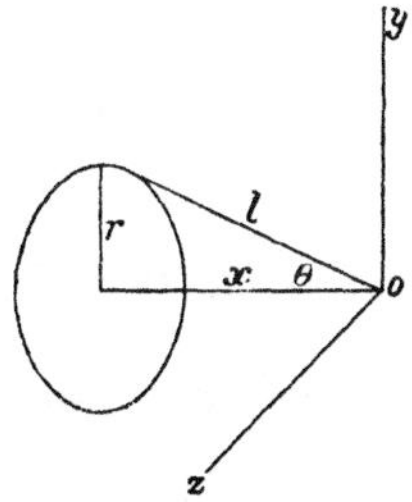

Fig. 67.

Hierdurch sind die Kegel bestimmt, welche die stärkste Koncentration der Kraftlinien bedingen. Bei der praktischen Ausführung macht man, wenn man eine möglichst starke Koncentration erreichen will, den halben Oeffnungswinkel etwas grösser, etwa 60^0, da die Polschuhe nie vollständig gesättigt sind.

§ 96. Maximum der magnetischen Kraft bei Verwendung von kegelförmigen Polschuhen. — Für einen Konus, dessen halber Oeffnungswinkel θ ist, beträgt die Oberflächendichte des freien Magnetismus $I_0 \sin \theta$, wenn wir seine gleichförmige Magnetisirungsintensität mit I_0 bezeichnen. Bedeutet x den auf der Achse gemessenen Abstand eines Ringes, dessen Radius r und dessen in der Richtung einer Erzeugenden gemessene Dicke dl ist, von dem Scheitel, so ist die hier von dem Ring erzeugte Kraft

$$2\pi r\,dl\,I_0 \sin\theta\,\frac{x}{l^3} \text{ oder } 2\pi I_0 \sin^2\theta \cos\theta\,\frac{dr}{r}.$$

Die gesammte im Scheitel wirkende Kraft berechnet sich also zu

$$2\pi \sin^2\theta \cos\theta \int_a^b \frac{I_0\,dr}{r},$$

wenn a der Radius des Halses ist, bis zu dem sich der Konus verjüngt und b der Radius der breiten Grundfläche.

Betrachten wir I_0 als konstant, so ist folglich bei Verwendung zweier Kegelstumpfe, deren gemeinsamer Scheitel in der Mitte des Halses liegt, die resultirende Kraft an diesem Punkte

$$F = 4\pi I_0 \sin^2\theta \cos\theta \log \text{nat} \frac{b}{a}$$

und in einer für die Berechnung mit gewöhnlichen Logarithmen bequemeren Form

$$F = 28{,}935\, I_0 \sin^2\theta \cos\theta \log \frac{b}{a}.$$

Wenden wir diese Formel auf die Kegel der maximalen Koncentration an (§ 95), für welche $\sin\theta = \sqrt{\frac{2}{3}}$ und $\cos\theta = \frac{1}{\sqrt{3}}$ ist, so erhält man

$$F_{max.} = 11{,}137\, I_0 \log \frac{b}{a};$$

hat I_0 seinen Sättigungswerth, also etwa 1700 Einheiten für weiches Schmiedeeisen erreicht, so wird der grösste Werth der Feldstärke

$$F_{max.} = 18\,930 \log \frac{b}{a}.$$

Dieser Ausdruck stellt somit die Kraft dar, welche im günstigsten Falle bei Verwendung der Isthmus-Methode in einem Punkt der Kegelachse erzielt werden kann (abgesehen von dem geringen Bruchtheil, der direkt von der Elektromagnetwickelung herrührt und sich noch dazu addirt). Da die Magnetpole nicht vollkommen gesättigt werden können, so wird man in Wirklichkeit hinter diesem berechneten Werthe zurückbleiben[1]).

§ 97. Kegelwinkel zur Erzielung eines möglichst gleichförmigen Feldes. — Der Kegel für die maximale Magnetisirung ist nicht der geeignetste, wenn die magnetische Kraft über den ganzen Querschnitt des Isthmus hin möglichst gleichförmig sein soll. Bei dieser Form ist vielmehr die Feldstärke an Orten, die der Achse benachbart sind, etwas grösser als auf der Achse selbst. Um das Feld in dem Halse und in dessen Nähe so gleichförmig wie möglich zu machen, haben wir dem Kegel eine solche Form zu geben, dass $\frac{\partial^2 F}{\partial x^2} = 0$ wird; die Erfüllung dieser Bedingung hat zur Folge, dass auch $\frac{\partial^2 F}{\partial y^2}$ und $\frac{\partial^2 F}{\partial z^2}$ gleich Null werden. Die erste Bedingungsgleichung verlangt, dass

$$\frac{9\,x}{l^5} - \frac{15\,x^3}{l^7} = 0$$

ist; daraus berechnet sich $x = r\sqrt{\frac{3}{2}}$ und $\operatorname{tang}\theta = \sqrt{\frac{2}{3}}$, oder $\theta = 39^0\ 14'$.

Die Annäherung an ein gleichförmiges Feld wird also bei gesättigten Polschuhen dann am weitesten getrieben, wenn diese die Form von Kegeln haben, die nach der Mitte des Halses hin konvergiren und deren halber Oeffnungswinkel 39° 14′ beträgt. Diese Bedingung wollen wir als erfüllt voraussetzen; ferner möge der Hals im Vergleich zur Grundfläche sehr dünn sein. Das Feld ist dann mit so grosser Annäherung gleichförmig, dass die Feldstärke in einem schmalen, ringförmigen Luftraum in unmittelbarer Nähe des Eisens ohne merklichen Fehler der magnetischen Kraft in dem Halse selbst gleichgesetzt werden darf, und diese ist dann sowohl in der axialen, wie in der radialen Richtung merklich gleichförmig.

Bei Verwendung von Kegeln dieser Form ist die Koncentration der Induktionslinien geringer als im vorhergehenden Fall. Bestehen

---

[1]) [Vgl. übrigens Stefan, Wien. Sitz.-Ber., 97, Abth. IIa, S. 176, 1888; ferner Czermak und Hausmaninger, Wien. Sitz.-Ber., 98, Abth. IIa, 1889.]

die Pole aus Schmiedeeisen, die vollständig gesättigt sind, so ist der Werth der Feldstärke

$$15\,240 \log \frac{b}{a}.$$

Der Unterschied beider Fälle wird durch die Figuren 68 und 69 veranschaulicht; sie stellen die Kraft dar, die in verschiedenen Punkten der Achse durch ein einziges Paar von Ringen ausgeübt wird, wenn die letzteren konischen Polflächen mit gemeinsamem Scheitel angehören. In Fig. 68 sind die Ringe Theile eines Kegels für maximale Magnetisirung, während Fig. 69 den Fall darstellt, dass die Kegel ein möglichst gleichförmiges Feld erzeugen. Da

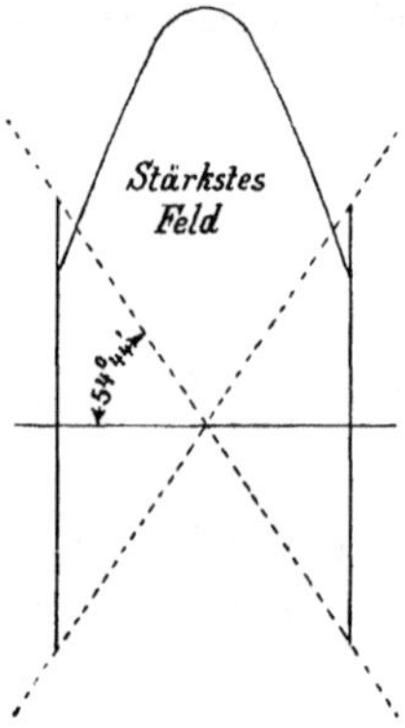

Fig. 68.

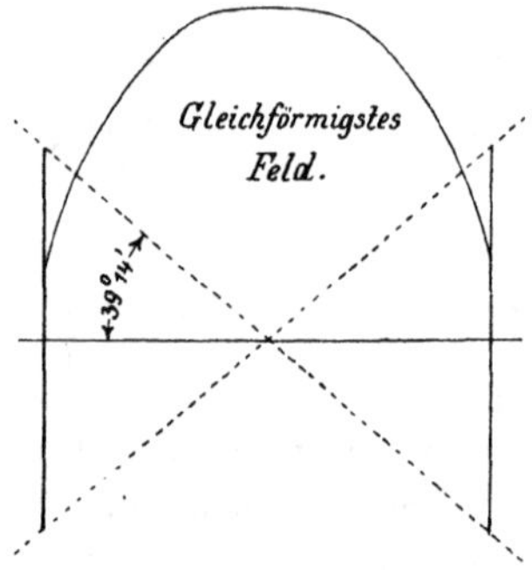

Fig. 69.

die Ringe beidemal gleich gross gewählt sind, so bildet die Grösse der Ordinate im Mittelpunkt einen Maassstab für die erzeugten Kräfte. Die Abflachung der Kurve in Fig. 69 zeigt, wie überlegen diese Form des Kegels in Bezug auf die Gleichförmigkeit des Feldes ist. In Wirklichkeit rührt bei Verwendung von konischen Polschuhen die im Isthmus erzeugte Kraft natürlich von der Summe der Kräfte her, die von einer Anzahl ähnlicher, über die ganze konische Fläche vertheilter Ringpaare erzeugt wird.

§ 98. **Weitere Versuche mit Schmiedeeisen.** — Bei den folgenden Versuchen wurden derart geformte Eisenspulen benutzt, dass ein möglichst gleichförmiges Feld entstand; die äussere dicht bei dem Halse herrschende Feldstärke konnte somit als Maass für H betrachtet werden.

Tabelle XI.

Lowmoor-Schmiedeeisen.

H	B	I	μ
3 080	24 130	1 680	7·83
6 450	28 300	1 740	4·39
10 450	32 250	1 730	3·09
13 600	35 200	1 720	2·59
16 390	36 810	1 630	2·25
18 760	39 900	1 680	2·13
18 980	40 730	1 730	2·15

Tabelle XII.

Schwedisches Eisen, Marke „L^s Lancash".

H	B	I	μ
1 490	22 650	1 680	15·20
3 600	24 650	1 680	6·85
6 070	27 130	1 680	4·47
8 600	30 270	1 720	3·52
18 310	38 960	1 640	2·13
19 450	40 820	1 700	2·10
19 880	41 140	1 700	2·07

Tabelle XIII.

Gutes Schwedisches Eisen, Marke Ⓛ.

H	B	I	μ
5 310	25 670	1 620	4·83
17 680	38 080	1 620	2·15
19 240	39 540	1 620	2·06

Bei der letzten Eisensorte, die nach dem Walloon-Verfahren hergestellt und als die beste Marke des Handels bezeichnet wird, scheint der Sättigungswerth von I etwas niedriger zu liegen, wie bei den andern Sorten. Gewöhnlich findet man für Schmiedeeisen einen Sättigungswerth von rund 1700 Einheiten. Im weichen Metall wird der Sättigungszustand bei einer Feldstärke von etwa 2000 Einheiten wesentlich erreicht; von dieser Feldstärke an aufwärts lässt sich eine messbare Aenderung in dem Werthe für I mit der Isthmus-Methode nicht mehr nachweisen, selbst wenn man die Kraft verzehnfacht.

§ 99. Gusseisen und Stahl bei sehr hohen Feldstärken. Bei den Versuchen mit Gusseisen betrug der höchste Werth, bis zu dem B getrieben wurde, 31 760 Einheiten, wobei sich die Permeabilität auf 1,9 verringerte. Der Sättigungswerth von I war 1 240, und man hatte den Sättigungszustand wesentlich bei 4 000 Einheiten der Feldstärke erreicht.

In hartem Stahl lässt sich ein Zustand vollständiger Sättigung nicht so leicht erreichen. Dies geht aus dem folgenden Versuch mit einem Stück Vickers' Werkzeugstahl, der eine grosse Koercitivkraft besitzt, hervor. Das Stück bildete in der durch Fig. 70 angedeuteten Weise den mittleren cylindrischen Theil einer Spule, die im Uebrigen aus Schmiedeeisen bestand. Zur Bestimmung der remanenten Induktion, die in diesem Falle einen beträchtlichen

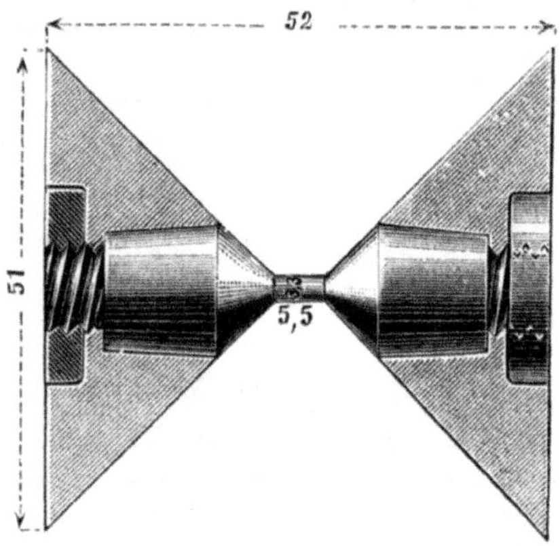

Fig. 70.

Theil der gesammten Induktion ausmachte, konnte man einen der Kegel entfernen und eine lose aufsitzende Drahtspule von dem Halse plötzlich abziehen. (Die remanente Induktion in dem Isthmus betrug etwa 8000 Einheiten.) Es ist zweifelhaft, ob die Sättigung selbst in dem stärksten Felde vollständig war.

Tabelle XIV.

Vickers' Werkzeugstahl.

H	B	I	μ
6 210	25 480	1 530	4·10
9 970	29 650	1 570	2·97
12 120	31 620	1 550	2·60
14 660	34 550	1 580	2·36
15 530	35 820	1 610	2·31

In den Sättigungswerthen von I scheinen indessen für verschiedene Stahlsorten specifische Unterschiede zu bestehen. In Tabelle XV ist eine Uebersicht über die Ergebnisse von Versuchen mit andern Stahlsorten mitgetheilt; für jede Sorte sind die höchste angewandte Feldstärke, die dabei erreichte Induktion und die entsprechenden (angenäherten) Werthe für und μ aufgeführt.

Tabelle XV.

Verschiedene Stahlsorten.

Bezeichnung der Stahlsorte	H' (nahezu $= H$)	B	$\frac{B-H'}{4\pi}$ (nahezu $= I$)	$\frac{B}{H'}$ (nahezu $= \mu$)
1. Bessemer Stahl mit etwa 4 % Kohlenstoff . .	17 610	39 880	1 770	2·27
2. Siemens-Martin-Stahl mit etwa 0,5 % Kohlenstoff	18 000	38 860	1 660	2·16
3. Tiegelgussstahl f. Werkzeuge mit etw. 0,6 % Kohlenstoff	19 470	38 010	1 480	1·95
4. Derselbe, bessere Qualität, m. etwa 0,8 % Kohlenstoff	18 330	38 190	1 580	2·08
5. Tiegelgussstahl m. 1 % Kohlenstoff	19 620	37 690	1 440	1·92
6. Whitworth komprimirter Gussstahl	18 700	38 710	1 590	2·07

§ 100. Hadfield's Manganstahl bei hohen Feldstärken. — Schon in § 70 ist auf die merkwürdige Eigenschaft hingewiesen worden, dass dieser Stahl, der etwa 12 % Mangan und 1 % oder noch weniger Kohlenstoff enthält, fast gar keine magnetische Susceptibilität besitzt. Nach den Beobachtungen von Hopkinson[1]) hat diese Legirung in Feldern von gewöhnlicher Stärke eine nahezu konstante Permeabilität von etwa 1,3. Mit Hülfe der Isthmus-Methode ergiebt sich, dass selbst bei sehr hohen Feldstärken die Permeabilität, soviel man beurtheilen kann, konstant bleibt. Man

[1]) Phil. Trans. 1885, S. 462.

könnte erwarten, dass ein so schwer magnetisirbares Material eine hohe Koercitivkraft besässe; gerade das Gegentheil ist indessen der Fall. Selbst die stärkste Kraft erzeugt kaum eine Spur von remanentem Magnetismus. Die im Folgenden angeführte Versuchsreihe ergab in Uebereinstimmung mit mehreren andern, dass die Permeabilität von Manganstahl für irgend eine Feldstärke bis zu 10 000 Einheiten aufwärts konstant ist und ungefähr den Werth 1,4 hat. Diese Permeabilität ist so gering, dass das Metall in schwachen Feldern kaum magnetisch wird. Da anderseits die Permeabilität in sehr hohen Feldstärken denselben Werth beibehält, so kann durch genügende Steigerung der Kraft eine immerhin beträchtliche Magnetisirungsintensität erzielt werden. Die Unterschiede für die einzelnen Werthe von μ in Tabelle XVI sind unregelmässig und liegen innerhalb der Grenzen der Beobachtungsfehler.

Tabelle XVI.

Hadfield's Manganstahl.

H	B	I	μ
1 930	2 620	55	1·36
2 380	3 430	84	1·44
3 350	4 400	84	1·31
5 920	7 310	111	1·24
6 620	8 970	187	1·35
7 890	10 290	191	1·30
8 390	11 690	263	1·39
9 810	14 790	396	1·51

§ 101. Nickel und Kobalt bei hohen Feldstärken. — Bei Nickel und Kobalt lässt sich, wie die folgenden Beobachtungen zeigen, der Zustand vollkommener Sättigung ohne Mühe erreichen. In den beiden Versuchsreihen mit zwei Nickelproben (Tabelle XVII und XVIII) waren die Sättigungswerthe für I 400 und 515; der Unterschied kann vielleicht durch eine Verschiedenheit im Eisengehalt erklärt werden, da beide Sorten nicht chemisch rein waren. Der Sättigungswerth scheint für Kobalt (Tabelle XIX) 1300, also etwas grösser wie für Gusseisen zu sein.

Tabelle XVII.

Hartgezogener Nickeldraht (mit 0,56 % Eisen).

H	B	I	μ
2 220	7 100	390	3·20
4 440	9 210	380	2·09
7 940	12 970	400	1·63
14 660	19 640	400	1·34
16 000	21 070	400	1·32

Tabelle XVIII.

Ausgeglühtes Nickel (mit 0,75 % Eisen).

H	B	I	μ
3 450	9 850	510	2·86
6 420	12 860	510	2·00
8 630	15 260	530	1·77
11 220	17 200	480	1·53
12 780	19 310	520	1·51
13 020	19 800	540	1·52

Tabelle XIX.

Kobalt (mit 1,66 % Eisen).

H	B	I	μ
1 350	16 000	1 260	12·73
4 040	18 870	1 280	4·98
8 930	23 890	1 290	2·82
14 990	30 210	1 310	2·10

§ 102. Zusammenstellung der Ergebnisse der Isthmus-Methode. — Um die mit Hülfe der Isthmus-Methode erzielten Ergebnisse zusammenzufassen, möge der letzte Paragraph der Abhandlung, der die besprochenen Versuche entnommen sind, hier folgen[1]).

Bei genügend starken magnetisirenden Kräften erreicht die Magnetisirungsintensität I einen konstanten oder doch nahezu konstanten Werth in Schmiedeeisen, Gusseisen, den meisten Stahlsorten, Nickel und Kobalt. Die magnetische Kraft, für die I wesentlich konstant wird, liegt für Schmiedeeisen und Nickel unter 2000 und

[1]) Phil. Trans. 1889 A, S. 242.

10*

für Gusseisen und Kobalt unter 4000 Einheiten. In starken Feldern kann die Beziehung zwischen magnetischer Induktion und magnetischer Kraft durch die Formel

$$B = H + \text{Konst.}$$

ausgedrückt werden. Bei den untersuchten Stücken betrug der angenäherte Werth der Konstanten ($4\pi I$) für Schmiedeeisen 21 360, für Gusseisen 15 580, für Nickel 5 030 und 6 470 und für Kobalt 16 300.

Aus den Versuchen ergiebt sich, dass der Begriff der **Sättigung**, auf den magnetischen Zustand angewandt, eine bestimmt definirte Bedeutung hat. Wird der Magnetismus durch die Induktion B gemessen, so ist der Begriff der Sättigung nicht anwendbar; es

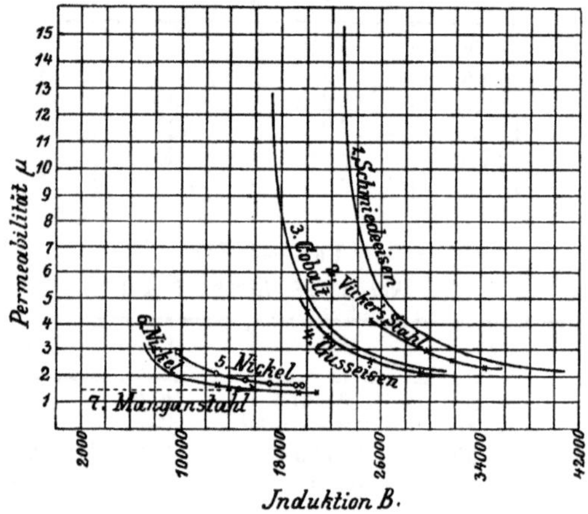

Fig. 71.

giebt augenscheinlich keine Grenze für den Werth, bis zu dem die Induktion gesteigert werden kann. Messen wir aber den Magnetismus durch die Magnetisirungsintensität I, so kommen wir zu einer bestimmten Grenze, einem wirklichen Sättigungswerth, der durch die Wirkung von verhältnissmässig geringen Feldstärken thatsächlich oder doch nahezu erreicht wird. Aus Allem geht hervor, dass I diesem Grenzwerth asymptotisch zustrebt; indessen ist er in Schmiedeeisen angenähert vorhanden, ehe die Feldstärke den Werth von 2000 Einheiten erreicht hat. Nachher bringt eine zehnfache Steigerung der Kraft keine merkliche Aenderung der Magnetisirungsintensität mehr hervor. Die Resultate sind summarisch auch in Fig. 71 enthalten. Die Kurven, welche die Permeabilität μ als Funktion der Induktion B darstellen, beziehen sich auf die Versuche mit

1. Schwed. Schmiedeeisen (Tab. XII),
2. Vickers' Werkzeugstahl (Tab. XIV),
3. Kobalt (Tab. XIX),
4. Gusseisen (Tab. X und andere Versuche),
5. und 6. Nickel (Tab. XVII und XVIII),
7. Hadfield's Manganstahl (Tab. XVI).

§ 103. Apparat für die Isthmus-Methode. — Bei Benutzung der Isthmus-Methode ist es wünschenswerth, die Eisenspule zwischen

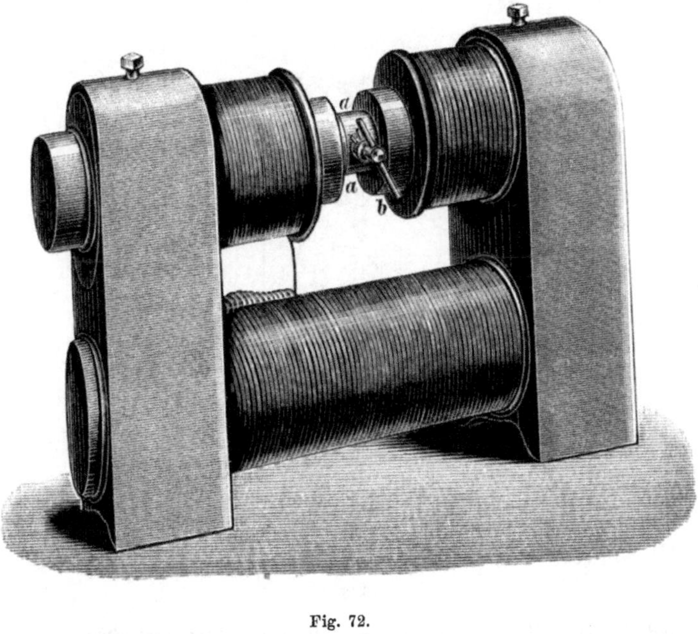

Fig. 72.

den Magnetpolen plötzlich drehen zu können, um auf diese Weise die ballistische Wirkung bei Umkehrung ihrer Magnetisirung zu beobachten. Die von dem Verfasser zu diesem Zwecke getroffene Anordnung ist aus den Figuren 72 und 73 ersichtlich. Fig. 72 giebt eine Gesammtansicht des Elektromagnets und Fig. 73 einen Querschnitt der Polschuhe, der Eisenspule und des Spulenhalters. Die Polflächen, deren Durchmesser 10 cm beträgt, können auf den richtigen Abstand eingestellt werden; zwischen ihnen befindet sich ein hohler

Messingcylinder aa, in dessen Mantelfläche konische Höhlungen so eingedreht sind, dass die kegelförmigen Polschuhe genau hineinpassen. Dadurch werden die letzteren in ihrem richtigen Abstand von einander gehalten.

Die Polschuhe schneiden mit der inneren Wandung des Messingcylinders ab und lassen dessen Hohlraum frei, in welchen der Spulenhalter c c sammt der Eisenspule d von der einen Seite aus hineingesteckt wird. Der aus a hervorragende Theil trägt einen Ansatz;

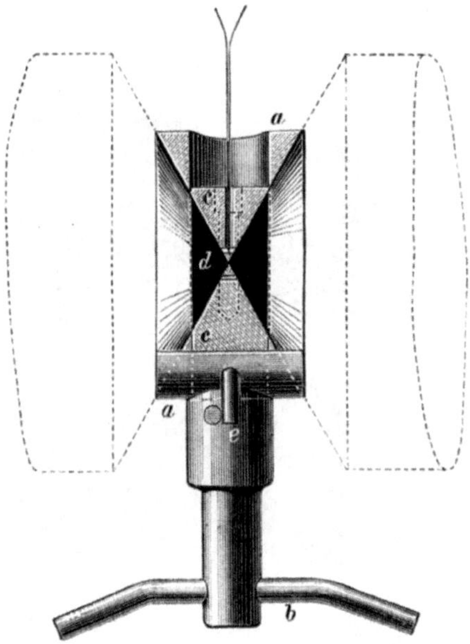

Fig. 73.

wird dieser völlig angepresst, so fällt die Achse der Eisenspule mit der Achse der Polschuhe zusammen. Der aus Messing gefertigte Spulenhalter besteht aus zwei Theilen c c, zwischen welchen die Eisenspule d festgeklemmt ist. Die beiden Theile werden durch lange Schrauben zusammengehalten, die auf der Endfläche des Halters eingeschraubt werden und auf jeder Seite an dem Isthmus frei vorbeigehen. Um den Hals herum ist eine kleine Aussparung für die Induktionswindnngen, deren Zuleitungsdrähte durch ein Loch in dem Halter geführt werden. Die Grundflächen der Eisenspule sind so abgedreht, dass sie einen Theil von der Cylinderoberfläche des Halters bilden und genau in die cylindrische Bohrung zwischen den Polstücken passen. Mittelst des an dem Halter befestigten Griffes b kann die Spule plötzlich umgedreht werden, wobei ein Anschlag in e bewirkt, dass die Drehung genau 180° beträgt. Zu dem in Fig. 72 abgebildeten Elektromagnet gehören zwei Paare konischer Polstücke; das eine Paar ist so geformt, dass es die Induktionslinien am besten koncentrirt (§ 95), das andere Paar liefert ein möglichst gleichförmiges Feld (§ 97). Für jedes Paar ist eine besondere Spule aus dem zu untersuchenden Metall mit demselben Oeffnungswinkel, ferner ein besonderes Messingstück zum Auseinanderhalten der Polstücke und ein passender Spulenhalter nöthig.

§ 104. Versuche von du Bois bei hohen Feldstärken; Optische Methode. — Aus den Versuchen nach der Isthmus-Methode konnten wir schliessen, dass ein endlicher Grenzwerth für die Magnetisirungsintensität existirt und wie dieser Werth bei hohen Feldstärken erreicht wird. Diese Schlussfolgerungen haben neuerdings eine unabhängige Bestätigung durch die Arbeiten von du Bois[1]) erhalten, in denen eine neue und sehr interessante optische Beobachtungsmethode mit ausgezeichnetem Erfolg zur Anwendung kam. Die Methode beruht auf der Entdeckung von Kerr[2]), dass die Polarisationsebene des geradlinig polarisirten Lichtes, wenn es von einem Magnetpol reflektirt wird, eine Drehung um einen Winkel erfährt, dessen Grösse von der Intensität der Magnetisirung abhängt. Bevor diese Thatsache umgekehrt zu magnetischen Messungen benutzt werden konnte, musste erst die Beziehung zwischen der Magnetisirung des reflektirenden Metalls und der Drehung des polarisirten Lichtes genau erforscht werden. Dies war der Gegenstand einer früher von du Bois unternommenen Untersuchung[3]), bei welcher er die Drehung eines Lichtstrahls beobachtete, der von kleinen, an Ellipsoide von Eisen, Stahl, Nickel und Kobalt angeschliffenen und polirten Flächen reflektirt wurde; die Ellipsoide wurden dabei durch eine sie umgebende Drahtspule magnetisirt. Er fand, dass die Beziehung sehr einfacher Natur war. Die Drehung des polarisirten Lichts ist der

---

[1]) du Bois, Phil. Mag., April 1890, S. 293.

[2]) Kerr, Brit. Assoc. Report, 1876, S. 40; Phil. Mag., Mai 1877, S. 321.

[3]) Phil. Mag., März 1890, S. 263.

Magnetisirungsintensiät I direkt proportional und kann also gleich KI gesetzt werden; der Grösse K gab du Bois den Namen Kerr'sche Konstante[1]). Es wurden die numerischen Werthe von K für Eisen, Stahl, Nickel und Kobalt bestimmt. Sind diese einmal bekannt, so kann man natürlich auch den umgekehrten Weg einschlagen und aus den optischen Messungen der Drehung die Werthe für I in Fällen ableiten, wo sie sonst nicht bekannt sind.

Die Versuchsanordnung von du Bois wird am besten aus Fig. 74 (der zweiten Arbeit entnommen) ersichtlich. $P_1 P_2$ sind die Pole eines kräftigen Elektromagneten, die wie bei der Isthmus-Methode zur Koncentration der Kraftlinien konisch geformt sind. Der

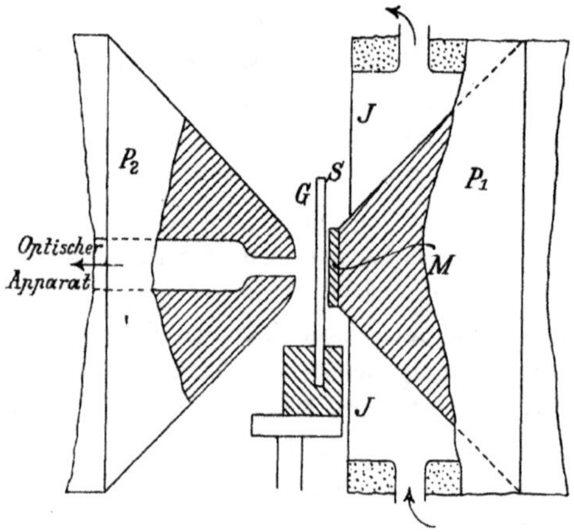

Fig. 74.

eine von ihnen (P_2) ist durchbohrt, um dem polarisirten Strahl den Durchgang vor und nach der Reflexion an der polirten Platte M zu gestatten; diese besteht aus einem kleinen Stück des zu untersuchenden Metalls und ist mit dem Pol P_1 verbunden. Wenn man den Elektromagnet erregt, wird M kräftig magnetisirt, und der Werth von I kann durch Beobachtung der Drehung von polarisirtem Licht gemessen werden; man hat nur den Winkel durch den bekannten Werth der Kerr'schen Konstanten zu dividiren. JJ ist ein

---

[1]) K ist für ein gegebenes Metall und eine gegebene Wellenlänge eine Konstante, ändert sich aber bei demselben Material stark mit der Wellenlänge.

Dampfmantel, der dazu diente, bei einigen Versuchen die Platte auf einer Temperatur von ungefähr 100^0 C. zu erhalten.

Wir haben noch nicht auseinandergesetzt, wie man die magnetische Kraft, die auf M wirkte, messen konnte. Es wurde auch nicht diese Grösse, sondern die Induktion B durch direkte Beobachtungen ermittelt. Wenn I und B bekannt sind, kann H natürlich durch die Gleichung $H = B - 4\pi I$ gefunden werden. Um den Werth von B in der Platte zu bestimmen, muss man bedenken, dass die Induktionslinien stetig verlaufen. Sie treten senkrecht zur Fläche der Platte aus, und die Induktion B hat in der Platte den gleichen Werth wie die Induktion (oder, was hier dasselbe ist, die magnetische Kraft) in der vorn an die Platte stossenden Luftschicht. Dieser Umstand wurde bei der Bestimmung von B benutzt. Man hätte z. B. diese Grösse ballistisch bestimmen können durch rasche Entfernung einer Induktionsspule, die man vor der Fläche M oder längs ihres Umfanges anbrachte, was aber aus mehreren Gründen praktisch unausführbar ist. du Bois führte die Messung nach einer optischen Methode aus. Eine dünne, auf der Rückseite S versilberte Glasplatte G konnte unmittelbar vor M, also an der Stelle, wo die Feldstärke bestimmt werden sollte, in den Strahlengang eingeschoben werden. Polarisirtes Licht erleidet, wie Faraday zuerst zeigte, bei dem Durchgang durch eine in einem magnetischen Felde befindliche Glasplatte eine Drehung, und der Betrag dieser Drehung ist der Feldstärke und der Plattendicke proportional. In unserm Falle durchsetzten die Lichtstrahlen die Glasplatte zweimal. Die Platte wurde dadurch geaicht, dass man ihr Drehungsvermögen mit dem des Schwefelkohlenstoffs verglich; der Werth des letzteren ist genau bekannt.

Auf diese Weise wurde durch zwei unabhängige optische Messungen erstens der Werth von I in einer stark magnetisirten Platte des magnetischen Metalls ermittelt (durch Beobachtung der Drehung von polarisirtem Licht nach der Reflexion von M) und zweitens der Werth von B in derselben Platte; diese Grösse war gleich der auf die Glasplatte wirkenden magnetischen Kraft, wenn die Glasplatte an die magnetisirte Platte angelehnt war, und sie wurde durch die Messung der Drehung ermittelt, die polarisirtes Licht erlitt, das von der versilberten Rückseite reflektirt wurde.

§ 105. Resultate der optischen Messungen. — Die allgemeinen Resultate für die Wirkung von starken Feldern, welche du

Bois auf optischem Wege gefunden hat, sind in vollkommener Uebereinstimmung mit den im Vorhergehenden besprochenen Ergebnissen der Isthmus-Methode. Die magnetische Kraft wurde zwar nicht bis zu eben so hohen Werthen gesteigert, jedoch war die Feldstärke eine so bedeutende, dass der Grenzwerth von I mit grosser Annäherung erreicht wurde. Im Nickel stieg die Kraft bis auf 13000, im Kobalt bis 8500, im Stahl bis 4500 und in weichem Eisen bis auf 2500 Einheiten. Die Grenzwerthe, denen I sich näherte, waren etwa 530 Einheiten für Nickel, 1200 für Kobalt und 1630 für Stahl (harter englischer Gussstahl). Die Versuche mit Eisen fielen etwas weniger befriedigend aus, doch liessen sie auf einen Sättigungswerth von 1700 bis 1750 schliessen. Diese Werthe beziehen sich auf Probestücke, die eine Temperatur von 100° hatten; bei gewöhnlicher Temperatur würden die Zahlen, wie vergleichende Versuche bei 100° und 0° bewiesen, etwas grösser ausfallen. Wie man sieht, sind diese Zahlen mit den in den §§ 98—102 angeführten im Allgemeinen in guter Uebereinstimmung.

Die folgenden Angaben sind der Abhandlung von du Bois entnommen. Tab. XX bezieht sich auf ein Stück von gegossenem

Tabelle XX.

Kobalt bei hohen Feldstärken (Temp. 100°).

H	B	I	μ
860	14 180	1 060	16·49
2 500	16 750	1 134	6·70
4 800	19 550	1 174	4·07
6 870	21 710	1 181	3·16
8 350	23 330	1 192	2·79

Kobalt, das 5,8% Nickel und 0,8% Eisen enthielt. Die Beobachtungen wurden bei 100° vorgenommen; bei der höchsten Feldstärke ergab eine bei 0° angestellte Beobachtung für I den Werth von 1232 Einheiten[1]). In Tab. XXI sind Versuche mit einem Stück von hartgezogenem, reinstem Nickeldraht, der 99% Nickel enthielt, aufgeführt. Auch hier wurde bei der höchsten Feldstärke bei 0° eine Beobachtung gemacht, die für I die Zahl 579 ergab[1]).

[1]) [Die Werthe für I bei 0° sind unter der Annahme berechnet, dass K mit der Temperatur absolut unveränderlich ist; bisher konnte experimentell nur festgestellt werden, dass die Aenderungen gering sind.]

Tabelle XXI.
Nickel bei hohen Feldstärken (Temp. 100°).

H	B	I	μ
550	6 420	453	11·67
3 410	9 920	518	3·12
6 290	12 850	522	2·57
9 600	16 250	527	1·69
12 620	19 220	525	1·52

Bei Versuchen mit einem Stück von Hadfield's Manganstahl — der in § 70 erwähnten unmagnetischen Stahlsorte — ergab sich, dass der Betrag der magneto-optischen Drehung sich beträchtlich änderte, wenn das polarisirte Licht von verschiedenen Stellen derselben polirten Fläche reflektirt wurde; du Bois schliesst daraus, dass dieses Material ganz heterogen ist, indem stark magnetische Stellen von verhältnissmässig schwach magnetischen oder unmagnetischen Partien eingeschlossen sind; er ist der Ansicht, dass die Struktur blätterartig ist, dabei aber so feinkörnig, dass die Masse bei der gewöhnlichen Prüfung homogen erscheint.

§ 106. Magnetisirung von Magnetit. — du Bois hat seine optische Methode auch dazu verwandt, um absolute magnetische Messungen bei hohen Feldstärken an einem Magnetitkrystall (Fe_3O_4, Magneteisenstein) anzustellen; es ist dies die einzige bisher bekannte Substanz, die mit Eisen, Nickel und Kobalt die Eigenschaft einer starken Magnetisirbarkeit theilt. Der Grenzwerth von I im Magnetit wurde zu etwa 350 ermittelt und die Sättigung war bei einer Kraft H von 1000 bis 1500 Einheiten annähernd erreicht[1]).

§ 107. Versuche mit Ellipsoiden. — Die früheren Versuche von du Bois mit Ellipsoiden sind schon erwähnt worden, mit Hülfe deren er die Proportionalität der Drehung mit I für Proben desselben Materials ermittelte, das später nach der optischen Methode bei hohen Feldstärken untersucht wurde. Die Versuche mit diesen Ellipsoiden sind auch, abgesehen von ihrem besonderen Zweck, an sich interessant, denn sie umfassen einen Theil der Magnetisirungskurve zwischen H = 200 und H = 1200 bis 1300, für den andere experimentelle Angaben nicht vorliegen. Für höhere Kräfte haben wir die Ergebnisse der Isthmus-Methode und des magneto-optischen

[1]) Phil Mag., April 1890, S. 301.

Verfahrens; für niedere Feldstärken liegen anderseits eine grosse Zahl von Beobachtungen vor; gerade zwischen diesen Grenzen bestand eine Lücke, welche durch diese Versuche mit Ellipsoiden ausgefüllt wurde.

Die magnetische Kraft wurde mittelst einer Drahtspule erzeugt; das Probestück hatte die Form eines langgestreckten Rotationsellipsoides (Ovoid) von 18 cm Länge und 0,6 cm Durchmesser und konnte mittelst Eis oder Wasserdampf beständig auf 0° oder 100° gehalten werden. Seine Magnetisirung wurde nach der einfachen magnetometrischen Methode gemessen, indem die Wirkung der Magnetisirungsspule auf das Magnetometer zum grössten Theil durch eine Kompensationsspule aufgehoben wurde. Da das Achsen-

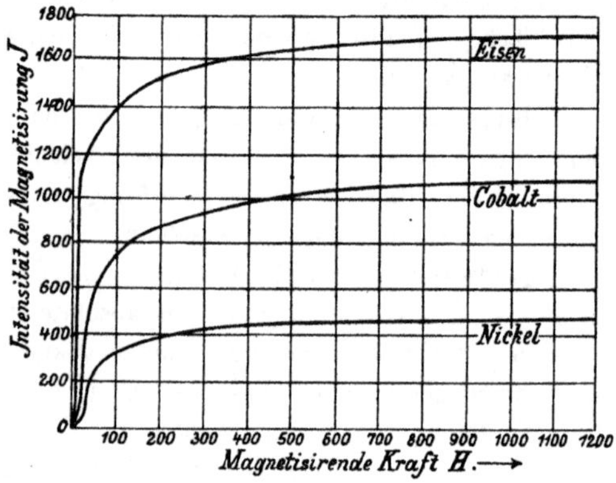

Fig. 75.

verhältniss 1 : 30 war, so musste (nach § 26) von dem durch die Magnetisirungsspule erzeugten Felde noch 0,043 I subtrahirt werden, um die wahre magnetische Kraft zu finden.

du Bois theilt seine Resultate in Form von Kurven mit, welche das magnetische Moment für die Masseneinheit als Funktion von H darstellen. Für uns wird es bequemer sein, in gewohnter Weise die Magnetisirung durch die Grösse I auszudrücken, die das Moment der Volumeneinheit darstellt. In den Kurven von Fig. 75 und in der Tabelle XXII ist diese Umrechnung ausgeführt, wobei die Ordinaten in den Kurven von du Bois[1]) als Grundlage dienten. Das untersuchte Eisen war weiches, sorgfältig ausgeglühtes, schwedisches Schmiedeeisen.

[1]) Phil. Mag., April 1890, Tafel 8, Fig. 1.

Die Beobachtungen mit Nickel und Kobalt wurden bei 100° angestellt; in dem Bereich der magnetischen Kraft, mit dem wir es hier zu thun haben, hat die Temperaturdifferenz zwischen 100° und der gewöhnlichen Temperatur auf die Magnetisirung nur geringen Einfluss (vgl. § 115).

Diese Resultate sind in Fig. 75 graphisch dargestellt; dabei wurden die Kurven bis nach dem Ursprung hin fortgesetzt, indem man die Ergebnisse anderer Versuche, die sich auf geringere Feldstärken beziehen, in angenäherter Weise berücksichtigte. Die Neigung der Kurve für Kobalt in ihrem oberen Theile zeigt, dass dieses Metall höhere Feldstärken als die andern Metalle verlangt, bevor eine procentuell gleiche Sättigung eintritt.

Tabelle XXII.

Eisen, Kobalt und Nickel bei mittleren Feldstärken.

Magnetische Kraft H	Magnetisirungsintensität I		
	Eisen bei 0° C.	Kobalt bei 100° C.	Nickel bei 100° C.
100	1 410	—	313
200	1 520	856	375
300	1 580	933	406
400	1 627	988	428
500	1 658	1 018	441
600	1 677	1 032	450
700	1 689	1 048	456
800	1 697	1 056	459
1 000	1 705	1 080	467
1 200	1 710	1 090	471

Achtes Kapitel.

Einfluss der Temperatur auf den Magnetismus.

§ 108. Aufhören der Magnetisirbarkeit bei hoher Temperatur. — Es ist schon seit Gilbert's Zeiten bekannt, dass in der Rothgluth Eisen weder remanenten Magnetismus festhalten noch inducirten aufnehmen kann, dass es aber beim Abkühlen seine Susceptibilität wiedergewinnt. Aehnlich verhält sich Kobalt bei noch höherer und Nickel schon bei tieferer Temperatur. Im Allgemeinen findet der Uebergang vom magnetischen zum unmagnetischen Zustand bei steigender Temperatur ziemlich plötzlich statt. So fand Hopkinson bei seinen Versuchen, auf die wir sogleich näher eingehen, dass ein Stück Schmiedeeisen, das der Wirkung einer schwachen magnetischen Kraft ausgesetzt war, eine grosse Susceptibilität hatte, so lange die Temperatur nicht über 775° stieg. Bei dieser Temperatur nahm die Susceptibilität noch zu, und zwar war sie bei 775° viel grösser als im kalten Zustande. Aber bei weiterem Erwärmen nahm der Magnetismus sehr schnell ab, und als die Temperatur um 11°, bis auf 786° gestiegen war, erwies sich das Eisen fast vollständig unmagnetisch. Seine Permeabilität betrug dann nur 1,1, während sie bei 775° den sehr hohen Werth 11000 erreicht hatte. Wenn der Versuch anstatt mit einer schwachen mit einer starken magnetischen Kraft angestellt wird, findet der Uebergang vom magnetischen zum unmagnetischen Zustande weniger plötzlich statt; sonst ist der Vorgang derselbe, und das Eisen wird bei der gleichen Temperatur unmagnetisch[1]). Hopkinson nennt dies die kritische Temperatur. Sie ist bei verschiedenen Eisensorten

---

[1]) Wir verweisen hier auch auf die Versuche von Baur, die in der schon citirten Abhandlung „Experimentelle Untersuchungen über die Natur der Magnetisirungsfunktion" (Wied. Ann., 11, 1880) beschrieben sind.

verschieden und liegt bei gewöhnlichem Eisen und Stahl zwischen 690° und 870° Celsius[1]). Bei unreinem Nickel bestimmte Hopkinson[2]) die kritische Temperatur zu 310°.

§ 109. Aenderung des physikalischen Zustandes bei der kritischen Temperatur. — Der Uebergang vom magnetischen zum unmagnetischen Zustande, den Eisen oder Stahl bei der kritischen Temperatur erfahren, ist nur eine von den vielen Thatsachen, die dafür sprechen, dass das Metall eine vollständige Aenderung seiner Struktur erleidet. Einen weiteren Beweis hierfür liefert die von Gore[3]) im Jahre 1869 beobachtete Erscheinung, dass ein bis zur Rothgluth erhitzter Eisendraht, der sich allmählich abkühlt, bei dunkler Rothgluth eine momentane Ausdehnung erfährt und darauf sich wieder wie vorher zusammenzieht. Sodann fand Tait[4]), dass sich die thermoelektrischen Eigenschaften des Eisens in hervorragender Weise in der Rothgluth ändern. Die Aenderung findet plötzlich statt und steht unzweifelhaft in Beziehung zu andern Erscheinungen, die durch die Annäherung an die kritische Temperatur bedingt sind. Ferner ändert sich bei dieser Temperatur nach den Versuchen von W. Kohlrausch[5]) und Hopkinson[6]) der Temperaturkoefficient des elektrischen Widerstandes von Eisen. Dasselbe findet bei Nickel statt[7]). Der schlagendste Beweis dafür, dass das Eisen bei der kritischen Temperatur in einen ganz verschiedenen Zustand übergeht, lieferte Barrett durch die Entdeckung der Re-

---

[1]) Hopkinson, Magnetic and other Physical Properties of Iron at a High Temperature. Phil. Trans., 1889 A, S. 443.

[2]) Hopkinson, „Magnetic Properties of an Impure Nickel"; Proc. Roy. Soc., 44, S. 317, 1888.

[3]) Gore, On a Momentary Molecular Change in Iron Wire. Proc. R. Soc. of London, 17, S. 260, 1869. [Siehe auch C. Heim, Untersuchungen über die Gore'schen Phänomene. Ing.-Diss., München 1885. Es ist sehr wahrscheinlich, dass die Gore'schen Phänomene durch den Kohlenstoffgehalt des Eisens hervorgerufen werden.]

[4]) Tait, Trans. R. Soc. Edin., 1873.

[5]) W. Kohlrausch, Wied. Ann. 33, 1888.

[6]) Hopkinson, loc. cit.

[7]) [Ebenso gehören hierher die Beziehung zwischen der kritischen Temperatur und der Härtungstemperatur von Stahl und der Einfluss, den diese auf die magnetischen Eigenschaften von gehärteten Stahlstäben ausübt. Liegt die Härtungstemperatur über der kritischen Temperatur, so ist die Susceptibilität und die Remanenz der gehärteten Stäbe viel geringer,

kalescenz[1]). Wenn nämlich ein Stück Eisen oder Stahl bis zur hellen Rothgluth erhitzt wird und sich darauf allmählich abkühlt, so erleidet die Abkühlung bei einer gewissen Temperatur (derselben, wo das Gore'sche Phänomen eintritt) eine plötzliche Unterbrechung. Es wird Wärme im Innern des Metalls entwickelt, und zwar in Folge der Aenderung, welche die molekulare Struktur in diesem kritischen Punkte erleidet; die Temperatur des Eisenstücks kann dann sogar steigen, obgleich der Wärmeverlust durch Strahlung ebenso wie vorher fortdauert. Bei hartem Stahl ist die Erscheinung besonders ausgeprägt. Während dies Material bei der kritischen Temperatur von einem molekularen Zustand in den andern übergeht, wird so viel Wärme erzeugt, dass ein deutlich sichtbares Wiederaufglühen erfolgt; die Oberfläche des sich abkühlenden Metalls geht für einige Augenblicke wieder von sehr dunkler in viel hellere Rothgluth über. Der Punkt, wo die Rekalescenz eintritt, ist derselbe, in welchem das kälter werdende Metall vom unmagnetischen in den magnetischen Zustand übergeht. Diese Vermuthung Barett's ist durch die Versuche von Hopkinson bewiesen, der die während der Konstitutionsänderung entwickelte Wärmemenge gemessen und ausserdem den Beweis geliefert hat, dass die Rekalescenz mit dem Wiederauftreten der Magnetisirbarkeit in inniger Beziehung steht; er zeigte nämlich, dass die Erscheinung bei dem vollständig unmagnetischen Manganstahl nicht auftritt[2]).

als wenn der Stahl nur bis auf die Höhe der kritischen Temperatur erhitzt und dann durch Ablöschen im Wasser gehärtet wird. Die Grösse dieses Unterschiedes hängt vom Kohlenstoffgehalt des Stahls ab. Vergl. L. Holborn, Ueber das Härten von Stahlmagneten, Z. f. Instrumentenkunde, 11, S. 113, 1891.]

[1]) Barrett, Phil. Mag., 46, S. 472, 1873.

[2]) Hopkinson, loc. cit. Einen analogen Vorgang, bei dem statt Wärmeentwicklung eine Wärmeabsorption stattfindet, beobachtet man beim Erhitzen des Stahls, wenn er vom magnetischen in den unmagnetischen Zustand übergeht. In Bezug auf die Rekalescenz muss noch auf die wichtigen Untersuchungen von Osmond („Transformations du fer et du carbone“, Mém. de l'artillerie de la marine, 1888) hingewiesen werden, die besonders über die Temperatur handeln, bei der die Erscheinung der Rekalescenz eintritt. Eine allgemeine Uebersicht dieser zusammengehörigen Erscheinungen findet man im Report of a Committee of the British Association (B. A. Report 1890). Siehe auch die Abhandlungen von H. Tomlinson und H. F. Newall, Phil. Mag., 24, S. 256 und 435, 1887.

§ 110. Einfluss der Temperatur unterhalb ihres kritischen Werthes. — Wenn wir den Einfluss der Temperatur untersuchen wollen, so kommen für uns zwei verschiedene Methoden in Betracht. Wir können einerseits die Aenderungen des Magnetismus beobachten, die durch das Variiren der Temperatur hervorgebracht werden, während die magnetisirende Kraft konstant gehalten wird; als speciellen Fall hiervon kann man die Aenderung des remanenten Magnetismus in Folge von Temperaturwechseln betrachten, wobei alsdann keine magnetisirende Kraft wirksam ist. Anderseits können wir die Werthe vergleichen, die der Magnetismus bei verschiedenen Temperaturen annimmt, wenn das Probestück zuerst auf die gewünschte Temperatur gebracht wird und darauf die magnetische Kraft in Wirksamkeit tritt. Wir bestimmen also im letzten Falle die Form der Kurven von I und H oder von B und H, wenn eine bestimmte Temperatur während des ganzen Magnetisirungsvorgangs konstant gehalten wird, und vergleichen die Kurven, die auf diese Weise bei verschiedenen Temperaturen aufgenommen werden. Die beiden Methoden ergeben nicht dieselben Resultate, weil die magnetischen Metalle der Aenderung ihres magnetischen Zustandes widerstreben. In Folge dieser Eigenschaft, die alle magnetischen Metalle theilen und die wir allgemein als magnetische Hysteresis bezeichnet haben, ist im Allgemeinen der erreichte magnetische Zustand ein verschiedener, je nachdem wir das Probestück zuerst auf eine bestimmte Temperatur erhitzen und alsdann eine bestimmte magnetische Kraft darauf einwirken lassen, oder ob wir den Versuch in umgekehrter Reihenfolge anstellen. Dasselbe gilt für die Aenderungen, welche die magnetischen Eigenschaften erleiden, wenn der elastische Zustand oder andere in Frage kommende physikalische Bedingungen variirt werden. Bei den vollständigsten Untersuchungen, die bis jetzt über den Einfluss der Temperatur auf den Magnetismus angestellt worden sind, hat man zuerst die Temperatur variirt und darauf die Wirkungen beobachtet, welche die magnetische Kraft hervorbrachte; es ist also im Allgemeinen die Susceptibilität desselben Probestücks bei verschiedenen Temperaturen bestimmt worden.

Die Versuche von Rowland, Baur und Hopkinson sind auf diese Weise angestellt worden. Rowland[1]) untersuchte die Susceptibilität des Nickels bei zwei verschiedenen Temperaturen

[1]) Phil. Mag., November 1874.

(5^0 und 230^0) und fand, dass die Susceptibilität für schwache magnetisirende Kräfte bei der höheren Temperatur viel grösser war als bei der tieferen, aber für starke Kräfte kleiner. Wenn man also die Magnetisirung hinreichend steigerte, so wurde der Einfluss der Temperatur auf die Susceptibilität umgekehrt. Die maximale Susceptibilität, die bei einer ziemlich kleinen magnetischen Kraft stattfindet, war bei der höheren Temperatur grösser (um über 70 Procent) als bei 5^0. Für Kobalt fand er ebenfalls, dass die Susceptibilität bei schwachen Kräften durch Erwärmen vergrössert wurde. Bei einem Probestück, dessen maximale Susceptibilität bei 5^0 den Werth von 11,2 hatte, stieg diese bei 230^0 auf 18,7. Die magnetisirenden Kräfte, die Rowland anwandte, waren nicht stark genug, um den Einfluss der Temperatur bei Kobalt umzukehren. Wir wissen aber jetzt, dass für genügend starke Kräfte die Wirkung der Temperatur bei diesem Metall gerade so umgekehrt wird, wie bei Nickel. Baur[1]) zeigte, dass sich Eisen ebenso verhält. Die Vergleichung der Susceptibilität, die das Eisen bei zwei verschiedenen Temperaturen besitzt, ergiebt, dass die Susceptibilität bei der höheren Temperatur grösser ist, wenn die magnetisirende Kraft einen gewissen Werth nicht überschreitet, dagegen kleiner, wenn die Kraft über diesen Werth hinaus wächst. Bei schwachen Kräften tritt der Einfluss der Temperatur am klarsten hervor. Die vollständigsten Untersuchungen hierüber rühren von Hopkinson her und sind in den beiden oben citirten Abhandlungen mitgetheilt (die eine handelt über Eisen und Stahl, die andere über Nickel). Sie enthalten eine Anzahl von Magnetisirungskurven jedes Metalles für verschiedene Temperaturen bis hinauf zu der kritischen Temperatur, wo der Magnetismus verschwindet. Einige seiner Ergebnisse wollen wir anführen, da sie am besten den Einfluss der Temperatur auf die Magnetisirung klarlegen.

§ 111. Hopkinson's Versuche über die Magnetisirung des Eisens bei verschiedenen Temperaturen. — Bei diesen Versuchen wurden Ringe verwendet, und die Magnetisirung nach der ballistischen Methode gemessen, indem man die Richtung des Magnetisirungsstromes umkehrte. Die Windungen der primären und sekundären Spulen waren durch Asbestpappe von einander isolirt; der Ring befand sich in einem Kasten aus Gusseisen, den man durch eine Gasflamme erwärmte. Die Temperatur berechnete Hop-

---

[1]) Wied. Ann., 11, 1880.

kinson aus dem Widerstande der sekundären Spule, den er vor und nach jeder magnetischen Bestimmung beobachtete.

Ein Ring aus weichem Schmiedeeisen, dessen kritische Temperatur sich zu ungefähr 785° ergeben hatte, wurde bei verschiedenen Temperaturen untersucht; jedesmal bestimmte Hopkinson die Kurve für B und H, während die Temperatur möglichst konstant gehalten wurde. Er fand, dass die Susceptibilität des Eisens für

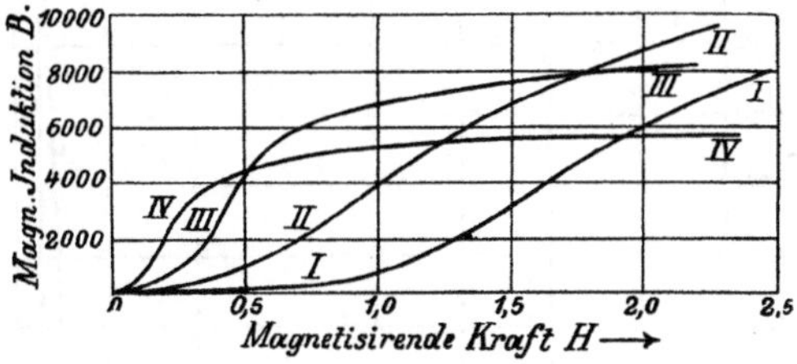

Fig. 76.

geringe magnetisirende Kräfte in hohem Grade zunimmt, wenn die Temperatur bis nahe an den kritischen Werth steigt. Anderseits

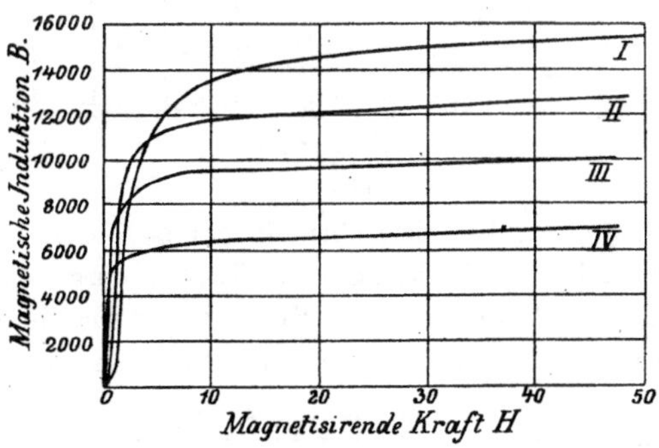

Fig. 77.

nimmt die Susceptibilität für stärkere Kräfte ab. So ergaben sich z. B. für H = 0,075 bei verschiedenen Temperaturen die folgenden Werthe von B:

Temp.	10°	378°	494°	603°	670°	722°	744°	763°	775°	778°
B	17	41	45	59	120	144	203	294	494	512.

Bei 788°, jenseits des kritischen Punktes, war die Induktion unmerklich. Diese Zahlen zeigen schlagend die ungeheuere Zunahme, welche die Permeabilität im Anfang der Magnetisirungskurve durch Erwärmen erfährt. Hatte H dagegen etwa den Werth 50, so war die Induktion bei höherer Temperatur noch nicht halb so gross als bei tieferer Temperatur. In Folge davon schneiden sich die Kurven, die für zwei verschiedene Temperaturen die Beziehung von B zu H darstellen, da die Kurve für die niedrigere Temperatur

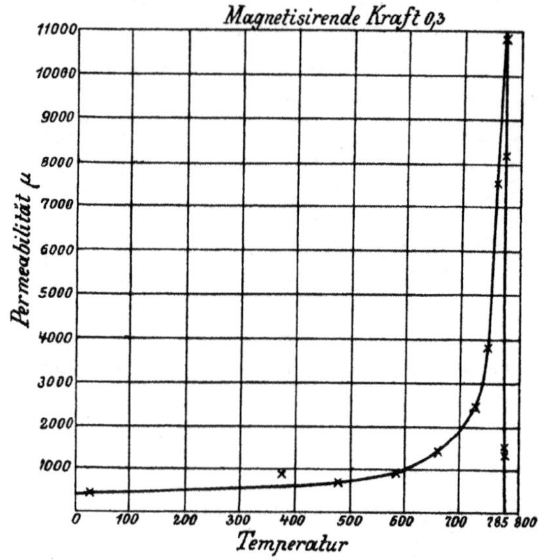

Fig. 78.

zuerst unterhalb, nachher aber oberhalb der andern verläuft. Hopkinson hat seine Beobachtungen in Kurven dargestellt, wie sie Fig. 76 und Fig. 77 zeigen. Die Kurve I gilt für die Temperatur von 10°, Kurve II für 670°, Kurve III für eine Temperatur von

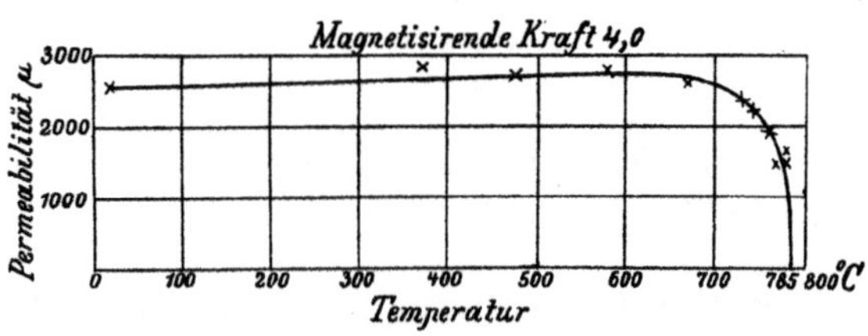

Fig. 79.

etwa 742° (die Temperatur schwankte um einige Grade während der Beobachtungen) und Kurve IV für eine Temperatur von etwa 771°. In Fig. 76 sind nur die Anfänge der Kurven gezeichnet; der Maassstab für H ist gross gewählt, damit die Schnittpunkte der Kurven weit genug auseinanderfallen. Fig. 77 zeigt den ganzen Magnetisirungsverlauf (nach denselben Versuchen); der Maassstab für H ist 20 mal kleiner. Bemerkenswerth ist in Kurve IV, deren Temperatur der kritischen am nächsten kommt, das schnelle Ansteigen und der niedrige Werth für die Sättigung. Dieselben Ergebnisse sind in

Fig. 80.

anderer Weise in Fig. 78 bis 80 dargestellt, die ebenfalls Hopkinson's Abhandlung entlehnt sind. Hier ist die Permeabilität μ als Funktion der Temperatur für drei besondere Werthe der magnetisirenden Kraft (0,3, 4,0 und 45) dargestellt. Fig. 78 zeigt sehr deutlich, wie plötzlich die Susceptibilität für kleine magnetisirende Kräfte an dem kritischen Punkt abnimmt und wie sie vorher bedeutend wächst; aus den beiden andern Kurven geht hervor, dass sich der Uebergang vom magnetischen zum unmagnetischen Zustande viel allmählicher vollzieht, wenn wir es mit stärkeren Kräften zu thun haben. In der Kurve von Fig. 78 ist die Permeabilität bei Zimmertemperatur gleich 367, dann wächst sie mit dem Steigen der Temperatur erst langsam, darauf schneller und erreicht das Maximum von 11 000 bei 775°.

§ 112. **Whitworth's weicher Stahl.** — Fig. 81 und Fig. 82 enthalten eine passende Auswahl von Hopkinson's Ergebnissen

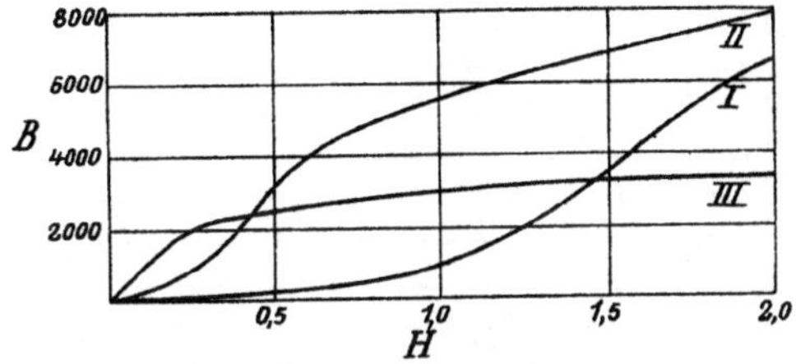

Fig. 81.

für ein Probestück aus weichem Stahl, der 0,126 % Kohlenstoff enthielt. Die kritische Temperatur betrug hier 721°, über diese hinaus war die Permeabilität nur 1,12. Die dargestellten Kurven gelten für folgende Temperaturen: Kurve I für 12°, Kurve II für etwa 620°, Kurve III für etwa 715°. Man sieht, dass sie denselben

Verlauf nehmen, wie die entsprechenden für Eisen. Bei einer magnetisirenden Kraft von 0,3 steigt die Permeabilität über 9000, und zwar bei einer Temperatur, die nur wenige Grade unter dem kritischen Punkte liegt.

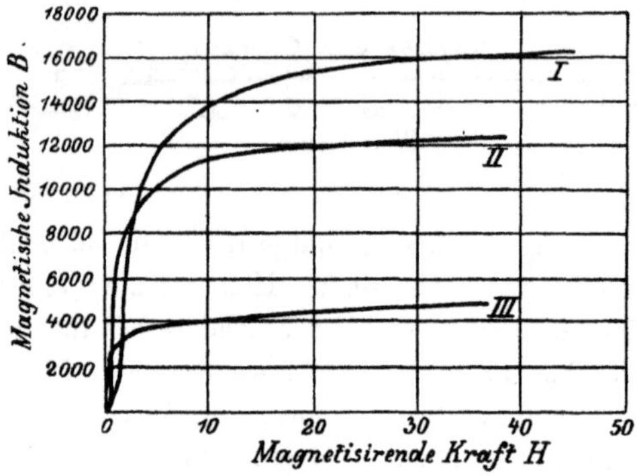

Fig. 82.

§ 113. **Whitworth's harter Stahl.** — Fig. 83, die derselben Quelle entnommen ist, bezieht sich auf einen Stab aus hartem Stahl, der 0,96 % Kohlenstoff enthielt. Der Stab wurde angelassen, bevor die Beobachtungen begannen. Die drei Kurven I, II und III gelten

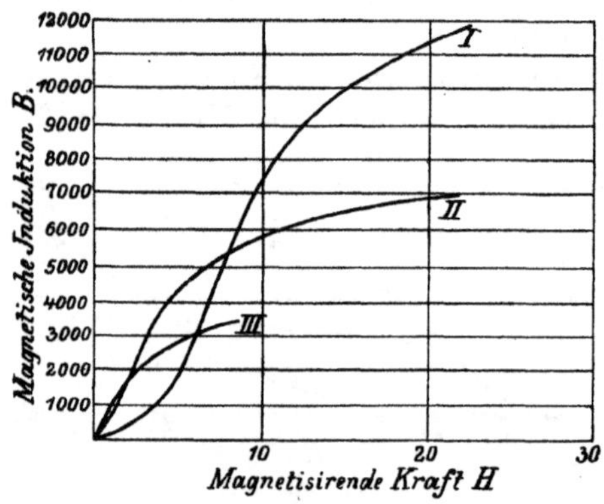

Fig. 83.

für die Temperaturen von 9°, von etwa 522° und etwa 678°. Fig. 84 giebt die Beziehung von μ zur Temperatur für denselben Stab, wenn die magnetisirende Kraft gleich 1,5 ist. Der Magnetismus verschwindet an dem kritischen Punkte nicht ganz so plötzlich als bei

Schmiedeeisen und weichem Stahl, und der Einfluss der Erwärmung ist bei tieferen Temperaturen gleichmässiger; aber die allgemeinen Merkmale treten hier ebenso klar hervor.

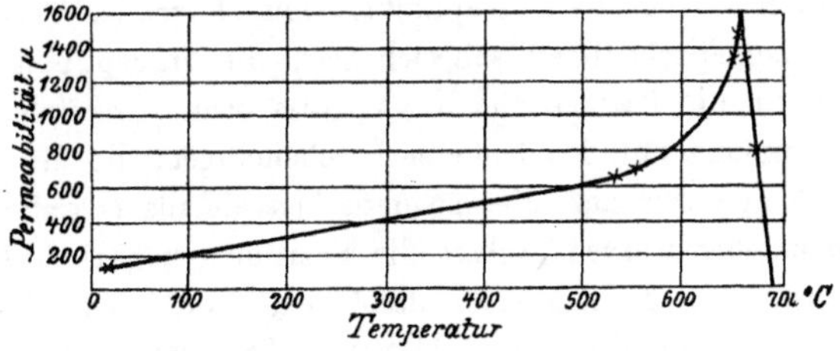

Fig. 84.

§ 114. Hopkinson's Versuche mit Nickel. — Bei den Versuchen mit Nickel befolgte Hopkinson[1]) dieselbe Methode. Er benutzte einen Ring und bestimmte nach der ballistischen Methode die Magnetisirungskurve, während die Temperatur konstant gehalten wurde. Die Beobachtungen gingen bis zu dem kritischen Punkte,

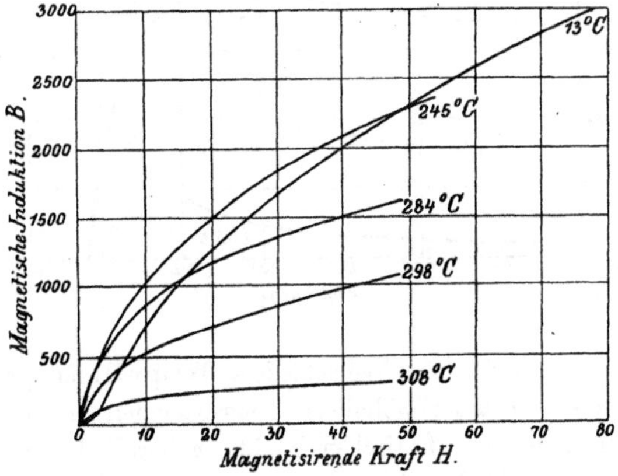

Fig. 85.

wo die magnetische Susceptibilität aufhörte. Das untersuchte Stück war nicht rein; es enthielt 95 % Nickel, $1^1/_2$ % Kupfer und 1 % Eisen, Kobalt und Kohlenstoff. Der kritische Punkt lag ungefähr bei 310°. Etwas unterhalb dieser Temperatur nahm die Susceptibilität mit dem Steigen der Temperatur sehr schnell ab. Es trat

[1]) Proc. Roy. Soc., 44, S. 317, 1888.

aber keine so sehr schnelle Abnahme der Susceptibilität auf, wie es bei Eisen (für schwache magnetisirende Kräfte) der Fall war, sobald man sich dem kritischen Punkte näherte. Bei tieferen Temperaturen wuchs die Susceptibilität mit steigender Temperatur, wenn die magnetische Kraft schwach war, die Susceptibilität nahm aber ab, wenn die magnetische Kraft gross war. Es steht dies in Uebereinstimmung mit den früheren Erscheinungen, die für den Einfluss der Temperatur auf alle magnetischen Metalle charakteristisch sind. So ergeben Kurven, welche die Beziehung von H zu B oder I bei zwei beliebigen Temperaturen darstellen, sowohl bei Nickel, wie bei Eisen, dass die Kurve für die tiefere Temperatur zuerst unterhalb, darauf oberhalb der andern liegt. Fig. 85 und Fig. 86 enthalten eine Auswahl von Hopkinson's Kurven. In Fig. 85 sind

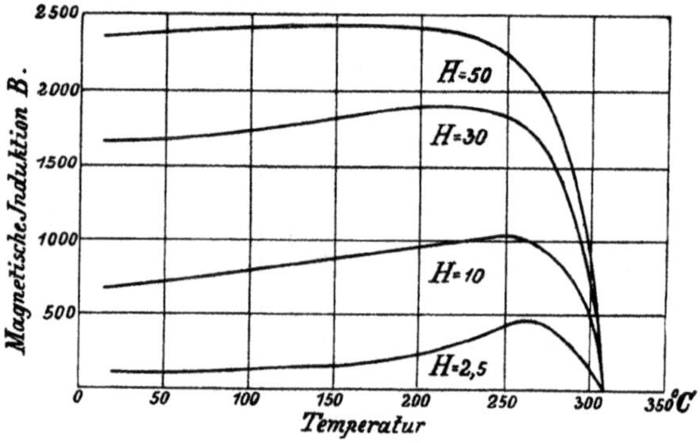

Fig. 86.

die Kurven von B für fünf verschiedene Temperaturen gezeichnet, von denen die eine die gewöhnliche Zimmertemperatur ist und die andern vier sich dem kritischen Punkte nähern. Die Kurve für 245° zeigt ein merkliches Anwachsen der Susceptibilität für Kräfte, deren Werthe unter 45 oder 50 liegen. Aus allen Kurven geht hervor, dass der Magnetismus abnimmt, wenn die Temperatur hinreichend steigt.

Dieselben Beobachtungen sind in Fig. 86 in anderer Weise dargestellt. Die Induktion B ist hier als Funktion der Temperatur aufgetragen, und zwar ist diejenige Induktion gemeint, die auftritt, wenn das Metall bei konstanter Temperatur einer magnetisirenden Kraft ausgesetzt wird, deren Werth für jede Kurve besonders angegeben ist. Man vergleiche diese Kurven mit denen, die wir für Eisen und Stahl mitgetheilt haben (Fig. 76 bis 80).

Die hauptsächlichsten Unterschiede in dem magnetischen Verhalten von Eisen und Nickel in Bezug auf den Einfluss der Temperatur bestehen darin, dass bei Nickel für tiefere Temperaturen der Einfluss der Erwärmung bedeutender ist, als bei Eisen, dass ferner bei Nickel der kritische Punkt viel tiefer liegt und dass sich der Uebergang vom magnetischen zum unmagnetischen Zustande allmählicher als bei Eisen vollzieht. Aus diesem Grunde ist der Uebergang vielleicht auch nicht von solchen auffallenden physikalischen Veränderungen begleitet, wie sie bei Eisen auftreten. Nickel zeigt keine Rekalescenz, und ein Versuch Hopkinson's [1]) ergiebt, dass beim Uebergang vom unmagnetischen zum magnetischen Zustande, wenn das Metall sich abkühlt, Wärme weder plötzlich entwickelt, noch absorbirt wird. Obgleich das Stück, das Hopkinson untersuchte, nicht chemisch rein war, so scheint der damit bestimmte Werth für die kritische Temperatur des Nickels doch ziemlich richtig zu sein. Du Bois [2]) fand bei einem andern Stück den kritischen Punkt ebenfalls bei ungefähr 300°.

§ 115. Einfluss von kleinen Temperaturänderungen. — Der Magnetismus ist bei keinem der drei magnetischen Metalle so sehr von der Temperatur abhängig, dass kleine Schwankungen, wie sie bei der Zimmertemperatur unvermeidlich sind, eine wesentliche Aenderung der magnetischen Susceptibilität hervorbrächten. Besonders bei Eisen ist der Einfluss solcher Schwankungen auf die magnetischen Eigenschaften so schwach, dass er zu vernachlässigen ist, wenn man das magnetische Verhalten eines Stabes untersucht. Selbst wenn das Eisen bis 100° erhitzt wird, ist der Einfluss der Temperatur keineswegs bedeutend. Dies zeigt Fig. 87, wo zwei Paar Kurven die Grösse I als Funktion von H darstellen; das eine Paar bezieht sich auf einen Eisendraht im weichen, ausgeglühten Zustande, das andere auf denselben Draht, nachdem er durch Dehnen über die Elasticitätsgrenze hinaus gehärtet war [1]). Die ausgezogene Linie stellt eine Magnetisirungskurve dar, die bei Zimmertemperatur (7° bis 8° in diesem Falle) aufgenommen ist, und die punktirte Linie

---

[1]) Loc. cit., S. 319.

[2]) Phil. Ma.g, April 1890.

[3]) Phil. Trans., 1885, S. 637.

giebt die Magnetisirungskurve des Drahtes, während er beständig auf der Temperatur von 100° gehalten wurde. Zu diesem Zweck war er in eine Röhre eingeschlossen, durch die Wasserdampf hin-

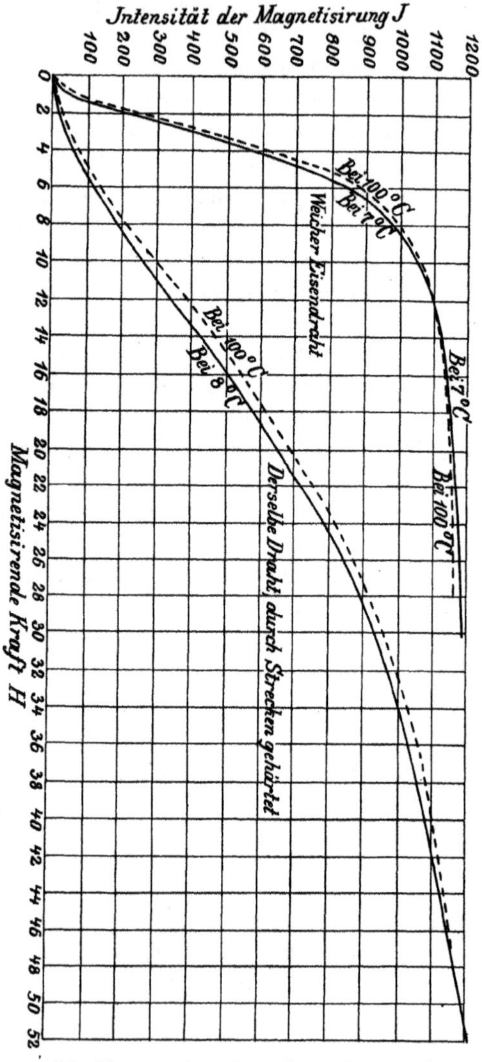

Fig. 78.

durchströmte. Die Kurven für 7° und 100° schneiden sich in beiden Fällen bei ungefähr demselben Werthe von I, dagegen bei sehr verschiedenen Werthen von H.

§ 116. Einfluss von Temperaturänderungen bei konstanter magnetischer Kraft. — Bei den Versuchen, die wir oben besprochen haben, wurde die Temperatur konstant gehalten und die magnetischen Bedingungen geändert. Wenn wir die magnetische Kraft konstant halten und die Temperatur verändern, beobachtet man noch verwickeltere Erscheinungen. Zuerst tritt im Allgemeinen eine Wirkung auf, die nicht umkehrbar ist, das heisst, sie kann nicht dadurch rückgängig gemacht werden, dass man die Temperatur auf ihren Anfangswerth zurückführt. Die erste Wirkung einer Erwärmung gleicht der einer Erschütterung; sie bringt eine dauernde Aenderung in der Magnetisirung hervor. Ob diese Aenderung eine Zu- oder Abnahme bedeutet, hängt von der vorhergehenden Behandlung des magnetisirten Körpers ab. Der Grund hierfür wird später klar werden, wenn wir die Molekulartheorie des inducirten Magnetismus behandeln; er besteht nämlich wahrscheinlich darin, dass es auf jeder (ausgenommen der äussersten) Stufe des Magnetisirungsprocesses Gruppen von Molekülen giebt, die im labilen Gleichgewicht sind und dies aufgeben, sobald die Temperatur zu steigen beginnt. Diese Wirkung ist anderer Natur und oft viel grösser als die umkehrbaren Aenderungen des Magnetismus, die durch abwechselnde Erwärmung und Abkühlung erzeugt werden. Aber wenn eine solche Erwärmung und Abkühlung oft genug wiederholt ist, so wird der Vorgang zuletzt umkehrbar; die Magnetisirung schwankt dann zwischen zwei Werthen. Ob hierbei der grössere oder kleinere Werth dem heisseren Zustande zukommt, hängt davon ab, ob die Magnetisirung unterhalb oder oberhalb eines gewissen Werthes liegt. Der Einfluss der Temperatur, den man auf diese Weise durch wiederholte abwechselnde Erwärmung und Abkühlung beobachtet, wird also umgekehrt, wenn man die Magnetisirung hinreichend steigert. Ist nur eine geringe Magnetisirung vorhanden, so wird sie durch Erwärmen vermehrt und durch Abkühlen vermindert; ist die Magnetisirung stark, so findet das Umgekehrte statt. Hierbei ist es gleichgültig, ob es sich um remanenten oder um den von einer konstanten magnetisirenden Kraft inducirten Magnetismus handelt. Die Umkehrung der Wirkung, die bei Versuchen dieser Art beobachtet wurde, lässt sich offenbar nach den oben beschriebenen Experimenten vorhersagen, bei denen sich die Magnetisirungskurven schnitten. Aber da die magnetische Hysteresis die Erscheinungen verwickelter macht, so ist es nicht möglich, aus den Ergebnissen der Versuche der einen

Art zu schliessen, wo die Umkehrung bei den Versuchen der andern Art eintritt.

Dass die erste Wirkung irgend einer Temperaturänderung auf den Magnetismus des Eisens und Stahls nicht umkehrbar ist, hat sich aus vielen Versuchen ergeben, wohl zuerst aus denen von G. Wiedemann[1]). Wenn es sich um remanenten Magnetismus handelt, also keine magnetische Kraft wirksam ist, so führt cyklisches Erwärmen und Abkühlen eine Verminderung des Magnetismus herbei. Kommt dagegen der Magnetismus in Frage, der von einer magnetisirenden Kraft inducirt ist, und bleibt diese wirksam, während die Temperatur verändert wird, so bewirkt cyklisches Erwärmen und Abkühlen eine Vergrösserung des Magnetismus. In beiden Fällen wird die magnetische Aenderung im Allgemeinen erst nach oft wiederholten Temperaturänderungen cyklisch. Zuerst finden wir eine fortwährende Zunahme des inducirten Magnetismus und eine fortwährende Abnahme des remanenten Magnetismus, über die sich allerdings die eigentlichen oder differentiellen Aenderungen des Magnetismus superponiren. Bei dem ersten Cyklus tritt dies am deutlichsten hervor, lässt sich aber oft noch bei dem zweiten und selbst bei spätern Cyklen beobachten. Wenn wir den Temperaturwechsel oft genug wiederholen, hören diese fortschreitenden Aenderungen auf; wir können dann die Unterschiede beobachten, die die abwechselnde Erwärmung und Abkühlung hervorbringt. Es sollen einige Versuche dieser Art kurz besprochen werden.

§ 117. Abwechselnde Erwärmung und Abkühlung von magnetisirtem Eisen. — Zuerst[2]) wurde ein harter Eisendraht untersucht. Er war von einer Röhre umgeben, auf die eine Magnetisirungsspule gewickelt war und durch die man abwechselnd Dampf oder kaltes Wasser leiten konnte. Die magnetischen Aenderungen wurden mit Hülfe eines Magnetometers beobachtet. Der Draht wurde zuerst entmagnetisirt, und darauf sein Magnetismus von Zeit zu Zeit dadurch etwas vergrössert, dass ein schwacher Strom durch die Magnetisirungsspule geschickt wurde. Dieser wurde sogleich wieder unterbrochen, so dass die Vertikal-Intensität die allein wirkende Kraft war. Bei der ersten Reihe von Erwärmungen und Abkühlungen (zwischen 100^0 und 6^0) schwankte I zwischen ungefähr 2,14 (kalt)

---

[1]) G. Wiedemann, Elektricität.

[2]) Phil. Trans., 1885, S. 633.

und 2,23 (heiss). Durch das Erwärmen wurde also I vergrössert. Später schwankte I zwischen 3,51 (kalt) und 3,56 (heiss), und die Wirkung hatte noch denselben Sinn. Darauf wurde sie umgekehrt, trat die zwischen 8,69 (kalt) und 8,67 (heiss) schwankte. Zuletzt als I umgekehrte Wirkung noch mehr hervor, als I zwischen 9,09 (kalt) und 9,04 (heiss) lag.

Ein ähnlicher Versuch wurde mit einem weichen Eisendraht angestellt[1]). Die Wirkung kehrte sich in diesem Fall um, als I ungefähr gleich 20 war. Vorher lag I zwischen 4,77 (bei 6°) und 4,95 (bei 100°), nachher zwischen 37,53 (bei 6°) und 36,77 (bei 100°). In beiden Fällen fand die Umkehrung an einem sehr frühen Punkte des Magnetisirungsverfahrens statt.

In einem andern Falle[2]) wurde die Magnetisirung des Probestücks nicht nur an den Endpunkten, sondern auch an dazwischenliegenden Punkten des Temperaturintervalls während der Erwärmung und Abkühlung gemessen, um zu sehen, ob es eine magnetische Hysteresis giebt, die von der Temperatur herrührt. Es wurde ein langer Eisendraht untersucht, der im Innern einer Glasröhre befestigt war. Diese konnte an ihrem einen Ende mit drei kleinen Dampfkesseln in Verbindung gesetzt werden, die einen kontinuirlichen Strom von Wasser-, Alkohol- oder Aetherdampf lieferten. Auch konnte man kaltes Wasser durch die Röhre fliessen lassen. Man leitete zuerst mehrfach abwechselnd Wasserdampf und kaltes Wasser durch die Röhre, bis sich der magnetische Zustand des Drahtes jedesmal um nahezu konstante Beträge änderte. Dann wurde das Magnetometer abgelesen, während durch die Röhre abwechselnd kaltes Wasser, Aetherdampf, Alkoholdampf, Wasserdampf, Alkoholdampf, Aetherdampf und kaltes Wasser strömte. Diese Reihe bildete einen Cyklus von Temperaturänderungen, bei dem die beiden Temperaturen von 35° und 78,5° während des ganzen Verfahrens der Erwärmung und Abkühlung fest lagen. Die Methode war deshalb gewählt, damit das Eisen sich lange genug in einem Bade von bestimmter Temperatur befand und somit Zeit hatte, diese Temperatur überall anzunehmen. Es wurden so Fehler vermieden, die durch unrichtige Temperaturbestimmungen entstehen konnten. Denn der Dampfstrom wurde jedesmal so lange unterhalten, bis sich die Ablesung am Magnetometer nicht mehr änderte.

---

[1]) Loc. cit., S. 635.

[2]) Loc. cit., S. 631.

Das Eisen wurde zu Beginn so stark magnetisirt, dass die Erwärmung eine Verringerung und die Abkühlung eine Vermehrung des Magnetismus hervorbrachte. Als magnetische Kraft wirkte während der Erwärmung und Abkühlung allein die Vertikalintensität. In der folgenden Zusammenstellung der Beobachtungen sind die Zahlen (in willkürlichen Einheiten) der Intensität der Magnetisirung proportional. Die Pfeile geben die Reihenfolge der Veränderungen an:

	Wasser		Aetherdampf		Alkoholdampf		Wasserdampf
Temp.	14°		35°		78,5°		100°
	17,416	→	17,382	→	17,304	→	17,262.
	17,418	←	17,382	←	17,304	←	

Die ganze Aenderung betrug ungefähr 0,9 Procent des gesammten Magnetismus. Aus den Ablesungen bei 35° und 78,5° geht klar

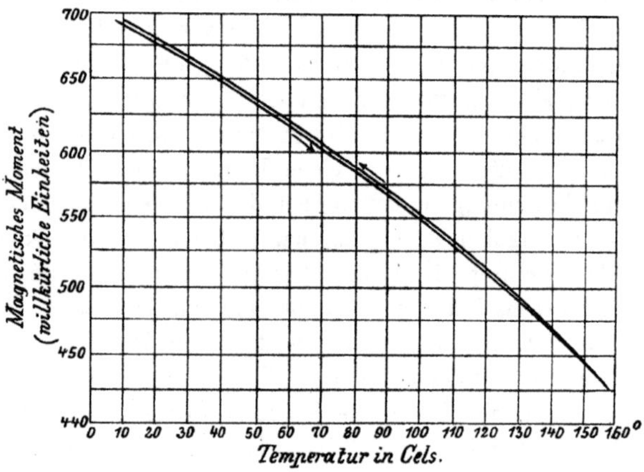

Fig. 88.

hervor, dass die Aenderungen ohne merkliche Hysteresis vor sich gehen; die Magnetisirung war bei diesen Temperaturen, soweit wir schliessen können, während der Erwärmung und während der Abkühlung dieselbe.

Fig. 88 stellt die Ergebnisse eines andern Versuchs derselben Art dar[1]), wo ein Stabmagnet aus Stahl in einem Oelbade innerhalb eines bedeutend grösseren Temperaturintervalls (zwischen 10° und 158°) erhitzt und abgekühlt wurde. Die Temperatur des Oels wurde sehr langsam geändert, und zwar so langsam, dass mehr als

[1]) Loc. cit. S. 638.

17 Stunden vergingen, bevor ein Cyklus, wie ihn die Figur darstellt, vollständig beendet war. Auf diese Weise war die Temperatur des Stabes immer gleich der des Oels, die mittelst zweier Thermometer gemessen wurde. Bevor die Beobachtungen anfingen, wurde das Bad erst mehrere Male erhitzt und abgekühlt. Auch hier war ebenso, wie in dem früheren Fall, keine magnetische Hysteresis zu bemerken, die von der Temperatur abhängt.

§ 118. Hysteresis der Magnetisirung in Folge von Temperaturänderungen. — Obgleich bei den eben beschriebenen Versuchen keine Hysteresis auftrat und der magnetische Zustand offenbar nur von dem augenblicklichen und nicht von den vorhergehenden Werthen der Temperatur abhing, giebt es doch Bedingungen, unter denen eine von der Temperatur abhängige Hysteresis vorhanden ist. Diese tritt dann auf, wenn die Schwankungen der Temperatur sich bis in die Nähe des kritischen Punktes erstrecken, wo der Magnetismus bei der Erwärmung verschwindet und bei der Abkühlung wieder auftritt. Beide Erscheinungen finden nicht ganz bei derselben Temperatur statt. Es giebt zwei kritische Temperaturen; bei der einen verschwindet der Magnetismus beim Erwärmen, bei der andern tritt er beim Abkühlen wieder auf. Die erste liegt höher als die letzte.

Bei gewöhnlichem Eisen und Stahl ist der Unterschied zwischen diesen beiden kritischen Temperaturen nicht gross — er beträgt vielleicht 10 bis 12^0 bei weichem Eisen — und lässt sich nur schwer messen. Dass es einen solchen Unterschied jedoch wirklich giebt, lässt sich experimentell leicht beweisen[1]); er ist nämlich durch die Erscheinung der Rekalescenz bedingt. Wir wissen, dass bei dem Eintritt der Rekalescenz die Temperatur trotz der fortdauernden Abkühlung thatsächlich ansteigt und dass die Aenderung des magnetischen Zustandes gleichzeitig mit der Rekalescenz vor sich geht.

---

[1]) H. F. Newall (Phil. Mag., Juni 1888) und F. T. Trouton (Rep. Brit. Assoc., 1889, S. 517; Proc. Roy. Dublin Soc., 1886) haben einen interessanten Versuch beschrieben, der zeigt, dass die Zustandsänderung, die Eisen und Stahl in der Rothgluth erfahren, während der Erwärmung und der Abkühlung bei verschiedenen Temperaturen stattfindet. Erhitzt man nämlich mittelst einer Flamme einen Eisen- oder Stahldraht, der in den Stromkreis eines Galvanometers eingeschaltet ist, auf einer kurzen Strecke bis zur Rothgluth und bewegt alsdann die Flamme langsam längs des Drahtes, so bemerkt man am Galvanometer einen Strom, dessen Rich-

Wenn die Zustandsänderung, die dann stattfindet, allein von der augenblicklichen Temperatur und nicht auch von der früheren abhinge, so wäre ein Steigen der Temperatur unmöglich. Denn hierdurch würde gerade die Aenderung vernichtet, die das Steigen bewirkt. Damit dies möglich ist, muss der neue Zustand der Substanz eine gewisse Temperaturerhöhung ertragen können, ohne wieder in den früheren überzugehen; die Zustandsänderung muss also in Bezug auf die Temperatur Hysteresis besitzen.

Osmond[1]) hat genau die Temperaturen bestimmt, bei denen während der Erwärmung und Abkühlung Störungen auftreten. Er findet, dass während der Abkühlung des auf elektrolytischem Wege hergestellten Eisens bei 855^0 eine deutliche Wärmeentwicklung stattfindet, während bei dem Erwärmen bei 867^0 eine deutliche Wärmeabsorption eintritt. Es liegt kein Grund vor, daran zu zweifeln, dass in der Nähe dieser Temperaturen der Uebergang vom unmagnetischen zum magnetischen und vom magnetischen zum unmagnetischen Zustande stattfindet.

Die Versuche, die Osmond mit hartem Stahl anstellte, ergeben einen grösseren Unterschied für die beiden kritischen Temperaturen. Die bedeutendste Wärmeentwicklung findet während der Abkühlung bei 674^0 statt, und die entsprechende Wärmeabsorption während des Erwärmens bei 705^0. Bei Temperaturen zwischen diesen Grenzen müsste der Stahl magnetisch sein, wenn er unmittelbar vorher auf niedrigerer Temperatur gewesen wäre, aber unmagnetisch, wenn er unmittelbar vorher eine höhere Temperatur gehabt hätte.

Einen noch grösseren Unterschied zwischen den beiden kritischen Temperaturen zeigt der Nickelstahl. Hopkinson hat mehrere Legirungen von Eisen und Nickel untersucht und durch direkte magnetische Messungen gefunden, dass einige einen magnetischen oder un-

---

tung wechselt, wenn die Flamme nach der entgegengesetzten Seite bewegt wird. Der Strom rührt davon her, dass thermoelektrische Kräfte auftreten, und zwar zwischen dem Theile des Drahtes, dessen Temperatur über dem kritischen Punkte liegt und dessen Zustand sich in Folge dessen geändert hat, und dem andern Theile, dessen Zustand unverändert geblieben ist. Das Auftreten des Stromes beweist, dass die Zustandänderung auf derjenigen Seite, wo die Erwärmung beginnt, bei einer höheren Temperatur eintritt als auf der andern Seite, wo sich der Draht abkühlt.

[1]) Osmond, Transformations du fer et du carbone. Mém. de l'Artillerie de la Marine, 1888.

magnetischen Zustand während eines aussergewöhnlich grossen Temperaturintervalls beibehalten können[1]). Die Ergebnisse dieser Beobachtungen, die sich sowohl auf die magnetischen, als auf andere physikalische Eigenschaften dieser Legirungen beziehen, sind von höchstem Interesse.

§ 119. Hopkinson's Versuche mit Nickeleisenlegirungen. Die Legirungen wurden in Form von Ringen nach der ballistischen Methode untersucht, und die Temperatur aus dem Widerstande der sekundären Spule berechnet. Die Magnetisirungskurve einer Legirung, die 4,7% Nickel und 0,22% Kohlenstoff enthielt, war bei gewöhnlicher Temperatur den Kurven des weichen Stahls ähnlich. Das Probestück wurde darauf erhitzt und der Magnetismus durch die Umkehrung der magnetisirenden Kraft von 0,12 Einheiten gemessen. Die Susceptibilität hörte auf, als die Temperatur auf

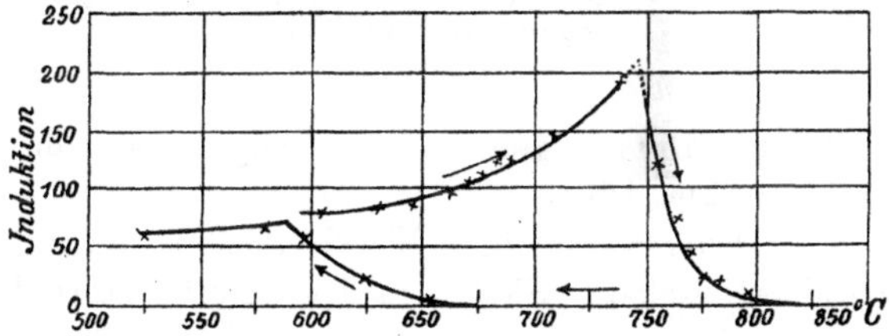

Fig. 89.

800° gestiegen war, und kehrte bei der Abkühlung erst wieder, als die Temperatur auf 650° bis 600° gesunken war. Fig. 89 stellt die Aenderungen dar, die während der Erwärmung und Abkühlung vor sich gehen; die Induktion B, die durch die Umkehrung der Kraft H (gleic h0,12) bestimmt wurde, ist als Funktion der Temperatur aufgetragen. Man sieht, dass das Metall in einem Intervall von ungefähr 150° in beiden Zuständen existiren kann: in dem einen hat es dieselbe Susceptibilität wie gewöhnlicher weicher Stahl, in dem andern ist es fast unmagnetisch, da die Permeabilität nur ungefähr 1,4 beträgt. Bei stärkeren magnetisirenden Kräften verschwindet und erscheint der Magnetismus ungefähr an denselben beiden Punkten. Ein weiterer Versuch, bei welchem die Zeiten für die Erwärmung und Abkühlung beobachtet wurden, ergab, dass bei den nämlichen

[1]) Hopkinson, Proc. Roy. Soc., December 1889; Januar 1890, Mai 1890.

Temperaturen ähnliche Störungen auftraten, wie sie bei der kritischen Temperatur für Eisen charakteristisch sind; bei der höheren Temperatur fand nämlich während des Erwärmens eine Wärmeabsorption und bei der tieferen Temperatur während der Abkühlung eine Wärmeentwicklung statt. Die Wärmemenge, die während der Abkühlung bei derjenigen Temperatur frei wurde, wo der Magnetismus

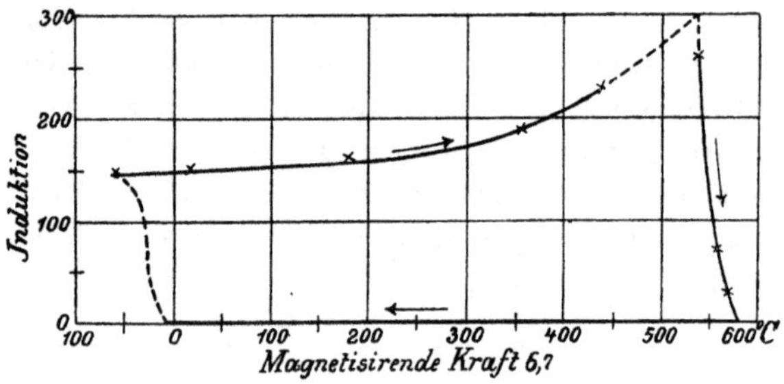

Fig. 90.

zurückkehrte, war 150 mal grösser als diejenige, welche das Probestück um 1° erwärmt hätte.

Bei einer Legirung mit 25% Nickel erhielt Hopkinson noch überraschendere Resultate. Sie war in dem ursprünglichen Zustande bei gewöhnlicher Temperatur unmagnetisch, wurde aber magnetisirbar, nachdem sie in einer Kältemischung etwas unter 0° abgekühlt war.

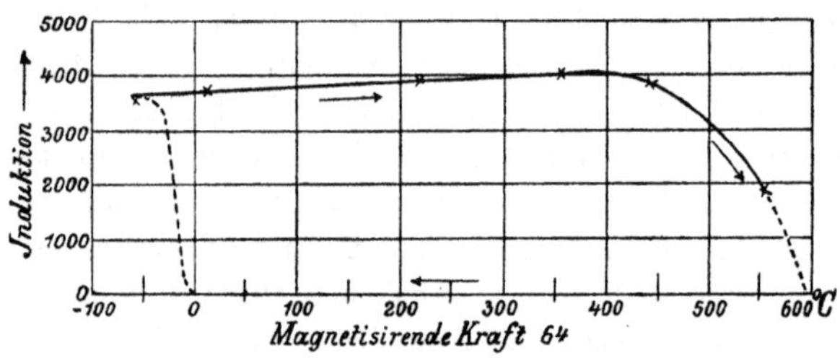

Fig. 91.

Auf solche Weise magnetisirbar gemacht, behielt sie diese Eigenschaft bis zu einer Temperatur von 580° bei; dann wurde sie ebenfalls unmagnetisch und verharrte in diesem Zustande, wenn auch eine Abkühlung bis auf die Zimmertemperatur erfolgte. Innerhalb eines Intervalls von 600° giebt es also für diesen Nickelstahl zwei verschiedene, ganz stabile Zustände. In Fig. 90 und Fig. 91

ist die Induktion B, die durch die Umkehrung der Stromrichtung für die beiden magnetisirenden Kräfte 6,7 und 64 beobachtet wurde, als Funktion der Temperatur dargestellt. In dem unmagnetischen Zustande beträgt die Permeabilität nur 1,4, in dem magnetischen Zustande ist die Permeabilität ähnlich der von hartem Nickel, fällt aber ziemlich schnell ab. Fig. 92 enthält die Magnetisirungskurve für die Temperatur von 13°. Hopkinson fand ferner, dass andere physikalische Eigenschaften dieser Legirungen sich ebenso ändern, wie die magnetischen. Die elektrische Leitungsfähigkeit ist in beiden Zuständen merklich verschieden; bei 0° z. B. beträgt der spec. Widerstand nur 0,00052, wenn das Material mit Hülfe einer Kältemischung in den magnetischen Zustand übergeführt worden ist, dagegen 0,00072, wenn durch Erhitzen auf 600° der unmagnetische Zustand hergestellt wurde.

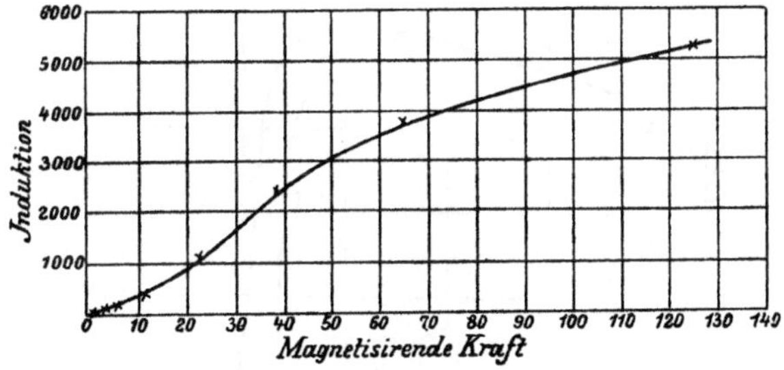

Fig. 92.

Ebenso auffällige Unterschiede ergeben sich in Bezug auf die Ausdehnung und Festigkeit. In dem unmagnetischen Zustande ist die Legirung verhältnissmässig weich; Drähte daraus ertragen eine Dehnung von 30 Procent und zerreissen bei einer Belastung von 80 kg auf 1 qmm. In dem magnetisirbaren Zustande ist die Legirung viel härter; sie erträgt eine Dehnung von nur 7 bis 8 Procent, und der Festigkeitsmodul ist gleich 135 kg und noch mehr. „Wenn dies Material, bemerkt Hopkinson, mit geringeren Kosten producirt werden könnte, würden diese Thatsachen von weitgehender Bedeutung sein. Der unmagnetische Stoff wäre als weicher Stahl sehr gut brauchbar, da er grosse Elasticität mit hoher Festigkeit verbände. Wollte man das neue Material für einen Zweck verwenden, wo man sonst einen weichen Stahl wegen seiner bedeutenden Elasticität gebraucht, so würden seine Eigenschaften bei Eintritt eines starken Frostes vollständig geändert; es würde im Wesentlichen ein harter Stahl entstehen, der erst wieder durch eine Erwärmung auf 600° verändert würde.“ Es ist bemerkenswerth, dass Probestücke der unmagnetischen Legirung in den magnetisirbaren Zustand übergingen, wenn sie mit der Zerreissmaschine untersucht wurden; die Veränderung wird durch die mechanische Härtung hervorgebracht, die das Metall durch die Ausdehnung erleidet.

Die Fähigkeit, zwei ganz verschiedene physikalische Zustände anzunehmen, tritt in geringerem Grade auf, wenn der Nickelgehalt der Legirung noch mehr zunimmt. Zwei andere Nickeleisenlegirungen, die 30 Procent und 33 Procent Nickel enthielten, hatten nach Hopkinson's Beobachtungen eine viel grössere Permeabilität und zeigten

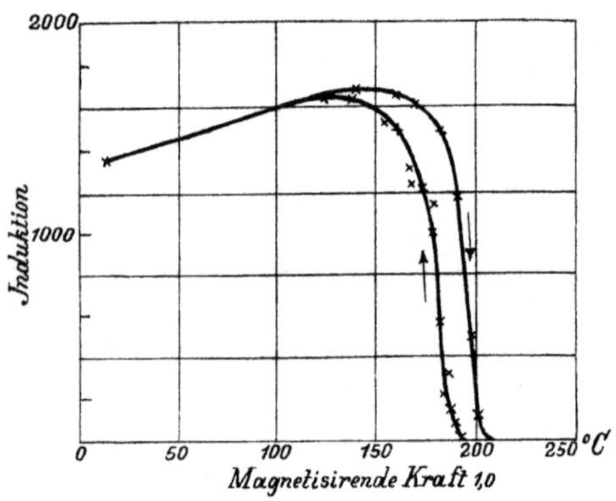

Fig. 93.

in Bezug auf die Temperatur eine viel geringere Hysteresis, wenn sie von dem magnetischen zum unmagnetischen Zustand übergingen. Ferner trat die Aenderung bei einer verhältnissmässig niedrigen Temperatur ein. Fig. 93 stellt die Ergebnisse der magnetischen Messungen für ein Probestück mit 33 % Nickel dar; die magnetisirende Kraft war gleich 1,0. Die Kurven für steigende und sinkende Temperatur liegen nahe bei einander, und die Zustandsänderung findet in der Nähe von 200° statt. Bei der Legirung mit 30% Nickel liegt die kritische Temperatur noch tiefer, sie beträgt ungefähr 140° beim Erwärmen und 125° bei der Abkühlung. Zuletzt wurde eine Legirung untersucht, die 73 % Nickel enthielt. Sie zeigte bei der Erwärmung und Abkühlung keinen wesentlichen

Unterschied zwischen den kritischen Temperaturen, die wenig von 600° abwichen.

Diese Beobachtungen machen es wahrscheinlich, dass ein Stoff wie Manganstahl, der sich bis jetzt bei allen Temperaturen als nahezu unmagnetisirbar erwiesen hat, magnetisch würde, wenn die Temperatur nur hinreichend erniedrigt werden könnte. Es ist sogar möglich, dass andere Metalle, ausser Eisen, Nickel und Kobalt, nur deshalb unmagnetisch sind, weil die anwendbaren Temperaturen oberhalb des kritischen Punktes liegen.

Neuntes Kapitel.

Einfluss von elastischen Kräften auf die Magnetisirung.

§ 120. Einleitung. — Ein sehr interessanter Abschnitt unseres Gegenstandes ist der, welcher den Einfluss von elastischen Kräften auf die Susceptibilität, die Remanenz und andere magnetische Eigenschaften der drei magnetischen Metalle behandelt. Die Ergebnisse der Forschung haben bis jetzt zwar noch keine praktische Bedeutung, denn es ist zur Zeit keine technische Anwendung derselben bekannt; dagegen ist ihre Wichtigkeit für die Theorie des Magnetismus nicht hoch genug zu veranschlagen. Das bezeichnete Gebiet bietet dem Physiker einen weiten Spielraum zu Forschungen, und die Resultate dürften viel zur Aufklärung derjenigen Molekularstruktur beitragen, welche die magnetischen Körper vor andern auszeichnet. Die vorliegenden Beobachtungen sind sehr zahlreich, und die bis jetzt gewonnenen Resultate so verwickelt, dass hier nur eine ganz allgemeine Uebersicht gegeben werden kann. Es wird sich empfehlen, die hervorragendsten Erscheinungen ohne Rücksicht auf die historische Folge ihrer Entdeckung anzuführen. Die ersten Untersuchungen über diesen Gegenstand scheint Matteucci[1]) angestellt zu haben; er beobachtete eine Zunahme der Magnetisirung in einem magnetisirten Eisenstab, wenn dieser in seiner Längsrichtung gedehnt wurde. Villari[2]) machte die wichtige Entdeckung, dass sich der Sinn dieser Wirkung umkehrte, wenn der Stab stärker magnetisirt wurde. Während also eine schwache Magnetisirung durch longitudinalen Zug eine Zunahme erfährt, tritt umgekehrt bei stärkerer Magnetisirung durch dieselbe Operation eine Abnahme ein. Diese sogenannte „Villari'sche Wirkung" wurde von Sir W. Thomson

---

[1]) Comptes rendus, 1847; Ann. de Chimie et de Physique, 1858.

[2]) Pogg. Ann., 1868.

im Verlauf einer Untersuchung, die für die exakte Forschung auf diesem Gebiet grundlegend war, von Neuem aufgefunden[1]). Er studirte den Einfluss von longitudinalem Zug, indem er Drähte aus Eisen, Stahl, Nickel und Kobalt in magnetischen Feldern von verschiedener Stärke mehr oder weniger belastete. Durch Versuche mit einem stählernen Flintenlauf, der einem hydraulischen Druck ausgesetzt wurde, fand er, dass transversale Kräfte umgekehrt wirken, wie longitudinale. Indem er den Einfluss von longitudinalem und von transversalem Zug mit einander verglich, konnte er nachweisen, dass ein Zug oder Druck eine andere magnetische Susceptibilität in der Richtung des Zuges oder Druckes als senkrecht dazu hervorzuruft. Diese Betrachtungsweise wurde auch auf Torsionskräfte ausgedehnt; die theoretisch abgeleiteten Resultate bestätigten sich durch die Versuche. Ferner diskutirte Sir W. Thomson frühere Beobachtungen von Wiedemann, welcher die Beziehungen zwischen Torsion und Magnetisirung zum Gegenstand ausführlicher Studien[2]) gemacht hat. Die Arbeiten von Thomson wurden später von Andern wieder aufgenommen und besonders nach der Richtung hin ausgedehnt, dass man die Form der Magnetisirungskurve (der Beziehung von I zu H) ermittelte, wenn auf das zu untersuchende Material elastische Kräfte verschiedener Art und Grösse wirkten. Ferner suchte man durch magnetometrische Beobachtungen zu ergründen, in welcher Weise bei konstanter Feldstärke ein belasteter Körper Magnetismus gewinnt oder verliert, wenn die Belastung geändert wird.

Die Wirkungen der Hysteresis, welche uns bei derartigen Versuchen überall begegnen, machen die Ergebnisse sehr verwickelt. Nur dann können wir einen einigermaassen klaren Ueberblick über die Verhältnisse gewinnen, wenn wir in der folgenden Weise vorgehen: Zuerst prüfen wir den Einfluss, den eine Aenderung der Feldstärke bei konstanter deformirender Kraft ausübt; dann halten wir die magnetische Kraft konstant und bestimmen die Wirkung, welche eine Aenderung in dem elastischen Zustande des Körpers hervorbringt.

---

[1]) Sir W. Thomson, „Effects of Stress on Magnetisation“, Theil VI und VII seiner grossen Reihe von Abhandlungen über „Electro-Dynamic Qualities of Metalls“ (Phil. Trans., 1875, 1878; Reprint of Papers, Vol. II, S. 332—407).

[2]) Siehe Wiedemann's Elektricität. III. Band, § 762 u. folgende.

§ 121. Einfluss eines longitudinalen Zuges auf die Susceptibilität und die Remanenz von Nickel. — Am besten werden wir mit Nickel beginnen, da die Wirkungen elastischer Kräfte bei diesem Metalle fast ausnahmslos viel bedeutender sind als bei den andern und sich ferner auch in einem wichtigen Punkt einfacher gestalten. Ein Analogon zu der Villari'schen Wirkung im Eisen ist nämlich bei Nickel nicht vorhanden. Lassen wir auf einen magnetisirten Stab oder Draht aus Nickel einen Zug wirken, so finden wir, wie Thomson[1]) zuerst zeigte, dass Zug die Magnetisirung vermindert und ein Nachlassen des Zuges mit einer Zunahme derselben verbunden ist. Diese Erscheinung tritt immer auf, ob nun das Stück schwach oder stark magnetisirt wird.

Magnetisiren wir Nickel, während es durch eine konstante Belastung in dem Zustand longitudinaler Dehnung erhalten wird, so beobachten wir eine ausserordentlich starke Verringerung seiner Susceptibilität. Diese Erscheinung tritt deutlich an den Kurven von Fig. 94 hervor, welche die Magnetisirung eines langen, ausgeglühten Nickeldrahtes unter der Wirkung verschieden starker longitudinaler Zugkräfte darstellen. Der Draht war 0,068 cm dick, und seine Länge betrug das 374fache des Durchmessers; da sein Querschnitt 0,363 qcm war, so entsprach jedes angehängte Kilogramm einer Belastung von 2,75 kg für das Quadratmillimeter. Die ausgezogenen Kurven stellen die Beziehung von I zu H dar, wenn der Draht nicht belastet war, und wenn das angehängte Gewicht 2 bez. 12 kg, die Belastung für 1 qmm also 5,5 bez. 33 kg betrug.

Die durch den Zug erzeugte Verringerung der Magnetisirung ist sehr deutlich sichtbar. Für die oberste Kurve hat die maximale Susceptibilität den Werth 15, für die zweite etwa 8 und bei den durch die dritte Kurve dargestellten Versuchen ist der Widerstand gegen die Magnetisirung so gross geworden, dass selbst bei einer Feldstärke von 100 Einheiten die maximale Susceptibilität noch nicht erreicht ist.

Der Einfluss elastischer Kräfte auf die Remanenz ist noch grösser als auf die Susceptibilität. In derselben Figur sind noch drei

[1]) Reprint of Papers, Vol. II, S. 382.

[2]) Diese Figur und eine Anzahl der folgenden sind aus zwei Arbeiten des Verfassers über die „Magnetischen Eigenschaften des Nickels" (Phil. Trans., 1888, S. 325 und 333) entnommen, deren eine in Gemeinschaft mit G. C. Cowan ausgeführt wurde.

andere strichpunktirte Kurven enthalten; sie geben Aufschluss über den remanenten Magnetismus, der für jede der drei Kurven zurück-

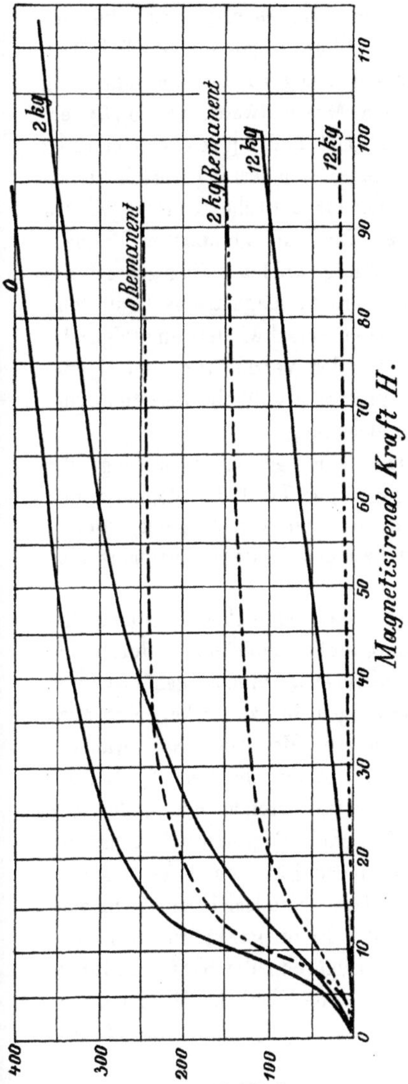

Fig. 94.

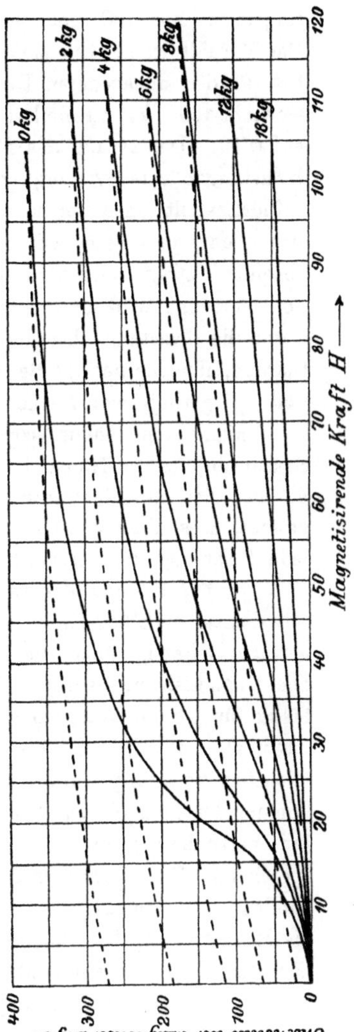

Fig. 95.

blieb, sobald man in jedem Stadium des Magnetisirungsprocesses die magnetische Kraft aufhören liess. Eine Zugkraft verringert die remanente Magnetisirung mehr als die total inducirte. Nach der Wirkung einer Kraft H = 100 ist die remanente Magnetisirung im unbelasteten Draht etwa 300 Einheiten. Ein Gewicht von 2 kg verringert sie auf 150 und eines von 12 kg sogar auf 16 Einheiten. Das Verhältniss der remanenten Magnetisirung zu der total inducirten hat für den unbelasteten Draht einen Maximalwerth von 0,76; ein Gewicht von 2 kg vermindert ihn auf 0,61 und ein solches von 12 kg auf 0,19. Der Betrag des Magnetismus, welcher bei verschiedenen Belastungen verschwindet, sobald die magnetische Kraft zu wirken aufhört, stellt einen um so grösseren Theil der gesammten Magnetisirung dar, je grösser wir die Belastung wählen. Dagegen ist der absolute Betrag, welcher durch eine grosse magnetische Kraft temporär erzeugt wird und mit ihr wieder verschwindet, in Folge der durch die Belastung überhaupt eintretenden Verringerung der Magnetisirung, für eine geringe Belastung grösser als für die Belastung Null und am geringsten für eine starke Belastung[1]).

Man kann somit sagen, dass eine geringe Belastung die Susceptibilität von Nickel in Bezug auf den Theil der Magnetisirung erhöht, der mit der Kraft H entsteht und verschwindet, vorausgesetzt, dass diese gross ist. In schwachen Feldern verringert eine jede Belastung die Susceptibilität.

In Fig. 95 sind die Ergebnisse einer ähnlichen Versuchsreihe mit demselben Stück Nickeldraht dargestellt, nachdem es durch eine geringe Dehnung über die Elasticitätsgrenze hinaus gehärtet war. Die Magnetisirung wurde bei Belastungen bis zu 18 kg, oder etwa 50 kg für 1 qmm, vorgenommen. Für die Belastung Null war die maximale Susceptibilität dieses harten Drahtes ungefähr 8. Bei der höchsten Belastung wurde diese Grösse im Bereiche der in Betracht kommenden Feldstärken (bis zu 100 Einheiten) wesentlich konstant; ihr Werth betrug nur 0,5, einer Permeabilität von etwa 6,3 entsprechend. Bei dieser Belastung war fast keine Remanenz mehr vorhanden. Die punktirten Linien in der Figur lassen erkennen, wie die Magnetisirung bei allmählicher Verringerung der Kraft von ihrem höchsten Werth an abnimmt; der remanente Theil der Magnetisirung wird mit steigender Belastung, wie man sieht, nicht nur absolut

---

[1]) Diese Thatsache wurde unabhängig von Tomlinson gefunden, Phil. Mag., Mai 1890.

kleiner, sondern auch relativ gegen den bei der betreffenden Belastung erreichten Maximalwerth.

§ 122. Einfluss von longitudinalem Druck auf die Susceptibilität und Remanenz von Nickel. — Während ein longitudinaler Zug die Susceptibiltät und Remanenz im Nickel verringert, bringt ein Druck in der Längsrichtung eine ebenso auffallende Vermehrung dieser beiden Grössen hervor. Fig. 96 giebt ein Bild der Versuchsanordnung[1]), mit welcher Nickelstäbe in einem schmiedeeisernen Joch unter Druckbelastung nach der in § 58 beschriebenen Methode geprüft wurden. Die gesammte Magnetisirung ermittelte man ballistisch durch Umkehrung von H, die remanente in der Weise, dass man von dem halben, durch Umkehrung der Feld-

Fig. 96.

richtung erzeugten Ausschlag denjenigen subtrahirte, der beim Verschwinden von H entstand. Die Belastung wurde in verschiedenen Stufen bis zu 19,8 kg für 1 qmm gesteigert. Jede Zunahme des Druckes hatte eine deutliche Steigerung der Susceptibilität zur Folge; ferner blieb gleichzeitig ein immer grösserer Bruchtheil der gesammten Magnetisirung beim Verschwinden der magnetischen Kraft als remanente zurück. Zuletzt bei der stärksten Belastung stieg die Magnetisirungskurve auffallend steil an und der Höchstwerth des Verhältnisses von remanenter zu total inducirter Magnetisirung erreichte den auffallend hohen Werth von 0,96. Bei diesen Versuchen war der Nickelstab in einem harten (nicht ausgeglühten) Zustand. Die

[1]) Phil. Mag., 1888 A, S. 333.

Ergebnisse der Beobachtungen sind in den Figuren 97 und 98 graphisch aufgetragen.

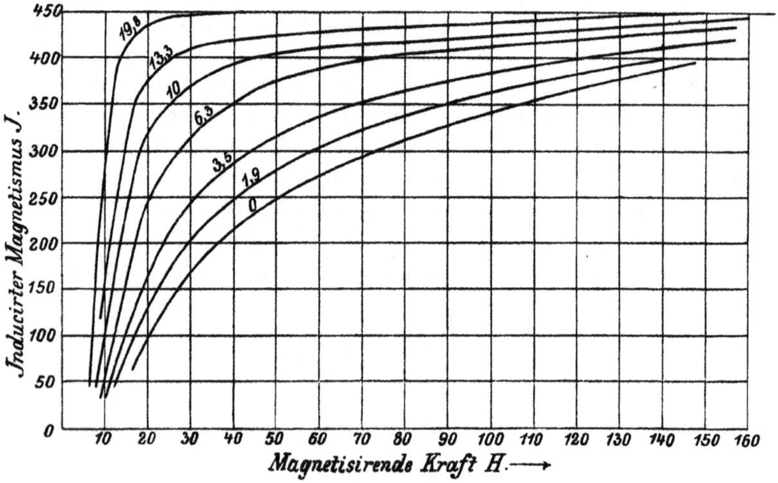

Fig. 97.

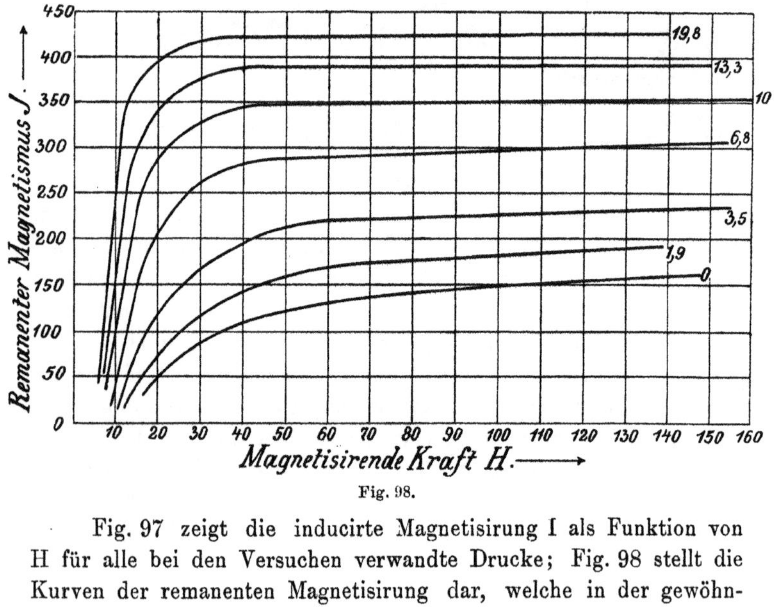

Fig. 98.

Fig. 97 zeigt die inducirte Magnetisirung I als Funktion von H für alle bei den Versuchen verwandte Drucke; Fig. 98 stellt die Kurven der remanenten Magnetisirung dar, welche in der gewöhnlichen Weise dadurch erhalten wurden, dass man an verschiedenen Stellen des Magnetisirungsprocesses den magnetisirenden Strom unterbrach. Die den Kurven beigeschriebenen Zahlen sind die Belastungen

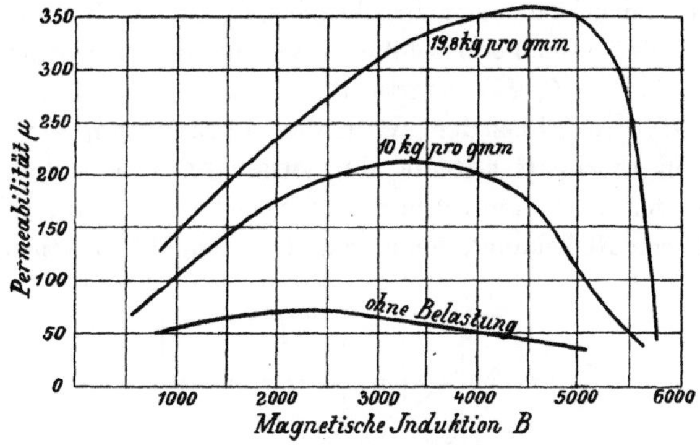

Fig. 99.

in Kilogramm für 1 qmm. Besonders zu beachten ist, wie scharf die Kurve der inducirten Magnetisirung bei den höchsten Belastungen

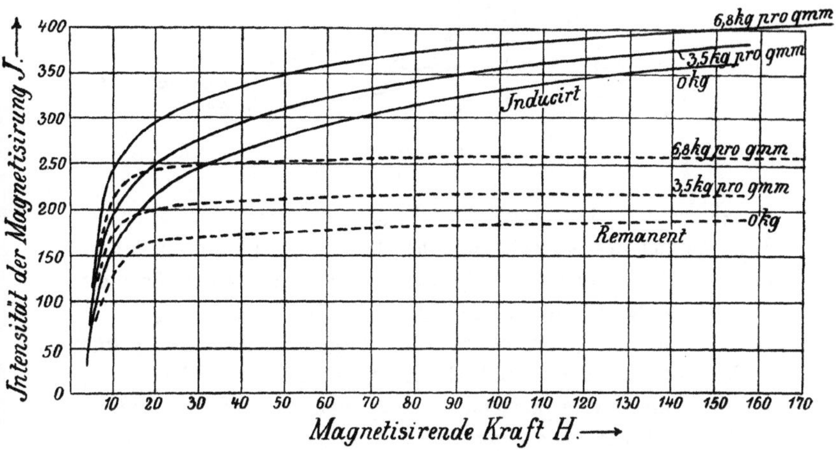

Fig. 100.

umbiegt, wenn H etwa den Werth 20 hat. Die Sättigung wird äusserst rasch erreicht; die Kurven gehen, wie man sieht, sehr plötzlich von einem sehr susceptiblen in einen nicht susceptiblen oder nahezu gesättigten Zustand über. In Fig. 99 sind die Ergebnisse derselben Versuchsreihe noch in andrer Weise dargestellt; es ist nämlich die Permeabilität μ als Funktion von B für drei bei den Kurven verzeichnete Belastungen aufgetragen. Fig. 100 bezieht sich auf eine entsprechende Beobachtungsreihe, die an einem ausgeglühten Nickelstab unter Drucken bis zu 6,8 kg für 1 qmm angestellt wurde. Die Permeabilitätskurve für diesen Versuch wurde schon in Fig. 40 (§ 75) mitgetheilt.

§ 123. **Einfluss der cyklischen Veränderung einer longitudinalen Zugkraft auf die Magnetisirung von Nickel.** — Wie sich aus den eben besprochenen Kurven schliessen lässt, erfährt ein magnetisirter Nickeldraht, wenn seine Belastung durch Anhängen und

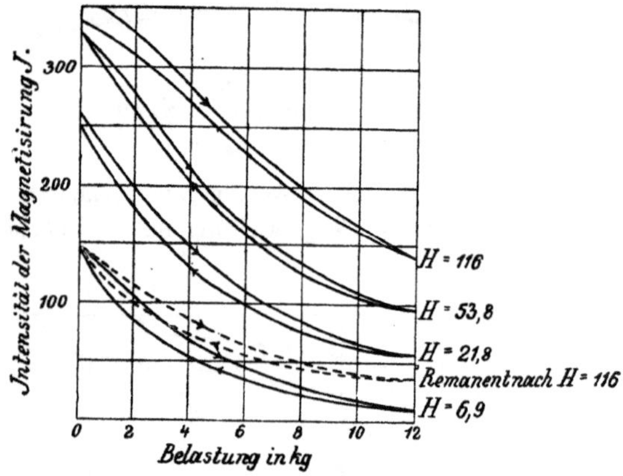

Fig. 101.

Abnehmen von Gewichten cyklisch geändert wird, eine bedeutende Verringerung der Magnetisirung bei Belastung und umgekehrt eine bedeutende Zunahme bei Entlastung. Dies ist sowohl für die inducirte wie für die remanente Magnetisirung richtig.

Die in den Kurven von Fig. 101 dargestellte Erscheinung wurde beobachtet, als ein weicher Nickeldraht belastet oder entlastet wurde, während die rechts aufgeführte magnetische Kraft beständig in Wirksamkeit war. Die punktirten Kurven zeigen, wie der remanente Magnetismus, der nach dem Wirken der stärksten Kraft (116 Einheiten) zurückgeblieben war, durch die Aenderung der Belastung beeinflusst wurde. Bei diesem Versuche entsprach ein Gewicht von 1 kg einer Belastung von 2,75 kg für 1 qmm. Vergleicht man diese Kurven mit den entsprechenden für Eisen, die wir später besprechen werden, so sieht man, dass im vorliegenden Fall verhältnismässig wenig magnetische Hysteresis in Bezug auf die elastischen Kräfte vorhanden ist.

Etwas Hysteresis ist immerhin vorhanden; die Kurve der steigenden Belastung liegt stets über der entsprechenden für abnehmende Belastung, selbst wenn die cyklischen Aenderungen des elastischen Zustandes so oft wiederholt werden, dass die magnetischen Aenderungen ebenfalls vollkommen cyklisch werden. Für harten Nickeldraht, bei dessen Untersuchung die deformirenden Kräfte innerhalb weiterer Grenzen lagen, wurde noch weniger Hysteresis beobachtet als im besprochenen Falle[1]).

§ 124. **Einfluss von longitudinalem Zug auf Eisen.** — Bei Eisen, zu dem wir uns jetzt wenden wollen, ist die Wirkung, die ein longitudinaler Zug auf das magnetische Verhalten ausübt, bedeutend verwickelter. Weiches, ausgeglühtes Eisen verhält sich dabei wesentlich anders als solches, das durch irgend ein mechanisches Verfahren, z. B. durch Dehnung über die Elasticitätsgrenze, gehärtet worden ist. In hartem Metall sind die Wirkungen elastischer Kräfte im Allgemeinen grösser, als im weichen. In beiden Fällen vermehrt aber ein mässig starker, longitudinaler Zug bei schwacher Magnetisirung die Susceptibilität; dagegen verringert er dieselbe bei starker Magnetisirung. Wir haben diese Erscheinung, die Villari'sche Wirkung, schon früher erwähnt. Bei dem harten Metall, wo man stärkeren Zug anwenden kann, ohne die charakteristischen Eigenschaften oder die Struktur des Stückes dauernd zu ändern, scheint indessen eine genügend hohe Belastung selbst in den ersten Stadien des Magnetisirungsprocesses auf die Magnetisirung nachtheilig einzuwirken. Diese und andere Einflüsse elastischer Kräfte lassen sich am Besten durch ein genaues Eingehen auf die Magnetisirungskurven veranschaulichen, welche an Eisendrähten erhalten wurden, wenn diese durch angehängte Gewichte von verschiedener Grösse belastet waren. Die Drähte hatten bei den zu besprechenden Versuchen solche Dimensionen, dass jedes angehängte Kilogramm einer Belastung von etwa 2,2 kg für 1 qmm entsprach.

§ 125. **Weiches Eisen unter der Wirkung von Zugkräften.** — In Fig. 102 ist die Magnetisirung eines Drahtes aus

[1]) Phil. Trans., 1888 A, S. 331.

weichem, ausgeglühten Eisen (I als Funktion von H) im unbelasteten Zustande, ferner mit 2 und 6 kg belastet[1]), dargestellt. Die Kurve für den unbelasteten Draht liegt im Anfang zu unterst und in ihrem letzten Theil zu oberst. Ueberhaupt liegt jede Kurve anfänglich niedriger und später höher als alle andern, die einer grösseren Belastung entsprechen. Eine Zugkraft befördert also die Magnetisirung, wenn

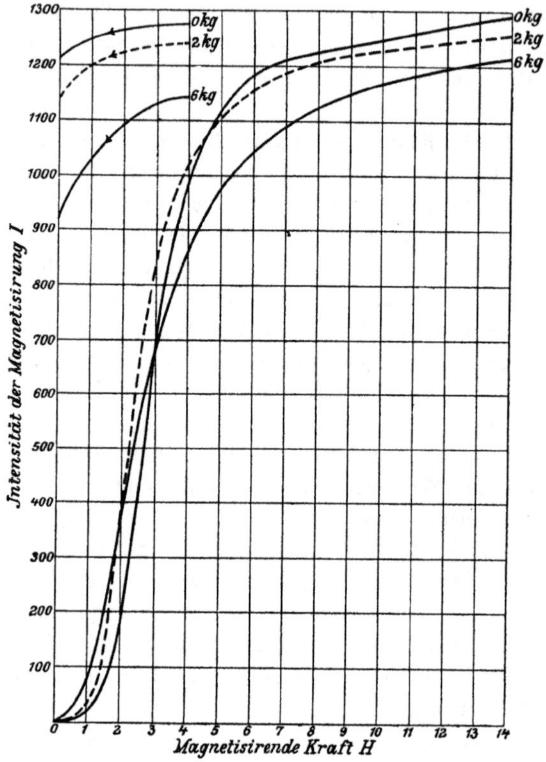

Fig. 102.

I klein ist; sie ist umgekehrt schädlich, sobald I grosse Werthe erreicht hat. Die Kurven der remanenten Magnetisirung (in der Figur links) behalten während ihres ganzen Verlaufes ihre relativen Lagen bei, welche sie nach der Wirkung der höchsten Kraft hatten; Unterschiede zwischen ihnen treten erst auf, wenn die magnetische Kraft

[1]) Phil. Trans., 1885, Tafel 64.

sich dem Werthe Null nähert. Ein longitudinaler Zug vermindert somit die remanente Magnetisirung, die nach der Wirkung einer grossen magnetischen Kraft zurückblieb; andere Versuche haben indessen ergeben, dass Belastung die remanente Magnetisirung verstärkt, die nach der Wirkung einer geringen Feldstärke vorhanden ist. Ein Zug übt also auf die remanente Magnetisirung denselben Einfluss aus wie auf die inducirte; für beide ändert sich der Sinn der Einwirkung, wenn die Magnetisirung weit genug gesteigert wird. Die (in der Figur nicht enthaltenen) Kurven der remanenten Magnetisirung schneiden sich daher ganz ebenso, wie die Kurven der inducirten. In Fig. 103 sind die Ergebnisse dieser Versuche in etwas anderer Weise dargestellt. Jede Kurve gehört zu einem bestimmten Werth der Kraft H und stellt die Beziehung dar, welche zwischen der durch diese Kraft hervorgerufenen Magnetisirung und dem Betrag der angehängten Gewichte bestand.

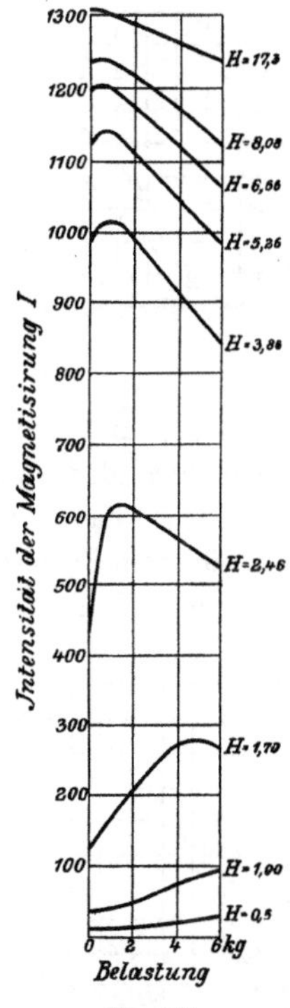

Fig. 103.

Es tritt hier klar hervor, dass, abgesehen von der obersten Kurve für die höchste Feldstärke, eine ganz geringe Zugbelastung die Susceptibilität erhöht; ferner sieht man, wie bei erheblicher Belastung die Susceptibilität stets kleiner wird; ausgenommen sind nur die untersten, ganz schwachen Feldern entsprechenden Kurven. Wenn wir die beiden Extreme ausser Acht lassen, so erreicht die Susceptibilität für jede Kurve einen Maximalwerth bei einer bestimmten Belastung; der Werth der letzteren nimmt mit steigender Magnetisirung ab. In den schwächsten Feldern tritt anderseits dieser Maximalwerth offenbar deshalb nicht hervor, weil die Belastung nicht genügend erhöht wurde.

§ 126. Gehärtetes Eisen unter dem Einfluss eines Zuges. Die Figuren 104 und 105 zeigen den Einfluss, den Zugkräfte von verschiedener Stärke auf einen durch Dehnung über die Elasticitätsgrenze gehärteten Eisendraht ausübten. Fig. 104 stellt die inducirte und Fig. 105 die remanente Magnetisirung als Funktion von H dar;

während des Magnetisirungsprocesses wurde, ebenso wie früher, die Belastung nicht geändert.

Zunächst fällt es auf, in welch hohem Grade mässig starke Zugkräfte die Susceptibilität in schwachen Feldern erhöhen. Ist dagegen die Sättigung nahezu erreicht, so wirkt die Zugkraft in

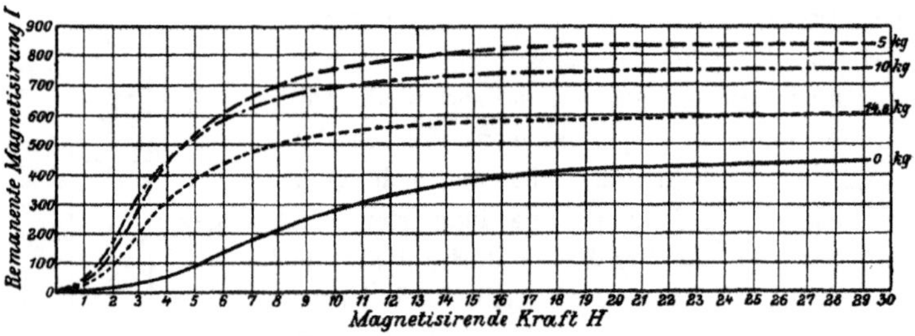

Fig. 104.

ungünstigem Sinne auf die Magnetisirung ein. Wir begegnen also auch hier der Villari'schen Wirkung wieder. Anderseits ist zu beachten, dass diese Erhöhung der Susceptibilität auch in den schwächsten Feldern nur dann eintritt, wenn die Zugbelastung mässig stark ist. Treibt man die Belastung zu weit, so wirkt sie bei starker

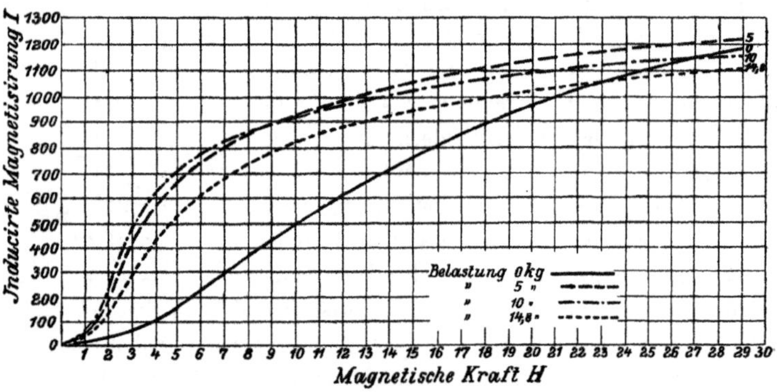

Fig. 105.

wie bei schwacher Magnetisirung schädlich. In der That liegt die Kurve für 14,8 kg Belastung in ihrem ganzen Verlauf unter den Kurven für 5 und 10 kg.

Dieselben Bemerkungen gelten für die remanente Magnetisirung (Fig. 105); hier ist der Einfluss der Belastung sogar noch grösser.

Fig. 106 stellt in derselben Weise wie Fig. 103 die Ergebnisse einer andern ähnlichen Versuchsreihe dar; ein Stück desselben Eisendrahtes wurde ebenfalls durch Dehnung gehärtet und dann bei verschiedenen Belastungen, die bis zu 19 kg stiegen, magnetisirt. Es

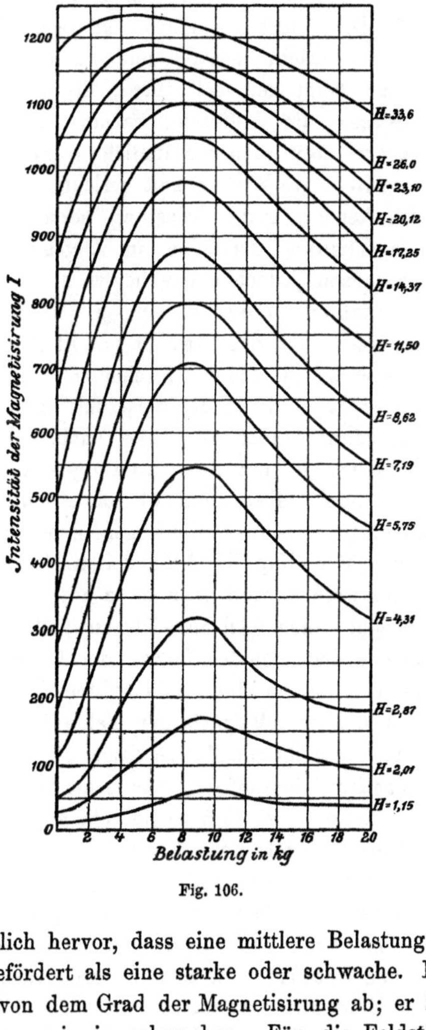

Fig. 106.

tritt hier deutlich hervor, dass eine mittlere Belastung die Magnetisirung mehr befördert als eine starke oder schwache. Der günstigste Betrag hängt von dem Grad der Magnetisirung ab; er ist in starken Feldern geringer wie in schwachen. Für die Feldstärken, die in unserm Fall in Betracht kommen, liegt die günstigste Belastung ungefähr zwischen 5 und 10 kg.

Die Susceptibilität von Stahl wird durch Zugkräfte im Allgemeinen ähnlich wie die von Eisen beeinflusst.

§ 127. Wirkung eines Zuges auf bereits magnetisirtes Eisen. — Bei den bis jetzt beschriebenen Versuchen wurde der zu untersuchende Draht erst mit einem für jeden Magnetisirungsprocess konstanten Gewicht belastet und dann magnetisirt. Wir wollen jetzt die Erscheinungen betrachten, die eintreten, wenn bei konstanter Feldstärke die Belastung variirt wird. Wäre keine Hysteresis vorhanden, so würden wir ähnliche Kurven wie in Fig. 103 oder Fig. 106 erhalten. In Wirklichkeit verlaufen zwar die Kurven, welche die durch Aenderung der Belastung hervorgerufenen Aenderungen der Magnetisirung darstellen, im Allgemeinen ähnlich wie die früher besprochenen, jedoch unterscheiden sie sich von ihnen in zwei wichtigen Punkten. Zunächst sind die anfänglichen Wirkungen, die eine Aenderung der Zugkraft unmittelbar zur Folge hat, meistens sehr beträchtlich und unterscheiden sich von den Erscheinungen, die eintreten, wenn die Belastung schon ein- bis zweimal cyklisch geändert worden ist. Die anfänglichen Wirkungen einer Zugkraft haben viel mit den durch Erschütterung bedingten Veränderungen gemein, selbst wenn wir die Aenderungen der Belastung so vornehmen, dass Erschütterungen nicht eintreten können. Wie wir aus der später (Kap. XI) behandelten Molekulartheorie des Magnetismus sehen werden, verdanken diese anfänglichen Wirkungen wahrscheinlich einem labilen Gleichgewichtszustand der Moleküle ihre Entstehung; sie kommen auch bei Beginn der Entlastung zum Vorschein. Hängen wir z. B. an einen unbelasteten Eisendraht, der sich in einem schwachen oder mässig starken Felde befindet, nach und nach Gewichte an, so steigt die Magnetisirung in den ersten Stadien des Processes manchmal bis auf den zehnfachen Betrag des vorhandenen Werthes. Nehmen wir ferner von einem bereits belasteten Draht, während die magnetisirende Kraft ihn beeinflusst, allmählich Gewichte weg, so nimmt die Induktion anfangs ebenfalls zu. Anderseits wird die remanente Magnetisirung im Allgemeinen bedeutend geringer, wenn wir nach dem Verschwinden der magnetisirenden Kraft die Belastung irgendwie, sei es nun durch Zulegen oder durch Wegnehmen von Gewichten, verändern. Wir müssen mit jedem Gewicht eine mehrmalige Belastung und Entlastung vornehmen, bis die dadurch hervorgerufene Aenderung der Magnetisirung cyklisch wird, das heisst, nur unter diesen Umständen ändert sich die Magnetisirung zwischen bestimmten Grenzen, wenn wir den Draht belasten und entlasten. Aber auch dann macht sich noch die Hysteresis geltend. Einer bestimmten, zwischen den Grenzwerthen liegenden Belastung entsprechen ganz verschiedene Werthe der Magnetisirung, je nachdem wir den Draht zu belasten oder zu entlasten im Begriffe sind. Die Figuren 107 und 108[1]), in denen die Magnetisirung als Funktion der Belastung aufgetragen ist, zeigen die Erscheinungen sehr deutlich. Die zugehörigen Versuche wurden an einem durch Dehnung vorher gehärteten Eisendraht angestellt; jedes angehängte Kilogramm entsprach einer Belastung von etwa 2,3 kg für 1 qmm und die Gewichte wurden zwischen 0 und 15 kg cyklisch geändert. Wir wollen bei der Schilderung der Erscheinungen in dem Punkte *a* am Fusse von Fig. 107 beginnen; der Draht befand sich, vollständig unbelastet und vorher durch Stromwechsel entmagnetisirt, in einem Felde von 0,34 Einheiten. Die dadurch erzeugte Magnetisirung war äusserst gering. Wurde er nun belastet, so hatte die erste vollständige Belastung und Entlastung die durch die punktirten Kurven *a b c* dargestellte Wirkung. Die ausgezogenen Kurven unmittelbar darüber zeigen die Wirkung der zweiten Belastung und Entlastung; die Aenderungen der Magnetisirung sind nun fast vollständig cyklisch. Bei der erstmaligen Belastung haben wir es offenbar mit einer fort-

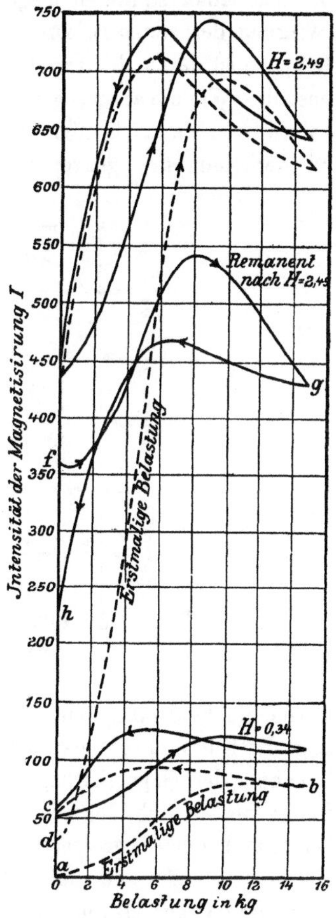

Fig. 107.

[1]) Phil. Trans., 1885, Tafel 63, S. 603.

schreitenden Zunahme der Magnetisirung zu thun, über die sich cyklische Aenderungen überlagern, die denselben Charakter wie die späteren Kreisprocesse haben, kurz eine anfängliche Wirkung superponirt sich über eine cyklische.

Darauf wurde der Draht entmagnetisirt und im unbelasteten Zustand einer stärkeren magnetischen Kraft (2,49) unterworfen. Die Wirkung der ersten Belastung war bei dieser Feldstärke sehr erheblich; sie ist durch die vom Punkt *d* ausgehende punktirte Kurve dargestellt. Wie die ausgezogenen Kurven an dem oberen Ende der Figur zeigen, werden auch hier die magnetischen Aenderungen bei einer Wiederholung des ganzen Processes nahezu cyklisch. Schliesslich

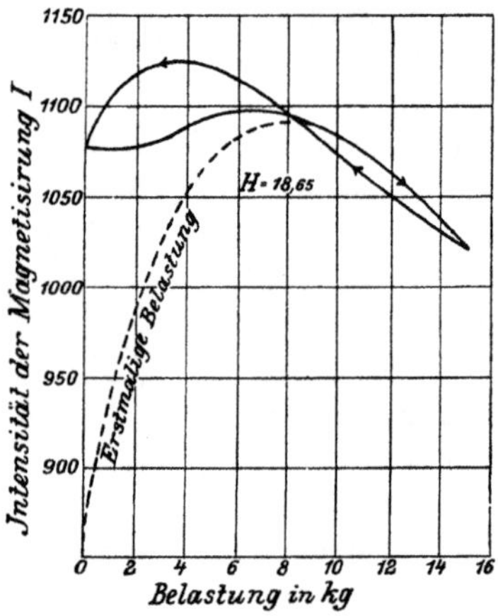

Fig. 108.

wurde die Feldstärke bis auf 18,65 erhöht (Fig. 108). Auch hier zeigt die Kurve für die erste Belastung eine erhebliche fortschreitende Zunahme der Magnetisirung; der cyklische Zustand wird indessen früher als in schwächeren Feldern erreicht. Untersucht man die Wirkung bei noch grösseren magnetischen Kräften, so flachen sich die Kurven mehr und mehr ab, bis die Zugkraft durchgängig eine Verringerung der Magnetisirung hervorruft.

Es ist nun noch zu erläutern, in welcher Weise die remanente Magnetisirung durch Zugkräfte beeinflusst wird. Die Kurven *f g h* in Fig. 107 stellen den Einfluss von Zugkräften auf die Magnetisirung dar, welche nach der Wirkung des Feldes 2,49 remanent geblieben war. Aus diesen (in *f* beginnenden) Kurven geht hervor, dass man die Aenderungen des remanenten Magnetismus durch Belastung und Entlastung am besten als eine fortschreitende Abnahme der Magnetisirung auffasst, über die sich, den vorigen ähnliche, cyklische Aenderungen superponiren. Variiren wir die Belastung eines Körpers, der nur remanente Magnetisirung aufweist, in Form eines Kreisprocesses, so ergeben sich in der That cyklische Aenderungen der Magnetisirung in ganz ähnlicher Weise, wie wenn eine äussere magnetisirende Kraft wirksam ist.

§ 128. Hysteresis in der Wirkung elastischer Kräfte. — Die magnetische Hysteresis, die bei Aenderungen des elastischen

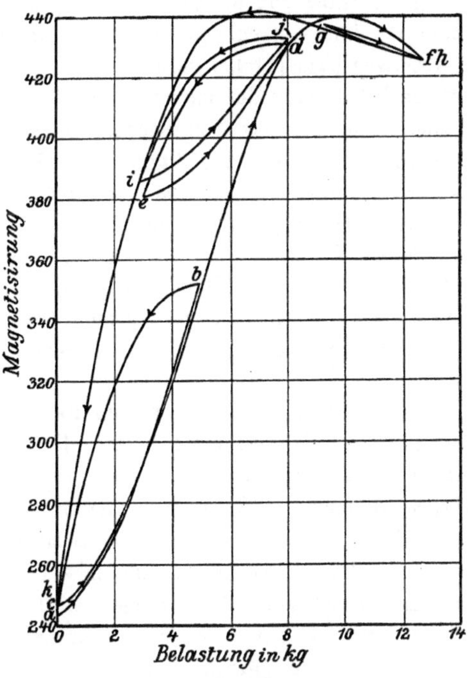

Fig. 109.

Zustandes, wie aus diesen Kurven hervorgeht, sehr deutlich auftritt, ist keine Funktion der Zeit, das heisst, sie hängt nicht von der Geschwindigkeit ab, mit der die Belastung geändert wird; auch haben Pausen, die man vor der Messung der Magnetisirung etwa eintreten lässt, keinen Einfluss. Nachdem ein bestimmter elastischer

Zustand erreicht ist, ändert sich die Magnetisirung im Laufe der Zeit nicht mehr oder höchstens nur ganz unbedeutend.

Sobald der Process cyklisch geworden ist, nimmt die Magnetisirung zunächst mit der Belastung zu, bis ein Maximum erreicht wird, und schliesslich bringt das Anhängen von Gewichten eine Verminderung der Magnetisirung hervor. Ein ähnliches Maximum tritt während der Entlastung ein; in Folge der Hysteresis erfolgen indessen die beiden Maxima nicht bei derselben Belastung; ein jedes wird dadurch an eine spätere Stelle des Kreisprocesses gerückt, als es sonst eintreten würde. Eine andere Wirkung der Hysteresis besteht darin, dass jede Kurve anfangs nur sanft ansteigt, wenn man von der Belastung zur Entlastung übergeht oder umgekehrt; in einem schwachen Felde ist ihre anfängliche Neigung so gering, dass sie dort fast zur Abscissenachse parallel verlaufen.

Zur weiteren Erläuterung der magnetischen Hysteresis in Folge von Belastungsänderungen mag Fig. 109 dienen. Ausser einer grossen cyklischen Aenderung der wirkenden Zugkraft wurden noch einige kleinere Kreisprocesse vorgenommen; bei allen tritt die Hysteresis sehr deutlich hervor. Die Reihenfolge, in der die Gewichte angehängt wurden, war die folgende: 0, 5, 0, 8, 3, 12,6, 9, 12,6, 3, 8, 0 entsprechend den Buchstaben der Figur *a*, *b*, *c*, *d*, *e*, *f*, *g*, *h*, *i*, *j*, *k*. Diese Versuche wurden an einem durch Dehnen gehärteten Eisendraht angestellt, der sich in einem konstanten Felde von 0,34 Einheiten befand.

§ 129. Einfluss von Erschütterungen auf die Wirkung elastischer Kräfte. — Die eben beschriebenen Erscheinungen der Hysteresis verschwinden fast vollkommen, wenn wir den zu untersuchenden Körper während der Belastungsänderungen oder nachher mechanisch erschüttern. Die Kurven für die Belastung und Entlastung fallen unter diesen Umständen sehr nahe zusammen. Der ganze Betrag der magnetischen Aenderungen wird erhöht. Man findet auch jetzt noch ein Maximum, und zwar liegt es in einem Punkte zwischen den beiden Maximalwerthen, die man ohne Erschütterungen erhält. Erschüttert man den Draht auf irgend einer Stufe des Processes, so tritt im Allgemeinen eine grosse Aenderung in der Magnetisirung ein; fährt man dann aber fort, ohne Erschütterung zu belasten oder zu entlasten, so tritt die Wirkung der Hysteresis sogleich wieder hervor. In Fig. 110 ist der Einfluss von Erschütterungen dargestellt; sie zeigt zwei cyklische Processe ohne (ausgezogene Kurven) und mit Erschütterungen (strichpunktirte Kurven), die an einem Eisendraht in einem schwachen Felde aufgenommen wurden

§ 130. **Einfluss der Belastung auf ausgeglühtes Eisen.** — Belastet man einen ausgeglühten Eisendraht, der sich in einem magnetischen Felde befindet, so zeigt sich zuerst dieselbe ausserordentlich grosse Empfindlichkeit; sie dürfte als Aeusserung eines labilen Gleichgewichtszustandes der Moleküle aufzufassen sein. Wiederholt man den

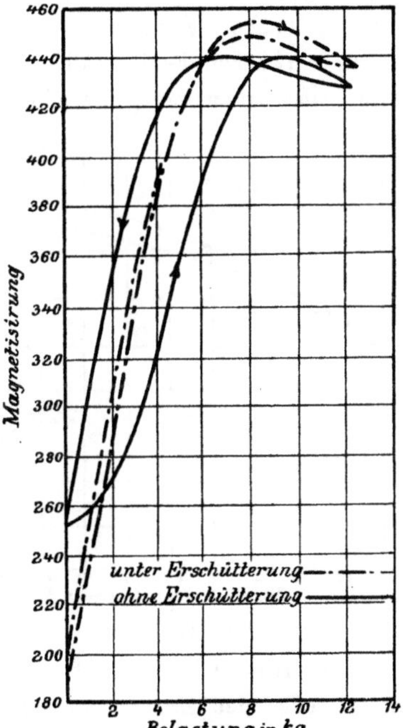

Fig. 110.

Belastungsprocess oft genug, so werden die Aenderungen der Magnetisirung cyklisch; sie sind aber im Ganzen bedeutend geringer, als man bei einem entsprechenden Versuche mit gehärtetem Material findet. Die Art der Aenderung hängt von der Grösse der Belastung ab; ist dieselbe hinreichend gering, so bringt Belastung eine Zunahme und Entlastung eine Abnahme der Magnetisirung hervor; bei einer mässig starken Belastung beobachtet man die umgekehrte Erscheinung[1]).

[1]) Beispiele für Kurven, die durch Belastung und Entlastung von ausgeglühtem Eisen erhalten wurden, findet man Phil. Trans., Tafel 62

§ 131. Wirkung eines longitudinalen Zuges bei Kobalt. — Sir W. Thomson fand bei der Untersuchung eines Kobaltstabes, der vertikal in dem erdmagnetischen Felde hing, dass die Induktion durch Zug geringer und beim Nachlassen desselben wieder grösser wurde. Die Wirkung von longitudinalem Druck auf die Magnetisirung von Kobalt wurde von Chree[1]) studirt, der bei zunehmender Magnetisirung eine Umkehrung der Wirkung, ähnlich wie Villari im Eisen, aber im umgekehrten Sinne beobachtete. Bei Eisen wird, wie wir schon erwähnt haben, wenn wir von den anfänglichen Wirkungen absehen, in schwachen Feldern die Magnetisirung durch Druckkräfte vermindert, in starken dagegen erhöht. Bei Kobalt tritt,

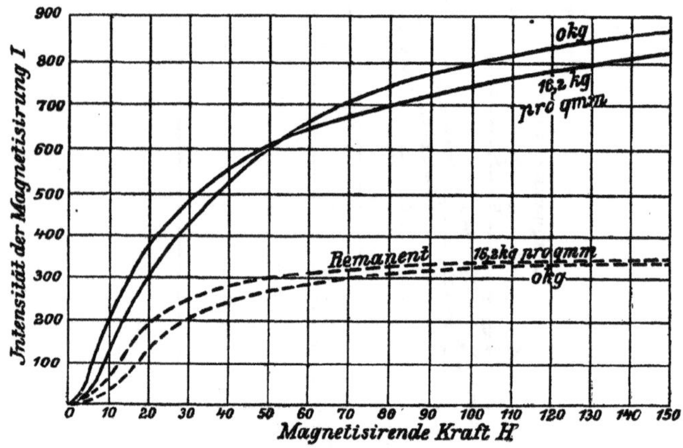

Fig. 111.

wie gesagt, das Umgekehrte ein. Diese Erscheinung lässt sich zeigen, indem man entweder den Magnetisirungsprocess einmal mit und dann ohne Belastung durchführt, oder indem man bei konstanter Feldstärke einen Druck wirken lässt und ihn wieder aufhebt. Wenn wir die zweite Versuchsanordnung wählen, müssen wir natürlich die

und 64, 1885. Der Einfluss elastischer Kräfte auf die Eigenschaften von weichem und ausgeglühtem Metall ist dort in graphischer Form ausführlicher behandelt, als dies hier möglich ist. Einige Beispiele über die Wirkung von Druckkräften auf die Magnetisirungskurven von Eisen sind in einer Abhandlung im Phil. Mag., Sept., 1888, enthalten. Wie sich vorhersehen lässt, wird durch Druckkräfte die Magnetisirung vermindert, da Zugkräfte sie erhöhen (Fig. 102 und 104).

1) Phil. Trans., 1890 A, S. 329; Proc. Roy. Soc., Dec. 1889.

anfänglichen Wirkungen unberücksichtigt lassen, die nach den Beobachtungen von Chree bei Kobalt ebenso wie bei Eisen auftreten. Bei der erstmaligen Wirkung eines Druckes in schwachen Feldern tritt eine starke Zunahme der Induktion ein; dies ist allgemein bei dem erstmaligen Eintreten oder Aufhören einer beliebigen elastischen Aenderung der Fall. Bei Wiederholung des Processes stellt sich indessen bald ein cyklischer Zustand her.

Der Einfluss, den ein longitudinaler Druck auf die Form der Magnetisirungskurve von Kobalt hat, ist (nach Versuchen des Verfassers in Gemeinschaft mit W. Low) in Fig. 111 veranschaulicht. Die beiden ausgezogenen Kurven stellen für einen Stab aus Gusskobalt, der im Schlussjoch untersucht wurde, die Intensität der inducirten Magnetisirung als Funktion der magnetischen Kraft dar; die eine Kurve gilt für den unbelasteten Stab, die andere wurde erhalten, als der Druck 16,2 kg für 1 qmm betrug.

Die entsprechenden Kurven für die remanente Magnetisirung sind gestrichelt. Die ausgezogenen Kurven schneiden sich in Uebereinstimmung mit den von Chree beobachteten Thatsachen. Dagegen schneiden sich die Kurven für die remanente Magnetisirung im Bereiche der hier benutzten Feldstärken nicht. Andere, mit dem nämlichen Stabe, nur bei stärkerer Druckbelastung angestellte Versuche lassen aber ebenfalls eine Umkehrung in dem Sinne der Erscheinung hervortreten. Die aus derselben Beobachtungsreihe abgeleitete Permeabilitätskurve wurde schon in § 76 (Fig. 41) mitgetheilt.

§ 132. Beziehung zwischen der Wirkung elastischer Kräfte auf den Magnetismus und den Dimensionsänderungen, die magnetische Metalle in Folge ihrer Magnetisirung erleiden. — J. J. Thomson hat diesen Gegenstand behandelt[1]) und gezeigt, dass es möglich ist, auf Grund theoretischer Betrachtungen den Einfluss elastischer Aenderungen auf die Magnetisirung vorherzusagen, wenn man die durch Magnetisirung hervorgerufenen Dimensionsänderungen kennt.

Shelford Bidwell hat nun in einer Abhandlung[2]), auf die wir später näher eingehen werden, gezeigt, dass sich ein Eisenstab bei der Magnetisirung verlängert, sofern die Feldstärke eine gewisse Grenze nicht überschreitet, dass er sich aber darüber hinaus ver-

[1]) Applications of Mathematics to Physics and Chemistry, S. 47 u. folgende.

[2]) Phil. Trans., 1888 A, S. 205.

kürzt. Thomson beweist, dass diese Umkehrung aus der Villari'schen Wirkung, die bei longitudinaler elastischer Beanspruchung eintritt, gefolgert werden kann. Ein Nickelstab verkürzt sich anderseits, wenn er magnetisirt wird, und diese Verkürzung hält auch bei hohen magnetischen Kräften an. In Uebereinstimmung damit giebt es beim Nickel auch keine Villari'sche Wirkung; longitudinaler Zug verringert die Magnetisirung in schwachen wie in starken Feldern. Für Kobalt hat schliesslich Bidwell gefunden, dass die Wirkungen gerade die umgekehrten wie bei Eisen sind: Bei schwacher Magnetisirung verkürzt sich ein Kobaltstab und er verlängert sich bei starker Magnetisirung. Indem J. J. Thomson seine Formeln auf diese Ergebnisse anwandte, konnte er den Charakter der Wirkung, die elastische Kräfte auf die Magnetisirung von Kobalt haben müssen, voraussagen. Chree's Versuche haben seine Schlüsse bestätigt, indem sie ergaben, dass die Wirkungen elastischer Kräfte bei Kobalt die umgekehrten wie bei Eisen sind. Zug verringert eine schwache und vermehrt eine starke Magnetisirung[1]).

§ 133. **Nachwirkung elastischer Kräfte, die vor der Magnetisirung wirksam waren.** — Vielleicht die interessanteste aller Wirkungen der elastischen Kräfte ist die, welche im unmagnetischen Eisen zu Tage tritt. Es hat sich herausgestellt, dass Belastung und Entlastung eines Stückes Eisen, wenn diese Operationen vor dem Beginn der Magnetisirung stattfinden, die magnetische Susceptibilität beeinflussen, selbst wenn die elastische Deformation innerhalb der Elasticitätsgrenze geblieben und das Metall während des Belastungsprocesses vollkommen unmagnetisch ist. Wir haben somit einen Beweis dafür, dass die elastischen Kräfte selbst im unmagnetischen Eisen Aenderungen der molekularen Konfiguration hervorrufen, die nicht umkehrbar sind. Diese Aenderungen zeigen also Hysteresis in Bezug auf die elastischen Kräfte, denen sie ihre Entstehung verdanken. Ferner beeinflussen sie eine Reihe von physikalischen Eigenschaften des Metalles. Insbesondere haben sie eine Einwirkung auf die magnetische Susceptibilität, welche bei der Magnetisirung des Körpers hervortritt. Diese elastischen Nachwirkungen können aus dem Körper entfernt werden, wenn man ihn durch Stromwechsel entmagnetisirt. Ferner kann man sie ganz oder doch nahezu vollständig zerstören, indem man den Körper heftig erschüttert.

---

[1]) Vgl. die Einleitung der Arbeit von Chree, Phil. Trans., 1890 A, S. 329.

Untersucht man also die Aenderung der Susceptibilität im Eisen oder Stahl, wenn sie dem Einfluss elastischer Kräfte von verschiedener Stärke unterworfen sind, so muss man den zu untersuchenden Körper durch Stromwechsel jedesmal entmagnetisiren, sobald eine Beobachtungsreihe mit einer bestimmten Belastung zu Ende ist. Diese Vorsicht wurde auch bei den früher besprochenen Versuchen angewandt.

Die Nachwirkungen, welche elastische Kräfte in dem unmagnetischen Metall hervorbringen, sind von der grössten Wichtigkeit für jede Theorie, welche die molekulare Konstitution der magnetischen Metalle zu erklären versucht. Zwei Versuchsreihen mögen dazu dienen, den allgemeinen Charakter dieser Wirkungen zu erläutern[1]).

Wir wollen auf einen Eisendraht eine Zugkraft wirken lassen und die Gewichte vor dem Beginn der Magnetisirung entfernen. Die Zugkraft soll unterhalb der Elasticitätsgrenze liegen oder geringer sein als eine beliebige andere, durch welche vorher der Draht gedehnt worden ist; alsdann beobachten wir keine bleibende mechanische Deformation, wenn das Gewicht angehängt oder weggenommen wird. Entmagnetisiren wir den Draht durch das Verfahren der Stromwechsel, ehe wir ihn einem Magnetisirungsprocess unterwerfen, so werden wir keine Wirkung einer vorangegangenen Belastung auffinden. Anderseits wollen wir aber nach erfolgter Entmagnetisirung ein Gewicht anhängen und wieder entfernen und darauf mit dem Magnetisirungsprocess beginnen. Obwohl auch hier keine unmittelbar sichtbare, mechanische Veränderung eingetreten ist, so hat doch der Draht eine Strukturänderung erfahren, die sich in der Form der jetzt gefundenen Magnetisirungskurve zeigt. Die magnetische Susceptibilität ist, namentlich in schwachen Feldern, viel grösser als früher. Entfernen wir also das Gewicht einmal, ehe die Entmagnetisirung vorgenommen wurde, und ein zweites Mal erst nachher, so hat dieser scheinbar geringfügige Unterschied trotzdem einen bedeutenden Einfluss. Es folgt daraus, dass die Form der Magnetisirungskurve namentlich in ihrem Anfang nicht nur von der gerade vorhandenen Belastung abhängt, sondern auch von allen Aenderungen der Belastung, die seit der letzten Entmagnetisirung vorgekommen sind. Es werde z. B. die Magnetisirung eines Eisendrahts bei einer Zugkraft von 3 kg ausgeführt. Nach vollständiger Entmagnetisirung steigern wir die Belastung auf 4 kg und nehmen dann 1 kg wieder

[1]) Phil. Trans., 1885 II, S. 612—619.

weg. Wenn wir nun eine zweite Magnetisirung vornehmen, so weicht die neue Kurve von der ersten merklich ab, trotzdem der Draht vorher schon oftmals einer Belastung von 4 kg ausgesetzt gewesen sein mag und sich folglich in einem stabilen mechanischen Zustand befindet.

§ 134. Versuche über die Nachwirkung elastischer Kräfte. — Bei dem folgendem Versuche wurde ein (durch dauernde Deformation gehärteter) Eisendraht[1]) mit einem Gewicht von 18,5 kg (entsprechend 42,5 kg für 1 qmm) belastet. Dieses Gewicht wurde wiederholt angehängt und abgenommen; nachdem man es endgültig abgehängt hatte, entmagnetisirte man den Draht durch Stromwechsel. Die in einem darauf folgenden Magnetisirungsprocess beobachteten Magnetometerablesungen sind in Spalte I von Tabelle XXIII verzeichnet. Darauf wurde der Draht wieder entmagnetisirt, mit dem Gewicht von 18,5 kg belastet, dann entlastet, und nun wieder einem Magnetisirungsprocess unterworfen; Spalte II enthält die in diesem Falle beobachteten Ablenkungen. Schliesslich (Spalte III) verfuhr man genau so wie vorher; nur wurde der Draht nach dem Abhängen des Gewichts und vor Beginn der Magnetisirung heftig erschüttert.

Tabelle XXIII.

Magnetisirung von Eisen unter dem Einfluss vorausgegangener Belastung.

H	Ablenkung des Magnetometers		
	I entmagnetisirt, unbelastet	II nach dem Cyklus 0—18,5—0 kg	III nach dem Cyklus 0—18,5—0 kg; dann erschüttert
0	0	0	0
1·15	5	8	5
2·01	11	19	10
2·87	19	40	17
4·31	44	73	35
5·75	78·5	110	70
8·62	149	176	150
11·50	212·5	230	214
14·37	267	278	268
17·25	314·5	321	314
20·12	355	358·5	354
23·00	390	394	388
25·87	420	420	422
33·12	472	472	471

[1]) Loc. cit., S. 614.

Vergleicht man die Zahlen in diesen drei Spalten, so ergiebt sich, dass das Metall im ersten und im dritten Falle wesentlich dieselbe Susceptibilität besitzt; im zweiten Falle dagegen ist sie für schwache und auch für mittlere magnetische Kräfte merklich grösser in Folge der molekularen Aenderungen, welche durch die Belastung und Entlastung entstanden sind. Dieselbe Aenderung war auch in den beiden andern Fällen eingetreten; in dem einen ist sie aber durch Entmagnetisirung, im andern durch Erschütterung wieder aufgehoben worden.

Versuche dieser Art führen zu dem Schluss, dass, wenn wir in magnetischer Beziehung vollständig neutrales Eisen der Wirkung mechanischer Kräfte unterwerfen und wieder entziehen, eine gewisse molekulare Verschiebung eintritt, die in Bezug auf die wirkenden Kräfte Hysteresis zeigt; die Aenderungen der molekularen Konfiguration bleiben eben hinter den Aenderungen der Kräfte zurück. Wenn wir daher während der Aenderung des elastischen Zustandes an irgend einer Stelle Halt machen und die Susceptibilität prüfen, so bekommen wir verschiedene Resultate, je nachdem wir die Pause bei demselben absoluten Werthe der wachsenden oder abnehmenden elastischen Kraft eintreten lassen.

Man kann deshalb die magnetische Susceptibilität, ganz unabhängig von dem Vorhandensein irgend einer Magnetisirung, als eine physikalische Eigenschaft des Metalls auffassen. Bei wachsender und abnehmender elastischer Beanspruchung eines unmagnetisirten Körpers ändert sich nun jene Grösse in einer Weise, die mit Hysteresis verbunden ist, gerade so, wie sich die Magnetisirung ändert, wenn wir einen magnetisirten Körper belasten und entlasten.

In Tabelle XXIV sind vier Magnetisirungsprocesse aufgeführt, welchen derselbe Eisendraht, jedesmal bei einer Zugbelastung von 3 kg, unterworfen wurde (1 kg entsprach dabei einer Beanspruchung von 2,3 kg für 1 qmm).

In dem ersten Falle (Spalte I) war das angehängte Gewicht vor der Magnetisirung auf 18,5 kg erhöht und dann auf 3 kg vermindert worden. Bei den in Spalte II aufgeführten Versuchen wurde die Belastung erst wieder auf 0 vermindert und dann auf 3 kg gesteigert. Für den dritten und vierten Process war das Verfahren ganz das nämliche wie für den ersten und zweiten, nur wurde der Draht vor Beginn der Magnetisirung erschüttert. Zwischen den Processen I und II besteht, wie man sieht, namentlich zu

Anfang ein bedeutender Unterschied; bei den Magnetisirungen III und IV ist er so gut wie vollständig verschwunden, indem die Hysteresis durch Erschütterung vernichtet wurde.

Tabelle XXIV.

Magnetisirung von Eisen unter dem Einfluss vorausgegangener Belastung.

Ablenkung α des Galvanometers ($H=0,0575\,\alpha$)	Ablenkung des Magnetometers			
	I Ohne Belastung entmagnetisirt, dann 0—18,5—3 kg	II Ohne Belastung entmagnetisirt, dann 0—18,5—0—3 kg	III Wie I. Vor dem Magnetisiren erschüttert	IV Wie II. Vor dem Magnetisiren erschüttert
0	0	0	0	0
25	22	13	11	10
50	70	14	36	34
75	139	109	103	100
100	198	176	174	168
125	242	226	227	219
150	276	265	268	259
200	328	323	328	320
250	—	365	369	365
300	398	398	403	400
350	424	425	429	427
450	461	462	467	466
588	491	494	499	498
0	274	275	277	276

In Fig. 112 sind weiter zwei Paare von Kurven verzeichnet. Bei I und II war während der Magnetisirung keine Belastung, bei III und IV eine solche von 3 kg vorhanden. Im ersten Falle wurde der Draht kurz vor dem Processe entmagnetisirt; die Kurve II erhielt man, als der Draht nach der Entmagnetisirung mit 15 kg belastet, dann aber ohne jede Belastung magnetisirt wurde. Im Falle III steigerte man die Belastung bis 10 kg und verminderte sie dann bis auf 3 kg, während die Reihenfolge der Operationen für Kurve IV die folgende war: 0—10—0—3 kg.

Ganz ähnliche Unterschiede zeigten sich, als ausgeglühtes Eisen (das nicht durch Dehnung gehärtet war) unter denselben verschiedenen Bedingungen in Bezug auf vorgängige Belastung untersucht wurde[1]).

[1]) Loc. cit., S. 618.

Die Aenderungen in der Molekularstruktur, welche, wie wir gesehen haben, in Eisen und Stahl durch elastische Kräfte hervorgerufen werden, sind manchmal im Stande, Spuren von Magnetismus zu erzeugen, wenn ein Körper nach vorausgegangener Magnetisirung dadurch in einen scheinbar unmagnetischen Zustand gebracht wurde, dass man eine magnetische Kraft in der umgekehrten Richtung wirken liess. In einem solchen Falle sind zwei Magnetisirungen über einander gelagert, die sich nach aussen hin gegenseitig neutralisiren; das Gleichgewicht wird indessen gestört, da die elastischen Kräfte nicht in der nämlichen Weise auf beide wirken.

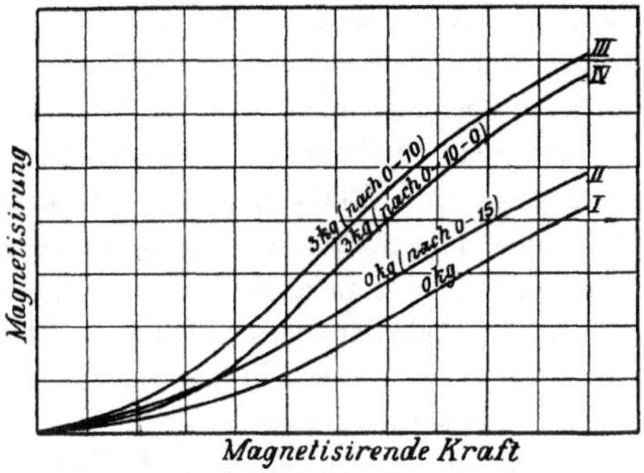

Fig. 112.

§ 135. Andere Belege für das Auftreten der Hysteresis in Folge von elastischer Beeinflussung. — Die bisher besprochenen Versuche zeigen, dass die Struktur des Eisens bei einer Aenderung seines elastischen Zustandes in einer Weise variirt, die Hysteresis aufweist, das heisst, die Strukturänderungen bleiben hinter den Aenderungen der elastischen Kräfte zurück. Daraus lässt sich schliessen, dass auch andere physikalische Eigenschaften ähnliche Erscheinungen zeigen werden, wenn wir ihre Aenderung bei Variirung des elastischen Zustandes verfolgen. Ein bemerkenswerthes Beispiel hierfür liefert das thermoelektrische Verhalten von Eisen. Unter der Einwirkung verschieden starker Zugkräfte ändert sich z. B. die thermoelektrische Kraft von Eisen in einer Weise, die auffallend an die in diesem Kapitel besprochenen analogen magnetischen Aenderungen erinnert. Es ist dies keine sekundäre Erscheinung, die etwa von Aenderungen des magnetischen Zustandes herrührt; denn sie tritt ebenso auf, wenn das Eisen während des Versuches vollkommen unmagnetisch bleibt. Die Kurven, welche die thermoelektrische Kraft als Funktion der Belastung darstellen, sehen im Allgemeinen ganz ebenso aus, wie die in Fig. 107 bis 109 mitgetheilten magnetischen Kurven. Es bestehen zwischen beiden allerdings auch interessante Unterschiede, deren Besprechung aber hier zu weit führen würde. Die wichtigste, von Cohn[1]) entdeckte und später unabhängig von dem Verfasser[2]) nochmals gefundene Thatsache besteht darin, dass die thermoelektrische Kraft bei Veränderung des elastischen Zustandes Hysteresis zeigt, offenbar in Folge der nicht umkehrbaren Aenderungen der Molekularstruktur, die wir schon erwähnt haben. Später, bei Behandlung der Molekulartheorien des Magnetismus, werden wir besprechen, wie diese nicht umkehrbaren Aenderungen wahrscheinlich vor sich gehen.

Ein weiterer, wenn auch nicht ganz so deutlicher Beweis für das Auftreten von nicht umkehrbaren molekularen Aenderungen während der Belastung und Entlastung eines Eisendrahts ergiebt sich, wenn wir seine lineare Ausdehnung unter dem Einfluss von Zugkräften verfolgen. Wenn man auch die Belastung derart bemisst, dass sie vollkommen innerhalb der sogenannten Elasticitätsgrenze liegt, so findet man trotzdem keine genaue Proportionalität zwischen Deformation und Kraft. Wiederholt man einen cyklischen Belastungsprocess oft genug, bis die Verlängerung und Verkürzung ebenfalls cyklisch erfolgen, so ist bei irgend einem Zwischenzustande der Draht während der Entlastung länger als während der Belastung, mit andern Worten, es besteht Hysteresis zwischen Deformation und Kraft. Der Betrag derselben ist allerdings gering. Vergrössert man indessen die Empfindlichkeit der Ausdehnungsbestimmung hinreichend, so ist die Erscheinung leicht nachzuweisen. Der Längenunterschied des Drahtes bei mittlerer Belastung in dem aufsteigenden und absteigenden Theil des Processes kann 0,003 der ganzen Verlängerung betragen. Hiervon zu unterscheiden sind Längenänderungen, die man plastische nennen könnte und die von der Geschwindigkeit der Belastungsänderung abhängen. Die ersteren sind bei Kupfer und Messing ebenso wie bei Eisen und Stahl beobachtet worden[3]). Eine augenscheinliche Folge dieser Erschei-

---

[1]) Wied. Ann., 6, S. 385, 1879.

[2]) Proc. Roy. Soc., 32, S. 399, 1881; Phil. Trans., 1886, S. 361.

[3]) Brit. Assoc. Rep., 1889, S. 502.

nung ist die, dass jeder Process der Belastung und Entlastung mit einer Energievergeudung verbunden ist.

§ 136. Wirkung der Torsion auf die Magnetisirung. — Mit dem Einfluss der Torsion auf die Magnetisirung der Metalle haben sich viele Forscher beschäftigt. Matteucci[1]) untersuchte zuerst 1847 nach der ballistischen Methode die Aenderung der Magnetisirung, die in einem Eisenstab auftrat, wenn er vorwärts und rückwärts gedrillt wurde; dabei war der Stab von einem Solenoid umgeben, das von einem konstanten Strom durchflossen wurde. Wertheim, E. Becquerel und G. Wiedemann[2]) setzten die Beobachtungen in derselben Richtung weiter fort; Sir William Thomson[3]) hat sich mit diesem Gegenstand in einem Abschnitt seiner Untersuchungen über die elektrodynamischen Eigenschaften der Metalle beschäftigt. Neuerdings sind die Erscheinungen sehr genau von einer Anzahl Physiker studirt worden; ihre Resultate sind indessen bei weitem zu komplicirt, als dass sie hier eingehend dargelegt werden könnten. Wir müssen uns mit der Besprechung der wichtigsten Thatsachen begnügen.

Das allgemeine Resultat der frühesten Untersuchungen bestand darin, dass die longitudinale Magnetisirung eines Stabes aus weichem Eisen abnahm, sobald er, gleichgültig nach welcher Seite hin, tordirt wurde. Wie bei der Wirkung irgend einer elastischen Kraft überhaupt, so haben wir auch hier zu unterscheiden zwischen den nicht umkehrbaren Anfangserscheinungen, die in Folge eines labilen Gleichgewichts der Moleküle bei der erstmaligen Wirkung auftreten, und den Erscheinungen, die bei cyklischer Wiederholung der elastischen Deformation beobachtet werden. Die Anfangswirkung der Torsion hängt von der Vorgeschichte des Probestückes ab, während die cyklische Wirkung in weichem Eisen sich so charakterisiren lässt, dass Tordiren die Induktion vermindert und Detordiren sie vermehrt. Für kleine Torsionswinkel ist die Wirkung sehr gering; wie bei allen andern Kräften elastischer Natur, so tritt auch hier in den magnetischen Aenderungen Hysteresis auf. Sir William Thomson,

---

[1]) Comptes Rendus, 24, S. 301.

[2]) Eine Uebersicht über diese Arbeiten findet man in G. Wiedemann, Elektricität, III, S. 671 u. folgende; vgl. auch G. Wiedemann, Phil. Mag., 1886.

[3]) Phil. Trans., 1878; Reprint of Papers, Vol. II., S. 374.

welcher diese Thatsache entdeckte, theilte Kurven für die Aenderung der Magnetisirung in einem Eisendraht mit, dessen eines Ende in einem konstanten Felde vorwärts und rückwärts gedrillt wurde, während man das andere festhielt. Die typische Form, welche die Kurven nach mehrfach wiederholtem Drillen annehmen, geht aus Fig. 113 hervor, welche seiner Arbeit entlehnt ist. Wenn man den Einfluss der Hysteresis beseitigen würde, wie dies, wenigstens theilweise, durch Erschütterung erreicht werden kann, so erhielte man offenbar eine einzige, parabelähnliche Kurve, deren Scheitel am oberen Ende der Figur läge. Bei Ausschluss der Hysteresis würde also die Abnahme der Magnetisirung in Folge von Torsion für kleine Torsionswinkel sehr gering sein, und anfänglich wie das Quadrat dieses Winkels wachsen.

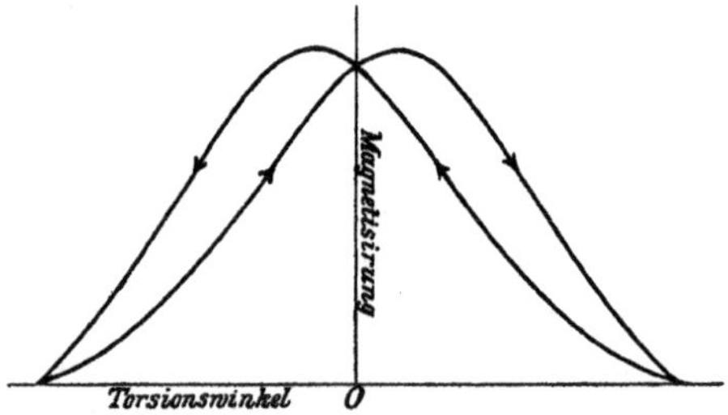

Fig. 113.

§ 137. **Magnetische Aeolotropie.** — Sir William Thomson hat gezeigt, dass diese Resultate aus dem Einfluss gefolgert werden können, den einfache Zug- und Druckkräfte auf die Susceptibilität des Eisens haben[1]). Versuche, bei denen dieses Metall longitudinalen Zug- oder Druckkräften und transversalen Zugkräften unterworfen war, haben ergeben, dass durch die Wirkung einer einfachen Zug- oder Druckkraft eine Aeolotropie in der magnetischen Susceptibilität eintritt; längs der Zugrichtung wird sie nämlich (im Eisen) grösser als senkrecht dazu; umgekehrt ist es bei einer Druckkraft, vorausgesetzt, dass in beiden Fällen die Magnetisirung unter dem kritischen Punkte liegt, bei dem die Villari'sche Wirkung eintritt. Bei der Torsion ist aber jeder Theil des gedrillten Stabes einer einfachen scherenden Kraft unterworfen, die wir uns in eine Zugkraft,

[1]) Reprint of Papers, II, S. 374.

welche mit der Längsrichtung des Stabes einen Winkel von 45 Grad bildet, und in eine zu der ersteren rechtwinklige, gleich grosse Druckkraft zerlegt denken können. Wenn z. B. a b c d (Fig. 114) ein Element irgendwo in der vorderen Hälfte des Stabes darstellt, welcher in dem durch die Pfeile angedeuteten Sinne tordirt wird, so entsteht durch die Torsion in a b c d eine Scherung; diese kann durch einen Zug auf die Flächen a b und c d und einen gleich grossen Druck auf a d und b c ersetzt werden. In der Richtung p p nimmt in Folge dessen die magnetische Susceptibilität zu, während sie längs p′p′ abnimmt. Für kleine Kräfte sind beide Wirkungen offenbarder Grösse nach gleich. In der Längsrichtung des Stabes, die mit p p und p′p′ gleiche Winkel bildet, ändert sich also die Susceptibilität eigentlich gar nicht.

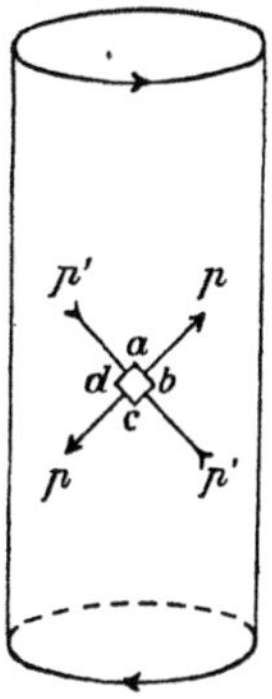

Fig. 114.

Die Torsion erzeugt eine schraubenförmige Magnetisirung, indem sich über die ursprüngliche, longitudinale eine cirkulare Komponente überlagert. Die Magnetisirungslinien haben nicht mehr dieselbe Richtung wie die Kraftlinien; in dem oben betrachteten Falle nehmen die ersteren die Form einer rechtsgewundenen Schraubenlinie an. Die Grösse der longitudinalen Komponente wird dadurch zuerst sehr wenig beeinflusst; sobald aber der Torsionswinkel zunimmt und in Folge dessen die cirkulare Komponente wächst, beginnt die longitudinale Magnetisirung abzunehmen. Denn die Magnetisirung in einer Richtung wirkt der gleichzeitigen Magnetisirung in andern Richtungen entgegen, wie sich auch aus der Molekulartheorie des Magnetismus und der Erscheinung der Sättigung schliessen lässt.

Unter dieser Annahme, dass durch die der Torsion gleichwerthigen Zug- und Druckkräfte eine magnetische Aeolotropie hervorgerufen wird, lassen sich viele durch die Beobachtung gefundene Beziehungen zwischen Torsion und Magnetismus erklären. Dagegen bleibt sie uns die Erklärung für eine ganze Reihe anderer Erscheinungen schuldig. Offenbar macht sich der Einfluss der Aeolotropie bei der Torsion stets geltend; es kommen aber noch einige andere, weniger offenkundige Wirkungen hinzu, und diese bekommen in manchen Fällen so sehr die Oberhand, dass der Einfluss der Aeolotropie vollkommen dagegen verschwindet. Besonders ist dies bei Nickel der Fall. Anderseits lassen sich die meisten Wirkungen, die in Folge der Torsion bei weichem Eisen eintreten, ziemlich vollständig auf Grund der Theorie von Sir William Thomson erklären, zumal, wenn man die von der Hysteresis herrührenden Komplikationen mit in Betracht zieht.

§ 138. Erzeugung einer longitudinalen Magnetisirung durch Torsion eines cirkular magnetisirten Drahtes. — Aus der im vorigen Paragraphen besprochenen Thatsache, dass durch Torsion eines longitudinal magnetisirten Drahtes oder Stabes eine cirkulare Komponente der Magnetisirung erzeugt wird, lässt sich schliessen, dass auch die umgekehrte Erscheinung eintritt; wenn wir also einen cirkular magnetisirten Stab tordiren, so muss eine longitudinale Magnetisirung entstehen. Diese Beobachtung wurde 1858 von Wiedemann gemacht, indem er nachwies, dass ein stromdurchflossener und somit cirkular magnetisirter Eisendraht ein Magnet wurde, sobald man ihn tordirte[1]). Auf Grund der Thomson'schen Theorie können wir diese Erscheinung durch die Aeolotropie erklären; wir zerlegen zu diesem Zwecke die magnetisirende Kraft, deren Richtung OA ist (Fig. 115), in Komponenten längs der Richtung der Zugkräfte Op und der Druckkräfte Op'. Bei Eisen, das sich unterhalb des Villari'schen Punktes befindet und in der durch die Figur erläuterten Weise tordirt wird, ist die Susceptibilität längs der Richtung der Zugkraft Op grösser, als in der dazu senkrechten Richtung der Druckkraft Op'. Die resultirende Magnetisirung wird also mit Op einen kleineren Winkel einschliessen als mit Op'; sie wird etwa in die Richtung OR fallen und somit entsteht eine nach unten gerichtete longitudinale Magnetisirungskomponente. Diese Ueberlegung stimmt mit den Versuchsergebnissen vollkommen überein.

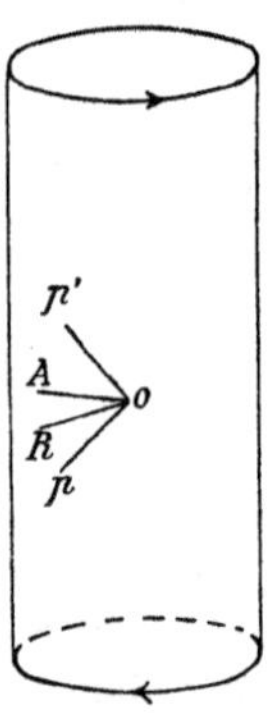

Fig. 115.

Aus der Villari'schen Wirkung wäre zu vermuthen, dass bei genügend starker cirkularer Magnetisirung die durch Torsion hervorgerufene longitudinale Komponente ihre Richtung änderte. Versuche mit sehr starken Strömen haben indessen ergeben, dass diese Erscheinung nicht eintritt. Der Grund hierfür scheint darin zu liegen, dass die durch die Torsion hervorgerufenen Zug- und Druckkräfte nicht auf die ganze cirkulare Magnetisirung, sondern nur auf Kom-

[1]) Elektricität, III, S. 680.

ponenten wirken, welche mit ihr einen Winkel von 45° einschliessen. Selbst wenn die cirkular magnetisirende Kraft stark genug wäre, um den Draht bis zur Sättigung zu magnetisiren, so könnten trotzdem die Magnetisirungskomponenten, auf welche die elastischen Kräfte wirken, unter dem Villari'schen Punkt bleiben, so dass Zug noch die magnetische Komponente vergrössert und Druck sie verkleinert[1]).

Diese Wirkungen der Torsion treten sowohl bei inducirter wie bei remanenter Magnetisirung auf. Wiedemann beobachtete sogar das Auftreten einer longitudinalen Magnetisirung durch Torsion dann noch, wenn der Draht erst nach der Unterbrechung des Stromes gedrillt wurde. Es ist dann eine starke remanente Cirkularmagnetisirung vorhanden, welche durch die Torsion in der beschriebenen Weise beeinflusst wird; ganz analog wird ja auch der remanente Magnetismus eines longitudinal magnetisirten Stabes, gerade so wie der inducirte, durch Zug und Druck verändert.

§ 139. Erzeugung von Torsion durch gleichzeitige cirkulare und longitudinale Magnetisirung. — Ganz ähnlich lässt sich die folgende Entdeckung Wiedemann's erklären: Wird ein Stab oder Draht aus Eisen gleichzeitig cirkular und longitudinal magnetisirt, so tordirt er sich, obwohl gar keine äussere mechanische Kraft vorhanden ist. Durch die Uebereinanderlagerung der beiden Magnetisirungen erhalten die Induktionslinien die Form von Schraubenlinien. Eisen dehnt sich in Folge der Magnetisirung (wenn das Feld nicht sehr stark ist) in der Magnetisirungsrichtung aus. In Folge der Verlängerung längs der Schraubenlinien und der Verkürzung in der dazu senkrechten Richtung muss also eine Drillung eintreten. Die Beobachtungen über den Sinn der Torsion stehen hiermit vollkommen im Einklang.

Magnetisirtes Nickel verkürzt sich dagegen bei der Magnetisirung in der Richtung der Kraftlinien. Der Sinn, in dem sich

---

[1]) Sir William Thomson weist darauf hin, dass dieses Fehlen einer Umkehrung mit der Theorie nur schwer zu vereinigen sei; die Schwierigkeit fällt aber hinweg, wenn man beachtet, dass die Villari'sche Wirkung nicht von dem Werthe von H, sondern von dem Werthe von I in der Richtung des Zuges oder Druckes abhängt. Obwohl man die Komponenten von H in den um 45° gegen die Achse des Stabes geneigten Richtungen durch Erhöhung der Feldstärke ohne Grenze vergrössern kann, so bleiben dennoch die Kompenenten von I in diesen Richtungen zu klein, als dass Zug eine Verminderung der Magnetisirung hervorrufen könnte.

Nickel tordirt, wenn man es gleichzeitig longitudinal und cirkular magnetisirt, muss also der umgekehrte sein wie bei Eisen. Knott[1]) hat dies experimentell nachgewiesen, indem er einen stromdurchflossenen Nickeldraht gleichzeitig durch ein Solenoid magnetisirte.

§ 140. Induktionsströme, die bei der Magnetisirung tordirter Stäbe oder beim Tordiren magnetisirter Stäbe auftreten. — Wenn ein longitudinal magnetisirter Stab plötzlich tordirt wird oder wenn man auf einen gedrillten Stab plötzlich eine longitudinale magnetisirende Kraft wirken lässt, so entsteht, wie wir oben angenommen haben, eine cirkulare Komponente der Magnetisirung. Diese Annahme lässt sich überzeugend beweisen, indem man die Enden der Stäbe mit einem Galvanometer verbindet. Es zeigt sich dann, dass ein momentaner Strom in der Längsrichtung des Stabes inducirt wird. Der Versuch gelingt noch besser, wenn man anstatt des massiven Stabes eine Röhre benutzt und den mit dem Galvanometer verbundenen, isolirten Draht durch das Innere der Röhre führt[2]). Bei derartigen Versuchen treten interessante Hysteresiserscheinungen auf, wenn man das Drillen vorwärts und rückwärts in einzelnen Absätzen ausführt. Durch Summation der Induktionsströme ergiebt sich nämlich sofort, dass die cirkulare Magnetisirung mit Bezug auf den Torsionswinkel Hysteresis zeigt, ein Resultat, das sich übrigens aus den analogen Vorgängen bei Zug- und Druckkräften vorhersehen liess. Fig. 116 stellt einen solchen Versuch graphisch dar. Ein Eisendraht wurde in seiner Längsrichtung stark magnetisirt und dann nach einander in beiden Richtungen stufenweise tordirt. Durch Summation der für jede Zustandsänderung beobachteten Induktionsstösse ergiebt sich die cirkulare Magnetisirung in willkürlichen Einheiten. Die ausgezogenen Kurven der Figur stellen den cyklischen Verlauf der cirkularen Magnetisirung dar, wenn die Torsion cyklisch geändert wurde; die Aenderung des Magnetismus bleibt, wie man sieht, hinter der Aenderung der Torsion zurück[3]). Die gestrichelte Kurve derselben Figur wurde in der Weise erhalten, dass man erst den Draht um einen bestimmten Winkel tordirte und dann die Richtung der longitudinalen magnetischen Kraft

[1]) Trans. Roy. Soc. Edin., 32, S. 193, 1883.

[2]) Proc. Roy. Soc., 1881, S. 21; 1883, S. 117.

[3]) Bei Gelegenheit von derartigen Erscheinungen der magnetischen Trägheit, die der Verfasser zuerst bei seinen Versuchen fand, wurde der Ausdruck „Hysteresis“ ursprünglich eingeführt. Proc. Roy. Soc., 1881, S. 22.

umkehrte; hierdurch wird natürlich die Hysteresis zerstört, die bei dem ersten Verfahren zum Vorschein kommt.

In Fig. 117 sind die Ergebnisse eines analogen Versuches mit einem Klaviersaitendraht aufgetragen, der sich in seinem gewöhnlichen Härtezustand befand. Die gestrichelte Kurve hat dieselbe Bedeutung wie in Fig. 116.

In diesen Beispielen war der Draht so oft nach beiden Seiten tordirt worden, bis sich ein cyklischer Zustand hergestellt hatte; dann erst begann man zu beobachten. Es ist interessant, wie der cyklische Zustand erreicht wird; dies geht aus Fig. 118 hervor, die

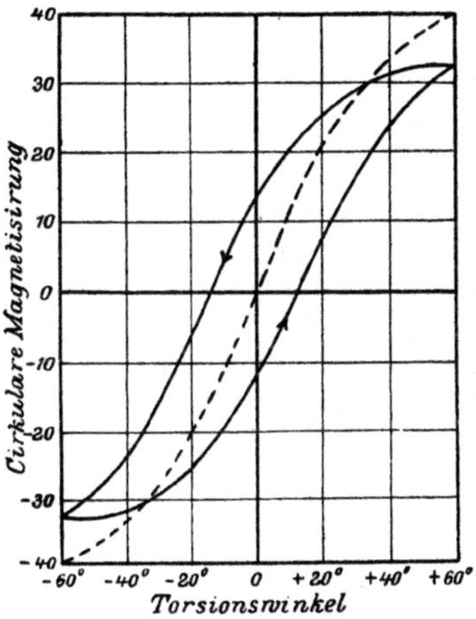

Fig. 116.

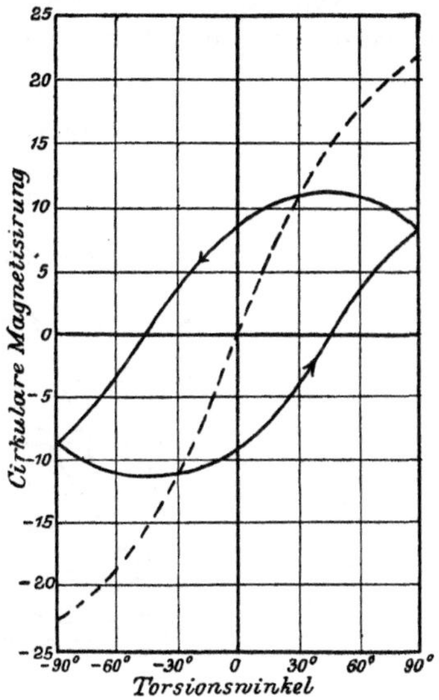

Fig. 117.

sich auf denselben Draht wie die vorhergehende Figur bezieht. Man ging von dem Zustand aus, den der Draht angenommen hatte, als man bei einer Torsion von $+ 90^0$ die longitudinale Magnetisirung umkehrte; es sind die Aenderungen verzeichnet, die durch Torsion auf $- 90^0$, dann auf $+ 90^0$, rückwärts auf $- 90^0$ und schliesslich wieder auf $+ 90^0$ entstanden. Die Richtung der cirkularen Magnetisirung war in allen diesen Fällen eine solche, dass sie einer Zunahme des Magnetismus in Folge von Zugkräften entsprochen hätte. Der Strom fliesst vom Nordpol zum Südpol, wenn der Draht oder die Röhre wie eine rechtsgängige Schraube tordirt wird.

Sorgfältige Versuche haben bewiesen, dass die Torsion bei Eisen stets diese Wirkung hervorruft; es tritt keine Umkehrung ein, wenn das Feld auch noch so sehr verstärkt wird. In diesem Falle werden die Induktionsströme allerdings sehr schwach, aber sie wechseln nicht ihr Zeichen. Die Erklärung dafür ist wieder die, dass die Komponente der Magnetisirung, auf welche die Zug- und Druckkomponenten der Torsion wirken, um 45° gegen die Achse geneigt ist; diese Komponente bleibt unter dem kritischen Villari'schen Werth, selbst wenn die totale Magnetisirung sich der Sättigung nähert[1]). (Vgl. § 138 Anmerk.)

Wenn die longitudinale Magnetisirung nicht inducirt, sondern remanent ist, so behalten die durch Torsion erzeugten Ströme im

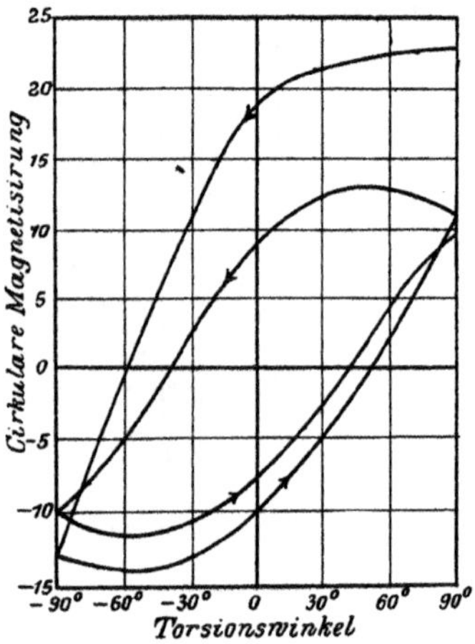

Fig. 118.

Allgemeinen denselben Charakter; nur wird die Erscheinung dadurch verwickelt, dass der Magnetismus fortwährend abnimmt[2]).

Hughes wandte an Stelle des ballistischen Galvanometers ein Telephon an; in einem tordirten Draht liessen sich dann die Induktionsströme beobachten, wenn man den Strom in dem ihn umgebenden Solenoid rasch unterbrach oder umkehrte. Ferner demonstrirte er die Entstehung von longitudinalem aus cirkularem Magne-

---

[1]) Proc. Roy. Soc., 1883, S. 129.

[2]) Loc. cit., S. 126.

tismus in einem tordirten Draht dadurch, dass er einen pulsirenden Strom durch den Draht schickte und das Telephon mit einer um den Draht gewickelten Spule verband[1]).

Im Nickel haben einfache Zug- und Druckkräfte die umgekehrte Wirkung wie im Eisen, vorausgesetzt, dass im Eisen die Villari'sche Wirkung noch nicht eingetreten ist. Wir können daraus schliessen, dass die durch Torsion eines longitudinal magnetisirten Nickeldrahtes erzeugten Induktionsströme in umgekehrter Richtung fliessen wie bei Eisen. Zehnder[2]) und Nagaoka[3]) haben in der That unabhängig von einander nachgewiesen, dass in einem Nickeldraht, der wie ein Rechtsgewinde tordirt ist, der Induktionsstrom vom Südpol nach dem Nordpol fliesst.

§ 141. Gleichzeitige Wirkung von Zug und Torsion auf die Magnetisirung von Eisen und Nickel. — Die beiden selben Beobachter haben kürzlich sehr eingehend die Aenderungen der Magnetisirung untersucht, die ein Stab aus Eisen und Nickel erfährt, wenn er gleichzeitig gedehnt und gedrillt wird; Nagaoka hat ferner die Magnetisirungskurven für Nickel bestimmt, wenn es sich in diesem komplicirten elastischen Zustand befand. Die Mehrzahl der Resultate ist von zu grossem Interesse, als dass wir sie hier ganz übergehen dürften[4]).

Bei der Magnetisirung eines jeden magnetischen Metalls können wir im Grossen und Ganzen drei auf einander folgende Stufen unterscheiden. Zunächst finden wir eine Region von verhältnissmässig geringer Susceptibilität, d. h. die Kurve steigt zunächst sanft an. In der mittleren Stufe ist die Susceptibilität gross, die Kurve hat sich nach aufwärts umgebogen und nähert sich rasch dem Wendepunkt. Schliesslich haben wir die Region der angenäherten Sättigung; die Kurve hat den Wendepunkt passirt und steigt wieder sehr sanft gegen die Abscissenachse an und die Susceptibilität nimmt rasch ab.

In Probestücken, die während der Magnetisirung nicht elastisch beansprucht werden, gehen diese drei Stufen allerdings allmählich

---

1) Proc. Roy. Soc., 31.

2) Wied. Ann., 38, S. 68, 1889.

3) Journ. Coll. of Science, Imperial Univ. of Japan, 3, S. 335, 1890.

4) Vgl. Nagaoka, Journ. Coll. Science, Imp. Univ. Japan, 2, S. 283, S. 304, 1888; 3, S. 189, 1889; Zehnder, Wied. Ann., 41, S. 210, 1890; ferner Knott, Journ. Coll. Science, Imp. Univ. Japan, 3, S. 173, 1889; Proc. Roy. Soc. Edinb., 17, S. 401, 1890 und 18, S. 124, 1891.

in einander über; sie sind aber, wie aus jeder der für Eisen, Stahl, Nickel und Kobalt mitgetheilten Kurven hervorgeht, noch deutlich zu unterscheiden. Durch Anwendung von Torsion, oder in noch höherem Grade durch die gleichzeitige Wirkung von Torsion und longitudinalem Zug ist es indessen möglich, die Stufen scharf von einander abzuheben. Die in den folgenden Figuren mitgetheilten Versuche von Nagaoka[1]) an Nickeldrähten liefern hierfür den Beweis.

In Fig. 119 ist die Wirkung der Torsion allein dargestellt. *a a* ist die gewöhnliche Magnetisirungskurve eines langen, ausge-

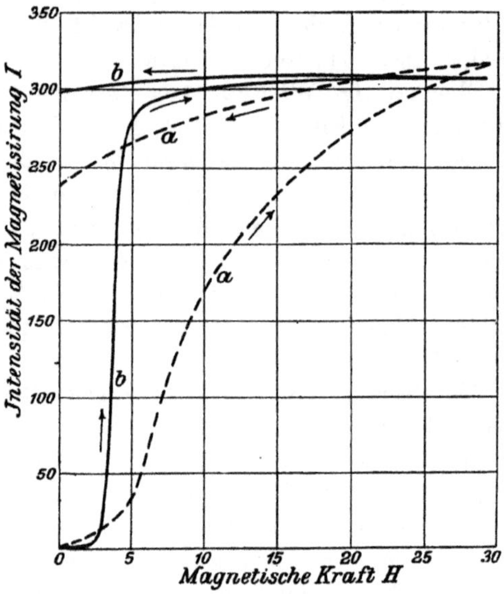

Fig. 119.

glühten Nickeldrahtes; er wurde, ohne tordirt zu sein, einer magnetischen Kraft bis zu 30 Einheiten unterworfen, und dann wurde das Feld allmählich wieder bis auf Null verringert. Die Kurve *b b* erhielt man, während der Draht um einen Winkel von 3^0 für ein Centimeter seiner Länge tordirt war. Da der Durchmesser des Drahtes 1 mm betrug, so entspricht diese Torsion einem Scherungswinkel von $\frac{3 \times \pi \times 0{,}05}{180}$ oder 0,0026 (in Bogenmaass) an der Peripherie; dort ist die scherende Deformation am grössten.

[1]) Journ. Coll. Science, Imp. Univ. Japan, 2, S. 304.

Die Kurve für den tordirten Draht weicht von der gewöhnlichen in wesentlichen Punkten ab. Erstens wird die anfängliche Susceptibilität für schwache Kräfte durch Torsion stark herabgedrückt. Die erste Stufe des Magnetisirungsprocesses ist ferner von der zweiten scharf getrennt; in dieser zweiten Stufe ist die differentiale Susceptibilität (§ 49) des tordirten Drahtes sehr gross; der Wendepunkt ist scharf ausgeprägt. Durch Vergleichung der Theile der Kurven, die abnehmenden Feldstärken entsprechen, ergiebt sich ferner, dass der tordirte Draht viel mehr Remanenz besitzt, als der nicht tordirte; im ersten Falle bleiben nämlich nicht weniger als 97 Procent, im zweiten dagegen nur 75 Procent der inducirten Magnetisirung remanent. Wenn man die remanenten Magnetisirungen an früheren Punkten der Kurven mit einander vergliche, würde sich ein noch grösserer Unterschied ergeben.

Nagaoka fand ferner, dass die Kurve sich wieder ein wenig dem normalen Typus (des untordirten Drahtes) nähert, wenn der Torsionswinkel beträchtlich grösser gewählt wird. Es ist indessen zu beachten, dass durch starke Torsion die Versuchsbedingungen insofern verändert werden, als dann die Deformation nicht mehr innerhalb der Elasticitätsgrenze liegt.

Noch merkwürdigere Resultate wurden gefunden, als man gleichzeitig mit der Torsion einen longitudinalen Zug wirken liess. Zug allein drückt, wie wir in § 121 gesehen haben, die Magnetisirungskurve von Nickel herab. Wirkt gleichzeitig eine Torsionskraft, so wird der erste Theil der Kurve noch weiter herabgedrückt; bei einem mittleren Werth für die Feldstärke tritt indessen plötzlich eine Aenderung ein. Die differentiale Susceptibilität wird in einem engen Bereich für die Feldstärken sehr gross; dann kommt ein ziemlich scharfer Wendepunkt und schliesslich das dritte Stadium, in welchem sich der Draht langsam der Sättigung nähert. Fig. 120, die Nagaoka's Kurven entnommen ist, erläutert dieses Verhalten. Der in dem ersten Versuch benutzte Nickeldraht wurde mit 10 kg belastet, ohne tordirt zu sein, und ergab dann die Kurve *c c*. Wie wir schon aus § 121 wissen, ist in diesem Falle die Susceptibilität überall sehr gering und die Remanenz ausserordentlich klein. Darauf wurde der belastete Draht um 3^0 auf das Centimeter tordirt. Die Magnetisirungskurve nahm in Folge dessen die merkwürdige Form *dd* an. Die anfängliche Susceptibilität ist in einem weiten Bereich der Feldstärke kleiner wie vorher; dann folgt bei einer magnetischen

Kraft von etwa 13 bis 14 Einheiten ein plötzliches Ansteigen der Magnetisirung; die Remanenz ist wieder sehr beträchtlich. Die drei Stadien des Magnetisirungsprocesses sind hier ausnahmsweise scharf definirt, und die Hysteresis macht sich in ausserordentlicher Weise geltend. Die in dem gleichen Maassstab gezeichneten Figuren 119 und 120, die sich auf dasselbe Stück Nickel beziehen, stellen eine zusammengehörige Gruppe von Versuchen dar. *a a* ist die normale Kurve, welche das Verhalten des Metalls zeigt, wenn es weder einer Zug- noch einer Torsionskraft unterworfen ist; *b b* macht den Einfluss von Torsion, *c c* denjenigen von longitudinalem Zug allein ersichtlich; schliesslich stellt *d d* die vereinte Wirkung der Torsion von *b b* und des Zuges von *c c* dar. Der ganze Betrag der Magneti-

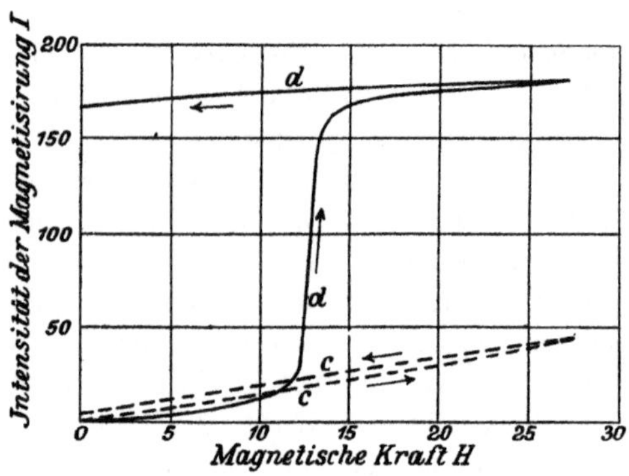

Fig. 120.

sirung, der in der zweiten, steilen Stufe erreicht wird, ist, wie man sieht, in *d d* nur halb so gross wie in dem entsprechenden Theile von *b b*.

Die Wirkungen der Torsion, wie sie in diesen Kurven zum Ausdruck kommen, scheinen sich durch die Annahme einer magnetischen Aeolotropie, die durch die Zug- und Druckkomponenten der Torsion hervorgerufen wird, nicht erklären zu lassen; für die im nächsten Paragraphen beschriebenen Versuche dürfte diese Annahme indessen noch weniger zutreffen.

§ 142. Wirkung von cyklischer Torsion auf Nickel bei gleichzeitiger longitudinaler Dehnung. — Nach den Beobachtungen von Nagaoka liefert die vereinte Wirkung von Torsion und Zug auf die Magnetisirung von Nickel noch merkwürdigere Resultate, wenn bei konstanter Zugkraft die Torsion cyklisch geändert wird. Wir wollen einen Nickeldraht der Länge nach in ein mässig schwaches Feld bringen und das eine Ende vorwärts und rückwärts tordiren, während das andere Ende festgehalten wird. So lange keine longitudinale Zugkraft wirkt, ist der Einfluss einer derartigen Torsion verhältnissmässig einfach. Die Kurve, welche die Magnetisirung als Funktion des Torsionswinkels darstellt, hat eine nahezu symmetrische Form, welche der Kurve für Eisen (Fig. 113) ähnlich ist; ein wichtiger Unterschied besteht indessen darin, dass bei Nickel die Magnetisirung mit der Torsion wächst, während sie, wie wir gesehen haben, bei Eisen abnimmt. Dieser Unterschied wird vollkommen verständlich, wenn wir uns an den verschiedenartigen Einfluss von Zugkräften auf die Magnetisirung von Nickel und Eisen erinnern.

Wir wollen indessen die obige Art der Drillung wiederholen, während der Draht durch ein Gewicht belastet ist. Die Symmetrie der Wirkung ist nun verschwunden; die Magnetisirung wird durch Torsion in derjenigen Richtung bedeutend vermehrt, nach welcher der Draht zuerst tordirt wurde. Drillen nach der andern Seite vermehrt den Magnetismus bei Weitem nicht so viel. Wenn wir die longitudinale Zugkraft an Intensität zunehmen lassen, so wird die Asymmetrie noch auffälliger, bis schliesslich die merkwürdige Erscheinung auftritt, dass Torsion nach der einen Seite die Magnetisirung erhöht und Torsion nach der andern sie vermindert. Diese Verminderung kann sich soweit steigern, dass der Sinn der Magnetisirung umgekehrt wird.

Die Figuren 121, 122 und 123, die eine Versuchsreihe von Nagaoka graphisch darstellen, mögen zur Erläuterung des Gesagten dienen. Das Probestück bestand aus einem ausgeglühten Nickeldraht von 1 mm Durchmesser und 40 cm Länge. Der Draht befand sich in einer Magnetisirungsspule, die während des ganzen Versuchs ein Feld von 2,47 Einheiten erzeugte. Zunächst war der Draht nicht merklich belastet (Fig. 121). Durch wiederholtes Tordiren von $+180^0$ auf -180^0 stellte sich ein aus der Figur ersichtlicher cyklischer Zustand her. In diesem Falle vermehrt Torsion nach jeder Seite die Magnetisirung. Nun liess man ständig eine longitudinale Zugkraft von 1,45 kg für 1 qmm wirken und wiederholte das Tordiren vorwärts und rückwärts. Es ergab sich dann der Kreisprocess von Fig. 122; die Schleife der Kurve, die der positiven

Torsionsrichtung entspricht, ist viel grösser, als die auf der negativen Seite; das positive Vorzeichen dient hierbei einfach zur Bezeichnung der Richtung, nach welcher der Draht zufällig zuerst gedrillt wurde. Die Frage, in welcher Richtung man drillen muss, damit die Magnetisirung wächst, hängt meistens nur von der Richtung dieser ersten Drillung ab. Darauf wurde die longitudinale Zugkraft durch Zufügen von Gewichten vermehrt; die positive Schleife der Kurve verlängerte sich dabei, während die negative zusammenschrumpfte. Schliesslich verschwand die letztere vollständig, und bei einer Belastung von 7,82 kg für 1 qmm nahm der Kreisprocess die in Fig. 123 dargestellte Form an. Es trat alsdann die merkwürdige Erscheinung auf, dass sich die magnetische Polarität jedesmal umkehrte, wenn der

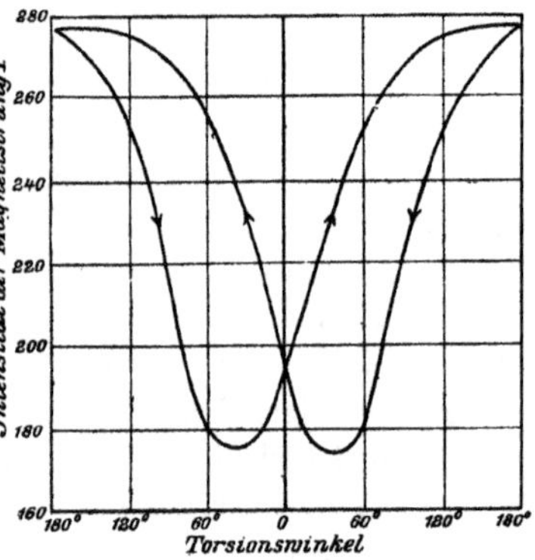

Fig. 121.

Sinn der Torsion geändert wurde, obwohl eine magnetische Kraft von 2,47 Einheiten beständig in der nämlichen Richtung wirksam war.

Augenscheinlich können diese Wirkungen nicht die Folge einer Aeolotropie sein, welche die Susceptibilität durch die Torsion erfährt. Das inducirende Feld spielt in der That eine sehr untergeordnete Rolle bei den magnetischen Aenderungen, die nach Herstellung eines cyklischen Zustandes auftreten, wenn der Draht hin und zurück tordirt wird. Seine Funktion besteht nur darin, im Anfang eine Magnetisirung zu erzeugen; wenn dann der Draht nach beiden Richtungen tordirt wird, so tritt bei jeder einzelnen Drillung eine wesentliche Aenderung der molekularen Konfiguration ein. Dies ist die unmittelbare Folge der Torsion und kann sogar, wie wir in dem zuletzt besprochenen Beispiel gesehen haben, zu einer Umkehrung der magnetischen Polarität führen. Erhöht man die Feldstärke hinreichend, so tritt diese Umkehrung nicht auf. Die inducirende Kraft macht sich dann geltend, und die Wirkung der Torsion nimmt eher den Charakter an, der sich aus der Annahme einer Aeolotropie folgern

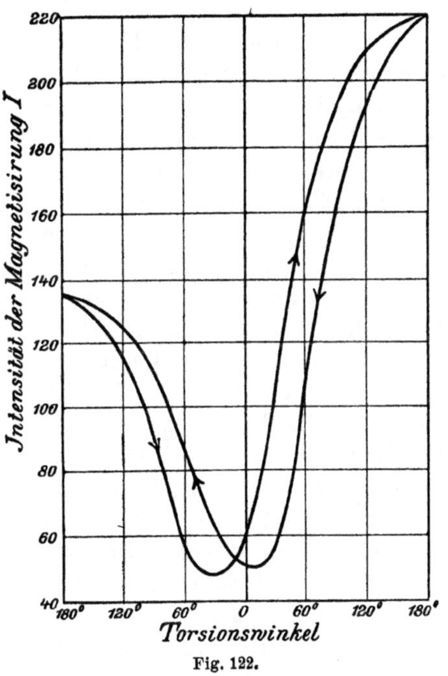

Fig. 122.

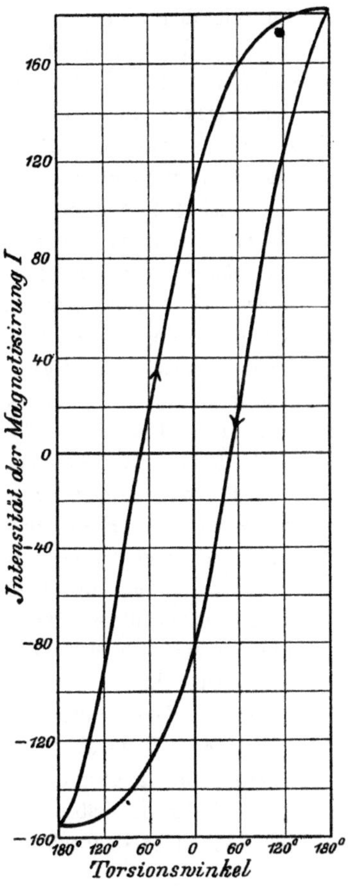

Fig. 123.

liesse. Bei Eisen, das gleichzeitig gedehnt und tordirt wird, lässt sich eine Umkehrung der Polarität nicht nachweisen.

§ 143. Deformation in Folge von Magnetisirung. — In enger Beziehung zu dem Einfluss, den eine Deformation auf die Magnetisirung eines Metalls ausübt, stehen die Aenderungen, welche die Form eines magnetischen Körpers erfährt, wenn er magnetisirt oder wenn die vorhandene Magnetisirung geändert wird. Die Erscheinung, dass eine Deformation auf die Magnetisirung einwirkt, bedingt den umgekehrten Fall, dass bei Veränderung des magnetischen Zustandes eine Deformation hervorgerufen wird[1]. Joule[2], der hierüber zuerst Versuche anstellte, fand, dass die Länge eines weichen Eisenstabes zunahm, wenn man eine magnetische Kraft auf ihn wirken liess, wenigstens innerhalb des Bereiches der von ihm angewandten Feldstärken. Mit der Ausdehnung fand gleichzeitig eine seitliche Kontraktion statt, so dass sich das Volumen des Stabes nicht merklich änderte. Zum Beweise dieser Thatsache magnetisirte er den Stab in einer mit Flüssigkeit gefüllten Röhre, die mit Ausnahme eines ausgezogenen, kapillaren Theiles allseitig verschlossen war; eine Bewegung der Flüssigkeit in dieser kapillaren Röhre hätte jede Volumenänderung des Eisenkörpers angezeigt. Später stellte Mayer[3] hauptsächlich über die Ausdehnung von Stahl Versuche an; Barrett[4] dehnte sie auch auf Nickel und Kobalt aus und fand, dass sich Nickelstäbe bei der Magnetisirung verkürzen. Für unsern Zweck ist es unnöthig, bei diesen älteren Beobachtungen zu verweilen, da aus den letzten Jahren von Shelford Bidwell[5] eingehende Untersuchungen über diesen Gegenstand vorliegen; seine Resultate brachten viele ältere Angaben, die sich scheinbar widersprachen, mit einander in Einklang. Die Versuche mit Eisen, Stahl, Nickel und Kobalt, die sowohl an Stäben wie an Ringen angestellt wurden, um gleichförmige Magnetisirung und bestimmte magnetisirende Kräfte zu erzielen, erstreckten sich auf ein sehr weites Bereich von magnetischen Kräften; es ergab sich, dass in starken Feldern die Erscheinungen wesentlich andere sind, als in schwachen. Bidwell untersuchte ausserdem noch den Einfluss, den longitudinale Zugkräfte auf die durch Magnetisirung verursachte Längenänderung haben. Im Folgenden sind die wichtigsten Ergebnisse seiner Beobachtungen kurz aufgeführt.

---

[1] Vgl. J. J. Thomson, Application of Dynamics to Physics and Chemistry, 4. Kap.

[2] Phil. Mag., 30, S. 76 u. 225, 1847; Reprint of Papers, S. 235.

[3] Phil. Mag., 46, S. 177.

[4] Nature, 26, S. 585, 1882.

[5] Proc. Roy. Soc., 40, S. 109 und 257, 1886; Phil. Trans., 1888, S. 205; Proc. Roy. Soc., 47, S. 469, 1890.

Fig. 124 stellt die Versuchsanordnung schematisch dar; die Längenänderung, die in dem zu untersuchenden Ringe S bei Erregung des Feldes in der Richtung der Magnetisirungslinien stattfand, wurde aus der beobachteten Aenderung des vertikalen Durchmessers berechnet. Der Ring S befand sich zwischen einem festen Auflager E und einem langen Hebel B, der sich um die feste Schneide A drehen konnte; der grössere Hebelarm wirkte auf einen kleinen Spiegel M, welcher um die Schneide D drehbar war. Die Spiegelablenkung wurde an einer entfernten Skale beobachtet, und die Empfindlichkeit der Anordnung war so gross, dass man eine Längenänderung von ungefähr einem Zehnmilliontel der ganzen Länge noch ablesen konnte. Um eine Erwärmung durch die Magnetisirungsspule möglichst zu

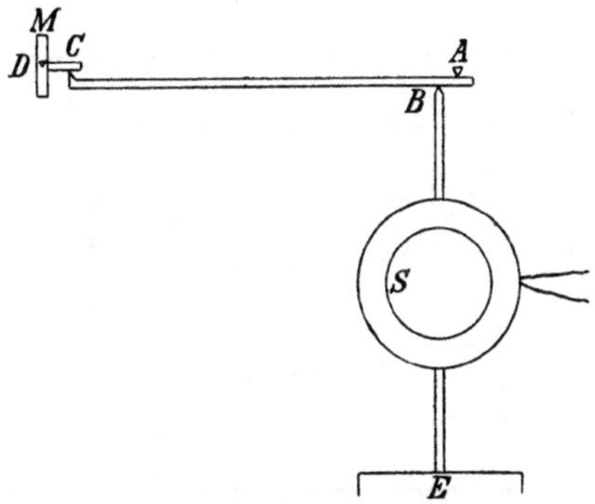

Fig. 124.

vermeiden, war der Ring von einem Holzmantel umgeben; ferner wurde der Stromkreis nie länger als Bruchtheile einer Sekunde geschlossen. Zur Prüfung der Stäbe diente eine ganz ähnliche Anordnung. Zunächst wurde der Stab oder der Ring durch Stromwechsel entmagnetisirt, und dann ein Strom von bekannter Stärke für einen Augenblick durch die Magnetisirungsspule geschickt; da die Ablenkung aperiodisch erfolgte, so war zur Beobachtung derselben nur eine sehr geringe Zeit erforderlich. Nun wurde das Probestück wieder entmagnetisirt, dann ein anderer Strom durch die Magnetisirungsspule geschickt und so fort. Bei einigen Versuchen wurden magnetische Kräfte bis zu 1 500 Einheiten angewandt[1]).

[1]) Phil. Trans., 1888, S. 227.

Bidwell fand, dass sich die Stäbe und Ringe aus Eisen bei kleinen magnetischen Kräften in Folge der Magnetisirung verlängerten und zwar zuerst der Magnetisirung ungefähr proportional. Bei wachsender Feldstärke erreicht die Verlängerung ein Maximum, vermindert sich dann und ist Null für die magnetische Kraft 300. In noch stärkeren Feldern verkürzt sich das Eisen durch die Magnetisirung, und diese Verkürzung scheint sich, wenn man die magnetische Kraft weiter steigert, einer bestimmten Grenze zu nähern. Die grösste Verlängerung tritt in Feldern von mittlerer Stärke (etwa 100) ein; sie variirt aber bei Bidwell's Versuchen für verschiedene Probestücke ungefähr von 0,000 0050 bis 0,000 0025 der ganzen Länge. Die Verkürzung in sehr starken Feldern kann bis

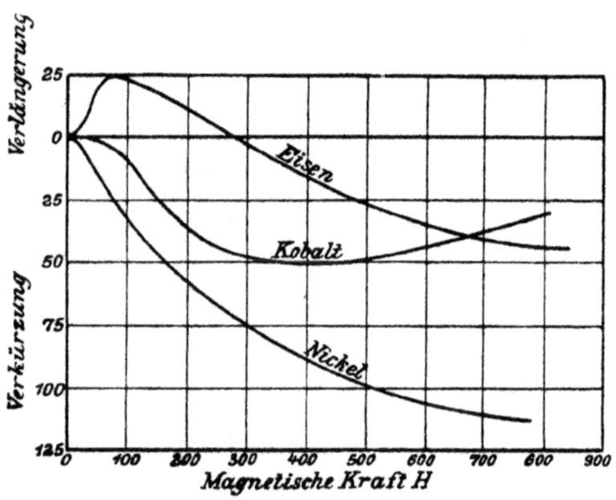

Fig. 125.

zu 0,000 007 der Länge betragen; diese Zahlen gelten für Eisen. Stahl, der sich im Allgemeinen ganz ähnlich verhält, erfährt in Feldern von mittlerer Stärke eine geringere Ausdehnung als Eisen.

Nickel zieht sich dagegen gleich von Anfang an zusammen; die Verkürzung nähert sich in starken Feldern augenscheinlich einem bestimmten Grenzwerth.

Bei Kobalt sind die Erscheinungen nicht so einfach. Schwache magnetische Kräfte bringen keine merkliche Aenderung der Länge hervor. In stärkeren Feldern tritt eine Verkürzung ein; diese erreicht ein Maximum und wird bei weiterem Wachsen der magnetischen Kraft Null; bei noch höheren Feldstärken tritt Ausdehnung ein, die bei den höchsten Werthen noch schnell zunahm. Diese

Resultate kommen in den Figuren 125 und 126, die Bidwell's wichtigster Abhandlung entnommen sind, deutlich zum Vorschein. In Fig. 125 steigt die Feldstärke bis auf 800, in Fig. 126 aber beinahe doppelt so hoch. Die Probestücke waren in beiden Fällen nicht dieselben; indessen stimmen die Resultate im Allgemeinen gut überein. Die Verlängerung und Verkürzung ist in diesen beiden und in der folgenden Figur in Zehnmilliontel der Länge angegeben. Das Nickel, das bei den Versuchen von Fig. 125 zur Verwendung kam, erfuhr eine geringere Verkürzung als das andere Stück; in dem stärksten Feld betrug sie für das letztere etwa 0,000 025 der ursprünglichen Länge.

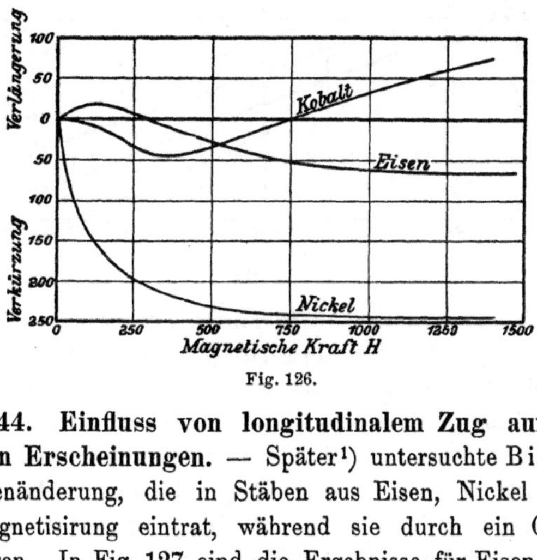

Fig. 126.

§ 144. Einfluss von longitudinalem Zug auf die vorstehenden Erscheinungen.

— Später[1]) untersuchte Bidwell auch die Längenänderung, die in Stäben aus Eisen, Nickel und Kobalt durch Magnetisirung eintrat, während sie durch ein Gewicht belastet waren. In Fig. 127 sind die Ergebnisse für Eisen dargestellt; an den Kurven sind die Zugkräfte in kg für 1 qcm angemerkt. Longitudinaler Zug erniedrigt die Kurve bei Eisen; die maximale, durch Magnetisirung erzeugte Verlängerung nimmt ab und wird zuletzt Null. Bei den grössten Belastungen verkürzte sich mit wachsender Feldstärke das Eisen gleich von Anfang an.

Bei Nickel rückt longitudinaler Zug die Kurve im Anfang höher; die Verkürzung, die durch das Magnetisiren verursacht wird, ist während der Wirkung von longitudinalen Zugkräften geringer

[1]) Proc. Roy. Soc., 1890, S. 469.

als ohne diese, vorausgesetzt, dass die magnetische Kraft eine mittlere ist. In starken Feldern wächst die Verkürzung bei geringen Zugbelastungen, für hohe Belastungen nimmt sie indessen ab.

Auf die Längenänderung von Kobalt hatte das Vorhandensein von Zugkräften keinen wahrnehmbaren Einfluss; dieses Metall steht also im scharfen Gegensatz zu Eisen und Nickel, bei denen der Einfluss von Zugkräften sehr ausgeprägt ist.

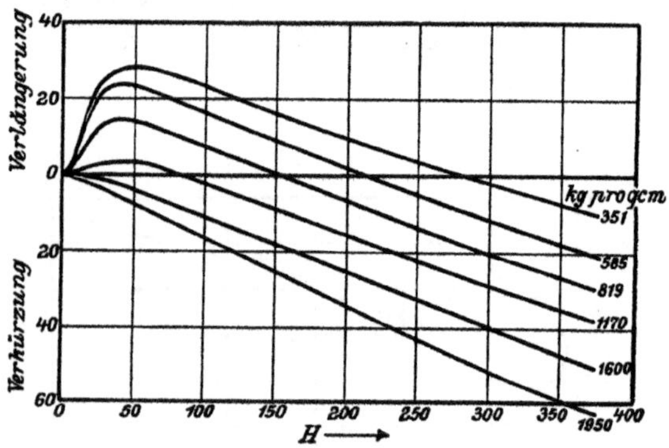

Fig. 127.

§ 145. Innere Kräfte in einem magnetisirten Stab oder Ringe in Folge der Magnetisirung. — Die Verkürzung, die in den eben beschriebenen Versuchen zum Vorschein kam, rührt zum Theil von einem Zustand inneren Zwanges her, welcher durch die Magnetisirung in dem Metall hervorgerufen wird. Denken wir uns einen Schnitt quer durch einen Ring oder einen sehr langen Stab gelegt, in welchem die Intensität der Magnetisirung I herrscht. Die einander gegenüberstehenden Flächen des Schnittes ziehen einander nach dem Attraktionsgesetz wie ein Paar Platten an, deren Flächenbelegung die Dichte I hat. Die Kraft, die jede Platte auf die Einheit des freien Magnetismus der andern ausübt, ist nach einem bekannten Satz der Potentialtheorie $2\pi I$. Auf die Flächeneinheit der Platte kommen aber I solcher Einheiten; somit ist die Kraft für die Flächeneinheit, mit der eine Platte auf die andere wirkt, gleich $2\pi I^2$. Dies ist der Betrag des Zwanges, der in Folge der Magnetisirung zwischen den beiden betrachteten Schnittflächen und natürlich auch in jedem andern Querschnitt erzeugt wird. Es sind also innere Spannungen auf der ganzen Länge des Stabes vorhanden, die ihn zu verkürzen suchen; ihre Stärke beträgt $2\pi I^2$ Dynen für 1 qcm. Die Verkürzung der Längeneinheit finden wir, wenn wir diese Zahl durch den ebenfalls auf Dynen pro qcm bezogenen Elasticitätsmodul des Materials dividiren. Für Eisen ist dieser ungefähr $1{,}8 \times 10^{12}$ Dynen Um den grössten Werth zu berechnen, den die Verkürzung in Folge dieses Zwangszustandes annehmen kann, brauchen wir nur für I seinen Grenzwerth einzuführen, also bei Eisen etwa 1700 Einheiten (§ 98); es ergiebt sich dann $\frac{2\pi\, 1700^2}{1{,}8 \times 10^{12}}$ oder etwa $\frac{1}{100\,000}$. Bei den oben besprochenen Versuchen erreichte I natürlich nicht seinen Grenzwerth. Jedenfalls ist aber ersichtlich, dass die so berechnete Verkürzung wenigstens von derselben Grössenordnung ist, als die beobachtete. Bidwell diskutirte die Versuchsergebnisse von demselben Gesichtspunkt aus; er kam aber zu dem Schlusse, dass die inneren Kräfte durchaus nicht die einzige Ursache der Verkürzung sein können, die Eisen in starken Feldern erfährt. Er verglich die Werthe für die Verkürzung in zwei Punkten seiner Kurve, gerade an der Stelle, wo eine Verkürzung statt der vorhergehenden Verlängerung eintritt, mit den Werthen der inneren Zwangskräfte; diese können durch die Kraft gemessen werden, welche dazu nöthig ist, die zwei Theile eines durchgeschnittenen Stabmagnets von einander zu trennen. Auf Grund dieser Vergleichung kommt er zu der Ansicht, dass der Unterschied in dem inneren Zwang höchstens zur Erklärung von etwa 20 Procent der beobachteten Längenänderung ausreicht[1]).

§ 146. Zugkraft von getheilten Magneten. — Im Anschluss an den vorigen Paragraphen mögen hier einige Bemerkungen über die Anziehung Platz finden, die zwischen zwei durch einen Schnitt von einander getrennten Theilen eines Magnets besteht. Wir denken uns einen Ringmagnet oder einen langen Stabmagnet in einzelne Theile geschnitten und ihre eben geschliffenen Enden wieder an einander gesetzt. Die zwischen den Schnittflächen wirkende Kraft kann durch den Zug gemessen werden, der zu ihrer Trennung erforderlich ist.

Die ersten derartigen Messungen wurden von Joule[2]) angestellt und ergaben, dass die Grösse der Kraft, welche zur Trennung zweier

---

[1]) Phil. Trans., 1888, S. 217—218.

[2]) Phil. Mag., 3, S. 32, 1852 und Reprint of Papers.

Theile eines durchgeschnittenen Magnets aufgewandt werden muss, deren Querschnitt proportional ist. Die Zugkraft kann bis zu 12,3 kg für 1 qcm betragen. Bidwell[1]) benutzte einen durchschnittenen, ringförmigen Elektromagnet aus Eisen und fand, dass das für 1 qcm des Querschnittes getragene Gewicht zu der magnetisirenden Kraft in der aus Tabelle XXV ersichtlichen Beziehung stand.

Tabelle XXV.

Zugkraft eines durchschnittenen, ringförmigen Elektromagnets.

Magnetische Kraft H	Zugkraft in Gramm pro qcm	Magnetische Kraft H	Zugkraft in Gramm pro qcm
3·9	2 210	145	12 800
5·7	3 460	208	13 810
10·3	5 400	293	14 350
17·7	7 530	362	14 740
22·2	8 440	427	15 130
30·2	9 215	465	15 275
40	9 680	503	15 365
78	11 550	557	15 600
115	12 170	585	15 905

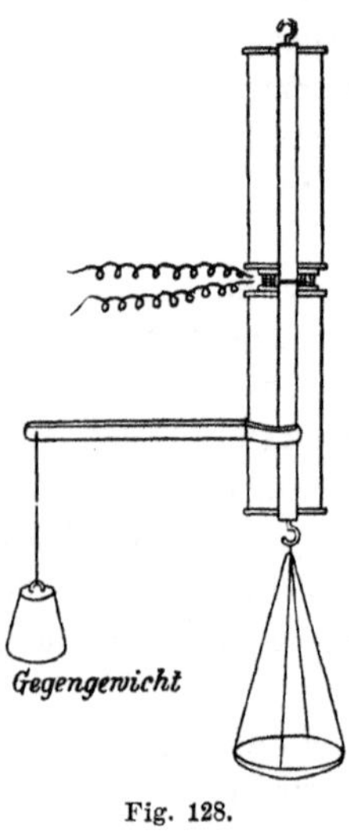

Fig. 128.

Bei diesen Versuchen wurde die Magnetisirung nicht direkt bestimmt; sie kann aber aus den Werthen für die Zugkraft, wie aus dem nächsten Paragraphen hervorgeht, annähernd berechnet werden.

Später stellte Bosanquet[2]) über denselben Gegenstand Versuche mit Stabmagneten an. Eine kleine Induktionsspule umgab den Stab nahe an der Schnittfläche und gestattete, den Werth von B dort in dem Augenblick zu messen, wo die untere Stabhälfte abgerissen wurde (Fig. 128). Es war somit möglich, die beobachteten Werthe für die Zugkraft mit denen zu vergleichen, die aus den bekannten Werthen der Induktion B berechnet werden konnten. Bosanquet fand, abgesehen von

[1]) Proc. Roy. Soc., 40, S. 486, 1886.
[2]) Phil. Mag., 22, S. 535, 1886.

den ersten Stadien, eine gute Uebereinstimmung zwischen Theorie und Beobachtung. So lange der Werth von B unter 5000 lag, war die beobachtete Tragkraft grösser als die berechnete. Der Grund hierfür liegt möglicherweise zum Theil darin, dass die Führung des unteren Magnets nicht ohne Reibung erfolgte und dann in der Anziehung zwischen den Magnetisirungsspulen, die für kleine Werthe von B mehr in Betracht kommt als für grössere. Bei einer Induktion von 18 500 erhielt Bosanquet eine Zugkraft von 14,6 kg für 1 qcm des Querschnitts seines Eisenkernes.

§ 147. Beziehung zwischen Zugkraft und Magnetisirung. — Im Zusammenhang mit den hier besprochenen Versuchen wollen wir uns die Frage vorlegen, welche Beziehung die Theorie zwischen der Magnetisirung eines stab- oder ringförmigen Elektromagnets und der Zugkraft liefert, die, wenn wir den Magnet durchschneiden, dazu nöthig ist, um die beiden an einander stossenden Theile unter Ueberwindung der magnetischen Anziehung von einander zu trennen.

Dieser Gegenstand ist wiederholt diskutirt worden[1]), und es scheint, dass die verschiedenen Versuchsbedingungen, welche das Resultat bis zu einem gewissen Grade beeinflussen können, nicht immer scharf genug auseinander gehalten wurden.

Ein unendlich langer Stab oder Ring sei der ganzen Länge nach von Drahtwindungen umgeben, die ein gleichförmiges Feld von der Stärke H erzeugen; die Intensität der Magnetisirung werde wie gewöhnlich mit I, die Induktion mit B bezeichnet. Wir schneiden nun den Stab oder Ring quer durch und bringen die sorgfältig eben geschliffenen Schnittflächen wieder zur Berührung, so dass das Ganze in magnetischer Beziehung einem ungetheilten Eisenkern möglichst nahe kommt. An der Berührungsstelle ist ein sehr schmaler Schnitt, auf dessen beiden Seiten der Magnetismus die Flächendichte I besitzt. Die gegenüberstehenden Flächen ziehen sich in Folge davon mit einer Kraft an, welche $2\pi I^2$ Dynen für 1 qcm beträgt (§ 145). Da $B = 4\pi I + H$ ist, so können wir dafür auch $(B-H)^2/8\pi$ schreiben. Wenn wir es mit remanenter Magnetisirung zu thun haben (also $H = 0$ ist), so wird die ganze bei der Trennung der Flächen zu überwindende Kraft durch diesen Ausdruck darge-

---

1) Vgl. eine Abhandlung von Silv. Thompson, Phil. Mag., 1888, S. 71.

stellt. Bedeutet s den Querschnitt der Kontaktfläche, so ergiebt sich in diesem Fall die gesammte Zugkraft zu $2\pi I^2 s$. Wenn aber H nicht gleich Null ist, das Solenoid folglich von einem Strom durchflossen wird, so muss bei der Trennung der einander berührenden Flächen eine Menge von freiem Magnetismus im Betrage I für 1 qcm durch das Feld von der Stärke H in der Richtung der Kraftlinien bewegt werden. Hierzu ist aber eine weitere Kraft HI nöthig. Ausserdem kann auch noch das Solenoid in zwei Hälften gewickelt sein, — eine auf jedem Theil des Eisenkerns —, so dass bei der Trennung des Kerns auch die beiden Theile des Solenoids von einander entfernt werden müssen. Bei dieser Anordnung ist eine nicht unbeträchtliche Zugkraft erforderlich, um die gegenseitige Anziehung der Spulen zu überwinden, die von den Windungsflächen abhängt. Im einfachsten Fall ist das Solenoid direkt auf das Eisen gewickelt, so dass die Querschnittsfläche der Spule gleich der des Eisenkerns gesetzt werden kann. Die beiden Spulen verhalten sich dann wie Magnete, deren Pole die Flächendichte n i haben, wo n die Anzahl Windungen für das Centimeter und i die Stromstärke (in C.G.S.-Einheiten) bedeutet. Die gegenseitige Anziehung für 1 qcm ergiebt sich also zu $2\pi n^2 i^2$; da H gleich $4\pi n i$ ist, können wir den Ausdruck auch auf die Form $H^2/8\pi$ bringen. Wir haben hier ein drittes Glied, das gegebenenfalls zu den beiden andern addirt werden muss, nämlich dann, wenn das (direkt auf den Eisenkern gewickelte) Solenoid mit dem Kern zusammen losgerissen wird. Es ist zu beachten, dass das zweite Glied HI hier gerade so auftritt, wie in dem Falle, wo die Spule nicht in zwei Theilen gewickelt ist und die beiden Hälften des Kerns allein von einander getrennt werden. Wenn nämlich die Magnetisirungsspule aus zwei Theilen besteht, so wirkt jede Hälfte auf den entgegengesetzten Theil des Kernes mit einer Kraft $2\pi n i I$ oder $HI/2$ für die Flächeneinheit. Zwei solche Kräfte müssen überwunden werden, zwischen dem obern Kern und dem untern Solenoid und umgekehrt; die ganze Kraft ist also wieder HI wie vorher.

Für den Fall, dass die Magnetisirungsspule aus zwei Theilen besteht, haben wir also für die Zugkraft den Ausdruck

$$2\pi I^2 + HI + \frac{H^2}{8\pi}$$

oder

$$\frac{1}{8\pi}\left[16\pi^2 I^2 + 8\pi HI + H^2\right] = \frac{1}{8\pi}\left[4\pi I + H\right]^2 = \frac{B^2}{8\pi}.$$

Diese Formel benutzt man gewöhnlich, um die Zugkraft aus der Magnetisirung oder umgekehrt zu berechnen.

In jedem besondern Fall muss die specielle Anordnung der Magnetisirungsspule in Betracht gezogen werden. Ist die letztere in einem Stück gewickelt oder mit dem Kern nicht fest verbunden, so dass die Anziehung ihrer beiden Theile auf einander nicht berücksichtigt zu werden braucht, so ist die Zugkraft geringer. Hat anderseits die Spule eine grössere Querschnittsfläche als der Kern und ist je eine Spule auf jeder Kernhälfte befestigt, so wird die für **1** qcm des Eisenquerschnitts zu überwindende Anziehung grösser als $H^2/8\pi$ ausfallen können. Bei praktischen Versuchen, namentlich mit Eisen, ist das von der gegenseitigen Anziehung der Spulen herrührende Glied meistens ganz zu vernachlässigen, da B im Vergleich zu H sehr gross ist, wenigstens für die gewöhnlich in Betracht kommenden Feldstärken.

Maxwell[1]) studirte, von allgemeinen Grundsätzen ausgehend, den Zwangszustand in einem magnetischen Medium, der die in einem magnetischen Felde erfahrungsgemäss auftretenden mechanischen Kräfte ersetzen würde, und bewies, dass dort, wo keine Magnetisirung vorhanden ist, längs der Kraftlinien eine Spannung vom Betrage $H^2/8\pi$ herrscht. In dem ausserordentlich dünnen Luftraum zwischen den an einander stossenden Flächen eines durchgeschnittenen Magnets herrscht keine Magnetisirung, und H ist dort mit dem Werth von B im Metall identisch. Dieser Ausdruck für die Zugkraft zwischen den beiden Flächen ist also mit dem oben in elementarer Form abgeleiteten Werthe $B^2/8\pi$ gleichbedeutend.

§ 148. Bestimmung der Magnetisirung durch Messung der Zugkraft. — Wenn einmal die Beziehung zwischen der Zugkraft und B oder I festgestellt ist, so kann man umgekehrt aus Messungen dieser Zugkraft die Magnetisirung ableiten. Ausser den früher beschriebenen Methoden (der ballistischen, magnetometrischen und optischen Methode) haben wir also noch eine vierte zur Anstellung magnetischer Messungen. Bidwell hat auf diese Weise mit gutem Erfolge Magnetisirungskurven bestimmt; er ermittelte die Kraft, welche zur Trennung der beiden Hälften eines durchgeschnittenen Eisenringes nöthig war, als Funktion der Feldstärke, welche zwei auf die beiden Ringhälften gewickelte Spulen er-

---

[1]) Elektricität und Magnetismus II, § 641—646.

zeugten[1]). Bei der Berechnung der Resultate berücksichtigte er nur die Glieder $2\pi I^2 + HI$; bei seiner Versuchsanordnung hätte indessen noch das Glied $H^2/8\pi$ hinzugefügt werden müssen, wodurch im Ganzen $B^2/8\pi$ entstanden wäre[2]). Der Einfluss dieser Korrektion auf die numerischen Werthe von B oder I ist indessen bei seinen Versuchen sehr unbedeutend. Die magnetische Kraft wurde bis auf 585 gesteigert; aus der bei dem höchsten Werthe beobachteten Zugkraft berechnete sich I zu 1530, B zu 19820 und μ zu 33,9[3]).

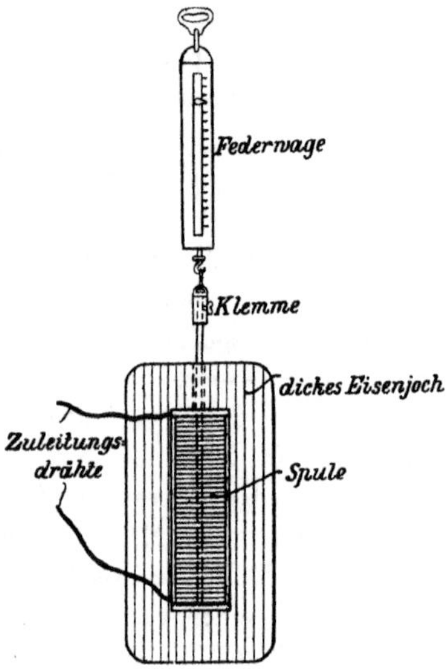

Fig. 129.

Neuerdings hat Silv. Thompson einen einfachn, auf diesen Principien beruhenden Apparat angegeben, um für technische Zwecke die Permeabilität angenähert zu bestimmen[4]). Die von ihm Permea-

[1]) Proc. Roy. Soc., 40, 1886.

[2]) Nach einer eigenen Bemerkung von Bidwell; Phil. Mag., 29, S. 440, 1890.

[3]) Um B aus der Zugkraft F für die Einheit des Querschnitts zu berechnen, haben wir $B = \sqrt{8\pi F}$, wenn F in Dynen pro qcm oder $B = \sqrt{8\pi \times 981 \times F_1} = 157\sqrt{F_1}$, wo F_1 in Grammgewicht pro qcm ausgedrückt ist. Mit Hülfe dieser Formel lässt sich B aus den in Tabelle XXV mitgetheilten Werthen der Zugkraft berechnen.

[4]) Journ. Soc. Arts, Sept. 1890.

meter genannte Vorrichtung ist in Fig. 129 abgebildet. Der zu prüfende Eisenstab wird durch eine Ausbohrung in der oberen Fläche eines massiven Eisenjoches und durch eine Magnetisirungsspule hindurchgesteckt. Die untere, eben bearbeitete Fläche des Probestücks steht auf der ebenfalls sorgfältig geschliffenen Fläche des Joches auf. Die zum Losreissen des Probestücks vom Joche erforderliche Kraft wird an einer Federwage gemessen. Da die Magnetisirungsspule an ihrem Platze bleibt, so setzt Thompson die Grösse $(B-H)^2/8\pi$ der Zugkraft gleich.

Es erscheint fraglich, ob die Kontaktfläche im Permeameter sich gerade an der günstigsten Stelle befindet. Die Magnetisirung ist gerade an der Stelle, wo sich Stab und Joch berühren, ziemlich ungleichförmig, und es wäre vielleicht besser, das Probestück aus zwei Theilen bestehen zu lassen und die Kontaktfläche in die Mitte zu legen. Ganz abgesehen davon kann keine derartige Anordnung sehr zufriedenstellende Resultate ergeben, wenn es sich darum handelt, die magnetischen Eigenschaften eines Metalls zu bestimmen. Die Zugkraft beeinflusst die zu messenden Grössen; ferner verhält sich, wie wir später (§ 162) sehen werden, ein durchschnittener Ring oder Stab magnetisch nicht wie ein ungetheilter, selbst wenn die Enden so sorgfältig wie möglich bearbeitet sind. Die Schnittfläche bewirkt eine scheinbare Verringerung der Permeabilität[1]). Jedenfalls ist die Zugkraft-Methode ungenau; jedoch bietet sie ein einfaches Mittel, um angenäherte, namentlich vergleichende Messungen zu machen[2]).

---

[1]) Phil. Mag., Sept. 1888.

[2]) Vgl. jedoch den Anhang.

Zehntes Kapitel.

Der magnetische Kreis.

§ 149. **Der magnetische Kreis.** — Die Magnetisirung des Eisens lässt sich für viele Zwecke am besten behandeln, indem man die Erscheinungen zu Grunde legt, die in einem bestimmten Punkt im Innern des Metalls vor sich gehen. Diese Betrachtungsweise ist in den vorhergehenden Kapiteln angewandt worden. Wir haben klar zu machen gesucht, wie eine magnetische Kraft H und eine magnetische Induktion B, jede in einer bestimmten Richtung, in dem betreffenden Punkte wirken. Wenn die Substanz isotrop ist und keinen remanenten Magnetismus besitzt, dessen Wirkung zu dem von der Kraft H inducirten hinzukäme, so hat B dieselbe Richtung wie H. Das Verhältnis von B zu H ist die Permeabilität μ. Gehen wir von einem Punkte des Metalls zu einem andern über, so ändern sich oft H und B gar nicht; gewöhnlich ist es aber doch der Fall. So hat H z. B. bei einem gleichförmigen bewickelten, kreisförmigen Ringe von konstantem Querschnitt in allen Punkten eines zu dem Ringe koncentrischen Kreises denselben Werth. Auch in einem langen und geraden Stabmagnet ist H überall konstant, wenn wir von der Nähe der Enden absehen. Ob nun aber H sich konstant verhält oder nicht, es ist immer in jedem Punkte dem Werth und der Richtung nach bestimmt; dasselbe gilt für B. In Punkten, wo keine magnetisirbare Substanz, z. B. Luft, vorhanden ist, hat B denselben Werth und dieselbe Richtung wie H. Die Grösse H lässt sich für jeden Punkt dadurch ermitteln, dass man die Resultante aller Kräfte bildet, die einmal von elektrischen Stromkreisen, sodann von etwa in der Nähe vorhandenem freien Magnetismus herrühren; diese Resultante ist gleich derjenigen mechanischen Kraft, die in dem betreffenden Punkt auf den Einheitspol des freien Magnetismus wirken würde.

Wenn wir von diesem Gesichtspunkte aus die Magnetisirung eines Körpers behandeln wollen, müssen wir zuerst die Werthe von H für jeden Punkt im Innern des zu prüfenden Stückes aufsuchen. So ist H im Fall eines gleichförmig bewickelten Ringes gleich $4\pi i n$, wenn i die Stärke des Magnetisirungsstromes und n die Anzahl der Windungen für das Centimeter der Länge bedeutet. Haben wir es mit einem gleichförmig bewickelten Stabe zu thun, so ist H gleich $4\pi i n$ weniger einer gewissen Grösse, die von dem freien Magnetismus an den Enden herrührt; bei sehr langen Stäben ist diese Korrektion unbedeutend. Viele magnetische Aufgaben lassen sich auf diesem Wege bequem lösen, indem man die Bedingungen für einzelne Punkte des magnetisirten Körpers aufstellt.

Es giebt indessen noch eine andere Behandlungsweise, die der vorhergehenden nicht im geringsten widerstreitet, oft aber bequemer ist. Anstatt dass wir davon ausgehen, was in den einzelnen Punkten vor sich geht, können wir auch den Magnetismus des Körpers als ein Ganzes ansehen und den sogenannten magnetischen Kreis betrachten. Diese Methode wurde von J. und E. Hopkinson[1]), sowie von Kapp[2]) eingeführt, um den Magnetismus der Dynamomaschinen im Voraus zu berechnen. Die Anwendung auf Dynamomaschinen und Transformatoren verleiht der Methode eine besondere praktische Bedeutung; ausserdem bietet die Vorstellung von dem magnetischen Kreis einen neuen Standpunkt, von dem aus man die elektromagnetischen Erscheinungen betrachten und die experimentellen Untersuchungen ergänzen kann.

§ 150. Magnetische Induktionsröhren; magnetischer Kraftlinienstrom und vollkommener magnetischer Kreis. — Wie wir schon früher (§ 14) gesehen haben, verlaufen die magnetischen Induktionslinien stetig im Raume, mag dieser nun ganz oder theilweise mit magnetischen oder unmagnetischen Stoffen angefüllt sein. B ändert sich nirgends unstetig und erfährt keine plötzliche Aenderung seines Werthes oder seiner Richtung, wenn die Kraftlinien aus dem Metall in die Luft oder umgekehrt übergehen. Jede Kraftlinie bildet eine stetige Kurve, die gleichzeitig geschlossen ist, so dass sie stets zu ihrem Ausgangspunkte zurückkehrt. Wir können uns den ganzen Raum mit Bündeln von Kraftlinien angefüllt oder (was auf dasselbe hinauskommt) in Röhren eingetheilt denken, deren

---

1) Phil. Trans., 1886, S. 331.

2) Journ. Soc. Tel. Eng., 1886, S. 518.

Mantelflächen von Kraftlinien gebildet werden. Eine jede solche Röhre enthält eine Anzahl von Kraftlinien; verfolgen wir die Röhre längs ihrer ganzen Ausdehnung, bis sie wieder in sich selbst zurückkehrt, so finden wir in ihr überall dieselbe Anzahl von Kraftlinien. Ob wir uns die Röhre aus einem grossen oder kleinen Bündel zusammengesetzt denken, die Anzahl der Kraftlinien wird in der Röhre überall dieselbe sein. Ihr Querschnitt kann sich zwar ändern und stellenweise grösser oder kleiner werden; die Kraftlinien entfernen sich dann von einander oder rücken näher zusammen; ihre Anzahl bleibt aber konstant. Denn wo die Induktion B gross ist, zieht sich die Röhre zusammen; wo die Induktion schwach ist, erweitert sich die Röhre. Betrachten wir aber einen beliebigen Querschnitt s der Röhre, der senkrecht auf der Richtung von B steht, so ist das Produkt B s (oder genauer, das Oberflächenintegral $\int B\,d\,s$, ausgedehnt über den ganzen Querschnitt, da B nicht nothwendig in allen Theilen von s denselben Werth zu haben braucht[1])) eine konstante Grösse für jede Röhre. In zwei beliebigen Querschnitten s und s' hat die Induktion solche Werthe B und B', dass $\int B\,ds = \int B'd's'$ ist. Mehrere Schriftsteller nennen neuerdings die Anzahl der magnetischen Induktionslinien den magnetischen Kraftlinienstrom oder den magnetischen Flux der Röhre. Wir wollen diese Grösse mit Φ bezeichnen. Jede magnetische Induktionsröhre kann, wenn man sie als Ganzes betrachtet, d. h. als eine Kurve, die in sich selbst zurückläuft, ein vollkommener magnetischer Kreis genannt werden. Er bildet eine Analogie zu einem vollständig isolirten elektrischen Stromkreise. Die Induktionslinien entsprechen den elektrischen Strömungslinien. Wenn auch der Querschnitt des Stromleiters nicht überall gleichförmig ist, so ändert sich doch die Stromdichte im umgekehrten Verhältnis zum Querschnitt, so dass das Produkt aus Stromdichte und Querschnitt, die Stromstärke, in jedem Querschnitt dieselbe bleibt; ebenso ist der Kraftlinienstrom Bs bei dem vollkommenen magnetischen Kreise konstant.

§ 151. Unvollkommener magnetischer Kreis. — Bei einem elektrischen Stromkreise mit unvollständiger Isolation treten Strö-

[1]) Der Querschnitt, für den wir das Integral zu bilden haben, ist so aufzufassen, dass jedes Flächenelement auf den Induktionslinien B, von denen es getroffen wird, senkrecht steht. Wenn daher die Induktionslinien B einander nicht parallel sind, so bildet der Querschnitt eine krumme Fläche.

mungslinien an den Seiten des Stromleiters aus. Bei dem magnetischen Kreis eines magnetisirten Ringes von beliebiger Form tritt das entsprechende auf, wenn die Begrenzung einer Induktionsröhre nicht mit der Oberfläche des Ringes zusammenfällt, sondern aus ihr theilweise heraustritt. Es findet dann an verschiedenen Stellen eine Streuung der Induktionslinien aus dem Ringkörper in den umgebenden Raum statt. Es ist oft zweckmässig, auch in diesem Falle, besonders wenn der grössere Theil der Induktionslinien im Ringe verbleibt, noch von einem magnetischen Kreise zu sprechen. Zur Unterscheidung von der eigentlichen Induktionsröhre wollen wir diesen Ring, bei dem eine Streuung der Induktionslinien stattfindet, einen unvollkommenen magnetischen Kreis nennen. Er ist unvollkommen, insofern wir jene Theile des umgebenden Mediums nicht mit berücksichtigen, durch die die Streuung stattfindet; diese Theile waren nothwendig, um die Induktionsröhren zu vervollständigen. Beispiele für unvollkommene Kreise lassen wir sogleich folgen.

§ 152. Linienintegral der magnetischen Kraft oder magnetomotorische Kraft. — Wir wollen nun eine Beziehung zwischen dem Kraftlinienstrom in einem magnetischen Kreise und der ganzen magnetisirenden Kraft aufstellen, gerade so, wie wir im Falle eines vollständig isolirten elektrischen Stromkreises eine Beziehung für die Stromstärke und der gesammten elektromotorischen Kraft haben, die im Kreise herrscht.

Es wirkt im magnetischen Kreise eine Kraft, von der (wenn es sich um den inducirten Magnetismus handelt) der Kraftlinienstrom abhängt; sie entspricht der elektromotorischen Kraft des elektrischen Stromkreises und ist von Bosanquet[1]) magnetomotorische Kraft genannt worden. Wir wollen sie mit F bezeichnen.

Die elektromotorische Kraft eines elektrischen Stromkreises lässt sich als diejenige Arbeit definiren, die geleistet werden muss, um die Einheit der Elektricitätsmenge durch den ganzen Stromkreis zu führen.

In derselben Weise können wir die magnetomotorische Kraft eines magnetischen Kreises als diejenige Arbeit definiren, die geleistet werden muss, um den magnetischen Einheitspol durch den ganzen Kreis zu treiben. Auf den Einheitspol wirkt in jedem Punkte

---

[1]) Phil. Mag., 15, S. 205, 1883.

[2]) Maxwell, Elektricität und Magnetismus, Bd. II, § 401.

seiner Bahn eine mechanische Kraft, die der magnetischen Kraft H der Grösse und Richtung nach gleich ist; diese Kraft muss bei der Bewegung des Einheitspol überwunden werden.

Die magnetomotorische Kraft ist das Linienintegral der magnetischen Kraft, wenn dies über die Grenzen des ganzen Kreises ausgedehnt wird[2]). Wir können uns denken, dass der Weg, längs dem sich der Einheitspol bewegt, aus vielen kurzen geraden Stücken besteht; für jedes einzelne von ihnen ist dann H merklich von einem Endpunkte bis zum andern konstant. Es möge das Wegelement die Länge δl und die Neigung ε gegen die Richtung von H haben. Alsdann ist die Arbeit, die geleistet werden muss, um den Einheitspol längs der kurzen Wegstrecke zu verschieben, gleich dem Produkt von der Länge dieses Weges δl in die zum Wege parallele Komponente der Kraft H, also gleich $H \cos \varepsilon \, \delta l$. Die auf dem ganzen Wege geleistete Arbeit erhalten wir durch die Summation der für die Elemente geleisteten Einzelarbeiten; wir bekommen also $\Sigma H \cos \varepsilon \, \delta l$ oder $\int H \cos \varepsilon \, dl$, wenn die Elemente unendlich klein angenommen werden. Der Ausdruck $\int H \cos \varepsilon \, dl$ ist das Linienintegral der magnetischen Kraft längs des Weges l.

Wir können auf diese Weise das Integral der magnetischen Kraft für jede beliebige Kurve bilden. Es ist keineswegs auf solche Fälle beschränkt, wo der Integrationsweg einen geschlossenen magnetischen Kreis bildet. Der Weg, den wir den Einheitspol beschreiben lassen, kann im Raume beliebig verlaufen, das Linienintegral $\int H \cos \varepsilon \, dl$ ist stets gleich der Arbeit, die geleistet werden muss, um den Einheitspol längs dieses Weges zu verschieben.

In dem Falle, wo die Richtung des Weges in allen Punkten mit derjenigen von H übereinstimmt, ist $\cos \varepsilon = 1$, und das Linienintegral der magnetischen Kraft geht in $\int H \, dl$ über. Dies tritt im Allgemeinen ein[1]), wenn der Weg längs einer magnetischen Induktionslinie verläuft; bei der Berechnung des Linienintegrals für einen vollkommenen magnetischen Kreis ist diese Voraussetzung immer zulässig.

§ 153. Werth des Linienintegrals der magnetischen Kraft. — Wenn die Integration über eine geschlossene Kurve auszudehnen ist, wenn sich also der Einheitspol längs eines Weges bewegt, der

[1]) Vorausgesetzt wird hierbei, dass das Medium isotrop ist und keinen remanenten Magnetismus, der gegen die Richtung von H geneigt ist, von früheren Magnetisirungen her besitzt.

in sich selbst zurückkehrt, so lässt sich das Linienintegral der magnetischen Kraft leicht auswerthen. Schneidet der Integrationsweg keine von elektrischen Strömen umflossene Fläche, so ist der Werth des Linienintegrals der magnetischen Kraft längs einer geschlossenen Kurve gleich Null. Wird aber die Fläche eines Stromkreises, in dem ein Strom von der Stärke i fliesst, einmal getroffen, so ist das Linienintegral längs einer geschlossenen Kurve gleich $4\pi i$; und geht man n_1 mal durch einen solchen Stromkreis hindurch, so ist der Werth des Linienintegrals gleich $4\pi i n_1$. Wenn z. B. der Weg, längs dessen das Linienintegral der magnetischen Kraft zu bilden ist, eine geschlossene Kurve darstellt, die das Innere einer Spule von n_1 Windungen durchsetzt, so ist das Linienintegral gleich $4\pi i n_1$, denn die Kurve schneidet die Stromfläche eben so oft, wie die Spule Windungen besitzt.

Der Satz, dass das Linienintegral gleich $4\pi i n_1$ ist, wenn es längs einer geschlossenen Kurve gebildet wird, ist ganz allgemein gültig, welche Lage und Richtung die Kurve auch haben mag; es ist gleichgültig, ob diese längs einer Kraftlinie verläuft oder nicht, ob sie ganz oder theilweise in einem unmagnetischen Stoffe, wie Luft, oder in einer magnetischen Substanz, wie Eisen, liegt. Wenn die geschlossene Kurve mehr als einen Stromkreis schneidet, so ist die Summe der Ausdrücke $4\pi i n_1$ zu bilden.

Zwei einfache Fälle sollen als Beispiele dienen. Es mögen die Enden einer gleichförmig gewickelten Drahtspule, die l cm lang ist und n Windungen auf dem Centimeter hat, so zusammengebogen werden, dass sie einen geschlossenen Ring bildet. Die Länge der geschlossenen Kurve in der Mitte der Spule sei l. Die magnetische Kraft H ist längs der ganzen Linie konstant und gleich $4\pi i n$. Der Werth von $\int H\,dl$ ist deshalb gleich Hl oder $4\pi i n l$ oder $4\pi i n_1$, wenn n_1 die Anzahl aller Windungen bedeutet.

Wir wollen ferner die magnetische Kraft in der Umgebung eines geraden Stromleiters betrachten (der übrige Theil des Stromkreises soll soweit entfernt sein, dass er ohne Einfluss ist), und $\int H\,dl$ längs des Umfanges eines Kreises integriren, dessen Achse der Stromleiter bildet. Die Kraft ist in der Entfernung r vom Leiter gleich $\frac{2i}{r}$; sie ist auf dem ganzen Kreisumfang konstant und hat überall die Richtung der Tangente. Die Länge des Integrationsweges ist $2\pi r$. Das Linienintegral der magnetischen Kraft längs

16*

des Kreises ist deshalb gleich $\frac{2\,i}{r}\,2\,\pi\,r$ oder $4\,\pi\,i$. In diesem Fall schneidet der Integrationsweg den Stromkreis nur einmal.

Das Resultat dieses Paragraphen kann folgendermaassen formulirt werden: Das Linienintegral der magnetischen Kraft längs einer geschlossenen Kurve ist gleich $0{,}4\,\pi$ oder **1,2566**, multiplicirt mit der Zahl der Ampèrewindungen, die von dem Integrationsweg geschnitten werden.

§ 154. Gleichung für den magnetischen Kreis. — Wir wollen nun auf den vollkommenen magnetischen Kreis zurückgehen und die Beziehung zwischen der magnetomotorischen Kraft oder dem Linienintegral der magnetischen Kraft längs des Kreises und dem Kraftlinienstrom betrachten. Der Kreis möge in eine Anzahl von Induktionsröhren zerlegt werden, die alle einen so kleinen Querschnitt haben sollen, dass B und H für die ganze Fläche eines jeden Querschnitts der (kleinen) Röhre als konstant angesehen werden dürfen. Die Beziehung, die wir für jede kleine Röhre aufstellen, kann leicht auf den ganzen magnetischen Kreis ausgedehnt werden, der aus der Gesammtheit der an einander gelagerten kleinen Röhren besteht. Es möge s der Fächeninhalt des Querschnitts und B die magnetische Induktion an einer beliebigen Stelle einer Röhre sein. Der Kraftlinienstrom Φ in der Röhre ist gleich $B\,s$. Wenn μ die Permeabilität der Substanz bedeutet, so ist die magnetische Kraft H an derselben Stelle gleich $\frac{B}{\mu}$; daher

$$\frac{\Phi}{\mu\,s} = \frac{B}{\mu} = H.$$

Multipliciren wir jede Seite der Gleichung mit dl, dem Längenelement der Röhre, so haben wir

$$\Phi\,\frac{dl}{\mu\,s} = H\,dl.$$

Integriren wir beide Seiten, so folgt, da Φ für alle Querschnitte konstant ist,

$$\Phi\int\frac{dl}{\mu\,s} = \int H\,dl = F,$$

wenn die Integration über den ganzen Kreis erstreckt wird; also

$$\Phi = \frac{F}{\int \frac{dl}{\mu s}}.$$

Die Bedeutung des Nenners wird sogleich klar, wenn wir ϱ für $\frac{1}{\mu}$ schreiben und ϱ als den specifischen magnetischen Widerstand der Substanz auffassen. Alsdann ist offenbar die Grösse $\frac{\varrho\, dl}{s}$ gleich dem magnetischen Widerstande von demjenigen Theil des magnetischen Kreises, der die Länge dl und den Querschnitt s hat. Der Begriff des magnetischen Widerstandes ist hier genau im analogen Sinne gebraucht, wie der elektrische Widerstand eines elektrischen Kreises. Dem specifischen magnetischen Widerstande ϱ entspricht der specifische elektrische Widerstand, also der Widerstand eines Leiters von der Länge 1 und dem Querschnitt 1. Die Grösse $\int \frac{\varrho\, dl}{s}$ ist einfach die Summe der Widerstände aller aufeinander folgenden Elemente des Kreises. Wir können daher die Gleichung eines vollkommenen magnetischen Stromkreises folgendermaassen schreiben:

$$\text{Kraftlinienstrom} = \frac{\text{Magnetomotorische Kraft}}{\text{Magnetischer Widerstand}}$$

oder

$$\Phi = \frac{F}{R};$$

für den elektrischen Stromkreis wäre die entsprechende Gleichung

$$\text{Stromstärke} = \frac{\text{Elektromotorische Kraft}}{\text{Elektrischer Widerstand}}$$

oder

$$i = \frac{E}{W}.$$

Bei dieser Vergleichung sind aber Einschränkungen zu machen. Der specifische elektrische Widerstand einer Substanz ist keine Funktion der Stromstärke, d. h. der Werth des Widerstandes hängt nicht von der Grösse der Stromstärke ab. Bei dem magnetischen Kreise sind ϱ und μ Funktionen des Kraftlinienstromes, denn sie hängen von dem Werthe von B ab. Aber selbst dann, wenn der

Werth von B gegeben ist, sind noch viele Werthe für ϱ und μ möglich, denn diese hängen nicht allein von der gerade vorhandenen magnetischen Induktion, sondern auch von der früheren magnetischen Behandlung des Probestücks ab. Aber die Gleichung ist richtig, wenn wir unter μ weiter nichts verstehen als den Werth, den der Quotient $\frac{B}{H}$ gerade an der betreffenden Stelle des Kreises besitzt; setzen wir daher ϱ gleich dem reciproken Werthe dieser Grösse, also gleich $\frac{H}{B}$, so hat der Quotient selbst für einen solchen magnetischen Kreis einen Sinn, in dem es gar keine magnetomotorische Kraft, wohl aber (remanente) magnetische Induktionslinien giebt. In diesem Falle muss der magnetische Widerstand verschwinden und der mittlere Werth von ϱ Null sein. Es kann sogar in einem magnetischen Kreise die Richtung der Kraftlinien in Folge von vorhergehenden Magnetisirungen der Richtung der magnetomotorischen Kraft entgegengesetzt sein; μ und ϱ sind alsdann negativ.

In den meisten Fällen, wo wir den Begriff des magnetischen Kreises mit Nutzen anwenden, sind Wirkungen von früheren Magnetisirungen entweder nicht vorhanden oder sie sind so gering, dass man sie vernachlässigen kann. Die Werthe von μ lassen sich deshalb aus der gewöhnlichen Magnetisirungskurve entnehmen, die für die betreffende Substanz des Kreises aufgenommen ist, d. h. aus der Kurve, die die Beziehung von B zu H ausdrückt, wenn H von Null an dauernd zunimmt und das Metall im Anfang keinen Magnetismus besitzt.

In vielen Fällen kann der Kreis mit grosser Annäherung in eine Anzahl von Theilen zerlegt werden, bei denen μ und s für jeden einzelnen konstant sind. Bezeichnen wir mit l_1 die Länge, mit μ_1 die Permeabilität, mit s_1 den Querschnitt eines solchen Theils, mit l_2, μ_2, s_2 die entsprechenden Grössen für den nächsten u. s. w., so erhalten wir

$$\Phi = \frac{F}{\frac{l_1}{\mu_1 s_1} + \frac{l_2}{\mu_2 s_2} + \frac{l_3}{\mu_3 s_3} + \ldots};$$

der Nenner auf der rechten Seite dieser Gleichung besteht aus so vielen Summanden, als wir Theile des Kreises haben.

Wollen wir nun den Werth der Induktion an irgend einer Stelle des Kreises als Funktion der magnetomotorischen Kraft ausdrücken, so müssen wir den Kraftlinienstrom durch den Querschnitt dividiren. Soll also B_1 die Induktion in dem ersten Theile des Kreises, dessen Querschnitt s_1 ist, bestimmt werden, so haben wir

$$B_1 = \frac{\Phi}{s_1} = \frac{F}{\frac{l_1}{\mu_1} + \frac{l_2}{\mu_2}\frac{s_1}{s_2} + \frac{l_3}{\mu_3}\frac{s_1}{s_3} + \ldots}.$$

Wollen wir ferner die Anzahl der Ampèrewindungen berechnen, die erforderlich ist, um einen bestimmten Kraftlinienstrom in einem Kreise hervorzurufen, so können wir, wenn die Länge, der Querschnitt und die Permeabilität der einzelnen Theile des Kreises bekannt sind, die magnetomotorische Kraft nach der Formel

$$F = \Phi \left\{ \frac{l_1}{\mu_1 s_1} + \frac{l_2}{\mu_2 s_2} + \frac{l_3}{\mu_3 s_3} + \ldots \right\}$$

bestimmen und die Anzahl der Ampèrewindungen finden, wenn wir die magnetomotorische Kraft durch $0{,}4\,\pi$ dividiren. Diese Aufgabe ist thatsächlich zu lösen, wenn es sich darum handelt, die Wicklung für die Feldmagnete einer Dynamomaschine zu berechnen. Die Aufgabe ist analog der Bestimmung der elektromotorischen Kraft, die nöthig ist, um eine bestimmte Stromstärke in einem Kreise herzustellen, der aus einer Anzahl von Leitern von bekanntem specifischen Widerstand, bekannter Länge und bekanntem Querschnitt besteht.

§ 155. Beispiele; geschlossener Ring. — Von welchem Nutzen die Vorstellung des magnetischen Kreises ist, geht am besten aus der Betrachtung einiger Beispiele hervor. Wir wollen zuerst den uns schon hinreichend vertrauten Fall eines geschlossenen Ringes behandeln, auf den eine Magnetisirungsspule von n_1 Windungen gleichmässig gewickelt ist. Es sei l der Umfang eines beliebigen Kreises, der innerhalb des Ringes und parallel zu dessen Oberfläche verläuft. Die magnetische Kraft ist in allen Punkten eines solchen Kreises gleich $\frac{4\pi i n_1}{l}$, und das Linienintegral längs derselben Kurve oder die magnetomotorische Kraft gleich $4\pi i n_1$. Wenn wir den Querschnitt mit s bezeichnen, so ist der magnetische Widerstand des Ringes gleich $\frac{l}{\mu s}$, und der Kraftlinienstrom ist gleich der magnetomotorischen Kraft dividirt durch den Widerstand, also

$$\Phi = \frac{4\pi i n_1}{\frac{l}{\mu s}}.$$

Wir können diesen Ausdruck für Φ auch noch auf andere Weise ableiten, nämlich

$$\Phi = B s = \mu H s = \frac{4\pi i n_1 \mu s}{l}.$$

Das Linienintegral der magnetischen Kraft hat denselben Werth für alle Kraftlinien, welche innerhalb der Magnetisirungsspule verlaufen. Ausserdem ist die magnetische Kraft H selbst für alle Punkte des Kreises l konstant, so dass das Linienintegral gleich Hl ist. Um die Werthe zu vergleichen, die H an verschiedenen Punkten im Innern des Ringes in der Entfernung $r_1, r_2, \ldots$ von der Achse annimmt, benutzen wir die Gleichungen

$$H_1 l_1 = H_2 l_2;$$
$$l_1 = 2\pi r_1, \quad l_2 = 2\pi r_2.$$

Hieraus folgt

$$H_1 r_1 = H_2 r_2.$$

Die magnetische Kraft, die von einer gleichmässigen Wicklung auf einem gleichförmigen Ringe von kreisförmigem Querschnitt herrührt, ist dem Abstande von der Achse umgekehrt proportional (vgl. § 57).

In dem Fall eines gleichmässig bewickelten Ringes bietet die Vorstellung von dem magnetischen Kreise keinen besonderen Vortheil. Die Resultate lassen sich ebenso einfach ableiten, wenn wir die Magnetisirung und die magnetische Kraft in einem einzelnen Punkte des Metalls betrachten. Aber es ist bemerkenswerth, dass man bei der Vorstellung von dem magnetischen Kreise die Grösse H nicht zu berücksichtigen braucht. Wir haben zwar den Ausdruck für die magnetomotorische Kraft aus der magnetischen Kraft abgeleitet, indem wir H längs des magnetischen Kreises integrirten. Aber dies ist keineswegs nothwendig; man kann bei der Behandlung von der Grösse H ganz absehen. Die magnetomotorische Kraft kann unabhängig von H definirt werden, ebenso der Kraftlinienstrom als Funktion der magnetomotorischen Kraft und des magnetischen Widerstandes. Es ist selbst theoretisch möglich, alle Magnetisirungsprocesse in derselben Weise zu behandeln. Bei einem magnetisirten Stabe z. B. wird der magnetische Kreis vollständig durch das umgebende unmagnetische Medium geschlossen; man könnte, wenn die mathematischen Hülfsmittel ausreichten, den Widerstand dieses Kreises vollständig genau bestimmen und so dahin gelangen, dass das Verhältniss des Kraftlinienstromes zu der magnetomotorischen Kraft mit aller Strenge abgeleitet wird, ohne dass man die magnetische Kraft in den einzelnen Punkten des Stabes irgendwie kennt. Aber es ist unpraktisch, diese Methode überall anzuwenden, obwohl es theoretisch möglich wäre; es giebt viele Aufgaben, bei deren Lösung die älteren Anschauungsweisen, die wir in den vorhergehenden Kapiteln behandelt haben, sehr viel bequemer sind. Man muss die Betrachtung der magnetischen Kraft und der Magnetisirung in einzelnen Punkten nicht deshalb aufgeben, weil die Vorstellung von dem magnetischen Kreise in gewissen Fällen besonders nützlich und theoretisch überall durchzuführen ist. Der wahre Werth dieser Anschauungsweise besteht vielmehr darin, dass man mit ihrer Hülfe sonst unlösbare Aufgaben mit einer für praktische Zwecke hinreichenden Genauigkeit lösen kann. Wollte man z. B. für jeden einzelnen Punkt in dem Eisenkern eines Transformators oder in den Feldmagneten einer Dynamomaschine den Werth von H und damit die Magnetisirung bestimmen, so würde dies eine viel zu schwierige Aufgabe sein. Wenden wir aber in solchen Fällen die Methode des magnetischen Kreises an, so lässt sich die Lösung leicht ausführen; sie ist zwar nicht streng richtig, genügt aber vollständig den Anforderungen des Elektrotechnikers.

In dem oben behandelten Fall eines gleichmässig bewickelten Ringes bildete das Metall einen vollkommenen magnetischen Kreis. Keine Induktionslinie trat in das umgebende Medium über; der Ring selbst bildete eine Induktionsröhre, und der Kraftlinienstrom war für jeden Querschnitt konstant. Wir wollen nun annehmen, dass ein Theil Q des Ringes von der Wicklung frei bleibt und dass die Magnetisirungsspule vollständig auf den andern Theil P beschränkt wird (Fig. 130). In diesem Falle ist die Anzahl der Kraftlinien in P grösser als in Q; denn es findet eine Streuung statt, indem einige Induktionslinien nach dem Austritt aus der Spule nicht durch den Ring, sondern durch den umgebenden Raum verlaufen. Die punktirten Linien deuten dies an. Der Ring bildet nun einen unvollkommenen magnetischen Kreis. Wenn jedoch die Substanz eine grosse Permeabilität besitzt (bei weichem Eisen ist die Permeabilität für nicht zu starke magnetische Kräfte etwa 2000 bis 3000 mal grösser als die der Luft) und der Ring kurz ist, d. h. sein Durchmesser nicht zu gross im Verhältnis zu seiner Dicke, so ist die Streuung der Induktionslinien in dem umgebenden Raum nur sehr beschränkt; die bei weitem grösste Zahl der Induktionslinien, die in P verläuft, wird auch vollständig im Ringe bleiben, so dass in dem Theile Q nur etwas weniger auftreten. Wir können deshalb in einem solchen Fall in erster Annäherung den Kraftlinienstrom für den ganzen Ring als konstant ansehen und die Formel

$$\Phi = \frac{4\pi i n_1 \mu s}{l}$$

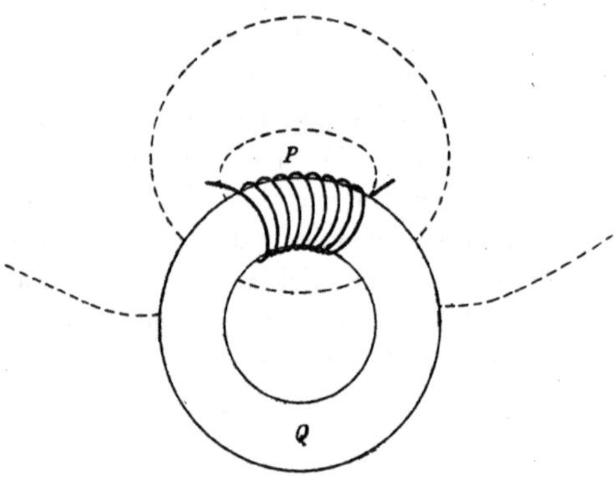

Fig. 130.

für den vollkommenen magnetischen Kreis anwenden. Die durch diese Gleichung dargestellte Grösse ist etwas kleiner als der Kraftlinienstrom in dem Theile P, weil der Widerstand des thatsächlich vorhandenen magnetischen Kreises etwas geringer ist als der des Ringes, zu dessen einem Theil die umgebende Luft einen Nebenschluss bildet. Anderseits ist der so berechnete Werth für den Kraftlinienstrom grösser als die thatsächlich in Q vorhandene Strömung.

Der Fall ist analog dem eines elektrischen Stromkreises, der nicht vollständig isolirt, sondern in eine schwach leitende Flüssigkeit eingetaucht ist. Es möge z. B. ein Ring aus Kupfer, dessen Theil P den Sitz einer elektromotorischen Kraft bildet, sich innerhalb einer Flüssigkeit befinden, deren Leitungsvermögen 2000 bis 3000 mal kleiner ist als die des Kupfers. Die Stromstärke wird alsdann in Q nur etwas kleiner als in P ausfallen; der Strom, der in die umgebende Flüssigkeit übertritt, bildet nur einen sehr unbedeutenden Theil des Ganzen. Wir müssen hierbei die Voraussetzung wiederholen, dass der Ring kurz, also seine Oberfläche, durch die der Stromverlust stattfindet, im Verhältnis zum Querschnitt, durch den der eigentliche Strom fliesst, nicht gross ist.

Welchen Vortheil es gewährt, den Eisenring als einen fast vollkommenen magnetischen Kreis zu betrachten, wird sofort klar, wenn wir überlegen, wie schwierig die magnetische Kraft H für die einzelnen Punkte direkt zu bestimmen wäre.

Für einen gleichmässig bewickelten Ring liess sich H leicht ermitteln, weil die magnetische Kraft dann allein von der Magnetisirungsspule bestimmt wird. In dem vorliegenden Falle hängt H keineswegs von der Spule allein ab. Wirkte diese allein, so entstände in ihrem Innern und dicht an ihren Enden eine starke magnetische Kraft; in den entfernten Theilen des Ringes wäre die Kraft dagegen sehr klein. Nun wissen wir aber, dass H thatsächlich in dem ganzen Ringe ziemlich gleichförmig sein muss, weil die Magnetisirung annähernd gleichförmig ist. Die Ausgleichung der Kraft H wird durch den freien Magnetismus des Ringes selbst bewirkt, der entsteht, weil der Kraftlinienstrom nicht konstant ist.

Die magnetische Kraft in einem Punkte rührt theils von dem freien Magnetismus, theils von der Wirkung der Spule her; im Innern und dicht an den Enden der Spule wird H durch den freien Magnetismus, welcher der Spule entgegenwirkt, verkleinert, in dem unbewickelten Theile des Ringes dagegen vergrössert. Gerade weil der Ring kein vollkommener magnetischer Kreis ist und eine Streuung der Kraftlinien in den umgebenden Raum hinein stattfindet, ist die magnetische Kraft und folglich auch die Induktion fast überall gleichförmig. In einem kurzen Ringe, dessen Substanz eine grosse Permeabilität besitzt, bedingt ein geringer Unterschied in dem Kraftlinienstrom an verschiedenen Stellen des Ringes das Auftreten von so viel freiem Magnetismus, dass die ausserordentlich grosse Ungleichheit der Kraft, wie sie die Magnetisirungsspule bewirkt, ausgeglichen wird; in dem magnetischen Kreise findet dann nur eine geringe Streuung statt.

§ 156. **Aufgeschnittener Ring.** — Wir wollen ferner den magnetischen Kreis eines gleichförmigen Ringes aus Eisen betrachten, aus dem durch radial verlaufende Schnitte ein schmales Stück entfernt ist. Sobald der Ring magnetisirt wird, findet eine Streuung der Induktionslinien durch die Oberfläche in den umgebenden Raum statt; besonders geschieht dies in der Nähe des Einschnitts, obwohl die meisten Induktionslinien den Luftraum des Einschnitts quer durchsetzen. Wir können uns den magnetischen Kreis näherungsweise durch die Luftschicht vervollständigt denken, die den Schlitz ausfüllt und deren Volumen dem des ausgeschnittenen Stückes gleich ist. Die Induktionslinien breiten sich freilich etwas weiter aus, wenn sie den Einschnitt durchsetzen, und man würde eine grössere Annäherung an den vollkommenen magnetischen Kreis durch die Annahme erreichen, dass der magnetische Kreis in dem Luftzwischenraum einen ziemlich grösseren Querschnitt hat als im Eisen und dass dieser Unterschied der Querschnitte von der Breite des Schlitzes abhängt. Im vorliegenden Fall ist dieser jedoch sehr schmal, und es genügt, wenn wir den Querschnitt der Luftschicht und des Eisens als gleich annehmen. Es sei s der Querschnitt, l der mittlere Umfang des vollständigen, unaufgeschnittenen Ringes und δl die mittlere Breite des Einschnitts. Es möge der Ring, wie vorher, durch eine Spule mit n_1 Windungen magnetisirt werden, durch die ein Strom von der Stärke i fliesst. Die Permeabilität des Ringes sei μ, die der Luft ist gleich 1. Alsdann folgt

$$\Phi = \frac{F}{R} = \frac{4\pi i n_1}{\frac{l - \delta l}{\mu s} + \frac{\delta l}{s}} = \frac{4\pi i n_1 \mu s}{l + \delta l(\mu - 1)}.$$

Wäre kein Einschnitt vorhanden, so hätten wir

$$\Phi = \frac{4\pi i n_1 \mu s}{l}.$$

Schneidet man also ein kurzes Stück von der Länge δl aus dem Eisenring heraus und tritt an dessen Stelle eine Luftschicht, die den magnetischen Kreis schliesst, so wächst der Widerstand des Kreises um ebenso viel, als wenn man die Länge des Eisens um $\delta l(\mu - 1)$ vermehrt hätte.

§ 157. **Vergleichung eines aufgeschnittenen Ringes mit einem Ellipsoid.** — Es ist interessant, einen aufgeschnittenen Ring mit einem Ellipsoid von bestimmter Länge zu vergleichen[1]). Bei einem Ellipsoid erzeugt der freie Magnetismus, wie wir schon gesehen haben (§ 26), eine entmagnetisirende Kraft, die der Magnetisirungsspule entgegenwirkt. Wenn wir mit H die thatsächlich im Metall wirkende Kraft bezeichnen und mit H′ denjenigen Theil der magnetisirenden Kraft, der allein von der Wirkung der Magnetisirungsspule herrührt, so ist

$$H = H' - N I,$$

wo I die Intensität der Magnetisirung bedeutet und N einen numerischen Faktor, dessen Werth von dem Dimensionsverhältnis des Ellipsoids abhängt. Wir werden sehen, dass sich eine ähnliche Formel für den aufgeschnittenen Ring herleiten lässt, wenn wir ihn als fast vollkommenen magnetischen Kreis behandeln.

Da die Magnetisirung des aufgeschnittenen Ringes nahezu gleichförmig ist, so muss auch die wirksame magnetische Kraft, die von der Magnetisirungsspule und von dem freien Magnetismus abhängt, nahezu gleichförmig sein. Es bedeute H die Kraft und H′ die magnetisirende Kraft der Spule, die unter der Voraussetzung, dass die Spule eine gleichmässige Wicklung besitzt, gleich $\frac{4\pi i n_1}{l}$ ist. Wir haben alsdann

$$H = \frac{B}{\mu} = \frac{\Phi}{\mu s} = \frac{4\pi i n_1 \mu s}{\mu s \left\{1 + \delta l (\mu - 1)\right\}} = \frac{4\pi i n_1}{l + \delta l (\mu - 1)} \quad \text{und}$$

$$H' = \frac{4\pi i n_1}{l}.$$

Hieraus folgt

$$H' l = H \left\{ l + \delta l (\mu - 1) \right\},$$

$$H' = H \left\{ 1 + \frac{\delta l}{l} (\mu - 1) \right\},$$

$$H' = H \left\{ 1 + \frac{4\pi \varkappa \delta l}{l} \right\},$$

da $\mu = 4\pi\varkappa + 1$ und $\varkappa = \frac{I}{H}$ ist. Es ergiebt sich also

---

[1]) Siehe die Abhandlung von H. E. J. G. du Bois, Phil. Mag. 30, S. 335, 1890.

$$H' = H + \frac{4\pi\delta l}{l} I \quad \text{und}$$

$$H = H' - \frac{4\pi\delta l}{l} I.$$

Der Faktor $\frac{4\pi\delta l}{l}$ tritt an die Stelle der Grösse N in der Formel für das Ellipsoid. Er hängt von dem Verhältnis ab, in dem die Breite des Einschnitts zu dem ganzen Umfang des Kreises steht.

Handelt es sich um einen kreisförmigen Ring, so kann dies Verhältnis durch den Winkel ausgedrückt werden, den die radialen Begrenzungsebenen des Einschnitts im Mittelpunkt mit einander einschliessen. Bezeichnen wir mit α diesen Winkel in Graden, so ist

$$\frac{4\pi\delta l}{l} = \frac{4\pi\alpha}{360} = N.$$

Die folgende Tabelle, die von du Bois berechnet worden ist, zeigt, welche Breite des Einschnitts bei einem kreisförmigen Ringe dieselbe entmagnetisirende Kraft hervorbringt, wie sie bei Ellipsoiden von bestimmten Dimensionen auftritt:

Verhältnis der Länge zum Durchmesser des Ellipsoids	N	Aequivalente Breite des Einschnitts bei einem kreisförmigen Ring
20	0·0848	2·41°
30	0·0432	1·22
40	0·0266	0·76
50	0·0181	0·52
100	0·0054	0·15

Es wird kaum nöthig sein hinzuzufügen, dass die entmagnetisirende Kraft, die durch den Einschnitt bedingt wird, ebenso sehr den remanenten als den inducirten Magnetismus beeinflusst, gerade so wie es bei dem Ellipsoid der Fall ist. Wenn der Magnetisirungsstrom unterbrochen wird, so ruft der remanente Magnetismus eine entgegengesetzt gerichtete Kraft in dem Metall hervor, deren Werth gleich $\frac{4\pi\delta l}{l} I_r$ ist, wenn I_r die Intensität des remanenten Magnetismus bedeutet. In Folge dessen ist dieser nicht so gross, als wenn der Ring geschlossen wäre; ein sehr schmaler Einschnitt reicht in der That fast vollständig hin, um den sonst sehr grossen remanenten Magnetismus eines Ringes aus weichem Eisen zu zerstören. Bei einem Ring aus weichem, ausgeglühtem Eisen z. B., der in geschlossener Form nach einer starken Magnetisirung eine remanente Induktion B_r von 12000 Einheiten beibehielt, ging dieser Werth auf 1000 zurück, nachdem ein Einschnitt von nur $0{,}5^0$ Breite gemacht worden war.

§ 158. Graphische Darstellung für den Einfluss eines schmalen Einschnitts. — Der Einfluss eines schmalen Einschnitts, welcher der Magnetisirung entgegenwirkt und die Entmagnetisirung befördert, wird am besten klar, wenn wir auf die graphische Darstellung zurückkommen, die wir schon für die Ellipsoide und langen Stäbe angewandt haben (§ 48). Es mögen in Fig. 131 a, a, a die Magnetisirungskurven (I als Funktion von H) für das Eisen sein, aus dem der Ring besteht. Wir berechnen den Faktor N, der gleich $\frac{4\pi\delta l}{l}$ ist, und ziehen die Linie OA, so dass sich AM (parallel zu der H-Achse) zu OM verhält, wie $\frac{4\pi I \delta l}{l}$ zu I. Die Abschnitte auf den Parallelen zur H-Achse, die zwischen OM und OA liegen, stellen die entmagnetisirenden Kräfte dar, die zu den entsprechenden Werthen von I gehören; wollen wir also die Beziehung der Magnetisirung zu der magnetisirenden Kraft H′ darstellen, die von der Magnetisirungsspule allein hervorgerufen wird, so braucht man die Kurven a, a, a nur so weit zu scheren, bis sie in die Lage b, b, b übergehen, indem man die Abscissen von OA, statt von OM an rechnet, also zu dem Werthe von H in jedem einzelnen Falle $\frac{4\pi I \delta l}{l}$ addirt. So wird ein Punkt P′ der neuen Kurve gefunden, indem man durch den entsprechenden Punkt P der ursprünglichen Kurve eine Parallele zur H-Achse zieht und $P'R = PR + QR$ macht. Der remanente Magnetismus, der in dem unaufgeschnittenen Ringe gleich OS war, ist in dem aufgeschnittenen gleich OS′. Will man nur den remanenten Magnetismus OS′ finden, so kann man auch einfach die Gerade OT ziehen, die den Winkel $180^0 - \varphi$ mit der H-Achse einschliesst (wenn OA mit der Abscissenachse den Winkel φ bildet), und den Schnittpunkt T dieser Geraden mit dem absteigenden Aste der Kurve a auf die I-Achse nach S′ projiciren. Dieselbe

Konstruktion[1]) lässt sich natürlich anwenden, um den remanenten Magnetismus von Ellipsoiden zu bestimmen; auch gilt sie für lange Stäbe, die man näherungsweise als Ellipsoide betrachten kann.

Wir haben vorausgesetzt, dass in der Magnetisirungskurve des Eisens in Fig. 131 I als Funktion von H dargestellt sei. Wenn statt dessen B als Funktion von H gegeben ist, so wäre eine ähnliche graphische Konstruktion möglich, um die Wirkung des Einschnitts zu zeigen. Da $I = \frac{B - H}{4\pi}$, so ist die entmagnetisirende Kraft

$$NI = N \frac{B - H}{4\pi};$$

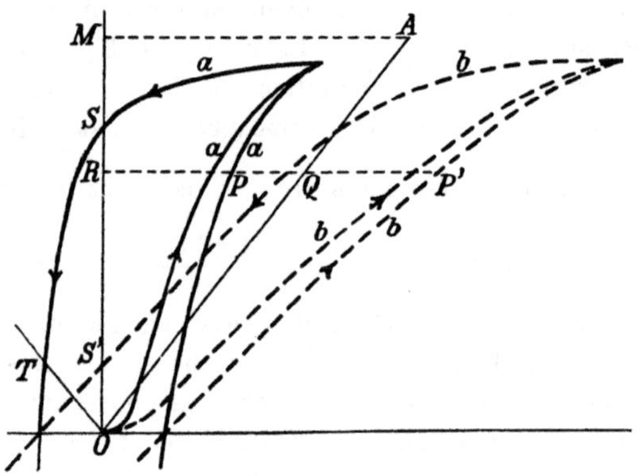

Fig. 131.

diese Grösse ist für eine Substanz von grosser Permeabilität, wie Eisen, annähernd gleich $\frac{NB}{4\pi}$, da B im Verhältnis zu H sehr gross ist. Setzen wir für N seinen Werth $\frac{4\pi\,\delta l}{l}$, so erhalten wir

$$NI = \frac{B\,\delta l}{l}.$$

Die Linie OA hat deshalb eine solche Neigung gegen die H-Achse, dass, wenn OM die B-Achse bedeutet, MA gleich $\frac{B\,\delta l}{l}$ ist.

---

[1]) Diese Konstruktion ist von J. Hopkinson angegeben, Phil. Trans., 1885, S. 465.

Aus den Gleichungen

$$H = H' - N I \qquad \text{und}$$

$$I = \frac{B - H}{4\pi}$$

folgt

$$H = H' - \frac{\delta l}{l}(B - H) \qquad \text{oder}$$

$$H' l = H(l - \delta l) + B\,\delta l.$$

Der Ausdruck $H'l$, der gleich $4\pi i n_1$ ist, bedeutet das Linienintegral der magnetischen Kraft längs des ganzen Kreises oder die magnetomotorische Kraft. H ist die magnetische Kraft im Eisen, und $H(l-\delta l)$ derjenige Theil des Linienintegrals, dessen Integrationsweg im Metall verläuft. B ist gleich der magnetischen Kraft in dem Einschnitt, und $B\delta l$ deshalb derjenige Theil des Linienintegrals, dessen Integrationsweg in der Luft liegt. Die Gleichung kann unmittelbar hingeschrieben werden. Sie drückt einfach die Thatsache aus, dass das Linienintegral für den vollständigen Kreis aus zwei Theilen besteht; in dem einen, der für das Eisen gilt, hat die magnetische Kraft auf der Strecke $l - \delta l$ merklich den konstanten Werth H und in dem andern, der sich auf die Luft des Einschnitts bezieht, ist die magnetische Kraft auf der Strecke δl gleich B. Wir haben dies Resultat auf einem andern Wege abgeleitet, um dem Leser die Beziehungen zwischen den beiden Anschauungsweisen klar zu machen, von denen die eine den Ring als einen magnetischen Kreis betrachtet, während die andere von dem magnetischen Zustand in den einzelnen Punkten ausgeht. In der Sprache der ersten stellt der Ausdruck $H(l-\delta l)$ denjenigen Theil der gesammten magnetomotorischen Kraft dar, welcher zur Ueberwindung des magnetischen Widerstandes im Eisen nöthig ist, und $B\delta l$ bildet den übrigen Theil der magnetomotorischen Kraft, der den Widerstand der Luft im Einschnitt überwinden muss. Wenn bei weichem Eisen der Einschnitt einigermaassen breit ist, so wird der Widerstand der Luft im Verhältnis zu dem des Eisens so gross, dass fast die ganze magnetomotorische Kraft darauf verwandt werden muss, die Kraftlinien durch den Einschnitt zu treiben.

§ 159. Graphische Darstellung für die Beziehung zwischen dem Kraftlinienstrom und der magnetomotorischen Kraft. — Wenn wir den magnetischen Kreis als ein Ganzes betrachten, so ist es zweckmässig, die graphische Darstellung, die in Fig. 131 gegeben ist, derart abzuändern, dass die Abscissen die ganze magnetomotorische Kraft und die Ordinaten den gesammten Kraftlinienstrom bedeuten. Dies ist zuerst von J. und E. Hopkinson[1]) ausgeführt worden. Eine solche Kurve kann offenbar für jeden Theil des magnetischen Kreises aus der Magnetisirungskurve (B als Funktion von H) der betreffenden Substanz abgeleitet werden, indem man die Werthe der Induktion B mit dem Querschnitt s und die Werthe der magnetischen Kraft mit der Länge des Stücks multiplicirt; das erste Produkt liefert alsdann den gesammten Kraftlinienstrom und das zweite die magnetomotorische Kraft, die für die Magnetisirung des betreffenden Theiles nöthig ist. Wenn man darauf die Abscissen der aufeinander folgenden Theile eines zusammengesetzten magne-

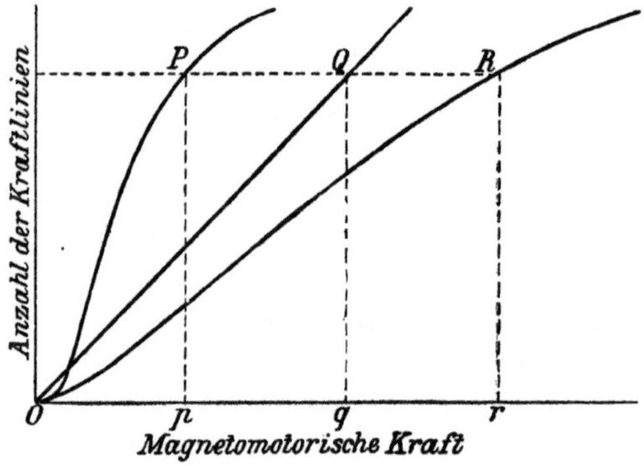

Fig. 132.

tischen Kreises auf graphischem Wege addirt, so erhält man die Beziehung zwischen der ganzen magnetomotorischen Kraft und dem Kraftlinienstrom. Ein Beispiel soll diese Methode erläutern. Wir wollen, wie vorher, einen aufgeschnittenen eisernen Ring von konstantem Querschnitt betrachten; die Breite des Einschnitts sei δl und die Länge des Eisens $l-\delta l$. Die Magnetisirungskurve, die B als Funktion von H für das Eisen des Ringes darstellt, setzen wir als bekannt voraus; nach ihr konstruiren wir für das Eisen die Kurve OP (Fig. 132), deren Ordinaten Pp gleich dem Kraftlinienstrom Bs und deren Abscissen Op gleich $H(l-\delta l)$ sind. Darauf ziehen wir für den Einschnitt die Linie OQ, deren Ordinaten Qq wieder gleich

[1]) Phil. Trans., 1886, I, S. 331.

Bs und deren Abscissen Oq gleich der für diesen Theil des Kreises erforderlichen magnetomotorischen Kraft $B\,\delta l$ sind. Die Linie OQ ist offenbar eine Gerade, da sie sich auf eine unmagnetische Substanz bezieht, für welche die Induktion der magnetischen Kraft proportional ist. Zum Schluss konstruiren wir als Resultante die Kurve OR, deren Abscissen die Summe der Abscissen der beiden andern Kurven sind, also $Or = Op + Oq$. Or ist die magnetomotorische Kraft, die für das Eisen und den Einschnitt zusammen gilt, und die Kurve OR stellt den Kraftlinienstrom als Funktion der magnetomotorischen Kraft für den ganzen Kreis dar.

Die Konstruktion kann eben so leicht auf den absteigenden Ast der Magnetisirungskurve oder auf das Verhalten des Kreises bei irgend eine cyklische Magnetisirung angewandt werden. Bei der Linie OR fallen der steigende und fallende Ast zusammen; für das Eisen müssen beide besonders gezeichnet und die Summirung der Abscissen für jeden Ast besonders ausgeführt werden (wie in Fig. 131), um eine Kurve zu erhalten, welche die Wirkungen der Hysteresis in dem ganzen Kreise und alle Aenderungen des Kraftlinienstromes in Folge von cyklischen Aenderungen der magnetomotorischen Kraft zeigt.

Ferner kann die Methode auf magnetische Kreise von komplicirterer Form ausgedehnt werden, deren einzelne Theile von der Länge $l_1, l_2, l_3 \ldots$ und dem Querschnitt $s_1, s_2, s_3 \ldots$ aus verschiedenem Material bestehen. Wir müssen nur für jedes Material die Magnetisirungskurven kennen, die die Beziehung von B und H angeben. Nach diesen zeichnen wir eine Reihe von Kurven, deren Ordinaten $Bs_1, Bs_2, Bs_3 \ldots$ und deren Abscissen $H_1 l_1$, $H_2 l_2$, $H_3 l_3 \ldots$ sind. Die gesuchte Kurve für die Beziehung zwischen dem Kraftlinienstrom und der magnetomotorischen Kraft im ganzen Kreise ergiebt sich, wenn wir eine Kurve konstruiren, deren Abscisse für eine bestimmte Ordinate gleich der Summe der Abscissen der einzelnen Kurven ist. Die resultirende Kurve stellt die Erscheinungen dar, die in einem zusammengesetzten Kreise bei cyklischen Magnetisirungsprocessen auftreten, wenn vorher für jede einzelne Substanz die cyklischen Magnetisirungskurven bestimmt sind.

§ 160. Anwendung auf Dynamomaschinen. — Einen hauptsächlichen Gebrauch macht man von dieser Methode, um die magnetomotorische Kraft und folglich die Anzahl der Ampèrewindungen zu bestimmen, die erforderlich sind, um eine bestimmte Magnetisirung in einem Kreise hervorzurufen, wenn die Dimensionen und magnetischen Eigenschaften der einzelnen Theile bekannt sind. Die Methode wurde in der That von J. und E. Hopkinson zuerst benutzt, um praktische Aufgaben bei der Konstruktion von Dynamomaschinen zu lösen. Hier besteht der magnetische Kreis 1. aus dem Eisen der Feldmagnete, 2. aus dem Joch, 3. aus den Polschuhen, 4. aus dem Ankerkern und 5. aus den unmagnetischen Zwischenräumen zwischen dem Ankerkern und den Polschuhen. Der letzte Theil liefert den grössten Beitrag zu dem Widerstande des magnetischen Kreises. Dieser ist bei den Dynamomaschinen bei weitem kein vollkommener; die wirksame Länge und der wirksame Querschnitt der einzelnen Theile unterliegen ferner in solchem Maasse der subjektiven Schätzung, dass die Resultate nur ziemlich rohe Annäherungen sein können. In Bezug auf die Einzelheiten dieser Anwendung, die nicht in den Rahmen unserer Aufgabe fallen, verweisen wir den Leser auf die Originalabhandlung[1]). Ein Punkt jedoch, der ebenso sehr für andere magnetische Kreise als für den der Dynamomaschine von allgemeinem Interesse ist, muss hier kurz erwähnt werden.

In dem Kreis einer Dynamomaschine ist der Kraftlinienstrom keineswegs überall konstant; es tritt vielmehr eine grosse Streuung ein. Der Strom ist am grössten in den Magnetschenkeln, wo die magnetomotorische Kraft ihren Sitz hat, und bedeutend kleiner im Anker. Auf den Werth im Anker kommt es jedoch bei den praktischen Aufgaben hauptsächlich an. Es bezeichne F_1 den Werth für den Anker, F_2, F_3 . . . für die andern Theile des Kreises, und es seien die Grössen q_2, q_3 . . . so bestimmt, dass

$$F_2 = q_2 F_1, \quad F_3 = q_3 F_1 \; . \; . \; .$$

Die Grössen q_2, q_3 . . . werden zuweilen Streuungskoefficienten genannt; im vorliegenden Falle sind sie grösser als 1. Man kann sie dadurch experimentell bestimmen, dass man sekundäre Spulen um die verschiedenen Theile des Kreises wickelt und nach der ballistischen Methode die in diesen Spulen auftretende Induktion vergleicht. Auch kann man unmittelbar die Streuung messen, indem man die Zahl der in der Luft verlaufenden Kraftlinien in der Nähe

---

[1]) Loc. cit. Siehe auch eine Abhandlung von E. Hopkinson, General Theory of Dynamo Machines, Rep. Brit. Ass. 1887, S. 614, und S. P. Thompson, Treatise on Dynamo-Electric Machines.

der einzelnen Theile bestimmt. Die Streuung ist nicht ganz konstant, sondern nimmt zu, wenn sich die Magnetisirung der Sättigung nähert. Sind die Koefficienten q_2, q_3 ... bekannt, so erhält man eine grössere Annäherung an die wirkliche Gleichung des magnetischen Kreises durch die Formel

$$4\pi i n_1 = \frac{l_1 F_1}{\mu_1 s_1} + \frac{l_2 F_2}{\mu_2 s_2} + \frac{l_3 F_3}{\mu_3 s_3} + \ldots \qquad \text{oder}$$

$$4\pi i n_1 = F_1 \left\{ \frac{l_1}{\mu_1 s_1} + \frac{q_2 l_2}{\mu_2 s_2} + \frac{q_3 l_3}{\mu_3 s_3} + \ldots \right\}.$$

§ 161. Schlussjoch. — Da wir von den Anwendungen des magnetischen Kreises sprachen, wollen wir noch kurz auf das Schlussjoch zurückkommen, das Hopkinson zuerst bei Messungen der Susceptibilität angewandt hat. Es ist oben schon beschrieben (§ 58—59). Mit Hülfe des Schlussjoches wird der zu untersuchende Stab in einen fast vollkommenen magnetischen Kreis eingeschaltet, dessen gesammter Widerstand nahezu gleich dem Widerstand des Stabes selbst ist. Die wirksame Länge l_1 des Stabes, dessen Querschnitt s_1 sein möge, ist etwas grösser als die freie Länge im Innern des Schlussjoches. Denn es findet eine allmähliche Ausbreitung der Induktionslinien an den Stellen statt, wo der Stab das Joch durchsetzt. Es sei ferner l_2 die Länge des Weges, den die Induktionslinien im Joche zurücklegen, und s_2 der Querschnitt der beiden Jochhälften. n_1 bezeichne, wie gewöhnlich, die Windungszahl der Magnetisirungsspule, die sich auf dem Stabe befindet. Alsdann ist nach der Gleichung für den magnetischen Kreis

$$4\pi i n_1 = \Phi \left\{ \frac{l_1}{\mu_1 s_1} + \frac{l_2}{\mu_2 s_2} \right\} \qquad \text{oder}$$

$$4\pi i n_1 = B_1 s_1 \left\{ \frac{l_1}{\mu_1 s_1} + \frac{l_2}{\mu_2 s_2} \right\},$$

wo B_1 die magnetische Induktion des Stabes bedeutet. Der Kraftlinienstrom $B_1 s_1$ ist die Grösse, die durch den Ausschlag des ballistischen Galvanometers gemessen wird. Die Gleichung kann auch folgendermaassen geschrieben werden

$$4\pi i n_1 = \frac{B_1}{\mu_1} \left(l_1 + \frac{\mu_1 s_1}{\mu_2 s_2} l_2 \right).$$

Ist H die thatsächlich im Stabe vorhandene magnetische Kraft, so haben wir

$$H = \frac{B_1}{\mu_1} = \frac{4 \pi i n_1}{l_1 + \frac{\mu_1 s_1}{\mu_2 s_2} l_2}.$$

Der magnetische Widerstand des Joches wirkt deshalb gerade so, als ob der Stab um das kleine Stück $\frac{\mu_1 s_1}{\mu_2 s_2} l_2$ länger wäre. In Folge davon ist die wirksame magnetische Kraft gleich der Kraft $\frac{4 \pi i n_1}{l_1}$, die von der Magnetisirungsspule herrührt, vermindert um eine kleine Korrektion, deren Betrag aus der folgenden Formel hervorgeht:

$$H = \frac{4 \pi i n_1}{l_1} - \frac{B_1 s_1 l_2}{\mu_2 s_2 l_1}.$$

Die Korrektion kann sehr verringert werden, wenn das Schlussjoch derartig gewählt wird, dass sein Material eine möglichst grosse Permeabilität besitzt und sein Querschnitt sehr viel grösser ist als der des Stabes.

Die Korrektion besitzt keinen konstanten Werth, wenn sie auch eine Vergrösserung der Stablänge ausdrückt. Denn μ_1 und μ_2 sind Funktionen von dem magnetischen Zustande des Stabes oder Joches und stehen in keiner konstanten Beziehung zu einander. Die Grösse μ bezeichnet nämlich stets das Verhältnis der in einem Zeitpunkt auftretenden Induktion zu der gleichzeitig vorhandenen magnetischen Kraft. Der Werth der Korrektion hängt deshalb nicht allein von der gerade wirksamen magnetischen Kraft ab, sondern auch von den vorhergehenden Magnetisirungen des Kreises. Die Korrektion kann natürlich mittelst des vorher beschriebenen graphischen Verfahrens vollständig ermittelt werden, vorausgesetzt, dass wir die Magnetisirungskurve für die Substanz des Joches kennen.

Wir haben diesen magnetischen Kreis gerade so behandelt, als ob er durch den Stab und das Joch vollständig geschlossen würde. In Wirklichkeit kommt jedoch noch die Verbindungsstelle zwischen Joch und Stab in Frage, deren Bedeutung sogleich klarer werden wird. Eine Schnittfläche, d. h. eine Diskontinuität in der Substanz des magnetischen Kreises, bringt nämlich selbst dann einen Widerstand hervor, wenn zwischen den einzelnen Theilen kein bemerkbarer Zwischenraum vorhanden ist. Eine solche Schnittfläche wirkt wie ein sehr schmaler Luftraum; sie sucht die Magnetisirungskurve zu scheren. In Folge dessen wird der remanente Magnetismus des Kreises vermindert, und es ist deshalb unzweckmässig, das Schlussjoch bei der Untersuchung von weichem Eisen anzuwenden.

§ 162. Magnetischer Widerstand von Schnittflächen. — Die Thatsache, dass eine Schnittfläche einen magnetischen Widerstand besitzt, scheint zuerst von J. J. Thomson und H. F. Newall bemerkt zu sein. Sie fanden, dass die Susceptibilität eines eisernen Stabes bedeutend verringert wurde, wenn man ihn in zwei Stücke schnitt und diese darauf wieder zusammensetzte[1]).

Bei den folgenden Versuchen[2]) wurde die Vergrösserung des magnetischen Widerstandes, den eine Schnittfläche bei einem eisernen Stabe hervorbringt, eingehend untersucht. Die einzelnen Stücke wurden dabei einmal so an einander gelegt, dass sie sich einfach berührten, das andere Mal wurden sie durch äussere Druckkräfte an einander gepresst. Der Stab, dessen Querschnitt 0,79 cm betrug, war aus einem Stück Schmiedeeisen abgedreht. Man untersuchte ihn nach der ballistischen Methode in einem Schlussjoch, in welchem der Stab auf seiner freien Länge von 12,7 cm eine gleichmässig gewickelte Magnetisirungsspule trug; die magnetisirenden Kräfte, die wir unten angeben, hängen von der Wirkung dieser Spule ab. Die Fläche, die das Joch für den Schluss der Kraftlinien bot, war über 100 mal grösser als der Querschnitt des Stabes. Der magnetische Widerstand des Kreises bestand deshalb fast ausschliesslich aus dem Widerstand des Stabes selbst und aus dem der Schnittflächen. Die Magnetisirung des Stabes wurde dadurch gemessen, dass man den Induktionsstrom in einer kleinen sekundären, auf die Mitte des Stabes gewickelten Spule beobachtete, wenn der Magnetisirungsstrom umgekehrt wurde. Es ist auf diese Weise eine Reihe von Beobachtungen angestellt, wobei der Magnetisirungsstrom allmählich zunahm, um für jeden Fall eine Kurve zu ermitteln, die die Induktion B des Stabes als Funktion der magnetisirenden Kraft der Spule darstellt.

---

[1]) Proc. Camb. Phil. Soc., 1887.

[2]) Ewing and W. Low, On the Influence of a Plane of Traverse Section on the Magnetic Permeability of an Iron Bar. Phil. Mag., Sept. 1888.

Zuerst untersuchte man den Stab ohne Schnittflächen, darauf schnitt man ihn in zwei Theile, deren sorgfältig eben geschliffene Enden zur Berührung gebracht wurden, nachdem man die angeschliffenen Endflächen auf einer Whitworth'schen ebenen Platte geprüft hatte. Obgleich in Folge dieses Verfahrens die Berührung sehr innig war, wurde trotzdem der Widerstand, wie die folgende Tabelle zeigt, durch die Schnittfläche beträchtlich vermehrt.

Tabelle XXVI.

Einfluss einer ebenen Schnittfläche auf die magnetische Induktion in einem eisernen Stabe.

Magnetisirende Kraft der Spule	Magnetische Induktion B	
	Ungetheilter Stab	Stab in zwei Stücke geschnitten
4	3 950	3 000
6	6 900	5 300
8	9 250	7 400
10	10 900	9 150
15	13 250	12 000
20	14 300	13 500
30	15 200	14 900

§ 163. Berechnung einer äquivalenten Luftschicht. — Der Einfluss, den eine Schnittfläche auf die Vergrösserung des Widerstandes ausübt, kann in passender Weise dadurch ausgedrückt werden, dass man die Breite einer Luftschicht berechnet, die denselben Widerstand besitzt. Man geht hierbei von der Annahme aus, dass sich die Permeabilität des Metalles selbst bei der Zertheilung nicht ändert. Die Breite der äquivalenten Luftschicht lässt sich leicht auf folgende Weise finden[1]).

Es sei H'_1 die magnetisirende Kraft, die von der Spule herrührt, wenn der Stab keine Schnittfläche besitzt, und H'_2 die magnetisirende Kraft der Spule für denselben Werth von B, wenn der Stab getheilt ist. l sei die Länge, s der Querschnitt des Stabes und x die Breite der Luftschicht, deren magnetischer Widerstand

[1]) In der Abhandlung, aus der diese Versuche entlehnt sind, ist ein Fehler bei der Berechnung der äquivalenten Luftschicht untergelaufen. In Folge dessen nahmen die Werthe für die Breite der Luftschicht mit wachsender Magnetisirung ab. Die hier mitgetheilten Zahlen sind die korrigirten Werthe.

dem der Schnittfläche äquivalent ist. Dann haben wir nach der Gleichung für den magnetischen Kreis

$$H'_1 l = \frac{B l}{\mu} \qquad \text{und}$$

$$H'_2 l = \frac{B l}{\mu} + B x.$$

Da B in beiden Fällen denselben Werth hat, so ist auch μ dasselbe. Es folgt also

$$B x = H'_2 l - H'_1 l \qquad \text{und}$$

$$x = \frac{1}{B}(H'_2 - H'_1).$$

Wollen wir also x bestimmen, so konstruiren wir die beiden Kurven, die H'_1 und H'_2 als Funktion von B darstellen, und messen

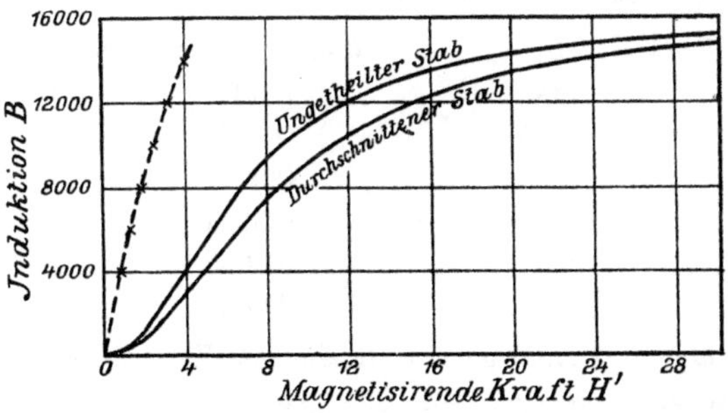

Fig. 133.

den horizontalen Abstand der einen Kurve von der andern, d. h. wir bestimmen den Unterschied von H'_1 und H'_2 für denselben Werth von B. Die Grösse $H'_1 l$ ist die magnetomotorische Kraft, die hinreicht, um die Induktion B hervorzurufen, wenn der Stab noch nicht zerschnitten ist. Um die Grösse $(H'_2 - H'_1) l$ muss diese magnetomotorische Kraft zunehmen, um dieselbe Induktion B bei einer Schnittfläche hervorzubringen.

In Fig. 133 sind die Kurven gezeichnet, wie sie der obige Versuch ergab; die Werthe von $H'_2 - H'_1$ sind durch die gestrichelte Linie auf der linken Seite der Figur dargestellt. Diese Linie ist fast eine Gerade, woraus hervorgeht, dass die Breite der äquivalenten

Luftschicht für alle beobachtete Werthe von B nahezu konstant ist. Die gestrichelte Linie krümmt sich freilich bei höheren Werthen von B etwas nach der Abscissenachse hin, was darauf hindeutet, dass die Breite der äquivalenten Luftschicht bei stärkeren Magnetisirungen grösser wird; aber es ist fraglich, ob die geringe Abweichung von der Geraden nicht von Beobachtungsfehlern herrührt. Ein sehr kleiner Fehler in den Werthen von B bei einer der beiden Kurven würde die Abweichung erklären. Bei einem andern Versuch von genau derselben Art, der mit einem zweiten Stab angestellt wurde, biegt die Linie, die $H'_2 - H'_1$ darstellt, bei hohen Werthen von B etwas nach der Ordinatenachse hin. Es scheint also, dass die Schnittfläche in Bezug auf ihren magnetischen Widerstand einer Luftschicht äquivalent ist, deren Breite wenigstens nahezu konstant ist. Es mögen hier die Werthe für die Breite der Luftschicht folgen, wie sie aus dem in Tabelle XXVI und Fig. 133 dargestellten Versuch berechnet sind.

B	Breite der Luftschicht
4 000	0·0026 cm
6 000	0·0030
8 000	0·0031
10 000	0·0031
12 000	0·0035
14 000	0·0037

Aus einem zweiten ganz unabhängigen Versuch, der mit einem andern Eisenstab angestellt wurde, ergab sich

B	Breite der Luftschicht
6 000	0·0043 cm
8 000	0·0041
10 000	0·0036
12 000	0·0030.

In beiden Fällen waren die an einander stossenden Enden der Theile sorgfältig eben geschliffen.

Wir können annehmen, dass die Breite der äquivalenten Luftschicht im ersten Falle ungefähr 0,0033 cm und im zweiten 0,0036 cm beträgt. Die Uebereinstimmung dieser beiden Zahlen ist so gut, wie es die Bedingungen des Versuchs erwarten lassen. Die äquivalente Luftschicht ist nicht sehr gross, indessen ist es wenig glaubwürdig, dass die Endflächen der Metallstücke selbst einen so kleinen

Abstand von einander haben. Wahrscheinlich ist der magnetische Widerstand der Schnittfläche theilweise dadurch bedingt, dass sich die Permeabilität des Metalls selbst in der Nähe der Oberfläche ändert. Diese Vermuthung gewinnt, wie wir später sehen werden, einen gewissen Anhalt durch die Theorie, die den Magnetisirungsprocess aus der Anordnung von molekularen Gruppen erklärt.

§ 164. Einfluss von Druckkräften auf den magnetischen Widerstand einer Schnittfläche. — Durch Versuche derselben Art prüfte man, in welcher Weise sich der magnetische Widerstand einer Schnittfläche ändert, wenn die Endflächen stark an einander gepresst werden. Die Methode des Schlussjoches wurde auch hier angewandt. Dies war so aufgestellt, dass der Stab vertikal stand; die Druckkraft wirkte alsdann dadurch auf den Stab, dass auf dessen oberes Ende ein belasteter Hebel wirkte, während das andere Ende auf einem festen Widerlager ruhte (wie in Fig. 97, § 122). Bei Versuchen dieser Art muss man natürlich bedenken, dass auch die Permeabilität des Metalls selbst durch den Druck geändert wird. Der Einfluss der Schnittfläche lässt sich dadurch bestimmen, dass man den Widerstand des getheilten, durch Druck deformirten Stabes mit dem eines ungetheilten Stabes vergleicht, der derselben Druckkraft ausgesetzt wird. Es ergab sich, dass der magnetische Widerstand der Schnittfläche durch Druck kleiner wird, und zwar in solchem Maasse, dass, wenn die in der Schnittfläche zusammenstossenden Flächen vollkommene Ebenen sind, ein ziemlich starker Druck den Widerstand der Schnittfläche fast ganz aufhebt; der getheilte Stab besitzt alsdann vollständig die magnetischen Eigenschaften des ungetheilten. Diese Wirkung wurde fast vollständig bei einem Druck von 226 kg auf 1 qcm erreicht. Die für diesen Druck beobachteten Magnetisirungskurven, die B als Funktion von H' darstellten, waren kaum von einander zu unterscheiden, mochte der Stab im ungetheilten oder getheilten Zustande untersucht werden. Bei Anwendung kleiner Druckkräfte wurde der Widerstand der Schnittfläche nur geringer, verschwand aber nicht vollständig. Die folgende Tabelle enthält die Werthe von B, die bei einem Eisenstab unter Anwendung verschiedener Druckkräfte beobachtet wurden; der Stab war zuerst ungetheilt und wurde dann in zwei Theile geschnitten, deren Endflächen man polirte. Die magnetisirende Kraft der Spule betrug fortwährend 5 Einheiten; sie trat jedesmal in Wirkung, nachdem der Stab schon belastet war.

Tabelle XXVII.

Einfluss von Druckkräften auf den magnetischen Widerstand einer Schnittfläche.

Druckkraft in kg auf 1 qcm	Magnetische Induktion B für $H' = 5$	
	Ungetheilter Stab	Getheilter Stab
0	5 600	4 700
56·5	5 400	4 670
113	4 700	4 200
169·5	4 050	3 800
226	3 650	3 650

Hier verschwindet bei dem stärksten Druck der Widerstand der Schnittfläche vollständig für eine magnetisirende Kraft von 5 Einheiten, für grössere magnetisirende Kräfte indessen findet dies nicht so vollständig statt.

Wir wollen hierbei bemerken, dass die magnetische Anziehung $B^2/8\pi$, die im vorliegenden Falle für $B = 5000$ weniger als 1 kg auf 1 qcm beträgt, im Verhältnis zu der Grösse der Druckkraft unbedeutend ist.

§ 165. Versuche mit rauhen Schnittflächen. — Weitere Versuche wurden mit Stäben angestellt, die einfach auf der Drehbank durchgeschnitten waren, ohne dass die Schnittflächen nachher eben geschliffen wurden. Die Schnittflächen dieser Art, die wir im Gegensatz zu den früheren als rauhe bezeichnen wollen, hatten einen nicht viel grösseren Widerstand als die mit ebenen Endflächen, so lange man den getheilten Stab ohne Anwendung einer Druckkraft prüfte. Wurden die Schnittflächen zusammengepresst, so trat ein grösserer Unterschied zwischen der rauhen und ebenen Schnittfläche auf; der Widerstand wurde bei der ersteren verhältnismässig wenig kleiner und verschwand selbst bei dem grössten Druck nicht.

Tabelle XXVIII zeigt die Wirkung mehrerer Schnitte durch einen Eisenstab, wenn die Schnittflächen rauh sind. Der untersuchte Stab war zuerst im ungetheilten Zustande, wurde darauf in zwei, dann in vier und zuletzt in acht Theile geschnitten; die Endflächen wurden ohne Druck zur Berührung gebracht.

Tabelle XXVIII.

Wirkung von mehreren Schnittflächen.

Magnetisirende Kraft der Spule	Magnetische Induktion B			
	Ungetheilt. Stab	Zwei Theile	Vier Theile	Acht Theile
7·5	8 500	6 900	4 800	2 600
10	11 000	9 000	6 400	3 770
15	13 400	11 550	8 900	5 550
20	14 400	13 000	10 750	7 150
30	15 350	14 550	12 940	9 800
50	16 400	15 950	15 000	13 300
70	17 100	16 840	16 120	15 220

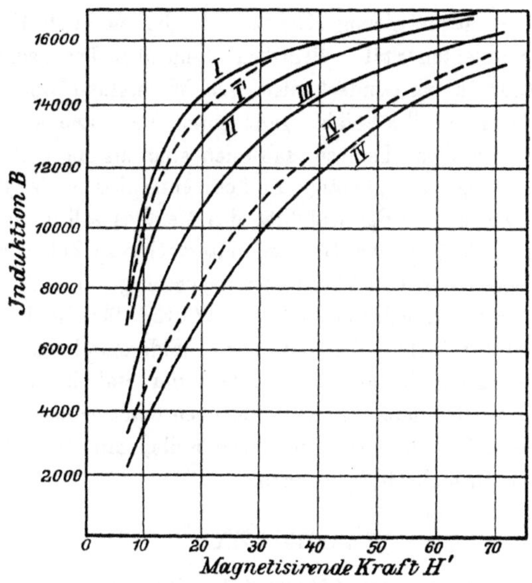

Fig. 134.

Die Ergebnisse des Versuchs zeigt Fig. 134, wo die ausgezogenen Linien die Beziehung von B zu der magnetisirenden Kraft der Spule darstellen, wenn der Stab aus einem (I), zwei (II), vier (III) oder acht (IV) Stücken besteht. Die punktirten Linien derselben Figur beziehen sich auf ein weiteres Experiment, bei dem ein Druck von 226 kg für 1 qcm bei allen vier Zuständen des Stabes angewandt wurde.

Vergleichen wir die Kurven für den ungetheilten Stab mit und ohne Anwendung einer Druckkraft, so ergiebt sich, dass durch den Druck die Permeabilität kleiner wird, wenn wir von den stärkeren Magnetisirungen absehen. Wenn das Feld stark geworden ist, schneidet die punktirte Kurve die ausgezogene. Diese Erscheinung beweist, dass der Einfluss einer Druckkraft sich umkehrt, analog der Villari'schen Wirkung bei der Zugkraft (§ 120, 124—126); dies Resultat liess sich vorhersagen, weil wir das Verhalten des Eisens unter der Einwirkung einer Zugkraft kennen. Für die Werthe von B unter 16 000 vergrössert jedoch der Druck den Widerstand des Kreises, so lange es sich um den ungetheilten Stab handelt. Unterliegt aber der in acht Theile zerschnittene Stab einer Druckkraft, so wird der Widerstand des Kreises entschieden verringert, selbst wenn die Magnetisirung schwach ist; die punktirte Kurve des in acht Theile zerlegten Stabes liegt bedeutend über der ausgezogenen Kurve. Der Druck vermindert also den Widerstand der Schnittflächen, obgleich er ihn nicht ganz zum Verschwinden bringt; und wenn die Schnittflächen so zahlreich sind als im vorliegenden Falle, so überwiegt der günstige Einfluss entschieden die Wirkung des Druckes, welche die Permeabilität des Metalles selbst verringert. Wurde derselbe Stab in vier Stücken untersucht, so hoben sich die beiden Wirkungen der Druckkraft fast gegenseitig auf.

Die folgende Tabelle enthält die Werthe für die Breite der äquivalenten Luftschicht, die denselben Widerstand hat als das Mittel aus den sieben Schnittflächen (wenn der Stab in acht Stücke getheilt ist). Die Rechnung ist nach der oben beschriebenen Methode ausgeführt. Die Resultate sind für zwei Fälle, mit und ohne Anwendung einer Druckkraft, gewonnen.

Tabelle XXIX.

Breite der Luftschicht, deren Widerstand dem Mittel aus sieben Schnittflächen äquivalent ist.

B	Ohne Druck	Unter einem Druck von 226 kg auf 1 qcm
8 000	0·0036 cm	0·0024 cm
10 000	0·0041	0·0031
12 000	0·0046	0·0036
14 000	0·0050	0·0041
15 000	0·0052	0·0041

Hieraus geht hervor, dass der Widerstand jeder rauhen Schnittfläche ohne Druck ungefähr derselbe ist wie der eines Lufthäutchens von 0,005 cm Dicke; die Dicke des Häutchens wurde nur auf 0,004 cm reducirt, wenn eine Druckkraft wirksam war, deren Grösse hingereicht hätte, um bei ebenen Schnittflächen ihren Widerstand vollständig zu vernichten. Wir haben gesehen, dass ein Schnitt mit ebenen Berührungsflächen, der ohne Anwendung einer Druckkraft untersucht wurde, einer Luftschicht von 0,003 cm Dicke äquivalent ist. Die Dicke der äquivalenten Luftschicht bei rauhen Schnittflächen scheint etwas zu wachsen, wenn die Sättigungsgrenze erreicht wird. Uebt man keinen Druck aus, so ist eine ebene Schnittfläche nicht viel besser als eine rauhe. Aber mittelst Druck kann man bei einer rauhen Schnittfläche nicht die äusserste Innigkeit der Berührung hervorrufen, die offenbar bei einer ebenen Schnittfläche entsteht und deren Widerstand fast aufhebt.

Elftes Kapitel.

Molekulartheorie.

§ 166. Theorien von Poisson und W. Weber. — Wird ein Körper aus Eisen oder aus einem andern magnetischen Metall magnetisirt, so breitet sich bekanntlich der magnetische Zustand über den ganzen Körper aus. Denn die einzelnen Theile eines stabförmigen Stahlmagnetes, der in kleine Stücke geschnitten wird, zeigen alle magnetische Polarität. Wenn wir also eine molekulare Struktur voraussetzen, so liegt die Annahme nahe, dass jedes Molekül des magnetisirten Stabes ein Magnet ist. Liegen solche Moleküle in einer Reihe, die in der Magnetisirungsrichtung verläuft, so stösst der Nordpol des einen Moleküls an den Südpol des nächsten und so fort die ganze Reihe entlang, so dass allein an den Enden der Reihe freie Pole auftreten. Wird dagegen die Kette der Moleküle in zwei oder mehr Theile zerlegt, so besitzt jedes Theilstück an seinen Enden freie Pole.

Stellen wir uns nun die einzelnen Moleküle des magnetisirten Stabes als Magnete vor, so entsteht weiter die Frage, ob die Moleküle nur dann Magnete sind, wenn der Stab magnetisirt ist, oder ob sie immer Magnete sind. Nach der ersten Ansicht, die Poisson annahm, besteht der Magnetisirungsprocess darin, dass jedes Molekül erst ein Magnet wird, während nach der zweiten Voraussetzung, die von W. Weber herrührt, die Moleküle stets magnetisch sind, im unmagnetisirten Körper aber deshalb keine Polarität hervorbringen, weil ihre Achsen alle möglichen Richtungen haben; tritt alsdann eine magnetisirende Kraft in Wirksamkeit, so werden die Achsen aller Molekularmagnete in diese Richtung gedreht. Nach der Poisson'schen Annahme sind die Molekülen innerhalb des Stabes unbeweglich, da die magnetische Polarität in den einzelnen Molekülen inducirt wird. Die Frage, wie die Induktion zu Stande kommt, ist damit nur von dem Stab auf das Molekül weiter geschoben und ihrer Lösung nicht näher gebracht. Nach der Weber'schen Auffassung sind die Moleküle dagegen mehr oder weniger frei beweglich, so dass sie eine neue Lage annehmen können, gerade so wie eine Kompassnadel, die in einem magnetischen Feld eine bestimmte Richtung erhält. Die Magnetisirung des Weber'schen Moleküls bleibt dieselbe, wie sehr sich auch der Magnetismus der Stabes ändert. Denn die magnetischen Aenderungen, die der Stab während des Magnetisirungsprocesses erfährt, werden auf die Bewegungen und nicht auf qualitative Aenderungen der Moleküle zurückgeführt. Von den beiden Auffassungen steht die Weber'sche am besten mit unsern allgemeinen Vorstellungen über die Beschaffenheit der Moleküle, sowie mit den bekannten magnetischen Erscheinungen in Uebereinstimmung.

§ 167. Experimentelle Beweise für die Weber'sche Theorie. — Nach der Poisson'schen Theorie lässt sich nur schwer ein Grund dafür angeben, dass die Magnetisirung eines magnetischen Metalls einer Grenze zustrebt, wenn die magnetisirende Kraft gesteigert wird. Entsteht in jedem einzelnen Molekül in Folge des Magnetisirungsprocesses magnetische Polarität, so ist nicht einzusehen, warum die Polarität nicht unbegrenzt zunehmen kann und warum zwischen dem Magnetismus des Stabes und der magnetisirenden Kraft eine so komplicirte Beziehung besteht, wie sie die Erfahrung lehrt. Wir sollten alsdann vielmehr eine Art Proportionalität zwischen Magnetismus und magnetisirender Kraft erwarten, keineswegs aber die Erscheinung der Remanenz und der Hysteresis. Anderseits folgt aus der Weber'schen Theorie, dass die Intensität der Magnetisirung einen Grenzwerth erreichen muss, wenn alle Moleküle in die Richtung der wirksamen magnetischen Kraft gedreht sind; eine weitere Steigerung der Kraft kann die Magnetisirung nicht mehr verstärken. Die Thatsache, dass es eine bestimmte Sättigungsgrenze giebt (vergl. § 91 bis 107), macht die Weber'sche Hypothese sehr wahrscheinlich. Ferner lassen sich durch die Voraussetzung, dass die Moleküle bei Aenderungen der Feldstärke gedreht werden, alle bis jetzt bekannten Merkmale der Magnetisirungskurven hinreichend erklären; auch werden alsdann die Erscheinungen der Hysteresis verständlich. Ebenso ist es ersichtlich, wie Erschütterungen die magnetische Susceptibilität vergrössern können; die Moleküle werden dadurch offenbar freier und folgen leichter der magnetisirenden Kraft. Einen weiteren Beweis für die Weber'sche Theorie haben die Versuche von Beetz[1]) geliefert. Er beobachtete die Wirkung einer schwachen magnetischen Kraft auf Eisen, dessen Moleküle gerade durch Elektrolyse eines Eisensalzes niedergeschlagen wurden und ungebunden der magnetischen Richtkraft folgen konnten. Das Eisen wurde auf einem geraden lackirten Silberdraht niedergeschlagen, und zwar längs eines Risses, den man in den Lack gezogen hatte. Der Draht, der in die Lösung des Eisensalzes eingetaucht war, bildete den einen Pol der elektrolytischen Zelle und befand sich in einem magnetischen Felde, dessen Kraftlinien seiner Längsrichtung parallel liefen. Das auf diese Weise niedergeschlagene Metall war so stark magnetisirt, dass sein Magnetismus in einem viel stärkeren Felde kaum noch zunahm. Offenbar wurden die Moleküle in demselben Augenblick gerichtet, als sie aus der Verbindung des Salzes frei wurden und bevor sie durch ihre gegenseitige Wirkung auf einander einen neuen Körper bilden konnten. Auch viele Ergebnisse neuerer Beobachtungen liefern einen entschiedenen Beweis für die Weber'sche Auffassung. Wir können sogar die Voraussetzungen der Weber'schen Theorie durch ein Modell aus einer Anzahl permanenter Magnete verwirklichen, mit dem alle Haupterscheinungen der magnetischen Induktion nachgeahmt werden können. Die Untersuchungen, die man mit einem solchen Modell anstellen kann, lassen keinen Zweifel, dass die Grundlage der Weber'schen Theorie, nämlich die Annahme von permanenten Molekularmagneten, vollständig mit der Erfahrung im Einklang steht.

§ 168. Die Weber'sche Theorie (Fortsetzung). — Wenn der Magnetisirungsprocess in einer Drehung der Molekularmagnete besteht, so muss man offenbar voraussetzen, dass die Moleküle einer Richtkraft unterworfen sind und deshalb der magnetisirenden Kraft nicht frei folgen können. Ohne einen solchen Zwang würden sie sofort die Richtung der wirksamen Kraft annehmen, und das schwächste Feld müsste Sättigung hervorrufen. In Wirklichkeit schreitet jedoch die Magnetisirung allmählich mit dem Wachsen der Kraft vor; auf jeder Stufe ist die Richtung jedes einzelnen Moleküls durch die Resultante bestimmt, welche die drehende Kraft des Feldes und die der Drehung widerstrebende Richtkraft bilden.

Weber nimmt an, dass die Achsen der Molekularmagnete im

[1]) Pogg. Ann., 111, S. 107, 1860.

unmagnetisirten Eisen alle möglichen Richtungen haben; tritt nun eine magnetisirende Kraft H in Wirksamkeit, so wird jedes Molekül abgelenkt, während eine Richtkraft es in die ursprüngliche Lage zurückzudrehen sucht. Diese soll einer konstanten magnetischen Kraft K gleich sein, deren Richtung mit der ursprünglichen Lage der Achse des Moleküls zusammenfällt[1]). Die Richtung, welche die Achse unter dem Einfluss der magnetisirende Kraft annimmt, ist folglich durch die Resultante von H und K bestimmt, und wenn die äussere Kraft H verschwindet, so wird das Molekül von der Kraft K in seine ursprüngliche Lage zurückgebracht. Diese Theorie giebt aber keine Erklärung für den remanenten Magnetismus und die übrigen Erscheinungen der Hysteresis. Es müsste die magnetische Susceptibilität für alle Werthe von H, die kleiner als K sind, konstant sein und für die höheren Werthe von H abnehmen. Wenn H gleich K wird und die Magnetisirung aufhört, der magnetisirenden Kraft proportional zu sein, so müsste I gleich $^2/_3$ des Sättigungswerthes sein. Diese Folgerungen widerstreiten der Thatsache, dass die Magnetisirungskurve Anfangs nicht geradlinig verläuft und dass die Susceptibilität zuerst klein ist und mit wachsender magnetisirender Kraft zunimmt. Es ist dies durch die Hysteresis bedingt, deren Erscheinungen durch die Weber'sche Theorie nicht erklärt werden.

§ 169. Maxwell's Abänderung der Weber'schen Theorie. Um diesem Mangel abzuhelfen, machte Maxwell eine weitere Annahme, indem er die Analogie berücksichtigte, die zwischen der Magnetisirung eines Körpers und seiner elastischen Deformation besteht. Er wollte damit Bedingungen einführen, unter denen die Gleichgewichtslage der Molekularmagnete dauernd geändert werden kann. Wird nämlich ein Molekül durch eine magnetisirende Kraft H gedreht, so kehrt es nach der Maxwell'schen Auffassung nach dem Verschwinden von H vollständig in seine ursprüngliche Lage zurück, wenn H einen gewissen Werth nicht überschreitet; das Molekül dreht sich dagegen nur theilweise zurück, wenn die ablenkende Kraft diesen Werth überschritten hat. Im letzten Falle bildet die Achse des Moleküls nach dem Verschwinden von H mit der ursprünglichen Lage einen Winkel, den man als permanente Ablenkung des Moleküls bezeichnen kann. Maxwell hat die Folgerungen dieser Voraus-

---

[1]) Pogg. Ann., 87, S. 167, 1852. — Siehe auch Maxwell, Elektricität und Magnetismus, Bd. II, § 443.

setzung ziemlich ausführlich geprüft, indem er dabei annahm, dass alle Moleküle eines magnetisirbaren Körpers nahezu dieselbe elastische Drehung erfahren und dass auf jedes eine konstante Richtkraft K in der ursprünglichen Richtung seiner Achse wirkt. Diese Hypothese erklärt das Auftreten des remanenten Magnetismus und einige andere Erscheinungen der Hysteresis; es bleibt aber unverständlich, warum Hysteresis auftritt, wenn eine magnetisirende Kraft nach einmaligem Wirken und Verschwinden von Neuem hervorgerufen wird; ebenso sind die Annahmen in Bezug auf die Richtkraft und die dauernde Ablenkung willkürlich. Wie wir sogleich sehen werden, ergeben sich aus der Wirkung der Molekularmagnete auf einander Schlussfolgerungen, die den Maxwell'schen Gedanken der elastischen und unelastischen Ablenkung in sich begreifen, obgleich die Richtkraft und die Grösse der elastischen Ablenkung nicht mehr willkürlich sind und nicht für alle Moleküle nahezu gleich zu sein brauchen.

§ 170. Reibungswiderstand bei der Drehung der Molekularmagnete. — G. Wiedemann hat die Annahme gemacht, dass eine Art Reibungswiderstand der Drehung der Weber'schen Molekularmagnete entgegenwirkt. Dieser bildet nicht allein eine Gegenkraft gegen die Magnetisirung, sondern verursacht auch den remanenten Magnetismus und die Erscheinungen der Hysteresis, da er die abgelenkten Moleküle daran hindert, in die ursprünglichen Lagen zurückzukehren. Eine Richtkraft, wie sie Weber annimmt, ist natürlich dann unnöthig. Mehrere beobachtete Erscheinungen unterstützen diese Auffassung; besonders sind es die Wirkungen, die Erschütterungen und andere mechanische Störungen hervorbringen, indem sie die magnetische Susceptibilität vergrössern und den remanenten Magnetismus vermindern. Ebenso spricht für eine Reibung der Moleküle, dass der Widerstand gegen das Magnetisiren verhältnismässig plötzlich aufhört, sobald eine gewisse Stufe des Magnetisirungsprocesses erreicht ist. Aber wenn die Moleküle durch Reibung festgehalten würden, bis die Kraft gross genug ist, um sie zu bewegen, so müsste die Susceptibilität für sehr kleine Kräfte Null sein, während sie thatsächlich einen kleinen positiven und Anfangs konstanten Werth hat (§ 86 und 87). Damit also die Vorstellung von dem Reibungswiderstande mit den Thatsachen übereinstimmt, muss man weiter die Annahme machen, dass einige Moleküle eines gegebenen Körpers keine merkliche Reibung erfahren und sich unter dem Einfluss der schwächsten Kräfte drehen können.

§ 171. Die gegenseitige Wirkung der Molekularmagnete auf einander. — Die Sache wird sehr vereinfacht, wenn wir von allen diesen willkürlichen Annahmen über die Richtkraft und den Reibungswiderstand absehen und den Zwang untersuchen, den die Moleküle nothwendig deshalb erfahren müssen, weil sie als Magnete auf einander wirken. Dieser Zwang scheint die beobachteten Erscheinungen des Magnetisirungsprocesses und der Hysteresis hinreichend zu erklären. Ausserdem bietet er wenigstens einen Anhalt für das Verständniss jener verwickelten Aenderungen der magnetischen Eigenschaften, die bekanntlich in Folge des Wechsels der Temperatur und der elastischen Bedingungen entstehen[1]).

Wenn wir untersuchen wollen, welche Gleichgewichtslage die Moleküle unter dem Einfluss der gegenseitigen magnetischen Kräfte einnehmen, so können wir natürlich unsere Aufmerksamkeit nicht

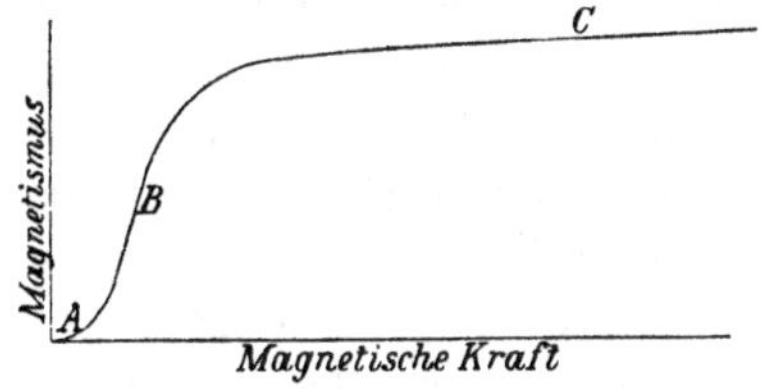

Fig. 132.

auf ein einziges Molekül beschränken. Denn die Richtkraft eines Moleküls hängt von der Lage aller benachbarten Moleküle ab und ändert sich, wenn diese gestört wird. Wir müssen also, um die Gleichgewichtsbedingungen eines einzelnen Moleküls zu ermitteln, gleichzeitig die der benachbarten Moleküle berücksichtigen. Diese werden ebenso wie jenes durch eine äussere Kraft abgelenkt, und der Zwang, den sie ausüben, ändert sich in Folge dessen. Man muss deshalb eine ganze Gruppe betrachten und untersuchen, auf welche Weise die Gruppe gestört wird, wie ihre einzelnen Glieder getrennt und wieder vereinigt werden, wenn eine äussere magnetisirende Kraft in Wirksamkeit tritt und verschwindet.

Wollen wir die Aenderungen, welche die Susceptibilität bei dem Magnetisirungsprocess eines magnetischen Metalls erfährt, durch

---

[1]) Siehe Contributions to the Molecular Theory of Induced Magnetism, Proc. Roy. Soc. 48, S. 342, 1890 und Phil. Mag. Sept. 1890.

den Zwang, den die magnetischen Moleküle auf einander ausüben, erklären, so ist zu berücksichtigen, dass der Magnetisirungsprocess im Grossen und Ganzen drei Stufen aufweist (vergl. § 141), nämlich die Theile A, B und C der typischen Kurve (Fig. 135). Sie lassen sich gewöhnlich ohne Schwierigkeit unterscheiden, obwohl der Uebergang von der einen Stufe zur nächsten niemals sehr scharf ist. In einigen Fällen ist er jedoch besonders ausgeprägt, wie in Fig. 119 und 120, welche sich auf tordirte und auf gleichzeitig tordirte und gedehnte Nickeldrähte beziehen.

Auf der ersten Stufe ist die Susceptibilität gering und Remanenz fast gar nicht vorhanden. Auf der zweiten Stufe steigt die Magnetisirung schnell, und es bleibt viel davon zurück, wenn die Kraft verschwindet. Auf der dritten Stufe wächst der Magnetismus wieder wenig, und die Remanenz steigt in noch geringerem Maasse. Wir werden sehen, dass sich diese Stufen aus der Molekulartheorie ergeben.

§ 172. Gruppe von zwei Molekülen. — Indem wir zu der Betrachtung von Molekülgruppen übergehen, die aus vielen magnetischen Molekülen bestehen, wollen wir mit einer Gruppe beginnen, zu der nur zwei Moleküle gehören. Jedes Molekül muss man sich als einen kurzen Magnet vorstellen, der sich frei um einen festen Mittelpunkt bewegen kann. So lange keine äusseren magnetischen Kräfte wirken, ordnet sich das Paar in der in Fig. 136 angegebenen Stellung an, so dass die entgegengesetzten Pole auf der Verbindungslinie der Mittelpunkte an einander stossen. Es möge nun eine äussere magnetische Kraft H von beliebiger Richtung in Wirksamkeit treten (Fig. 137).

Wenn H schwach ist, so erfahren die Moleküle nur eine geringe Ablenkung. Nimmt H aber allmählich zu, so wird eine Stufe erreicht, wo beide Moleküle sich plötzlich in eine solche Lage begeben, dass die Richtung ihrer magnetischen Achsen fast zu der von H parallel ist (Fig. 138).

Von besondern Fällen abgesehen, werden die Achsen der Kraft H nur dann vollkommen parallel sein, wenn diese unendlich gross wird.

Nimmt H nun allmählich wieder ab, so ändert sich die Anordnung der Moleküle zuerst nur wenig, bis eine Stufe erreicht wird, wo eine plötzliche Umkehr zu den in Fig. 137 angegebenen Verhältnissen eintritt. Es geschieht dies aber bei einem kleineren Werthe von H als der, welcher vorher die Auflösung der in Fig. 138

dargestellten Gruppe bewirkte; wir lernen hiermit ein einfaches Beispiel für die Hysteresis kennen. Steht die Richtung von H auf der Verbindungslinie der Mittelpunkte senkrecht, so tritt der ursprüngliche Zustand nur dann wieder ein, wenn H Null wird. In dem allgemeineren Falle, der in den Figuren dargestellt ist, geht der plötzliche Rückschlag vor sich, wenn H noch einen kleinen endlichen Werth hat; verschwindet H darauf vollständig, so geht der in Fig. 137 gezeichnete Zustand in den der Fig. 136 über.

Während die Kraft H wirkt, können wir drei Phasen unterscheiden. Zuerst werden die Moleküle (Fig. 137) nur wenig gedreht; darauf zerreisst gleichsam plötzlich das Band, das sie in einer Linie festhält, sie schwingen schnell um einen grossen Winkel in die neue Lage, und zuletzt bei noch stärkerer Zunahme von H werden ihre Achsen immer mehr der Richtung der Kraft parallel. Während jeder der drei Phasen nimmt die magnetische Polarität,

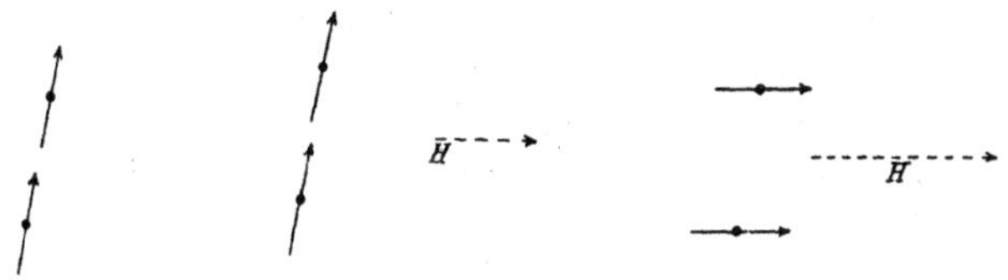

Fig. 136. Fig. 137. Fig. 138.

welche die Gruppe als Ganzes in der Richtung von H besitzt, beständig zu, obgleich die Magnetisirung jedes einzelnen Moleküls nach der Voraussetzung eine konstante Grösse ist. In der ersten Phase ist der Process vollkommen elastisch und entspricht der Dehnung eines festen Körpers, bei der die deformirende Kraft innerhalb der Elasticitätsgrenze liegt und deshalb keine dauernde Deformation hinterlässt. Würde H in irgend einem Punkte der ersten Phase verschwinden, so kehrten die Moleküle sofort in ihre ursprüngliche Lage zurück. Nachdem aber einmal der kritische Werth von H überschritten ist, der auf der Grenze der ersten und zweiten Stufe liegt, ist die Tendenz vorhanden, die neue Lage beizubehalten. Wir werden sogleich sehen, dass diese Tendenz, die die Hysteresis bedingt, noch mehr hervortritt, wenn wir es mit grösseren Gruppen zu thun haben. In der dritten Phase ist der Magnetisirungsprocess endlich wieder elastisch.

Im Anfang ist das Gleichgewicht natürlich für kleine Verschiebungen stabil. Eine geringe Störung bewirkt, dass die Magnete um die in Fig. 136 gezeichneten Gleichgewichtslagen schwingen. Das Gleichgewicht bleibt so lange stabil, als die ablenkende Kraft schwach ist (Stufe A). Aber sobald man den Endpunkt der Stufe A, den kritischen Punkt, erreicht hat, ist das Gleichgewicht indifferent und wird bei weiterem Wachsen von H labil. Die Moleküle drehen sich dann plötzlich in die neue Lage (Fig. 138), die wieder so lange stabil ist, als die Wirkung von H andauert.

Um dies in Formeln auszudrücken, wollen wir annehmen, dass die Pole jedes Molekularmagnetes die Stärke m haben und um die Strecke 2r, die Länge der magnetischen Achse, von einander entfernt sind. Es sei ferner α der Winkel, den die Richtung der ablenkenden Kraft H mit der Verbindungslinie der Mittelpunkte CC′ bildet und θ die Ablenkung, die für beide Magnete dieselbe ist. H soll zuerst nicht so stark sein, um das stabile Gleichgewicht aufzuheben.

Das magnetische Feld H übt auf jeden Pol eine mechanische Kraft mH aus, auf jeden Magnet also ein Drehungsmoment, dessen Arm gleich $2\,r \sin(\alpha-\theta)$ ist.

Das Drehungsmoment, das auf jeden Magneten ausgeübt wird, ist folglich

$$2\,H\,m\,r \sin(\alpha-\theta);$$

diesem wirkt die Richtkraft entgegen, die aus der gegenseitigen Wirkung der Magnete auf einander hervorgeht.

Sie besteht 1. aus der Anziehung der Pole P und Q, 2. aus der Anziehung der Pole P′ und Q′, 3. aus der Abstossung der Pole P′ und Q und 4. aus der Abstossung der Pole P und Q′. Von diesen Kräften kompensiren sich 3 und 4; 2 ist sehr gering im Verhältnis zu 1, vorausgesetzt, dass die Entfernung CC′ nicht viel grösser ist als die Länge jedes einzelnen Magnetes und die Ablenkung nicht beträchtlich wird. Unter dieser Bedingung reicht es hin, allein die erste Kraft, also die gegenseitige Anziehung von P und Q, als die wirkende Richtkraft anzusehen. Ihr Moment ist

$$\frac{m^2\,\overline{CN}}{\overline{PQ}^2},$$

wo CN den Abstand des Punktes C von der Linie PQ bedeutet; als Bedingung für das Gleichgewicht haben wir alsdann

$$2\,H\,m\,r\sin(\alpha-\theta) = \frac{m^2\,\overline{CN}}{\overline{PQ}^2} \quad . \quad . \quad . \quad . \quad . \quad . \quad (1).$$

Mit wachsendem θ wächst Anfangs auch die Richtkraft, erreicht aber ein Maximum für einen Werth von θ, der von dem Verhältnis von r oder CP zu CC′ abhängt.

Nehmen H und θ weiter zu, so wird das Gleichgewicht indifferent. Es tritt dies dann ein, wenn

$$\frac{d}{d\theta}\left\{2\,H\,m\,r\sin(\alpha-\theta)\right\} = \frac{d}{d\theta}\left(\frac{m^2\,\overline{CN}}{\overline{PQ}^2}\right)$$

oder

$$\frac{d}{d\theta}\left\{H\sin(\alpha-\theta)\right\} = \frac{m}{2\,r}\,\frac{d}{d\theta}\left(\frac{\overline{CN}}{\overline{PQ}^2}\right) \quad . \quad . \quad . \quad . \quad (2).$$

Aus den beiden Gleichungen (1) und (2) lassen sich die Werthe H und θ für die kritische Ablenkung bestimmen, wo das Gleichgewicht der Molekularmagnete indifferent wird. Wächst H noch

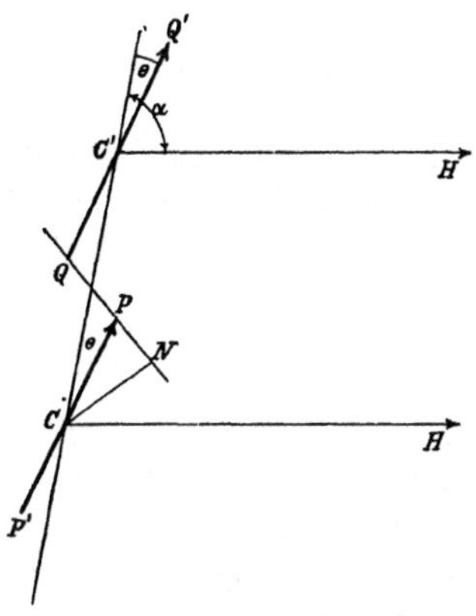

Fig. 139.

mehr, so tritt labiles Gleichgewicht ein, und die Moleküle drehen sich plötzlich in eine neue Gleichgewichtslage, so dass ihre Achsen fast der Richtung von H parallel werden.

Es mögen nun eine Anzahl solcher Magnetpaare von gleicher Stärke und Anordnung gegeben sein, die alle in demselben ablenkenden Felde liegen; die Verbindungslinien der Mittelpunkte CC′ sollen aber verschiedenartig gegen die Kraftlinien des Feldes geneigt sein. Es ist alsdann klar, dass das labile Gleichgewicht bei wachsender Feldstärke für gewisse Paare früher eintritt als für andere. Zuerst ist dies der Fall bei solchen Paaren, deren Mittellinie etwas mehr als einen rechten Winkel mit H einschliesst, so dass $\alpha - \theta$ gleich einem rechten Winkel wird, wenn der dem labilen Gleichgewicht entsprechende Werth von θ erreicht ist. Andere Paare, deren Mittellinien Anfangs nahezu der Kraft H parallel sind, werden nicht in den labilen Gleichgewichtszustand übergehen. Wie klein die Neigung der Mittellinien gegen H noch sein darf, damit labiles Gleichgewicht vermieden wird, hängt von dem Unterschied zwischen der Entfernung der Mittelpunkte und der Grösse 2 r ab.

Ist die erstere nur wenig grösser als 2 r, so tritt das labile Gleichgewicht bei solchen Paaren, deren Mittellinien gegen die Kraft H geneigt sind, annähernd dann ein, wenn

$$\frac{d}{d\theta}\left(\frac{\overline{CN}}{\overline{PQ}^2}\right) = 0$$

oder

$$\operatorname{tg}\psi = \frac{1}{\sqrt{2}},$$

wo ψ die Neigung der Linie PQ gegen die Mittellinie CC′ bedeutet. Unter diesen Umständen ist der Werth von H, bei dem das Paar sich auflöst,

$$H_0 = \frac{m}{12\sqrt{3}\,(a-r)^2 \sin\alpha};$$

a ist hier gleich $^1/_2\,\overline{CC'}$. Die Auflösung tritt nicht ein, wenn die Mittellinie nahezu mit H parallel läuft. In dem besondern Falle, wo die Richtung der Mittellinie mit der von H zusammenfällt, die Magnete aber Anfangs entgegengesetzt wie H gerichtet sind, geht dem labilen Gleichgewicht kein stabiles vorher. Der kritische Punkt wird bei einem solchen Paar erreicht, wenn

$$H_0 = \frac{m}{8\,(a-r)^2}.$$

Das allgemeine Verhalten einer Anzahl von Gruppen, von denen jede aus zwei Molekülen besteht, kann man sich leicht vorstellen; noch besser lässt es sich mit Hülfe eines Modells untersuchen. So lange sich bei Verstärkung des Feldes keine Gruppe auflöst, haben wir elastische Ablenkungen. Darauf erreichen die Gruppen allmählich den kritischen Punkt, und es findet ein schnelles, wenn auch nicht ganz plötzliches Steigen der Polarität statt, welche die Magnetpaare in ihrer Gesammtheit nach aussen hin ausüben. Zum Schluss nimmt die Polarität unter der Einwirkung stärkerer Kräfte noch etwas zu; dieser Zustand entspricht der Annäherung an die Sättigung.

Wenn die Feldstärke wiederum allmählich abnimmt, so kehren viele Gruppen in die anfängliche Lage zurück. Viele andere nehmen jedoch neue Lagen ein, so dass ihre Pole gerade entgegengesetzt gerichtet sind wie zuerst. In Folge dessen resultirt eine remanente Polarität, die auch andauert, wenn H verschwindet, und die grössere Anzahl der Paare ist alsdann der Richtung von H mehr oder weniger parallel, obgleich Anfangs keine Richtung in dieser Beziehung bevorzugt war.

Selbst eine so einfache Anordnung der Molekularmagnete, wie die Gruppirung in einzelne Paare es ist, weist also viele Züge auf, die bei der Magnetisirung des Eisens thatsächlich hervortreten. Wir finden analoge Erscheinungen, wie sie die erste, zweite und in gewissem Grade auch die dritte Stufe der Magnetisirungskurve bietet; ferner werden Hysteresis und remanenter Magnetismus erklärlich. Die Magnetisirungserscheinungen lassen sich jedoch noch getreuer nachahmen, wie wir sogleich sehen werden, wenn wir von der Annahme ausgehen, dass die Moleküle stetig vertheilt sind oder in Gruppen, von denen jede aus einer bedeutenden Anzahl von Gliedern besteht.

Das Verhalten der zweigliedrigen Gruppen stimmt ziemlich gut mit den Erscheinungen, die die erste und zweite Stufe des Magnetisirungsprocesses aufweist, überein. Es erklärt jedoch nur eine schwache Zunahme der Magnetisirung auf der dritten Stufe. Eine noch grössere Schwierigkeit besteht darin, dass die zweigliedrigen Gruppen zwar das Auftreten von remanentem Magnetismus erklären, jedoch die grosse Remanenz nicht verständlich machen, die weiches Eisen zeigt. Wir fanden, dass hier oft mehr als 90 Procent des inducirten Magnetismus bestehen blieben, wenn die magnetisirende Kraft verschwand. Um dies zu erklären, reicht der Zwang, den jedes Glied eines Paares auf das andere ausübt, nicht hin; die Molekularmagnete müssen vielmehr neue Verbindungen eingehen, nachdem die alten zerstört sind. Jedes Molekül muss deshalb mehr als einen Nachbar haben.

§ 173. Gruppe von vier Molekularmagneten. — Man erreicht eine bessere Annäherung an die Thatsachen, wenn man von einer Gruppe von vier Molekularmagneten ausgeht, deren Mittelpunkte die Ecken eines Viereckes bilden (Fig. 140). Wenn wir eine magnetische Kraft H wirken lassen, so erleiden alle Glieder der Gruppe eine geringe Ablenkung, ohne dass sie Anfangs das

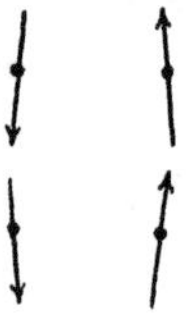

Fig. 140.

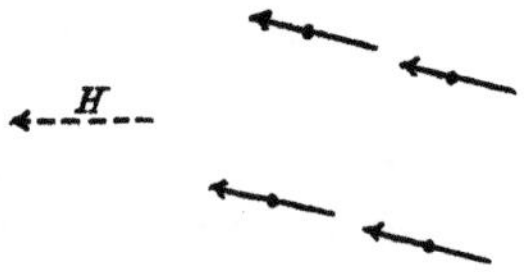

Fig. 141.

stabile Gleichgewicht aufgeben. Es ist also keine dauernde Verschiebung vorhanden, wenn auf dieser ersten Stufe die Kraft H verschwindet. Wird aber H hinreichend verstärkt, so löst sich die ursprüngliche Gruppe auf; die Glieder suchen sich in neuen Linien anzuordnen, die eine günstigere Neigung gegen die Richtung von H haben (Fig. 141). Wird endlich H noch grösser, so werden die Glieder der Gruppe gezwungen, die in Fig. 142 angegebene Lage einzunehmen. Es möge nun die Kraft H verschwinden. Als-

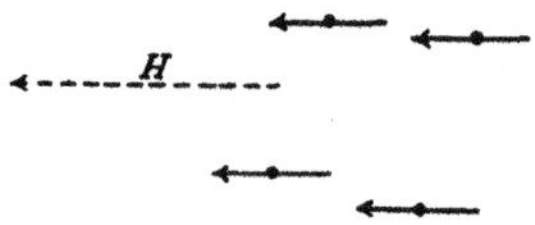

Fig. 142.

dann geht die Anordnung der Fig. 142 wieder in die von Fig. 141 über; diese bleibt aber bestehen und macht es erklärlich, dass eine starke remanente Magnetisirung entstehen kann. Wird darauf die Richtung der Kraft H umgekehrt und ihr negativer Werth allmählich vergrössert, so erreicht man eine Stufe, wo die Polarität der Gruppe eine plötzliche Aenderung erfährt, weil sich die Linien in Fig. 141 umkehren.

Die Magnetisirungskurve — d. h. die Kurve, welche die

Polarität als Funktion von H angiebt — ist für eine einzige Gruppe von vier Gliedern in Fig. 143 aufgetragen.

Hieraus ergiebt sich ohne Weiteres, wie die Form der Kurve im Allgemeinen für viele solcher Gruppen beschaffen ist, die verschiedene Neigung gegen die Richtung von H haben. Der Uebergang von einer Stufe zur andern wird alsdann allmählich vor sich gehen, denn er tritt für verschiedene Gruppen bei verschiedenen Werthen von H ein. Deshalb werden die in Fig. 143 hervortretenden scharfen Ecken abgerundet.

Ausserdem stimmt die Kurve für steigende Kräfte nicht mit der für abnehmende überein, wenn das Verfahren nicht schon sehr früh auf der ersten Stufe unterbrochen wird. Sobald man den Process soweit fortsetzt, dass einige Gruppen in labiles Gleichgewicht

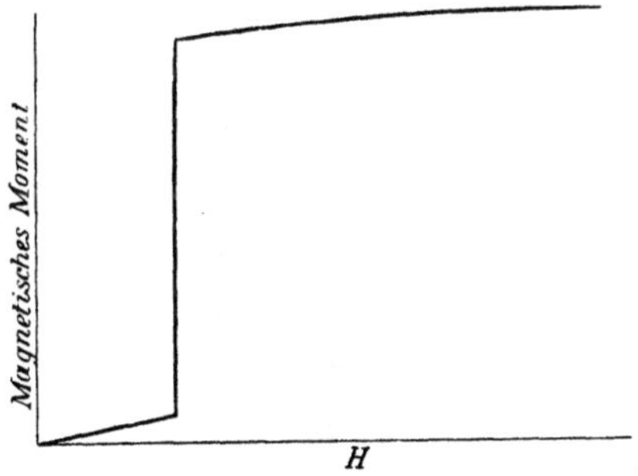

Fig. 143.

übergehen, tritt jedesmal Hysteresis auf. Die beiden Kurven fallen selbst auf der dritten Stufe nicht zusammen, weil einige Glieder auch dort noch im labilen Gleichgewicht sind. Denn nachdem sich die Gruppe zum ersten Mal von Neuem wieder geordnet hat und die Linien die in Fig. 141 angegebenen Lagen angenommen haben, kann eine zweite Auflösung erfolgen und den Uebergang zu dem Zustande der Fig. 142 bilden. Dies tritt dann ein, wenn die Mittellinien gegen H stark geneigt sind und besonders, wenn die Pole der Glieder eng an einander liegen. Bei einer solchen Anordnung der Gruppen kann deshalb die Erscheinung der Hysteresis bei allen cyklischen Veränderungen der magnetisirenden Kraft auftreten. Die Form der Kurve, die man bei der Umkehrung von H erhält, stimmt augenscheinlich mit der allgemeinen Form überein, wie sie die magnetischen Metalle ergeben. In demselben Maasse, wie die Ecke zwischen den Stufen A und B der ersten Kurven scharf oder abgerundet ist, wird es auch die Ecke sein, bei der das schnelle Fallen der Kurve beginnt, wenn die Richtung von H umgekehrt wird.

§ 174. Stetige Vertheilung der Moleküle in kubischer Anordnung. — Die Betrachtungen, die für die Gruppen von vier Molekülen gelten, lassen sich leicht auf eine grössere Mannigfaltigkeit ausdehnen, bei der die Glieder in den Ecken von Vierecken vertheilt liegen. Alles vorher Gesagte ist auch hier anwendbar. Die Glieder ordnen sich in Linien an, und jedes einzelne steht hauptsächlich unter der Einwirkung der beiden benachbarten auf derselben Linie, während in dem oben besprochenen Falle nur

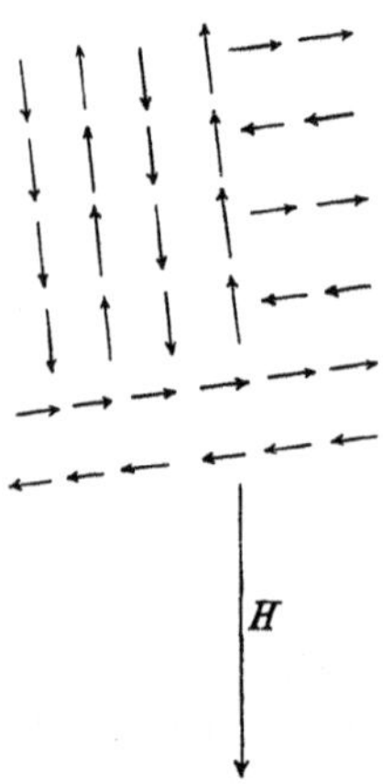

Fig. 144.

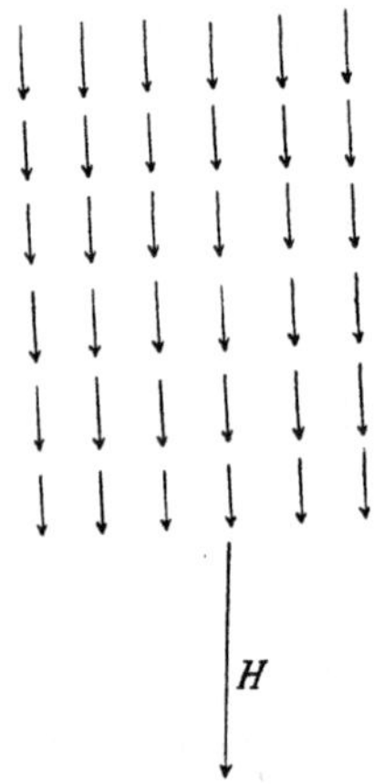

Fig. 145.

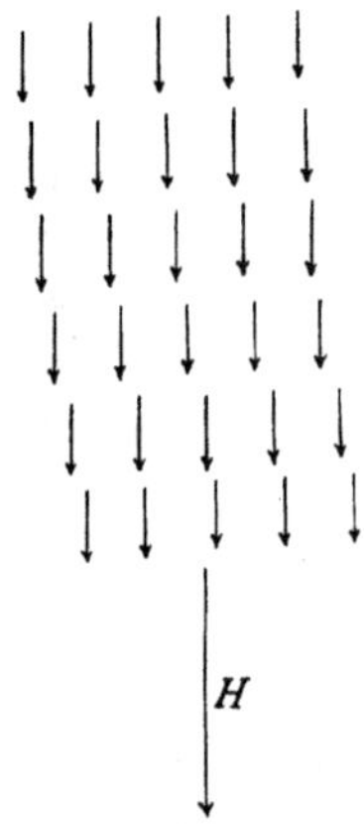

Fig. 146.

ein benachbartes in Frage kam. Die Gleichungen des § 172 lassen sich ohne Weiteres auf die Glieder einer langen Reihe anwenden, wenn man $2 m^2$ statt m^2 in den Ausdruck für die Richtkraft einsetzt. Die drei Stufen (1) der stabilen Ablenkung, (2) des labilen Gleichgewichts, wo die ursprünglichen Ketten sich auflösen und neue gebildet werden, und (3) der schliesslichen stabilen Ablenkung lassen sich wie früher unterscheiden und werden durch Betrachtung der Fig. 144 bis 146 sogleich verständlich.

Fig. 144 stellt eine mögliche Anordnung im Anfang dar,

Fig. 145 giebt den Zustand wieder, nachdem sich die ursprünglichen Ketten aufgelöst haben, und Fig. 146 entspricht der Sättigung.

Die Theorie, welche die Richtkraft der Molekularmagnete aus der magnetischen Wirkung der benachbarten Moleküle erklärt, scheint also mit der Erfahrung in guter Uebereinstimmung zu stehen; hierbei ist es gleichgültig, ob die molekulare Struktur aus isolirten Gruppen, jede mit einer beschränkten Anzahl von Gliedern, besteht, oder ob die Vertheilung der Moleküle als stetig vorausgesetzt wird. Selbst bei einer stetigen Vertheilung werden die Molekülreihen wegen der unvollkommenen Homogenität der Körper an verschiedenen Stellen verschiedene Richtung haben, so dass immer die nothwendige Bedingung dafür vorhanden ist, dass die Magnetisirungskurve abgerundet ist. Bei keinem Körper, einen einzelnen Krystall vielleicht ausgenommen, können wir jene vollständige Regelmässigkeit der Struktur voraussetzen, die den Uebergang von der einen Stufe des Magnetisirungsprocesses zu einer andern ganz schroff gestalten und die Kurve als eine Reihe von scharf gegen einander abgegrenzten Theilen erscheinen lassen müsste.

Ob wir die Struktur als stetig voraussetzen oder ob wir annehmen, dass der Stoff aus getrennten Gruppen von Molekülen aufgebaut ist, in beiden Fällen ist es wichtig, die kubische Anordnung der Moleküle zu betrachten, weil die magnetischen Metalle im kubischen System krystallisiren. Die pyramidalen Formen bieten zwar einige besondere Merkmale, die wir aber hier nicht weiter behandeln wollen.

Es ist schon hinreichend betont worden, dass wir keine willkürliche Richtkraft anzunehmen brauchen, die auf die Weber'schen Molekularmagnete wirkt. Diese üben vielmehr durch ihre Wechselwirkung als Magnete auf einander einen Zwang aus, der im Allgemeinen die magnetischen Erscheinungen vollständig erklärt. Er wird indessen nützlich sein, zu untersuchen, wie gross im einzelnen Falle die Uebereinstimmung zwischen den Schlussfolgerungen der Theorie und den in früheren Kapiteln beschriebenen Thatsachen ist.

§ 175. Uebereinstimmung der Theorie mit der Erfahrung.

Auf der ersten Stufe des Magnetisirungsprocesses zerreissen die Ketten der Moleküle nicht früher, als bis die magnetisirende Kraft so gross geworden ist, dass die am wenigsten stabilen Reihen oder Gruppen von Molekülen ihr Gleichgewicht aufgeben. Bevor dies nicht eintritt, erzeugt die magnetische Kraft auch keinen remanenten

Magnetismus, die Ablenkungen der Moleküle sind klein und Anfangs der magnetischen Kraft proportional. Alles dies stimmt vollständig mit Lord Rayleigh's Versuchen über die Susceptibilität von Eisen und Stahl für schwache magnetisirende Kräfte überein (§ 87). Denn hiernach ist der anfängliche Werth der Susceptibilität eine kleine konstante Grösse, und der remanente Magnetismus tritt erst dann auf, wenn die magnetisirende Kraft so sehr gesteigert wird, dass die Proportionalität zwischen Magnetismus und Kraft aufhört. Wenn man ferner einen konstanten Werth von H abwechselnd um einen geringen Betrag vermehrt oder vermindert, so muss auch nach der Theorie nur eine kleine Schwingung der Moleküle entstehen; ihre Reihen dürfen sich nicht auflösen und die Aenderungen, die auf diese Weise eintreten, müssen kleiner werden, sobald die bereits vorhandene Magnetisirung verstärkt wird (§ 87). Auch die folgende Thatsache lässt sich nach der Theorie vorhersagen: wenn wir an einer Stelle des Magnetisirungsverfahrens bei wachsender Kraft H anhalten und sie dann verkleinern, oder bei abnehmender Kraft H stehen bleiben und sie dann vergrössern, so ist die magnetische Aenderung oder der Werth von dI/dH Anfangs sehr klein, weil er nur von der elastischen Bewegung der abgelenkten Moleküle abhängt. Diese verlassen ihre Gleichgewichtslagen nicht früher, als bis das entgegengesetzte Magnetisirungsverfahren weiter vorgeschritten ist.

Ferner stimmt das Verhalten der Molekularmagnete in starken Feldern mit der allmählichen Abnahme überein, die die Susceptibilität thatsächlich bei den magnetischen Metallen mit der Annäherung an die Sättigung erleidet. Um den Zustand vollkommener Sättigung zu erreichen, wäre eine unendlich starke magnetische Kraft erforderlich, aber die Moleküle sind schon lange vorher parallel gerichtet. Vom Standpunkt der Molekulartheorie aus ist es nicht überraschend, dass bei Eisen, wo sich viele Molekülgruppen bei einer Kraft von nicht mehr als 2 oder 3 Einheiten auflösen, eine Kraft von 2000 oder 3000 Einheiten eine nahezu vollständige Sättigung hervorruft und dass eine Vergrösserung der Kraft auf das Zehnfache den Magnetismus nicht merklich mehr steigert (§ 102).

Die Grösse, welche sich mit zunehmender Sättigung einem Grenzwerth nähert, ist, wie wir in § 93 bis 102 gezeigt haben, die Intensität der Magnetisirung I und nicht die Induktion B. Nach der Molekulartheorie ist I die auf die Volumeneinheit kommende Summe der magnetischen Momente der Molekularmagnete, bezogen auf die Magnetisirungsrichtung. Wenn n die Zahl der Molekularmagnete für die Volumeneinheit und m das Moment jedes einzelnen bedeutet, so ist der Sättigungswerth von I gleich mn.

§ 176. Remanenter Magnetismus. — Die Versuche über den remanenten Magnetismus liefern ebenfalls Ergebnisse, die mit der Molekulartheorie übereinstimmen. Wir wollen bei der Diskussion der Theorie die Gelegenheit ergreifen, um einige Resultate der Versuche noch ausführlicher zu behandeln, als es bisher geschehen ist.

Auf der ersten Stufe des Magnetisirungsprocesses giebt es, wie wir schon bemerkt haben, keinen remanenten Magnetismus; der von schwachen Kräften inducirte Magnetismus verschwindet vollständig, wenn die inducirende Kraft nicht mehr wirkt. Die Ablenkung der Molekularmagnete aus der Gleichgewichtslage ist dann gleichsam vollkommen elastisch, ohne dass die Ketten, durch welche sich die Gruppirung Anfangs von selbst aufrecht erhält, gelöst werden. Jedes Molekül kehrt einfach in seine Anfangslage zurück, wenn die ablenkende Kraft verschwindet. Theorie und Experiment zeigen beide, dass dies Verhalten nur so lange besteht, als die Susceptibilität sehr klein bleibt.

Auf der zweiten Stufe ist die Susceptibilität viel grösser geworden, weil die Molekularmagnete eine grosse Ablenkung erlitten haben, indem die ursprünglichen Gruppen sich auflösten und neue Kombinationen bildeten. Die Bewegungen, die sie dabei ausführen, sind zum grossen Theil nicht umkehrbar, d. h. die Moleküle bewegen sich nicht in die Anfangslage zurück, wenn die magnetisirende Kraft verschwindet. Wir können daher erwarten, dass der remanente Magnetismus in demjenigen Theil des Magnetisirungsprocesses schnell zunimmt, wo die Susceptibilität gross ist. Die Theorie zeigt, dass in günstigen Fällen fast der gesammte auf dieser Stufe angenommene Magnetismus als remanenter zurückbleiben kann. Beispiele aus den Versuchsergebnissen folgen unten.

Die dritte Stufe trägt dagegen wenig zu dem remanenten Magnetismus bei. Denn die Ablenkungen der Molekularmagnete, die dann eintreten, gehen grösstentheils zurück, wenn die magnetisirende Kraft verschwindet. Daher kommt es, dass sich der remanente Magnetismus früher (d. h. bei schwächeren magnetisirenden Kräften) der Sättigung nähert als der inducirte.

Ferner folgt daraus, dass der Sättigungswerth für den remanenten Magnetismus kleiner ist als für den inducirten. Man kann sich freilich eine molekulare Struktur vorstellen, wo im gesättigten Zustande der gesammte Magnetismus nach dem Verschwinden der Kraft bestehen bliebe. Es würde dies bei einer kubischen Anordnung der Fall sein, wenn alle Verbindungslinien der Molekülmittelpunkte parallel und auf der Richtung der magnetischen Kraft senkrecht ständen. Aber wegen der unvollkommenen Homogenität des Eisens brauchen wir diese Vorstellung nicht weiter zu berücksichtigen; denn wenn einige Verbindungslinien gegen die Kraft geneigt sind, so muss der Sättigungswerth von I_r offenbar kleiner sein als der von I. Wir werden sogleich zeigen, dass auch eine kontinuirliche kubische Anordnung, bei der die Verbindungslinien der Molekülmittelpunkte alle möglichen Richtungen haben, das Auftreten des remanenten Magnetismus hinreichend erklärt. Der Werth von I_r, der nach der Theorie bei einer solchen Struktur möglich scheint, ist thatsächlich grösser als die Werthe, die Versuche mit dem Metall von grösster Remanenz ergeben haben.

Die Molekulartheorie macht den Unterschied zwischen Remanenz und Koercitivkraft klar. Vermöge der Koercitivkraft (§ 47) hält die Substanz den remanenten Magnetismus so fest, dass eine bedeutende, entgegengesetzt gerichtete Kraft erforderlich ist, um ihn zu zerstören. Remanenz dagegen ist diejenige Eigenschaft, vermöge deren der remanente Magnetismus überhaupt angenommen wird, mag er auch noch so lose festgehalten werden. Wahrscheinlich giebt es keine magnetische Substanz, die eine grössere Remanenz hat als weiches ausgeglühtes Eisen, und gleichzeitig giebt es keinen Stoff, der eine so geringe Koercitivkraft hat. Nach der Molekulartheorie tritt dann Remanenz auf, wenn sich die Moleküle leicht in Reihen anordnen, die wenig gegen die Richtung der wirksamen Kraft geneigt sind. Die Kräfte zwischen den einzelnen Molekülen können hierbei jedoch sehr schwach sein. Die Koercitivkraft rührt von starken molekularen Kräften her, die ihre Ursache in einer kleineren Entfernung zwischen allen oder einigen Molekülen haben kann. Diese Bedingung verträgt sich mit einer Struktur, wo die Ketten oder Gruppen für die Remanenz ungünstig angeordnet sind.

§ 177. Versuche über den remanenten Magnetismus des Eisens. — Versuche[1]) mit geraden Eisendrähten, deren Länge das 400fache ihres Durchmessers betrug, lieferten nach der magnetometrischen Methode die folgenden Ergebnisse.

---

[1]) Phil. Trans. 1885, II, S. 556 u. folgende.

Tabelle XXX.

Inducirter und remanenter Magnetismus in einem weichen Eisendraht.

Vor dem Dehnen.				Nach dem Dehnen.			
H	I	I_r	$\frac{I_r}{I}$	H	I	I_r	$\frac{I_r}{I}$
0·42	16	3·9	0·24	0·42	3·6	0	0
0·58	24	6·6	0·27	0·99	13·1	2·9	0·22
0·70	33	9·9	0·30	1·44	21·1	6·5	0·31
0·99	62	24	0·40	1·73	26·9	11·8	0·38
1·16	91	46	0·50	2·14	41	15·3	0·38
1·30	140	85	0·61	2·88	72	32·7	0·46
1·44	195	133	0·68	3·58	116	61·7	0·53
1·58	280	209	0·74	4·20	167	98	0·59
1·76	364	283	0·78	4·90	218	132	0·61
2·02	468	380	0·81	5·76	265	167	0·63
2·14	507	418	0·82	7·20	359	225	0·625
2·28	549	455	0·83	10·78	566	327	0·58
2·51	614	513	0·84	11·90	613	348	0·57
2·74	673	568	0·85	15·20	751	381	0·51
2·88	702	598	0·85	17·50	817	399	0·49
3·16	764	650	0·85	23·61	947	414	0·44
3·58	842	711	0·85	29·81	1 017	417	0·41
4·20	926	783	0·85	35·71	1 078	419	0·39
5·02	984	832	0·84	41·90	1 114	419	0·38
5·76	1 020	848	0·83				
6·46	1 050	864	0·82				
7·20	1 070	877	0·82				
8·64	1 110	897	0·81				
10·26	1 130	910	0·80				
11·91	1 150	913	0·80				
17·50	1 190	929	0·79				
23·61	1 195	929	0·78				
35·71	1 230	933	0·76				
45·51	1 230	933	0·76				

Die magnetisirende Kraft wurde allmählich bis zu einem bestimmten Werth gesteigert, darauf ebenso allmählich wieder entfernt und dann der remanente Magnetismus beobachtet; darauf wurde die magnetisirende Kraft auf einen etwas höheren Werth gebracht, wiederum entfernt u. s. w., so dass die beobachteten Werthe von I und I_r den auf einander folgenden Stufen des Magnetisirungsverfahrens entsprechen. Die Resultate rechtfertigen augenscheinlich die vorhergehenden Ausführungen und beweisen schlagend, dass der

Zwang der Molekularmagnete von ihren gegenseitigen magnetischen Kräften herrührt.

Tabelle XXX enthält die Resultate eines Versuchs[1]), bei dem ein Eisendraht von 1,58 mm Durchmesser untersucht wurde, und zwar zuerst im ausgeglühten Zustande und dann, nachdem er durch Dehnen über die Elasticitätsgrenze hinaus gehärtet worden war. Die Zahlen zeigen, dass das Verhältnis des remanenten zum inducirten Magnetismus zuerst in beiden Fällen klein ist und darauf ein Maximum erreicht.

Dies Maximum ist bei dem ausgeglühten Draht so hoch, dass der Zuwachs des remanenten Magnetismus dem des inducirten nicht weit nachsteht. Nachher auf der dritten Stufe des Magnetisirungsprocesses wird das Verhältnis wieder kleiner.

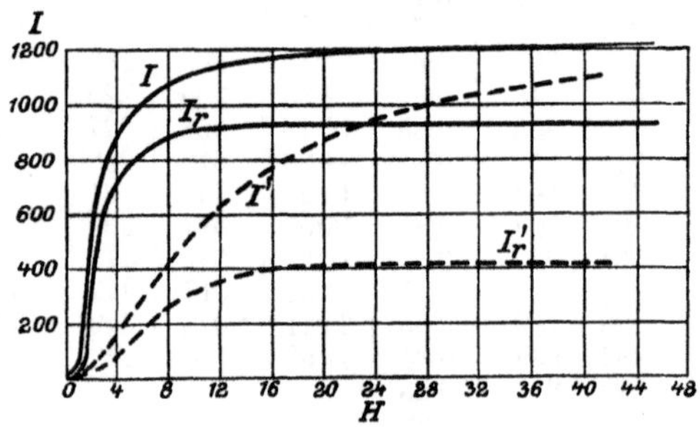

Fig. 147.

Fig. 147 stellt dieselben Resultate dar. Sie zeigt, wie sich der remanente Magnetismus, hauptsächlich bei dem gehärteten Drahte (I'_r), seinem Maximum schneller nähert als der inducirte.

Diese Darstellungsweise, bei der I und I_r als Funktion von H auftreten, zeigt jedoch nicht besonders klar, welchem Sättigungswerth I_r zustrebt, noch welches Verhältniss zwischen der Zunahme von I und I_r an verschiedenen Stufen des Magnetisirungsverfahrens besteht. Hierfür zeichnen wir besser eine Kurve, die I_r als Funktion von I darstellt (Fig. 148). Wir kennen bereits den Sättigungswerth von I; er beträgt ungefähr 1 700 Einheiten (§ 98), und durch Extrapolation der Kurve in der neuen Figur lässt sich leicht ein Näherungswerth für die Sättigungsgrenze von I_r ableiten.

[1]) Loc. cit. § 41, S. 559—60.

Dies ist in Fig. 148 geschehen, wo die gestrichelten Linien die muthmaassliche Fortsetzung der Kurven jenseits des Beobachtungsgebiets bis zum Sättigungswerth 1700 für I bilden. Es geht hieraus hervor, dass der Sättigungswerth im vorliegenden Fall 970 beträgt, wenn das Metall ausgeglüht, dagegen 430, wenn es durch Dehnen gehärtet war.

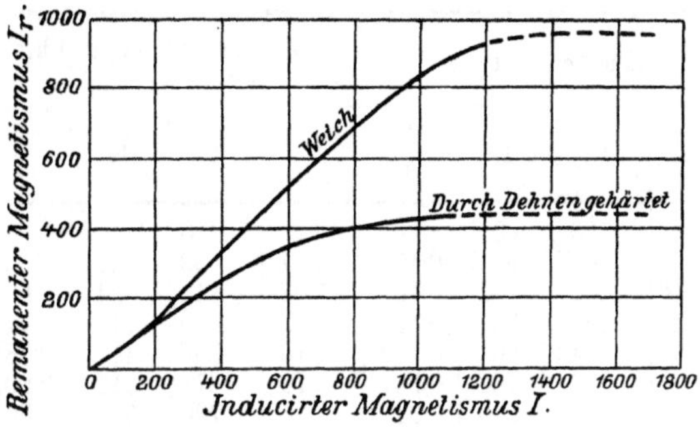

Fig. 148.

Ein Blick auf die Kurven in Fig. 148 zeigt auch, dass der remanente Magnetismus Anfangs weniger schnell zunimmt und dass darauf das Verhältniss der Zunahme von I_r zu der von I fast vollständig konstant wird und es bei dem ausgeglühten Drahte auch während eines grossen Theils des ganzen Magnetisirungsprocesses bleibt. Ungefähr von I = 150 an bis zu I = 800 verläuft die Kurve fast geradlinig, und in diesem Intervall bleibt fast der ganze aufgenommene Magnetismus als remanenter zurück.

Nach Tabelle XXX haben wir

	H	I	I_r
	1·30	140	85
	3·16	764	650
Unterschied		624	565

Die Remanenz beträgt also 565/624 oder fast 91 Procent des ganzen während dieses Intervalls aufgenommenen Magnetismus. Hierauf biegt die Kurve ziemlich schnell um, und dI_r/dI wird viel kleiner. Bei andern Drähten aus ausgeglühtem Eisen lag der Werth von dI_r/dI auf der steilen Stufe der Einheit noch näher. Es war dies der Fall bei einem Versuch, der mit einem Eisendraht von 0,72 mm Durchmesser angestellt wurde[1]). Die Ergebnisse sind in Tabelle XXXI zusammengestellt. Es wurde gleichzeitig der Einfluss einer longitudinalen Zugkraft auf den remanenten Magnetismus untersucht.

Tabelle XXXI.

Inducirter und remanenter Magnetismus eines ausgeglühten Eisendrahtes.

Unbelastet.				Belastet mit 4 kg. (9·76 kg für 1 qmm).			
H	I	I_r	$\frac{I_r}{I}$	H	I	I_r	$\frac{I_r}{I}$
0	0	0	—	0	0	0	—
1·08	66	32·5	0·49	0·54	38	21	0·53
1·62	202	141	0·70	1·08	141	94	0·69
2·16	460	381	0·83	1·62	325	242	0·745
2·70	684	601	0·879	2·16	532	419	0·788
3·24	846	767	0·907	2·70	677	543	0·802
3·78	939	860	0·916	3·24	796	640	0·805
4·32	999	920	0·921	3·78	876	705	0·805
5·40	1 071	994	0·928	4·37	937	754	0·804
6·48	1 109	1 024	0·923	4·86	978	787	0·805
7·56	1 139	1 046	0·919	5·51	1 022	816	0·800
8·64	1 157	1 063	0·919	6·48	1 067	856	0·800
9·72	1 168	1 074	0·919	8·64	1 121	891	0·795
10·8	1 178	1 082	0·918	10·8	1 162	913	0·786
13·5	1 196	1 095	0·916	13·5	1 186	926	0·781
16·2	1 210	1 105	0·913	16·2	1 204	933	0·775
18·9	1 219	1 111	0·911	18·9	1 211	939	0·775
21·6	1 226	1 116	0·910	21·6	1 219	942	0·773
25·6	1 236	1 119	0·905	26·2	1 232	946	0·768

Nachdem nämlich die Prüfung des unbelasteten Drahtes durchgeführt war, wurde er mit einem Gewicht von 4 kg (9,76 kg für 1 qmm) konstant belastet; diese Zugkraft liegt noch unterhalb der Elasticitätsgrenze. Die in dieser Weise angestellten Beobachtungen sind in dem zweiten Theil der Tabelle enthalten. Das Verhältnis von I_r zu I ist für jeden einzelnen Fall in Fig. 149 dargestellt, wo sich die gestrichelte Linie auf den belasteten Draht bezieht. Die ausgezogene Kurve gilt für den unbelasteten Draht; sie ist über die Beobachtungsgrenze hinaus extrapolirt, um den Sättigungswerth von I_r zu finden. Dieser liegt jetzt höher als bei dem früheren

[1]) Loc. cit., S. 629.

Beispiel, nämlich bei 1210. Das Verhältnis der Zunahme von I_r zu I auf dem steilen Theil der Kurve ist ebenfalls grösser, und die Kurve verläuft auf einer längeren Strecke fast geradlinig. Die folgende Zusammenstellung zeigt dies noch deutlicher:

I	I_r	Differenzen von I_r für 100 von I.	I	I_r	Differenzen von I_r für 100 von I.
300	232	—	800	722	99
400	328	96	900	822	100
500	426	98	1000	921	99
600	524	98	1100	1020	99
700	623	99	1200	1100	80

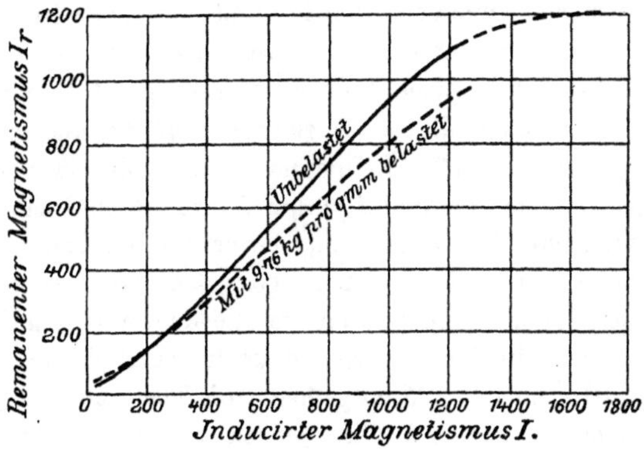

Fig. 149.

Aus diesen Zahlen geht hervor, dass auf dem steilen Theile der Kurve zwischen I = 300 und I = 1100 fast 99 Procent des inducirten Magnetismus dadurch entstanden, dass sich die Moleküle in neue Reihen anordneten, in denen sie auch beharrten, wenn die magnetisirende Kraft entfernt wurde. Nur ein ganz geringer Theil des inducirten Magnetismus kam durch elastische Ablenkungen der Moleküle zu Stande. Erst als I über 1100 hinausging, traten diese elastischen Ablenkungen in bedeutendem Maass ein.

Aus den Beobachtungen mit dem belasteten Draht ergab sich die Sättigungsgrenze für den remanenten Magnetismus zu 1020. Bemerkenswerth ist es, dass die Kurve für den belasteten Draht im Anfang über der Kurve des unbelasteten Drahtes liegt und diese schneidet, wenn I ungefähr gleich 200 ist. Während also die

Zugkraft für die Remanenz des ausgeglühten Eisens ungünstig wirkt, wenn die Magnetisirung stark ist, hat sie für ganz schwache Magnetisirungen den entgegengesetzten Einfluss.

Versuche, die mit andern Probestücken angestellt wurden, ergaben Resultate, die mit den vorhergehenden gut übereinstimmten. Bei einem Draht aus ausgeglühtem Eisen von 0,78 mm Durchmesser wurden folgende Daten erhalten[1]):

H	I	I_r	H	I	I_r
0·86	26	6	5·40	991	898
1·98	164	96	6·81	1 067	946
2·66	478	378	11·20	1 166	1 014
3·78	806	696	17·24	1 212	1 042

In diesem Falle nimmt I von $H = 2{,}66$ bis $H = 6{,}81$ um 589, I_r um 568 oder 96 Procent des Zuwachses von I zu.

Wir wollen noch einen Versuch derselben Art anführen, um den Einfluss von longitudinalen Zugkräften auf die Remanenz des Eisens näher zu erläutern[2]). In diesem Falle wurde ein Eisendraht von 0,72 mm Durchmesser und 305 mm Länge durch Dehnen über die Elasticitätsgrenze hinaus gehärtet, bevor die Beobachtungen begannen. Darauf wurde die Remanenz gemessen, wenn er entweder gar nicht oder durch Gewichte von verschiedenem Betrag belastet war. Die Kurven, die I und I_r als Funktion von H darstellen, sind schon in Fig. 104 und Fig. 105 mitgetheilt; die Thatsachen, worauf es jetzt hauptsächlich ankommt, sind jedoch besser aus Fig. 150 zu ersehen, wo I_r als Funktion von I für drei verschiedene elastische Zustände des Drahtes aufgetragen ist: zuerst war der Draht unbelastet, alsdann wirkten auf ihn nach einander Zugkräfte von 12,2 kg und von 36,1 kg für 1 qmm. Die Kurven zeigen, dass eine mässige Zugkraft auf die Remanenz von gehärtetem Eisen günstig einwirkt und den Sättigungswerth von I_r erhöht. Eine stärkere Zugkraft hat jedoch einen weniger günstigen Einfluss, obwohl der Draht bei der stärksten Zugkraft, die bei dem Versuch angewandt wurde, eine grössere Remanenz hatte als im unbelasteten Zustande. Als ein ähnlicher Versuch mit einem Stahldraht angestellt wurde, steigerte

[1]) Loc. cit., S. 559, § 40. Auf dieselbe Abhandlung muss wegen ähnlicher Versuche mit Stahl in weichem und gehärtetem Zustande verwiesen werden.

[2]) Loc. cit., S. 625–28, § 110.

man die Zugkraft noch mehr; hierdurch wurde die Remanenz in dem oberen Theil des Magnetisirungsprocesses unter denjenigen Werth herabgedrückt, den sie bei dem unbelasteten Draht hatte.

In Fig. 150 liegt der Sättigungswerth von I_r offenbar bei 460, wenn der Draht nicht belastet ist; er steigt in Folge der Belastung mit 12,2 kg für 1 qmm auf 860. Es ist natürlich sehr gut möglich, dass eine etwas grössere oder kleinere Zugkraft einen noch günstigeren Einfluss auf den remanenten Magnetismus ausgeübt hätte. Im unbelasteten Zustande ist das Verhältniss der Zunahme von I_r zu der von I in dem steilsten Theil der Kurve ungefähr gleich 0,7; die darauf angewandte Zugkraft steigert das Verhältniss auf 0,85.

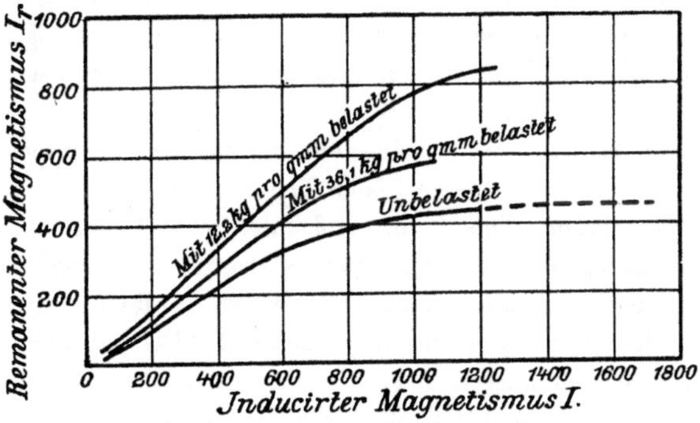

Fig. 150.

§ 178. **Remanenz des Nickels.** — Wir verweisen hier auf die Kurven, die für die Beziehung zwischen Elasticität und Magnetismus des Nickels im neunten Kapitel (§ 121 u. 122, Fig. 94, 95, 97 und 99) mitgetheilt worden sind. Diese Kurven zeigen, dass longitudinaler Druck einen sehr günstigen Einfluss auf die Remanenz des Metalls und auf das Maximum des remanenten Magnetismus ausübt. Zug wirkt dagegen äusserst ungünstig auf die Remanenz des Nickels ein. Eine Vergleichung der Resultate, die in Fig. 97 und 98 zum Ausdruck kommt, ergiebt, dass der Werth von dI_r/dI, der bei Nickel im unbelasteten Zustande auf keiner Stufe gross ist, ein der Einheit sich näherndes Maximum erreicht, wenn das Metall unter der Einwirkung von starken longitudinalen Druckkräften untersucht wird. Es ist sehr wahrscheinlich, dass dieselbe Erscheinung auf der steilen Stufe des Magnetisirungsprocesses bei den Probestäben auftritt, die im tordirten Zustande untersucht wurden (§ 141, Fig. 119 und 120).

§ 179. Grösse der Remanenz, die nach der Molekulartheorie möglich ist. — Die volle Bedeutung dieser experimentellen Resultate für die Molekulartheorie lässt sich noch nicht übersehen; es hat kaum einen besondern Nutzen, sich schon jetzt Vorstellungen über die Formen zu bilden, in denen sich die Gruppen der Molekularmagnete anordnen. Es ist jedoch wichtig hervorzuheben, dass nach der Theorie eine so grosse Remanenz möglich ist, wie sie das Eisen in Wirklichkeit besitzt. Um dies zu beweisen, wollen wir von der Annahme ausgehen, dass wir es mit der in Fig. 144 dargestellten Struktur zu thun haben, die Mittelpunkte der Moleküle also in einem kubischen System angeordnet sind. Es würde unzweckmässig sein, über die Grösse des Winkels, den die Verbindungslinien der Moleküle mit der Magnetisirungsrichtung einschliessen, besondere Festsetzungen zu treffen.

Der magnetische Stoff möge aus molekularen Gruppen zusammengesetzt sein, von denen jede eine kubische Anordnung besitzt; die Verbindungslinien der Molekülmittelpunkte sollen alle möglichen Richtungen haben und zwar so, dass keine besonders bevorzugt ist, wenn man alle Theile des Körpers in Rechnung zieht.

Wir wollen nun durch ein sehr starkes Feld H Sättigung hervorrufen und alsdann untersuchen, wie viel remanenter Magnetismus nach dem Verschwinden der Kraft vorhanden ist, nachdem sich die Moleküle wieder im stabilen Gleichgewicht befinden und die für die Remanenz günstigsten Lagen angenommen haben.

Es möge α der Winkel sein, den eine Molekülreihe vor dem Magnetisirungsprocess mit der Richtung von H einschliesst. Da keine Richtung nach unserer Voraussetzung bevorzugt ist, so steht die Anzahl derjenigen Moleküle, deren Achsen eine kleinere Neigung als α haben, zu der Anzahl aller Moleküle in demselben Verhältnis, wie das Stück, das durch einen Kegel mit dem Oeffnungswinkel 2α aus einer Kugelfläche geschnitten wird, zu der ganzen Kugelfläche. Es ist hierbei natürlich vorausgesetzt, dass die Spitze des Kegels im Mittelpunkt der Kugel liegt. In derselben Weise ist die Zahl der Moleküle, deren Neigungswinkel zwischen α_1 und α_2 liegt, der Kugelzone proportional, die zwischen den beiden Kegeln mit dem Oeffnungswinkel $2\alpha_1$ und $2\alpha_2$ liegt. Wenn n die Anzahl aller

Molekularmagnete bedeutet, die auf die Volumeneinheit kommen, so ist die Zahl derjenigen, deren Neigungswinkel kleiner als α_2, aber grösser als α_1 ist,

$$\frac{m}{2}\int_{\alpha_1}^{\alpha_2} \sin\alpha\, d\alpha.$$

Nun hat ein Molekül, dessen magnetisches Moment m ist und das nach dem Verschwinden der Kraft H um den Winkel θ gedreht bleibt, den remanenten Magnetismus m cos θ. Der remanente Magnetismus aller Moleküle, deren Neigungswinkel zwischen α_1 und α_2 liegt, beträgt deshalb

$$\frac{m\,n}{2}\int_{\alpha_1}^{\alpha_2} \sin\alpha \cos\theta\, d\alpha.$$

Um den gesammten remanenten Magnetismus zu finden, haben wir diesen Ausdruck zwischen den Grenzen 0^0 und 180^0 zu integriren.

Zunächst müssen wir eine Beziehung zwischen der ursprünglichen Neigung α und dem Winkel θ aufstellen. Nach unserer Annahme, die wir über die Beschaffenheit der Struktur machten, muss die permanente Ablenkung eines Moleküls entweder 0^0, 90^0 oder 180^0 betragen.

1. Moleküle, für die $\alpha < 45^0$, erfahren gar keine permanente Ablenkung. Denn die ursprünglichen Reihen haben eine günstigere Richtung, als die, welche rechtwinklig dazu stehen. Es ist also $\theta = \alpha$.

2. Moleküle, für die $135^0 > \alpha > 45^0$, werden permanent um einen rechten Winkel abgelenkt. Daher ist $\theta = \alpha - 90^0$ und $\cos\theta = \sin\alpha$.

3. Moleküle, für die $\alpha > 135^0$, werden um 180^0 gedreht. Also ist $\theta = \alpha - 180^0$.

Der gesammte remanente Magnetismus besteht daher aus der Summe dreier Terme, nämlich

$$\frac{m\,n}{2}\int_0^{\frac{\pi}{4}} \sin\alpha\cos\alpha\, d\alpha + \frac{m\,n}{2}\int_{\frac{\pi}{4}}^{\frac{3}{4}\pi} \sin^2\alpha\, d\alpha + \frac{m\,n}{2}\int_{\frac{3}{4}\pi}^{\pi} \sin\alpha\cos(\alpha - 180^0)\, d\alpha.$$

Der erste und dritte Ausdruck sind einander gleich. Das Integral des dritten ist

$$-\frac{m\,n}{2}\left[\frac{\cos 2\alpha}{4}\right]_0^{\frac{\pi}{4}}=\frac{1}{4}\,\frac{m\,n}{2}.$$

Das Integral des zweiten Ausdrucks ist

$$\frac{m\,n}{2}\left[\frac{\alpha-\sin\alpha\cos\alpha}{2}\right]_{\frac{\pi}{4}}^{\frac{3}{4}\pi}=\frac{m\,n}{2}\left(\frac{\pi}{4}+\frac{1}{2}\right).$$

Der gesammte remanente Magnetismus bei der Sättigung ist deshalb

$$\frac{m\,n}{2}\left(\frac{1}{2}+\frac{\pi}{4}+\frac{1}{2}\right)=\frac{m\,n}{2}\left(1+\frac{\pi}{4}\right)=0{,}8927\ m\,n;$$

der inducirte Magnetismus würde unter denselben Verhältnissen gleich m n sein.

Legen wir m n den Werth 1700 bei, so ergiebt diese Rechnung, die eine stetige kubische Anordnung der Moleküle voraussetzt, auf Grund der Theorie für den remanenten Magnetismus einen Werth von 1500; er ist beträchtlich grösser, als Versuche selbst bei Eisen von grösster Remanenz ergeben haben. Es ist deshalb klar, dass man mit Hülfe der magnetischen Kräfte, die die einzelnen Moleküle auf einander ausüben, den remanenten Magnetismus hinreichend erklären kann und dass thatsächlich die Struktur von weichem Eisen, und noch mehr die von hartem Eisen, Stahl, Nickel und Kobalt für die Remanenz ungünstiger ist als die einfache Struktur, die wir soeben behandelt haben.

§ 180. Hysteresis und Energieverlust. — Die Molekulartheorie zeigt, dass Hysteresis immer dann auftreten muss, wenn der Magnetismus des Eisens eine beträchtliche Aenderung erfährt, also jedesmal, wenn die Bewegungen der Moleküle so gross sind, dass sie wenigstens theilweise das stabile Gleichgewicht aufgeben und sich in Folge dessen die alten Ketten auflösen und neue an ihrer

Stelle entstehen. Die Aenderung des Magnetismus bleibt alsdann hinter der Aenderung der erregenden Kraft zurück.

Wenn die Aenderungen der Kraft sehr klein sind, so entsteht keine Hysteresis. Denn alsdann sind die Bewegungen der Moleküle gleichsam elastisch und führen keine Auflösung der bestehenden Ketten herbei. So bewirkt eine schwache magnetisirende Kraft (mag sie allein oder als Zusatzkraft zu einer grösseren auftreten) oder eine oft wiederholte geringe Deformation nur solche Ablenkungen der Molekularmagnete, bei denen die Gleichgewichtslage stabil bleibt. Sobald aber die magnetisirenden Kräfte oder die Deformationen grösser werden, bleibt das Gleichgewicht der Molekularmagnete nicht mehr stabil. In der That tritt Hysteresis überall auf, wenn sich die Aenderungen der magnetisirenden Kraft und des elastischen Zustandes nicht in den engsten Grenzen bewegen. Der Energieverlust, der in Folge der Hysteresis bei cyklischen Aenderungen der Magnetisirung stattfindet, rührt offenbar davon her, dass die Bewegungen der Moleküle, die ihr stabiles Gleichgewicht aufgeben, nicht umkehrbar sind. Wenn die Molekularmagnete in die neue Gleichgewichtslage umschlagen, so erlangen sie lebendige Kraft, in Folge deren sie zusammen mit den benachbarten Molekülen in Schwingungen gerathen. Diese werden dadurch gedämpft, dass in der Umgebung Wirbelströme entstehen, deren Energie in Wärme umgesetzt wird. Die Dämpfung, welche die Wirbelströme ausüben, kann so gross sein, dass gar keine Schwingungen entstehen, das Molekül also aperiodisch in die neue Gleichgewichtslage hinüberschwingt. Jedenfalls erzeugt der magnetische Kreisprocess Wärme in dem Metall. Wir haben schon gesehen, dass diese Wärme bei dem vollständigen Kreisprocess, wo die magnetisirende Kraft H umgekehrt wird, gleich $\int I dH$ ist; auch sind Zahlenwerthe hierfür in einem früheren Kapitel mitgetheilt.

Es entsteht jedoch die Frage, wie gross die Wärme ist, wenn der magnetische Kreisprocess nicht durch die Aenderung von H hervorgerufen wird, sondern dadurch, dass man das Eisen in einem konstanten magnetischen Felde dreht. Da sich auf diese Weise der Magnetismus in dem Ankerkern (Gramme'scher Ring oder Trommelanker) einer Dynamomaschine ändert, so haben Versuche hierüber, die bis jetzt noch wenig angestellt worden sind, grosses praktisches Interesse. Oft hat man es ohne einen ersichtlichen Grund als ausgemacht angenommen, dass der Energieverlust in beiden Fällen gleich ist. Mordey[1]) jedoch, der eine Reihe von Versuchen mit Ankern von Dynamomaschinen anstellte und dabei mit Erfolg den Energieverlust, der von der magnetischen Hysteresis herrührt, von dem in Folge von Foucaultströmen zu trennen suchte, fand, dass der Energieverlust in Folge von Hysteresis ziemlich kleiner ist als die Energie, die verbraucht wird, wenn man den Magnetismus durch Aenderung der Feldstärke ohne Drehung des magnetischen Körpers umkehrt.

Die Molekulartheorie macht es auch wahrscheinlich, dass die Arbeit, die für die Ummagnetisirung aufgewendet werden muss, geringer ist, wenn sich der magnetisirte Körper in einem konstanten Felde dreht, als wenn man die magnetisirende Kraft durch Null hindurch bis zu dem entgegengesetzten Werthe variiren lässt. Der Unterschied dürfte besonders hervortreten, wenn die Feldstärke gross ist. In mässig starken Feldern lösen sich Ketten von Molekülen in Folge der Drehung des Eisens auf, wodurch ein Energieverlust bewirkt wird. Aber wenn das Feld sehr stark, also das Eisen nahezu gesättigt ist, so fällt die Achse jedes Moleküls beständig mit der Richtung der magnetisirenden Kraft zusammen, und es ist keine Gelegenheit zu nicht umkehrbare Bewegungen. Dies Ergebniss der Theorie, das wohl einer experimentellen Prüfung werth wäre, scheint Swinburne zuerst festgestellt zu haben.

§ 181. Energieverlust in den Eisenkernen von Transformatoren in Folge von Hysteresis. — Versuche über den Wirkungsgrad von Transformatoren zeigen, dass eine doppelte Ummagnetisirung des Eisenkerns einen Energieverlust bewirkt, der wenigstens von derselben Grössenordnung ist als der Werth, den $\int H dI$ zwischen denselben Grenzen der Magnetisirung bei einem langsam ausgeführten Kreisprocess annimmt. Wie einige Beobachter[2]) indessen behauptet haben, nimmt der Energieverlust für dieselben Grenzen der Magnetisirung beträchtlich ab, wenn der Transformator belastet, d. h. wenn der sekundäre Stromkreis durch einen geringen Widerstand geschlossen wird. Sollte sich dies bewahrheiten, so müsste die Dämpfung des sekundären Kreises einen Zustand her-

---

[1]) Alternate Current Working, Journ. Inst. Elect. Eng. 18, 1889.

[2]) Siehe Ryan, American Inst. of Elect. Eng., Dez. 1889 (The Electrician, 24, S. 239 u. 263, 1889). Mordey und Ayrton haben ebenfalls Versuche angestellt, die zu demselben Schluss führten.

stellen, bei dem die Molekularmagnete Schwingungen von derselben Periode ausführen, so dass gewisse Gruppen gleichen Schritt halten, in Folge dessen Energie an den sekundären Kreis abgeben und sie nicht in Wirbelströme innerhalb des Eisens umsetzen. Thatsächlich scheint das Resultat mehr als zweifelhaft. Bei den Versuchen wurde der Energieverlust der Transformatoren dadurch gemessen, dass man die Menge der aufgenommenen und abgegebenen Energie bestimmte. Beide sind aber sehr gross im Verhältniss zu ihrem Unterschied, und deshalb verursacht ein kleiner Fehler bei der Messung einen grossen Fehler in der Bestimmung des Verlustes. Der Verfasser[1]) hat eine direkte Methode angegeben, um den Energieverlust zu messen; sie leidet nicht an dieser Fehlerquelle. Versuche[2]), die hiernach angestellt wurden, zeigen unzweifelhaft, dass die verwandten Transformatoren (flacher Kern aus vielen Windungen isolirten Eisendrahtes) in Folge der magnetischen Hysteresis gerade so viel Energie verlieren, wenn sie schwer belastet sind, als wenn der sekundäre Kreis offen ist. Dabei ist vorausgesetzt, dass die Grenzen der Magnetisirung und die Zahl der Stromwechsel in beiden Fällen dieselben sind.

§ 182. **Abnahme der Hysteresis in Folge von Erschütterungen und andern Störungen.** — Wir haben gesehen (§ 84, 85 und 129), dass mechanische Erschütterungen die Unterschiede in der Magnetisirung verringern, die durch die Hysteresis zu Stande gebracht werden. Das Metall folgt alsdann leichter jedem Einfluss, der den Magnetismus zu ändern sucht. Bei einem Draht aus weichem Eisen ist die Erscheinung am auffälligsten: der Unterschied zwischen der ersten und zweiten Stufe des Magnetisirungsprocesses wird verwischt, die Remanenz fast vollständig vernichtet und die Wirkung der Deformationen auf den Magnetismus nahezu umkehrbar macht, so dass die Kurven für Belastung und Entlastung ziemlich zusammenfallen.

Die Molekulartheorie macht alles dies verständlich. Indem die Mittelpunkte der Moleküle durch die Erschütterung kleine periodische Verschiebungen erleiden, gerathen die Molekularmagnete in Schwingungen. Sie werden hierdurch freier und können leichter andere

---

[1]) The Electrician, 27, S. 631, 1891.

[2]) Nov. 1891. Die Versuche wurden vom Verfasser in Gemeinschaft mit Fräulein H. G. Klaassen ausgeführt.

Gruppirungen bilden. Wenn alsdann eine äussere magnetisirende Kraft vorhanden ist, so werden ihr die Moleküle in dem freieren Zustande leichter nachgeben; giebt es kein äusseres Feld, so tritt eine Verschiebung ein, die sich in der Abnahme des remanenten Magnetismus äussert. Wahrscheinlich wirken Erschütterungen bei der Vernichtung des remanenten Magnetismus zuerst lokal; eine Gruppe von Molekülen, deren remanenter Magnetismus durch Schütteln geringer geworden ist als der von umliegenden Theilen, wirkt in gewissem Grade wie ein Hohlraum in dem Metall und erzeugt rings um sich herum ein entmagnetisirendes Feld. Auf diese Weise beginnt die Entmagnetisirung eines langen Eisenstabes unter dem Einfluss von Erschütterungen in der Nähe der Enden, wo ein entmagnetisirendes Feld vorhanden ist, und schreitet alsdann nach der Mitte vor.

Jede Art von Störung, die den Zwangszustand der Moleküle vermindert, sucht die Hysteresis zu vernichten. Interessante Beispiele hierfür findet man in einer Abhandlung von Gerosa und Finzi[1]). Sie haben Versuche darüber angestellt, welche Aenderung cyklische Magnetisirungsprocesse erleiden, wenn ein kontinuirlicher oder ein periodisch unterbrochener oder ein Wechselstrom das Probestück durchfliesst, während die magnetisirende Kraft langsam umgekehrt wird. Es wurden Drähte aus Eisen, Stahl und Nickel im angelassenen und harten Zustande untersucht. Wenn ein kontinuirlicher Strom durch den Draht floss, während man die magnetisirende Kraft einer Spule verstärkte und abschwächte und damit die longitudinale Magnetisirung des Drahtes änderte, so wurde die Susceptibilität des Eisens, wie zu erwarten war, vermindert: die cirkulare Magnetisirung, die der Strom in dem Drahte hervorrief, bewirkte einen grösseren Zwang der Moleküle, so dass sie der longitudinalen Kraft weniger folgen konnten. Wurde der Strom, ohne sein Zeichen zu ändern, plötzlich unterbrochen, so erfolgte ein Schwingen der Moleküle, in Folge dessen das Eisen eine grössere Susceptibilität für schwache longitudinale Kräfte annahm, als es gewöhnlich hatte; wurde das Feld aber verstärkt, so besass das Eisen eine geringere Susceptibilität, als wenn kein Strom hindurchfloss. Das einfache Schliessen und Unterbrechen des Stromes

[1]) Rendiconti del. R. Istituto Lombardo 24, April 1891. Siehe auch eine Abhandlung von Finzi in The Electrician, 27, S. 672, 1891.

verursacht nur eine kleine Aenderung der cirkularen Magnetisirung und erregt daher die Moleküle wenig. Aber wenn ein Wechselstrom von mässiger Stärke und grosser Wechselzahl den Draht durchfliesst, so wird die Susceptibilität für die longitudinale Magnetisirung bedeutend verstärkt; die Magnetisirungskurve liegt alsdann überall, ausgenommen die Nähe der stärksten Magnetisirung, über der normalen Kurve. Die heftige Erregung, die durch die jähen Umkehrungen der cirkularen Magnetisirungen hervorgebracht wird, zerstört fast jegliche Spur von Hysteresis und hebt die gewöhnlichen Unterschiede zwischen den aufeinanderfolgenden Stufen des Magnetisirungsprocesses auf. Eine nähere Erläuterung geben Tabelle XXXII und Fig. 152; sie beziehen sich auf einen Versuch, bei dem ein Draht aus weichem Eisen von 0,84 mm Durchmesser zuerst unter den gewöhnlichen Bedingungen (ohne einen Strom) magnetisirt wurde, darauf, als man einen Wechselstrom von 3 Ampère und grosser Wechselzahl hindurchschickte.

Tabelle XXXII.

Magnetisirung eines Eisendrahts.

Ohne Strom		Mit Strom	
H	I	H	I
1·43	50	0·17	75
2·24	119	0·82	290
3·62	367	4·33	803
5·76	773	12·3	1 178
12·5	1 162	42	1 537
42	1 500	0	76
0	1 121		

In Fig. 151 stellt a die normale Kurve dar und b diejenige, die man erhält, wenn der Wechselstrom angewandt wurde. Die Tabelle zeigt, wie gering der remanente Magnetismus in dem zweiten Falle ist.

Fig. 152 erläutert in derselben Weise den Einfluss, den ein Wechselstrom auf einen Cyklus ausübt, bei welchem ein anderer Eisendraht ummagnetisirt wurde. Die normalen Kurven aa gehen in Folge der molekularen Erschütterungen in bb über, die fast eine einzige Kurve bilden.

Wirkungen derselben Art wurden bei Stahl und hartem Eisen beobachtet, doch verschwand die Hysteresis nicht so vollkommen. Die eine Kurve, welche die Beziehung von I zu H darstellt, wenn keine Hysteresis in Folge der starken Bewegung der Moleküle vorhanden ist, kann mit ziemlicher Genauigkeit durch die Formel

$$I = \frac{\alpha H}{1 + \beta H}$$

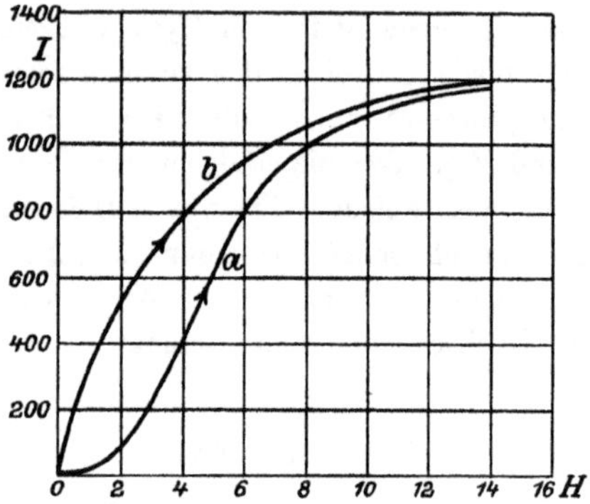

Fig. 151.

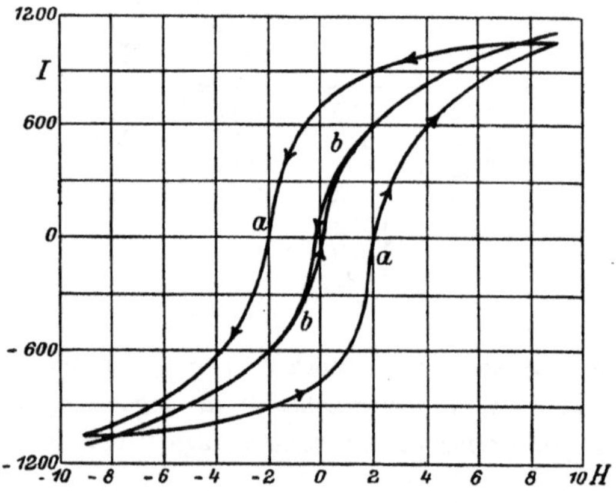

Fig. 152.

dargestellt werden, wo α und β für einen gegebenen Körper Konstanten sind und α/β den Sättigungswerth von I bedeutet. Die Formel wurde von Lamont und Frölich angegeben, um allgemein die Beziehung des Magnetismus zu der Feldstärke darzustellen. Natürlich ist sie ohne Bedeutung, wenn Hysteresis in Frage kommt, da I alsdann nicht allein von dem gerade vorhandenen Werth von H, sondern auch von den vorhergehenden abhängt; selbst die ursprüngliche Magnetisirungskurve eines vorher noch nicht magnetisirten Körpers wird durch die Formel nicht dargestellt. Aber wenn die Hysteresis verschwindet, wie bei diesen Versuchen, so stellt die Formel die Kurve gut dar. Werthe für die Konstanten α und β findet man in der Abhandlung, der diese Ergebnisse entlehnt sind.

§ 183. **Die Molekulartheorie und der Einfluss der Temperatur.** — Um die Molekulartheorie mit den experimentellen Ergebnissen zu vergleichen, die den Einfluss der Temperatur auf den Magnetismus angeben, müssen wir auf Fig. 78, 79 und 80 (§ 111) zurückkommen. Sie stellen nach Hopkinson's Versuchen die Permeabilität des Eisens bei verschiedenen Temperaturen für eine schwache, eine mittlere und eine ziemlich starke magnetische Kraft dar. In Fig. 78 beträgt die Feldstärke nur 0,3; in Folge dessen hat die Susceptibilität bei gewöhnlicher Temperatur nur einen verhältnismässig kleinen Werth, wie er auf der ersten Stufe des Magnetisirungsprocesses aufzutreten pflegt. Sobald die Temperatur steigt, wächst die Susceptibilität, zuerst langsam, bis sie bei einer Temperatur von über 600° sehr schnell um mehr als das zehnfache zunimmt, so dass in Folge der Erwärmung die zweite Stufe des Magnetisirungsprocesses erreicht wird. Schliesslich erleidet die Susceptibilität bei einer Temperatur von ungefähr 775° eine so jähe Abnahme, dass der ganze Magnetismus bei 785° verschwunden ist.

Bei der mittleren Feldstärke von 4 Einheiten (Fig. 79) erfolgt kein so plötzliches Ansteigen der Susceptibilität während der Erwärmung, weil unter dem Einfluss der stärkeren magnetisirenden Kraft die zweite Stufe des Magnetisirungsprocesses schon erreicht ist, bevor die Erwärmung beginnt. Ferner nimmt die Susceptibilität bei höherer Temperatur viel allmählicher ab. Noch mehr ist dies der Fall, wenn das Feld verhältnismässig stark ist (Fig. 80).

Zunächst besteht die Wirkung der Erwärmung darin, den Uebergang von der ersten zu der zweiten Stufe des Magnetisirungsprocesses zu beschleunigen, so dass der Uebergang bei kleinerer magnetisirender Kraft eintritt. Es rührt dies wahrscheinlich von zwei Ursachen her. Einmal erleidet das Metall eine Ausdehnung, wodurch die Entfernungen zwischen den Molekülen vergrössert und die Kräfte, die sie auf einander ausüben, geschwächt werden. Sodann müssen die

Moleküle auch wahrscheinlich in Schwingungen gerathen, so dass sich ihre Ketten leichter auflösen. Wenn also das Feld schwach und die zweite Stufe in Folge dessen noch nicht erreicht ist, wirkt Erwärmen günstig auf die Magnetisirung ein, und das Metall befindet sich in einem kritischen Zustande, wo ein geringes Steigen der Temperatur ein bedeutendes Wachsen der Susceptibilität bewirkt, indem Molekülgruppen das stabile Gleichgewicht, das sie bei tieferer Temperatur beibehalten, bei höherer aufgeben.

Dies kann nicht eintreten, wenn das Feld so stark ist, dass die meisten Moleküle umgeschlagen sind, bevor die Erwärmung beginnt. Deshalb hat die Kurve in Fig. 79 kein so spitzes Maximum wie die in Fig. 80.

Ist das Feld ziemlich stark, so treten in Folge der Erwärmung zwei einander entgegenwirkende Erscheinungen auf. Einmal werden die Molekularmagnete von einander entfernt und dadurch ihre gegenseitigen Kräfte geschwächt. Sodann wird das Moment jedes Moleküls durch die Schwingungen, in die es geräth, vermindert. In einem weiten Temperaturintervall halten sich diese beiden Wirkungen das Gleichgewicht, und die Kurven in Fig. 79 und 80 verlaufen deshalb grösstentheils horizontal. Steigt aber die Temperatur sehr hoch, so wird die schädliche Wirkung stärker, und die Kurve biegt nach unten um.

Auf dieser Stufe scheinen die Moleküle in sehr lebhafte Schwingungen zu gerathen, und das vollständige Verschwinden des Magnetismus, das bei einer etwas höheren Temperatur sowohl im schwachen, als auch im starken Feld eintritt, lässt sich am besten durch die Voraussetzung erklären, dass die Moleküle zu rotiren beginnen.

Die Annahme einer solchen Rotation macht auch die Absorption von Energie verständlich, die während der Erwärmung, wie wir wissen, stattfindet, wenn das Eisen vom magnetischen in den unmagnetischen Zustand übergeht; die Rotation würde sich alsdann bei der Abkühlung in Schwingungen von verhältnismässig kleiner Amplitude verwandeln und dadurch die Entwicklung der Energie erklären, die auftritt, wenn der magnetische Zustand wieder angenommen wird (§ 109).

§ 184. Zeitlicher Verlauf der Magnetisirung. — Auch die Erscheinungen der magnetischen Viskosität, die in § 88 und 89 beschrieben worden sind, werden durch die Molekulartheorie einigermaassen erklärt. Lassen wir eine schwache magnetisirende Kraft auf weiches Eisen wirken oder vergrössern wir sie stufenweise, so erfolgt die Aenderung des Magnetismus nicht augenblicklich. Sie verzögert sich vielmehr und wächst noch allmählich an, nachdem die magnetische Kraft schon längst konstant geworden ist. Wir sahen, dass die Beschaffenheit des Eisens und die Dicke des Probestückes einen grossen Einfluss auf die Dauer dieser Verzögerung ausübt. Ein Stück hartes Eisen oder ein dünnes Stück aus weichem Eisen zeigt wenig oder gar keine Verzögerung; ein dickes Stück weichen Eisens zeigt viel, besonders im Anfang der zweiten Stufe (Stufe B, Fig. 135) des Magnetisirungsprocesses.

Die Erklärung hierfür scheint in dem Beharrungsvermögen der Moleküle zu bestehen, wenn die Molekülgruppen das stabile Gleichgewicht aufgeben. Die Auflösung der ursprünglichen Anordnung nimmt Zeit in Anspruch. Die Störung beginnt in einem Punkte, wo die ursprünglichen Zwangskräfte schwach sind, und breitet sich dann weiter aus, wenn die magnetisirende Kraft auch konstant gehalten wird. Ein äusseres Molekül schlägt zuerst um; darauf folgen die benachbarten, die in Folge dessen ihre Richtkraft verlieren, und zuletzt pflanzt sich die Wirkung von Molekül zu Molekül über die ganze Gruppe hin fort. Denn man kann annehmen, dass die Moleküle an der Oberfläche am wenigsten festgehalten werden und deshalb dort zuerst nachgeben. Bei einem dünnen Stück Eisen, z. B. bei einem feinen Eisendraht, liegen verhältnismässig viele Moleküle an der Oberfläche; in Folge dessen beginnt die Störung an vielen Stellen und die Auflösung der Molekülketten geht zu schnell vor sich, als dass ein zeitlicher Verlauf beobachtet werden könnte. Wird das Eisen ferner durch mechanische Deformation gehärtet, so bleibt die Struktur selbst nicht einmal annähernd homogen; die Moleküle werden gewissermaassen in kleine Gruppen abgetheilt, die zu wenig Glieder haben, als dass die Ausbreitung über die ganze Gruppe viel Zeit erforderte; in diesem Falle ist daher ein zeitlicher Verlauf kaum bemerkbar (siehe unten § 185).

§ 185. *Einfluss von permanenten mechanischen Deformationen. — Wenn ein Stück Eisen dadurch gehärtet wird, dass man es dauernd deformirt, so nehmen die Kurven von I und H, wie wir in § 66 gezeigt haben, eine abgerundete Form an, durch die sich das gehärtete Metall von dem ausgeglühten unterscheidet. Die einzelnen Stufen des Magnetisirungsprocesses gehen bei dem gehärteten Metall viel allmählicher in einander über, und kein Theil der Kurve ist so steil wie bei ausgeglühtem Eisen. Die Susceptibilität ist überall geringer, und die Sättigung wird leichter erreicht. Es ist eine geringere Remanenz, aber eine viel grössere Koercitivkraft vorhanden. Fig. 33 (§ 66) veranschaulicht diese Unterschiede; hier sind die Kurven für einen cyklischen Magnetisirungsprocess desselben Eisenstückes im ausgeglühten und gehärteten Zustande neben einander gestellt.

Vom Stand der Molekulartheorie aus betrachtet, scheint die mechanische Härtung die verhältnismässig homogene Struktur in ein Konglomerat von mehr oder weniger getrennten Molekülgruppen aufzulösen. Durch die mechanische Härtung ändert sich die Dichte des Metalls nur wenig; wahrscheinlich rücken einige Moleküle näher zusammen, während die Zwischenräume zwischen andern grösser werden, so dass sich Gruppen bilden, bei denen die Kräfte zwischen einzelnen Gliedern derselben Gruppe stärker sind als die, welche über die grösseren Entfernungen hin von den Gliedern verschiedener benachbarter Gruppen auf einander ausgeübt werden. Die Zwischenräume zwischen den Molekülgruppen suchen die Kurve, die I als Funktion von H darstellt, zu scheren und abzurunden, sowie den remanenten Magnetismus zu verkleinern. Die geringere Entfernung der Glieder einer jeden Gruppe vergrössert die Koercitivkraft. Auf diese Weise würde eine solche Aenderung der Struktur, ohne dass sich die Dichte des Metalls zu ändern brauchte, die beobachteten Aenderungen der magnetischen Eigenschaften erklären. Einen weiteren Anhalt gewinnt diese Anschauungsweise dadurch, dass die Magnetisirung bei dem harten Metall ausserordentlich schnell verläuft. Die Erklärung, die wir im vorigen Paragraphen für die Verzögerung in dem Verlauf der Magnetisirung gegeben haben, erfordert, dass die Struktur des ausgeglühten Eisens in einem weiten Bereich von vielen Molekülen gleichförmig ist. Sobald die Moleküle aber in getrennte kleine Gruppen zerfallen, kann die beschriebene Wirkung auch nicht eintreten.

Bei dieser Gelegenheit wollen wir bemerken, dass jede Unstetigkeit in der molekularen Struktur die Kurve, die I als Funktion von H darstellt, scheren und besonders den remanenten Magnetismus verkleinern wird, weil sich in Folge dessen der auf die Grenzmoleküle ausgeübte Zwang von dem der innern Moleküle unterscheidet. Diese Betrachtung erklärt auch wahrscheinlich den magnetischen Widerstand von Schnittflächen, den wir oben in § 162—165 behandelt haben. Wenn auch die Theile des zerschnittenen Stabes wieder gut zusammengesetzt werden, so unterliegen die Moleküle in der Nähe der Grenzflächen doch nicht demselben Zwange wie im ungetheilten Stabe.

§ 186. Einfluss der Wiederholung magnetischer Processe. Wir wollen noch kurz auf einige weniger wichtige Erscheinungen eingehen, für welche die Molekulartheorie eine befriedigende Erklärung liefert.

In Folge der irreversiblen Verschiebungen der Molekularmagnete und in Anbetracht der Thatsache, dass die Stabilität eines jeden durch die Anordnung einer grossen Anzahl von Molekülen in seiner Nähe bedingt wird, muss man ein Magnetisirungsverfahren im Allgemeinen mehrmals wiederholen, ehe streng cyklische Wirkungen eintreten. In einigen Fällen lässt sich eine fortschreitende Aenderung sogar während einer ganzen Reihe von Wiederholungen beobachten.

Es möge z. B. eine magnetische Kraft auf ein Stück von weichem Eisen wirken; ihre Stärke sei so bemessen, dass sich das Metall auf der zweiten Stufe des Magnetisirungsverfahrens befindet, wo viele Moleküle, die noch nicht umgekippt sind, im Begriffe stehen, dies zu thun. Wenn dann das Feld verschwindet und wieder entsteht, so ist die Anordnung der Gruppe während des zweiten Auftretens der magnetischen Kraft keineswegs dieselbe als während ihrer ersten Wirkung; wir dürfen annehmen, dass einige Moleküle, die zuerst ihr stabiles Gleichgewicht noch bewahrten, zum zweiten Male in Folge der Aenderungen umkippen, welche inzwischen in der Anordnung der benachbarten Moleküle stattgefunden haben. In dem letzteren Falle wird also eine etwas grössere Magnetisirung erzeugt werden, als beim ersten Auftreten der Kraft; beim dritten Mal wird noch ein weiterer kleiner Zuwachs zu bemerken sein u. s. w.

Analog bleibt bei dem zweiten Verschwinden der magnetischen Kraft eine grössere remanente Magnetisirung zurück als beim ersten Mal. Es ist jedoch vorauszusehen, dass die Grenzen, zwischen welchen die Magnetisirung schwankt, wenn sich die magnetische Kraft von ihrem höchsten Werthe bis zum Werthe Null ändert, bei jeder Wiederholung des Processes näher an einander rücken. Die molekulare Akkommodation besteht eben darin, dass die in labilem Gleichgewicht befindlichen Moleküle eines nach dem andern umkippen; dadurch wird das Bereich enger, in welchem sich die Magnetisirung in den auf einander folgenden Cyklen ändert.

Aus den folgenden Paragraphen ist ersichtlich, dass diese Annahmen mit den Versuchsergebnissen im Einklang stehen; die letzteren sind einer Abhandlung entnommen, die seiner Zeit ganz ausser Zusammenhang mit der Molekulartheorie über diesen Gegenstand veröffentlicht wurde[1]).

Wenn eine bestimmte magnetisirende Kraft in Wirksamkeit tritt, dann verschwindet und wieder auftritt, einerlei ob dies plötzlich oder allmählich geschieht, so ist der Werth von I zuletzt etwas höher als bei dem ersten Auftreten; eine dritte Magnetisirung giebt einen noch etwas höheren Werth und so weiter, bis sich schliesslich die Magnetisirung für den gegebenen Werth von H asymptotisch einem Grenzwerth nähert. Diese Erscheinung wurde zuerst von Fromme[2]) experimentell nachgewiesen.

Tabelle XXXIII.

Magnetisirungsstrom	Ballistischer Ausschlag	Magnetisirung	
		Inducirt	Remanent
Zuerst geschlossen	203	203	
geöffnet	— 53·6		149·4
geschlossen	+ 54·2	203·6	
geöffnet	— 47·8		155·8
geschlossen	+ 48·7	204·5	
geöffnet	— 45·7		158·8
geschlossen	+ 46·6	205·4	
geöffnet	— 44·9		160·5
geschlossen	+ 46·1	206·6	
geöffnet	— 44·0		162·6
geschlossen	+ 45·6	208·2	
Häufig geöffnet u. geschlossen			
geöffnet	— 42·6		
geschlossen	+ 43·1		
Häufig geöffnet u. geschlossen			
geöffnet	— 39·5		
geschlossen	+ 39·8		

Beim Verschwinden der magnetischen Kraft ist die remanente Magnetisirung ebenfalls jedesmal etwas höher als vorher; diese Zu-

[1]) Phil. Trans., 1885, S. 570, §§ 54—58.

[2]) Pogg. Ann., Ergbd. 7, 1875 und Wied. Ann. 4, 1878.

nahme des remanenten Magnetismus ist grösser als die des inducirten, so dass der Unterschied zwischen remanenter und inducirter Magnetisirung bei wiederholtem Auftreten und Verschwinden der magnetischen Kraft kleiner wird.

Die in Tabelle XXXIII aufgeführten Beobachtungen wurden mit einem langen ausgeglühten, weichen Eisendraht nach der ballistischen Methode angestellt. Die Ablesungen sind nicht auf absolutes Maass umgerechnet; die Beobachtungen entsprechen einem Punkte im Anfang des steilen Theiles der Magnetisirungskurve.

Ganz ähnliche Resultate wurden zu wiederholten Malen sowohl mit frisch ausgeglühten Drähten als auch mit solchen erzielt, die stark magnetisirt und dann durch Erschütterung entmagnetisirt waren. In den Kurven, welche die Beziehung von B oder I zu H darstellen, zeigt sich dieselbe Erscheinung darin, dass die Schleifen, welche durch eine bis zu Null abnehmende und dann wieder bis zu einem bestimmten Werthe steigende magnetische Kraft erzeugt werden, so zu sagen mehr als geschlossen sind. Ein gutes Beispiel hierfür liefert Fig. 43 in § 78; sie zeigt, dass die erwähnte Erscheinung in frühen Stufen des Magnetisirungsprocesses viel bedeutender wie in späteren ist.

Der folgende Versuch (Tabelle XXXIV), der ebenfalls mit ausgeglühtem Eisen angestellt wurde, beweist, dass ganz ähnliche Wirkungen auftreten, wenn der Strom durch den Flüssigkeitsrheostaten (Fig. 16, § 41) allmählich geändert und die Magnetisirung mit dem Magnetometer bestimmt wurde.

Tabelle XXXIV.

Magnetisirungsstrom		H	Magnetometerablenkung	I	
				Inducirt	Remanent
Allmählich gesteigert bis .	70	2·46	93	298	—
„ vermindert bis .	0	0	65	—	208
„ gesteigert bis .	70	2·46	97	310	—
„ vermindert bis .	0	0	70	—	224
100 mal plötzlich geschlossen und geöffnet; darauf					
plötzlich gesteigert bis . .	70	2·46	103	330	—
„ vermindert bis . .	0	0	80	—	256

Zufällig ist aus diesem Versuch noch eine andere Erscheinung ersichtlich, auf welche von Waltenhofen schon vor langer Zeit aufmerksam gemacht hat. Der Betrag der Magnetisirung, der mit einer gegebenen magnetischen Kraft entsteht und verschwindet, ist grösser, wenn die Aenderung der Feldstärke plötzlich erfolgt, als wenn dies allmählich geschieht. Aus dem später angeführten Versuch wird dieselbe Erscheinung ebenfalls hervorgehen.

Wenn eine magnetische Kraft erzeugt und dann wiederholt in ihrer Richtung umgekehrt wird, so sind die Aenderungen der Magnetisirung nicht vollkommen cyklisch, sondern es entstehen ungeschlossene Schleifen. Fig. 51 (§ 82) liefert ein Beispiel für solche ungeschlossene Schleifen, die bei der Magnetisirung eines Stahldrahtes beobachtet wurden. Ebenso wie bei wiederholtem Entstehen und Verschwinden einer magnetischen Kraft, wird auch in dem vorliegenden Falle das Bereich der magnetischen Aenderung allmählich etwas kleiner. Am auffälligsten tritt diese Erscheinung, gerade so wie die oben beschriebene, in den ersten Theilen der Magnetisirungskurve zu Tage. Die in Tabelle XXXV aufgeführten Beobachtungen wurden an einem ausgeglühten Eisendrahte nach der magnetometrischen Methode eigens dazu angestellt, um diese Erscheinungen zu studiren; der Draht war 400 mal so lang als dick.

Tabelle XXXV.

Magnetisirungsstrom		Magnetometer-ablenkung	Bemerkungen
	0	0	
Allmählich gesteigert bis .	+ 190	+ 146	Allmähliche Abnahme des Bereiches der Magnetisirung. Diese Beobachtungen sind in Fig. 153 dargestellt.
„ umgekehrt bis .	— 190	— 141	
„ „ „ .	+ 190	+ 127	
„ „ „ .	— 190	— 133	
„ „ „ .	+ 190	+ 120	
„ „ „ .	— 190	— 132	
Plötzlich umgekehrt bis .	+ 190	+ 124	Zunahme des Bereiches in Folge der plötzlichen Umkehrung.
„ „ „ .	— 190	— 136	
„ „ „ .	+ 190	+ 123	
50 doppelte Umkehrungen, dann			Nach häufig wiederholten, plötzlichen Umkehrungen wird das Bereich kleiner als vorher.
Plötzlich umgekehrt bis .	+ 190	+ 111	
„ „ „ .	— 190	— 127	
Dann allmähl. umgekehrt b.	+ 190	+ 108	Eine langsame Wiederholung des Kreisprocesses erzeugt noch eine weitere Verminderung des Bereiches
„ „ „	— 190	— 126	

In dem ersten Theil der obigen Beobachtungsreihe, nämlich während der fünfmal allmählich ausgeführten Umkehrung der magnetischen Kraft, wurden auch in Zwischenpunkten Ablesungen gemacht, welche es ermöglichten, die Kurven von Fig. 153 zu zeichnen; diese lassen auf den ersten Blick erkennen, wie das Bereich der magnetischen Aenderungen kleiner wird. Die darauf folgende plötzliche Umkehrung erzeugt zunächst eine Zunahme des Bereiches; hierdurch wird die relative Wirkung von langsamen und raschen Aenderungen der Grösse H erläutert; nachdem aber die plötzliche Um-

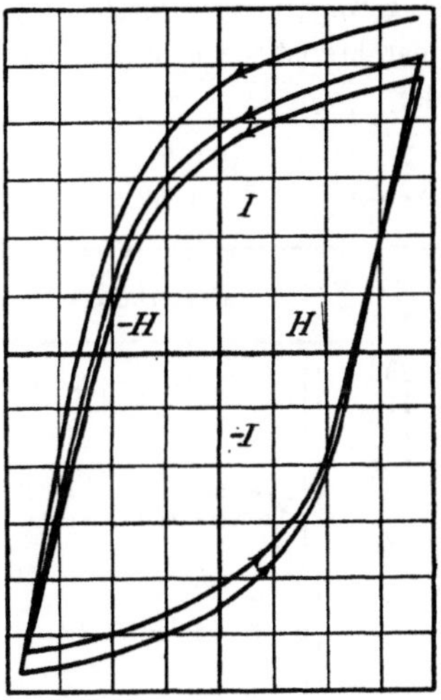

Fig. 153.

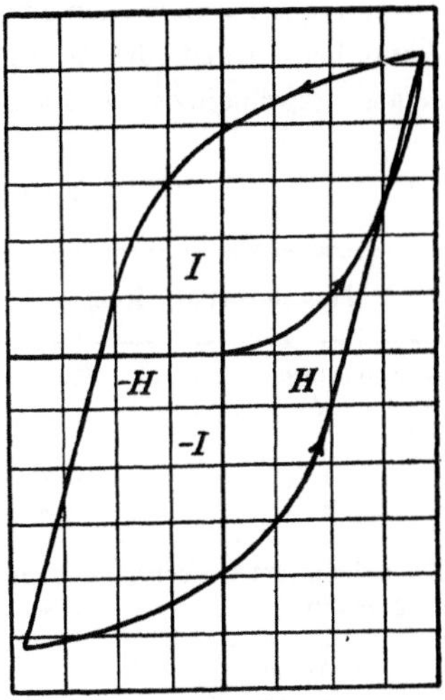

Fig. 154.

kehrung häufig wiederholt ist, wird das Bereich kleiner, als es vorher war. Derselbe Draht wird nun der Wirkung einer etwa fünfmal so starken magnetischen Kraft ausgesetzt und durch Stromwechsel entmagnetisirt. Als dann eine der obigen ähnliche Versuchsreihe angestellt wurde, fand man, dass sich bei wiederholter cyklischer Aenderung der magnetisirenden Kraft das Bereich der Magnetisirung nicht mehr verringerte. In Fig. 154 ist die Wirkung dargestellt, welche das Entstehen und die doppelte Umkehrung derselben magnetisirenden Kraft wie in dem vorigen Falle hatte, als der Draht durch Stromwechsel entmagnetisirt worden war. Wie man sieht, sind die Aenderungen des Magnetismus nun cyklisch. Dasselbe Resultat erhielt man mit andern Probestücken; wenn sie frisch ausgeglüht waren, trat eine beträchtliche Verminderung des Magnetisirungsbereiches ein; diese Erscheinung verschwand indessen, nachdem man die Feldstärke bis zu einem hohen Werthe gesteigert und dann das Probestück durch Stromwechsel entmagnetisirt hatte. In dieser Hinsicht unterscheidet sich also ein durch Stromwechsel entmagnetisirter Draht von demselben Draht in seinem ursprünglichen ausgeglühten Zustande. Durch Vergleichung der Figuren 153 und 154 wird ferner ersichtlich, dass die Susceptibilität, welche in dem ausgeglühten Draht in Bezug auf Kräfte mit verschiedenen Vorzeichen unsymmetrisch war, nach der Entmagnetisirung durch Stromwechsel vollkommen symmetrisch geworden ist. Durch erneutes Ausglühen erhielt der Draht alle charakteristischen Eigenschaften seines ursprünglichen Zustandes wieder.

Tabelle XXXVI.

Magnetisirungsstrom	Magnetometer-ablenkung	Bemerkungen
A geschlossen	+ 232	Verringerung des Bereiches durch Stromumkehrung.
B „	— 110	
A „	+ 180	
B „	— 101	
A „	+ 172	
B „	— 100	
Zwanzigmalige Umkehrung, dann		
B geschlossen	— 95	
A „	+ 158	
A unterbrochen	+ 150	Wachsen der inducirten und remanenten Magnetisirung in Folge von wiederholtem Verschwinden und Entstehen des Feldes H.
A geschlossen.	+ 200	
A unterbrochen	+ 193	
A geschlossen	+ 206	
A unterbrochen	+ 201	
Zwanzigmal geschlossen und geöffnet, dann		
A unterbrochen	+ 205	
A geschlossen	+ 209	
Darauf wieder Stromumkehrung		
B geschlossen	— 105	Die Verringerung des Bereiches durch die Stromumkehrung ist wieder deutlich vorhanden.
A „	+ 178	
Vierzigmalige Stromumkehrung, dann		
A geschlossen	+ 163	
B „	— 105	
B geöffnet und geschlossen . .	— 136	
Dasselbe zwanzigmal wiederholt	— 175	

Die folgenden Beobachtungen (Tabelle XXXVI) wurden mit einem andern ausgeglühten Eisendraht an einer Stelle der Magnetisirungskurve angestellt, welche für die in Frage kommenden Wirkungen sehr empfindlich ist; es zeigt sich hier sehr deutlich die Verminderung des Bereiches durch Stromumkehrung und ferner das Wachsen der inducirten und remanenten Magnetisirung, welche bei wiederholtem Verschwinden und Entstehen des Feldes H auftritt. Diese Erscheinung ist namentlich dann sehr ausgeprägt, nachdem das magnetische Bereich durch Umkehrung von H verringert worden war. Die beiden Richtungen des Stromes mögen der Kürze halber

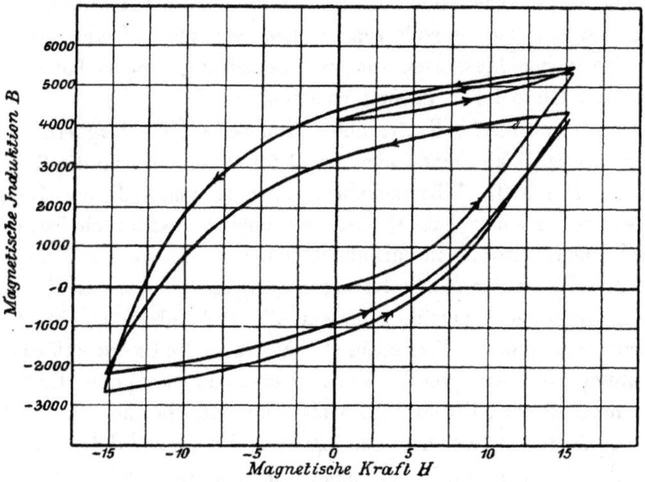

Fig. 155.

durch A und B unterschieden werden. Die Aenderungen gingen plötzlich vor sich, und die Magnetisirung wurde nach der magnetometrischen Methode bestimmt. Es tritt hier sehr deutlich das Fehlen der Symmetrie hervor zwischen der positiven Magnetisirung, welche von dem zuerst wirkenden Strom A herrührt, und der darauf folgenden negativen Magnetisirung, welche von dem entgegengesetzt gleichen Strom B erzeugt wird.

Bei der Magnetisirung von Stahl tritt die Verringerung des Bereiches bei wiederholter Umkehrung von H sogar noch mehr hervor wie bei Eisen; ebenso sind die Werthe von I, welche durch auf einanderfolgende + und — Werthe von H inducirt werden, noch weniger symmetrisch. Fig. 155 zeigt die Aenderungen des Magnetismus, welche ein ausgeglühter Stahldraht erfuhr, als eine magnetische Kraft von 15 Einheiten erzeugt wurde, verschwand, wieder auftrat und dann viermal umgekehrt wurde. Das Fehlen der Symmetrie in den positiven und negativen Werthen der Magnetisirung ist in diesem Beispiel sehr deutlich. Der Stahl nimmt in der Richtung der ersten Magnetisirung den Magnetismus viel leichter an.

§ 187. Einfluss von elastischer Deformation. — In einem früheren Kapitel (§§ 120—142) sind die Versuche besprochen worden, welche den Einfluss elastischer Kräfte auf die Magnetisirung der magnetischen Metalle zum Gegenstand haben. Ohne uns auf eine eingehende Diskussion dieser Resultate vom Standpunkt der Molekulartheorie aus einzulassen, wollen wir nur auf einige allgemeine Thatsachen hinweisen, die, wie es scheint, eine einfache Erklärung mit Hülfe jener Theorie zulassen.

Dass mechanische Kräfte einen Einfluss auf die Magnetisirung ausüben, ist jedenfalls eine Folge der Deformation, welche die Kräfte erzeugen. Durch die Wirkung eines einfachen longitudinalen Zuges wird, wie wir gesehen haben, das ursprünglich magnetisch isotrope Material aeolotropisch; man darf annehmen, dass dies von Aenderungen in der Anordnung der Molekularmagnete, parallel und senkrecht zur Richtung des Zuges, herrührt, indem alte Molekularketten brechen und neue sich bilden. Vermuthlich hat eine allseitig gleichförmige Ausdehnung oder Kompression einen bedeutend geringeren Einfluss auf die magnetischen Eigenschaften als eine einfache elastische Kraft. Versuche über den Einfluss der ersteren Art von Kräften fehlen noch. Ihr Einfluss dürfte vielleicht ein ähnlicher sein wie der, welchen Temperaturänderungen hervorrufen. Ein allseitig gleichförmiger Druck wird z. B. mit einer allgemeinen Verminderung der Susceptibilität verknüpft sein. Die experimentelle Bestätigung würde namentlich bei Nickel interessant sein, wo, wie wir gesehen haben (§ 122), die Susceptibilität durch eine einfache, in der Magnetisirungsrichtung wirkende Druckkraft sehr stark vermehrt wird.

Eine einfache Zugkraft wird die Molekülreihen, welche mehr oder weniger in der Zugrichtung liegen, verlängern, und die Reihen in der dazu senkrechten Richtung verkürzen. Dieser Umstand allein genügt schon, um einen Unterschied der magnetischen Susceptibilität in der Längs- und der Querrichtung zu erzeugen, der vielleicht dadurch noch bedeutend verstärkt wird, dass die longitudinalen Reihen mehr oder weniger zerfallen und dass sich neue transversale Reihen bilden. Die Dehnung der Längsreihen entspricht einer Vergrösserung der Susceptibilität; die Verkürzung der Querreihen, und namentlich die als sekundäre Folge der elastischen Kraft eintretende Bildung neuer Querreihen sucht die Susceptibilität zu vermindern. Im Nickel scheint diese verringernde Wirkung zu überwiegen; im Eisen anderseits haben wir es mit der Resultante beider Wirkungen zu thun, so dass ein Zug eine günstige oder ungünstige Wirkung ausübt, je nachdem die Magnetisirung höher oder niedriger als ein kritischer Werth ist.

Die starken magnetischen Aenderungen, welche durch Torsion in Nickel hervorgerufen werden, z. B. die von Nagaoka beobachtete Umkehrung des Magnetismus, die eintrat, wenn ein belasteter Nickeldraht abwechselnd nach beiden Seiten tordirt wurde (§ 142), scheinen sekundäre Wirkungen zu sein; sie beruhen vielleicht in der Neuordnung von magnetischen Ketten, die labiles Gleichgewicht annehmen, wenn die Mittelpunkte der Moleküle in Folge der elastischen Deformation andere Lagen erhalten. Es wird mehr die bestehende Magnetisirung des Stückes als seine Susceptibilität geändert.

Eine naheliegende Folgerung aus der Molekulartheorie ist die, dass sich in den magnetischen Aenderungen, welche bei dem Wechsel des elastischen Zustandes auftreten, Hysteresis zeigen muss; wir haben gesehen, dass dies der Fall ist; ferner muss man im Allgemeinen zu andern Resultaten kommen, wenn man erst belastet und dann magnetisirt, als wenn man umgekehrt vorgeht. (Vgl. § 120—131.)

Die Molekulartheorie dürfte ferner den wichtigen, experimentell gefundenen Unterschied in der Wirkung erklären, den die erstmalige Anwendung einer elastischen Kraft hat, im Gegensatze zu den Erscheinungen, welche auftreten, wenn dieselbe Kraft vorher schon häufig gewirkt hat. Nach den Auseinandersetzungen im § 127 wird ein kurzer Hinweis auf diesen Gegenstand genügen. Vorausgesetzt, dass die magnetisirende Kraft nicht sehr stark ist, so werden bei der ersten Wirkung der elastischen Kraft, wenn sich das Probestück in einem konstanten magnetischen Felde befindet, Moleküle umkippen, welche vor der Wirkung der elastischen Kraft nahe daran waren. Hört die elastische Kraft auf zu wirken, so werden diese Moleküle ihre frühere Lage nicht wieder einnehmen. Wiederholte Belastung und Entlastung befördern also, wie wir auch gesehen haben, namentlich in einem schwachen Felde die Magnetisirung;

wenn es sich um remanenten Magnetismus handelt, wenn also kein äusseres Feld mehr vorhanden ist, so wird durch denselben Process das Gegentheil erreicht. Beispiele hierfür haben wir bereits in Fig. 107 und 108 gegeben. Die Wirkungen der ersten Belastung und Entlastung sind dort deutlich von denen zu unterscheiden, welche man beobachtet, wenn sich durch wiederholte cyklische Belastungen ein cyklischer magnetischer Zustand hergestellt hat. Fig. 118, welche die Wirkung einer nach beiden Seiten hin wiederholt vorgenommenen Torsion erläutert, gehört ebenfalls hierher. Wenn wir einen Draht in einem starken Felde belasten, so wird, wie uns die Theorie auch vermuthen lässt, der cyklische Zustand rasch erreicht. Bei der zweiten Belastung bereits ist der störende anfängliche Einfluss nicht mehr zu erkennen. In schwachen Feldern dagegen muss die Belastung häufig wiederholt werden, ehe dies der Fall ist; ferner ist die erste Störung bisweilen ausserordentlich viel grösser als die magnetischen Aenderungen, welche nach Herstellung des cyklischen Zustandes bei jedem Process der Belastung und Entlastung erfolgen. Fig. 156 liefer hierfürt ein Beispiel.

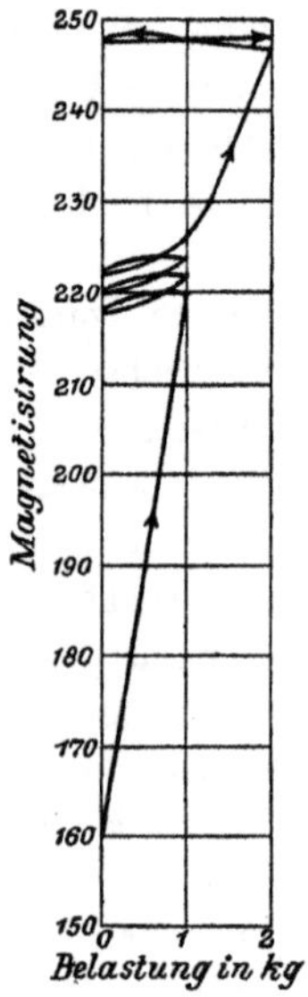

Fig. 156.

Das Probestück war in diesem Falle ein langer Draht aus weichem, ausgeglühtem Eisen, der 0,76 mm dick war und sich in einem schwachen Felde (H = 0,34) befand. Bei der ersten Belastung mit 1 kg stieg die Magnetisirung von 159 bis auf 220 (in willkürlichen Einheiten). Bei der Entlastung ging sie nur auf 218 herab. Erneute Belastung brachte sie auf 222 und eine zweite Entlastung auf 220,25; beim dritten Mal waren die entsprechenden Zahlen 224 und 222, und eine vierte Belastung erzeugte eine Magnetisirung von 225,5. Als dann das Gewicht auf 2 kg erhöht wurde, erreichte der Magnetismus mit einem Sprung den Werth 247; wiederholte Belastungen und Entlastungen hatten dann nur noch geringen Einfluss, und es stellte sich allmählich ein cyklischer Zustand her[1]).

[1]) Einzelheiten über diesen und ähnliche, auf den Gegenstand bezügliche Versuche findet man Phil. Trans., 1885, S. 594 u. f.

§ 188. Hysteresis in den Aenderungen der molekularen Konfiguration nicht magnetisirter Körper. — Aus den in §§ 133—135 beschriebenen Versuchen ist ersichtlich, dass die Struktur von Eisen, welches cyklischen Belastungsprocessen unterworfen wird, Aenderungen erfährt, die mit Hysteresis verbunden sind, selbst wenn das Probestück als Ganzes gar nicht magnetisch ist. Die Molekulartheorie giebt hierfür eine genügende Aufklärung. Elastische Deformation hat eine Neuordnung der Molekulargruppen im Gefolge; alte Ketten werden aufgelöst und neue bilden sich, obgleich keine andern magnetischen Kräfte in Betracht kommen als diejenigen, welche die Molekularmagnete selbst auf einander ausüben. Diese Aenderungen in der Gruppirung sind mit labilen Bewegungen der Moleküle verbunden, und es muss deshalb Hysteresis auftreten, wenn das Stück einer cyklischen Deformation unterworfen wird. Wenn zum Beispiel ein Eisendraht, der sich schon in einem Spannungszustand befindet, durch Anhängen und Wegnehmen von Gewichten belastet und entlastet wird, so ist offenbar das Metall für dasselbe angehängte Gewicht während der Belastung und Entlastung in physikalisch verschiedenen Zuständen. Diese Verschiedenheit zeigt sich in der magnetischen Susceptibilität, in dem thermoelektrischen Verhalten[1]) und vielleicht noch in vielen andern physikalischen Eigenschaften des Materials; sie bleibt bestehen, wenn der elastische Kreisprocess wiederholt wird, und ihr Charakter ist ganz so, wie aus der Molekulartheorie gefolgert werden könnte.

Diese Hysteresis in der molekularen Gruppirung eines nicht magnetisirten Probestückes, das einem elastischen Kreisprocess unterworfen wird, hat eine wichtige Folge: Die Elasticität der Substanz kann keine vollständige sein. Die labilen Bewegungen der Moleküle, welchen die Hysteresis zugeschrieben werden muss, sind mit einem Energieverlust verbunden. Zur Dehnung des Probestückes durch die aufgelegten Gewichte muss mehr Arbeit aufgewandt werden, als durch Wegnehmen der Gewichte wieder gewonnen werden kann; mit andern Worten, die Kraft, welche einem gegebenen Werth der Deformation entspricht, muss während der Belastung grösser sein, als während der Entlastung; es muss Hysteresis in der Beziehung zwischen Deformation und Kraft bestehen. Wie wir schon gesehen haben (§ 135), wird dies durch den Versuch bestätigt.

[1]) Phil. Trans., 1886, S. 361.

§ 189. Experimentelles Studium von Molekülgruppen an Modellen. — Mit grossem Vortheil verwendet man zur Untersuchung des Zwangszustandes, in welchem sich die Molekularmagnete in Folge der wechselseitigen Wirkung ihrer polaren Kräfte befinden, ein Modell, das aus einer Anzahl kurzer Stahlmagnete besteht, welche wie Kompassnadeln um Spitzen beweglich und einander nahe genug sind, um sich gegenseitig zu beeinflussen[1]). Ein solches Modell lässt sich leicht aus Stücken von starkem, magnetisirten Stahldraht herstellen, welche, wie aus Fig. 157 hervorgeht, gebogen sind, um den Schwerpunkt unter den Unterstützungspunkt zu bringen. Mit einem Körner wird ein kleines Lager für die Drehungsachse hergestellt und diese selbst besteht aus einer Nadel, welche mit der Spitze nach oben in einem kleinen Stück Blei oder Holz befestigt

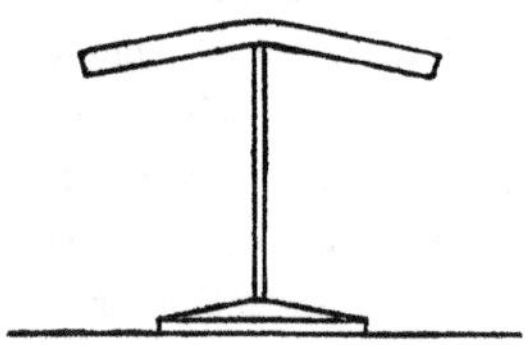

Fig. 157.

ist. Anstatt eines Drahtes lässt sich auch ein Stück Stahlblech als Magnet verwenden, dessen Pole eine beliebige Form von scharfen Spitzen bis zu Halbkreisen haben. Da die Magnete aus hartem Stahl gefertigt und stark magnetisirt sind, so wird die Intensität ihrer Magnetisirung durch die verhältnismässig schwachen äussern magnetischen Kräfte, welche dazu dienen, sie in eine und dieselbe Richtung zu drehen, nicht merklich beeinflusst. Das äussere Feld kann durch eine Spule erzeugt werden, deren Windungen mit Zwischenräumen über einen leichten Holzrahmen gewickelt sind; die Gruppe von Magneten wird im Innern des Rahmens aufgestellt, und das Verhalten der einzelnen kann durch die Zwischenräume der Windungen hindurch beobachtet werden. Man kann auch eine grössere Spule benutzen, welche ganz unterhalb der Gruppe aufgestellt wird; noch vortheilhafter verwendet man zwei kurze, zu beiden

---

[1]) Proc. Roy. Soc., 48, S. 342, 1890; Phil. Mag., Sept. 1890.

Seiten der Gruppe angeordnete Spulen. Diese letztere Form ist besonders dann sehr bequem, wenn man die Vorgänge in der Gruppe auf einen Schirm projiciren will. Für diesen Fall sind kurze Magnete, wie man sie in kleinen Taschenkompassen benutzt, sehr zweckmässig. Die Spitzen solcher Kompasse lassen sich ebenfalls verwenden, indem man sie in passenden Abständen auf eine Glasplatte kittet. Um den Einfluss von elastischen Deformationen zu studiren, kann man die Spitzen auf einem parallelogrammförmigen Holzrahmen befestigen, der aus zwei gekreuzten Reihen von Holzleisten besteht, die unter einander parallel sind, so dass sich der Rahmen ähnlich wie ein Storchschnabel verschieben lässt. Indem man die Spitzen in den Ecken der durch die Leisten gebildeten kleinen Parallelogramme oder in der Mitte zwischen zwei Ecken befestigt, lassen sich einige Wirkungen der einfachen Torsion oder von einfachem Zug und Druck studiren. Mit einem Modell dieser Art können die drei Stufen des Magnetisirungsprocesses leicht nachgewiesen werden. Ebenso erläutert es sehr deutlich die Erscheinungen bei der Umkehrung der Magnetisirung, den Energieverlust durch Hysteresis, die Bedingungen, welche die Remanenz befördern, den Unterschied in der Wirkung von raschen und langsamen Aenderungen der magnetischen Kraft, die anfänglichen und die schliesslichen Wirkungen einer Deformation, den Einfluss von Erschütterungen und schliesslich den zeitlichen Verlauf der Magnetisirung.

Die Weise, in welcher die resultirende Polarität der Gruppe sich ändert, wenn das Feld erzeugt, umgekehrt oder sonst irgendwie variirt wird, ist schon durch den Augenschein genügend ersichtlich; sie kann indessen quantitativ nach der gewöhnlichen magnetometrischen Methode bestimmt werden. Die Wirkung der das Feld erzeugenden Spule muss dabei kompensirt werden, indem man eine zweite Spule mit ihr in denselben Stromkreis schaltet; die letztere wird so justirt, dass sie die durch die erste Spule allein hervorgebrachte Ablenkung aufhebt. Wenn man eine Gruppe von Magneten in der Weise untersucht, dass man sie durch Erzeugung und Umkehrung der magnetischen Kraft der Spule einen Kreisprocess in Bezug auf ihre Anordnung durchmachen lässt, so erhält man Kurven, welche wir Magnetisirungskurven nennen können; alle wesentlichen Eigenthümlichkeiten der gewöhnlichen Kurven für Eisen kommen in ihnen zum Vorschein. Natürlich bedingt aber die beschränkte Zahl von kleinen Magneten, welche man bei einem solchen

Versuch praktisch verwenden kann, dass die Stufen des Processes mehr sprungweise erreicht werden, im Gegensatz zu den Erscheinungen in einem massiven Stück Metall, wo wir es mit einer Unzahl von Molekülen zu thun haben. Fig. 158[1]) zeigt eine in dieser Weise erhaltene Kurve; sie stellt die Wirkung dar, welche die Umkehrung des äusseren Feldes auf eine Gruppe von 24 kleinen Magneten (vgl. Fig. 157) hatte.

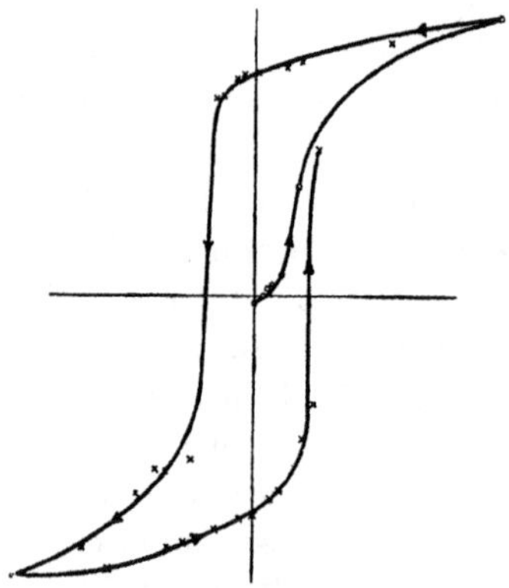

Fig. 158.

§ 190. Ampère's Hypothese über die Natur der magnetischen Moleküle. — Wenn wir annehmen, dass der Magnetisirungsprocess darin besteht, bereits magnetische Moleküle zu drehen, so dass ihre Achsen unter der Direktionskraft des äusseren Feldes eine besondere Richtung einzunehmen bestrebt sind, so bleibt noch die Frage nach der Ursache dieses molekularen Magnetismus zu beantworten. Zu der obigen Annahme sind wir im Hinblick auf die in diesem Kapitel zusammengefassten Ueberlegungen sehr wohl berechtigt. Weber's Theorie setzt voraus, dass jedes Molekül ein permanenter Magnet ist und giebt uns somit keine Erklärung dieser Thatsache.

---

[1]) Die Figur, welche der Verfasser Hrn. Glazebrook verdankt, ist das Ergebniss eines 1891 von J. W. Capstick in Cambridge angestellten Versuches. Kurven dieser Art wurden zuerst von A. Hoopes in der Electrical World (New-York), Mai 1891, veröffentlicht. Vgl. The Electrician, 29. Mai 1891.

Nach der Ampère'schen Hypothese rührt der Magnetismus des Moleküls von einem elektrischen Strome her, welcher beständig in ihm kreist; das Molekül ist also ein elektrischer, von einem Strom durchflossener Leiter, und wenn ein äusseres Feld wirkt, so sucht sich der Stromkreis senkrecht zur Feldrichtung zu stellen, gerade wie die Spule eines Elektrodynamometers. Die Theorie von Ampère führt also alle magnetischen Erscheinungen auf die gegenseitige Wirkung elektrischer Ströme zurück. Wenn wir ein Stück Eisen magnetisiren, so haben wir es nach dieser Anschauung mit den Kräften zu thun, welche zwischen dem Strom in dem äussern Leiter und den Molekularströmen bestehen; die letzteren werden nur durch die Kräfte, welche die Ströme in den verschiedenen Molekülen auf einander ausüben, daran gehindert, sich vollständig parallel zu dem äussern Stromkreis zu stellen. Mit Rücksicht hierauf müsste man das Modell eines magnetischen Metalls nicht aus permanenten Stahlmagneten, sondern aus kleinen Spulen konstruiren, welche sich frei drehen könnten und in welchen elektrische Ströme kontinuirlich fliessen.

Die molekularen Stromkreise dürfen keinen elektrischen Widerstand haben, sonst würde zur Unterhaltung der ursprünglichen Ströme Energie erforderlich sein.

Wenn eine magnetische Kraft in Wirksamkeit tritt, so sucht sie die molekularen Stromkreise zu drehen und inducirt gleichzeitig sekundäre Ströme in ihnen; diese letzteren superponiren sich über die ursprünglichen Ströme. Ihre Stärke hängt von dem Winkel ab, den der Stromkreis mit der Feldrichtung einschliesst, und im Allgemeinen werden die primären Ströme durch sie geschwächt. Der Betrag der Schwächung hängt von der Fläche, der Selbstinduktion der molekularen Stromkreise und der ursprünglichen Stärke der Ströme in ihnen ab[1]). Wenn z. B. die primären Ströme stark und die andern Bedingungen günstig sind, so werden die durch das äussere Feld erzeugten Induktionsströme die ursprüngliche Stromstärke nur sehr wenig schwächen können. In diesem Falle sind die molekularen Stromkreise vollkommen permanenten Magneten nahezu äquivalent, und sie drehen sich einfach in Folge der Einwirkung des Feldes, ohne dass die Ströme an Intensität

1) Vgl. Maxwell, Elektricität und Magnetismus II, Kap. 22.

wesentlich abnehmen. Wahrscheinlich tritt dieser Fall ein, wenn Eisen oder ein anderes stark magnetisches Metall magnetisirt wird.

Wenn die primären Ströme schwach sind, so können die durch das äussere Feld inducirten, entgegengesetzt gerichteten Ströme die resultirende Stärke der Molekularströme bedeutend beeinflussen. Insbesondere, wenn gar keine primären Ströme, sondern nur elektrisch leitende Moleküle vorhanden sind, so werden die durch das Feld erzeugten Ströme dem Körper eine Polarität von entgegengesetzter Art geben, wie es die gewöhnlich bei der Magnetisirung auftretende ist. Indem Weber solche inducirte Ströme mit in Betracht zog, konnte er die Ampère'sche Theorie von molekularen Stromkreisen zur Erklärung des Diamagnetismus verwerthen.

Selbst wenn starke primäre Ströme vorhanden sind, wie wir es für die Moleküle von Eisen annehmen müssen, so werden bei der Entstehung des Feldes entgegengesetzt gerichtete Induktionsströme bis zu einem gewissen Maasse auftreten, und auf einer Stufe kann ihr Einfluss sogar bemerkbar werden. Dies tritt ein, wenn das Stück gesättigt ist, wenn also alle molekularen Stromkreise in Ebenen liegen, die auf der Richtung des Feldes senkrecht stehen.

Diese Lage ist am günstigsten für die Induktion von Strömen, die den primären entgegengesetzt gerichtet sind. Wenn man das Feld noch weiter verstärkt, so wird der resultirende Strom in jedem Molekül vermindert, und da die Stromkreise alle bereits senkrecht zur Feldrichtung gerichtet sind, so besteht die einzige Wirkung, welche die Erhöhung der Feldstärke hervorbringt, darin, den Magnetismus des ganzen Körpers zu schwächen, da ja die Stärke jedes Moleküls vermindert wird. Die Ampère-Weber'sche Theorie leitet also zu der Vermuthung, dass die Magnetisirung von Eisen einen Maximalwerth erreicht, wenn die Sättigung eingetreten ist, und dass eine noch stärkere magnetische Kraft dann wirklich eine Verminderung des Magnetismus hervorruft. Die Ergebnisse der Versuche mit sehr hohen Feldstärken bestätigen weder diese Annahme, noch stehen sie damit in Widerspruch. Sie zeigen nur, dass die Feldstärke, wenn man sich dem Zustand der Sättigung nähert, auf den zehnfachen Betrag oder noch höher gesteigert werden kann, ohne eine wesentliche Aenderung in dem Magnetismus herbeizuführen, weder einen Zuwachs, noch einen Verlust. Die Versuchsbedingungen lassen indessen bei derartigen Beobachtungen keine sehr grosse Genauigkeit der Messungen zu, und eine geringe Abnahme des

Magnetismus könnte leicht übersehen werden. Wahrscheinlich müssen noch höhere Feldstärken zur Entscheidung dieser Frage angewandt werden; denn die Abnahme, welche in Folge der Induktionsströme in den molekularen Stromkreisen eintreten könnte, wird in jedem Falle nur eine geringe sein; ferner kompensirt bei der Annäherung an die Sättigung, welche sich lange hinzieht, die noch immer stattfindende Ablenkung der Moleküle jede Wirkung, welche durch eine geringe Abnahme des Momentes eines jeden Moleküls hervorgebracht sein mag.

Anhang.

Zu Kap. IV. **Apparat zum Zeichnen von Magnetisirungskurven.** — Auf der Versammlung der British Association zu Edinburg (August 1892) hat der Verfasser einen neuen Apparat vorgeführt, mit dem man automatisch Magnetisirungskurven aufnehmen kann. Die Permeabilität, Hysteresis und andere magnetische Eigenschaften von Eisen- und Stahlstäben lassen sich mittelst dieses Instruments schnell und einfach bestimmen, wie es für die Technik erforderlich ist.

Der Apparat vereinigt in sich gewissermaassen ein Galvanometer und Magnetometer, und die Angaben beider werden auf einen einzigen Spiegel übertragen, dessen Azimuth sich proportional der magnetisirenden Kraft und dessen Neigung gegen die Vertikale sich proportional der Magnetisirung ändert. Ein Lichtstrahl, der in gewöhnlicher Weise von dem Spiegel reflektirt wird, zeichnet die Kurve auf einen Schirm, welcher entweder aus einem Stück Koordinatenpapier oder einer empfindlichen photographischen Platte besteht. Der Spiegel besitzt in Bezug auf seine beiden Bewegungen eine so vollkommene Dämpfung, dass ein vollständiger Magnetisirungscyklus in einem Bruchtheil einer Sekunde ausgeführt werden kann.

Das Princip des Apparats geht aus Fig. 159 hervor, die indessen nur ein Schema und nicht die Einzelheiten der Konstruktion darstellt. Der Spiegel E ist auf einer Spitze derartig gelagert, dass er um zwei Achsen frei beweglich ist. Er wird durch den Draht BB, der in dem engen Einschnitt des Magnets C ausgespannt ist, im Azimuth gedreht. Dieser Magnet besteht aus einer Eisenröhre, die der Länge nach aufgeschlitzt ist, und wird mittelst einer longitudinal gewickelten Spule magnetisirt, so dass die Kraftlinien den Schlitz, in dem sich der Draht BB befindet, quer durchsetzen. Eine Aenderung seiner

Neigung gegen die Vertikale empfängt der Spiegel von dem Draht AA, der in einem schmalen Einschnitt der Polschuhe eines Magnets DD ausgespannt ist. Dieser besteht aus den zu untersuchenden Probestücken, die am hinteren Ende durch ein Schlussjoch aus weichem Eisen verbunden sind. Ein konstanter Strom fliesst durch den Draht AA, der in Folge dessen proportional zu der in den Stäben DD vorhandenen Magnetisirung auf- und abschwingt. Die Stäbe sind von Magnetisirungsspulen umgeben, deren Strom gleich-

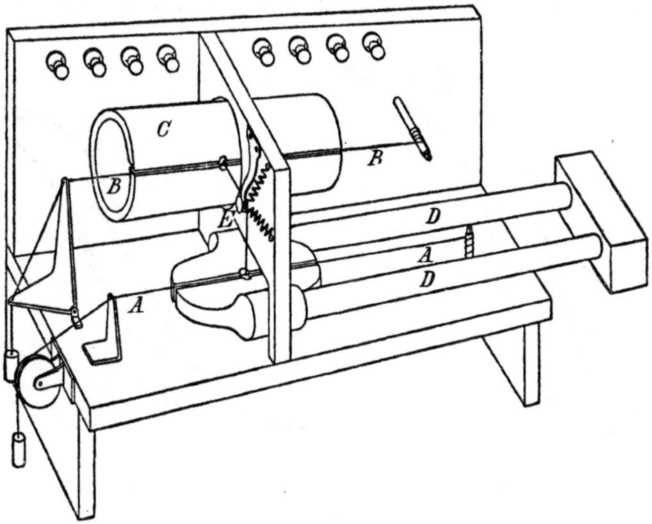

Fig. 159.

zeitig durch den Draht BB fliesst; wie wir schon bemerkten, ist dieser in einem konstanten magnetischen Felde ausgespannt. Der Draht BB bewegt sich deshalb in dem Schlitze hin und her und verändert das Azimuth des Spiegels um Beträge, die der Feldstärke in den Spulen DD proportional sind. Will man also eine Magnetisirungskurve für die Stäbe DD aufnehmen, so braucht man nur einen allmählich wachsenden Strom durch ihre Magnetisirungsspule zu schicken: die Neigung des Spiegels ändert sich dann proportional der Magnetisirung, und sein Azimuth proportional der magnetisirenden Kraft. Lässt man den Strom bis Null abnehmen, darauf wieder wachsen, kehrt man seine Richtung um u. s. w., so treten alle magnetischen Eigenschaften des Materials sofort zu Tage.

Der Apparat kann leicht so eingerichtet werden, dass man einen vollständigen Magnetisirungscyklus mit doppelter Umkehrung der Feldstärke in $^1/_{10}$ oder selbst in $^1/_{20}$ Sekunde ausführen kann. Der Lichtstrahl zeichnet alsdann eine Kurve, die als eine ununterbrochen leuchtende Linie erscheint. Bei so hohen Geschwindigkeiten müssen indessen die Stäbe DD der Länge nach mehrfach durchgeschnitten sein. Für den gewöhnlichen Gebrauch wird man es im Allgemeinen vorziehen, die Kurve langsam entstehen zu lassen, so dass man der Verschiebung des Bildes mit der Feder folgen

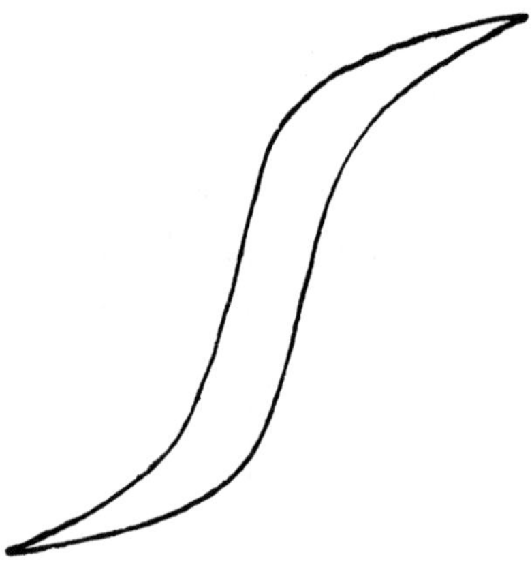

Fig. 160.

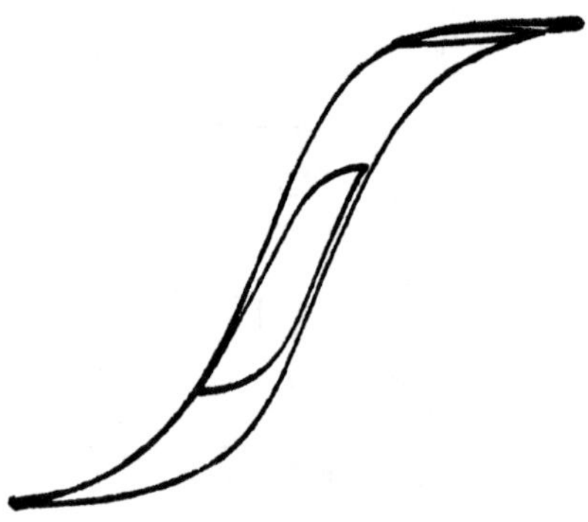

Fig. 161.

und in dieser Weise zeichnen kann. Will man statt der gedrehten massiven Stäbe Eisenblech oder Eisendraht untersuchen, so braucht man nur die Form der Polschuhe und des Schlussjoches etwas abzuändern.

Die Kurven in Fig. 160 und 161 sind nach Photogrammen magnetischer Kreisprocesse gezeichnet, die mit dem Apparat aufgenommen wurden, wenn der Lichtstrahl direkt auf eine photographische Platte fiel; es wurden dabei getheilte Eisenstäbe angewandt. Der vollständige Kreisprocess (Fig. 160) stellt eine Versuchsreihe dar, bei der zwei Cyklen auf die Sekunde kamen; die Platte wurde 15 Sekunden lang exponirt, so dass der Lichtstrahl über 30 Mal der Kurve entlang wanderte. Die kleinen Abweichungen, die von der Trägheit der arbeitenden Theile herrühren, entstehen jedesmal an derselben Stelle von Neuem. Fig. 161 ist nach einem Photogramm gezeichnet, bei dessen Aufnahme der Magnetisirungsstrom in solcher Weise geändert wurde, dass ausser der grossen Schleife noch zwei kleinere entstanden.

Zu § 64. **Magnetisirung von Eisenstäben verschiedener Länge.** — Die genannten Versuche von Ewing und Tanakadaté sind neuerdings von du Bois[1]) zur Berechnung einer Tabelle, ähnlich der auf S. 32 mitgetheilten, benutzt worden. Es stellte sich heraus, dass die Werthe der Faktoren N für Kreiscylinder dem Quadrate des Dimensionsverhältnisses m (Verhältniss von Länge zu Durchmesser) umgekehrt proportional werden, sobald m etwa die Zahl 100 überschreitet.

Tabelle XXXVII.

m	Cylinder		Rotationsellipsoide	
	$m^2 N$	N	N	$m^2 N$
0	0	12,5664	12,5664	0
0,5	—	—	6,5864	1,65
1	—	—	4,1888	4,19
5	—	—	0,7015	17,56
10	21,6	0,2160	0,2549	25,5
15	27,1	0,1206	0,1350	30,4
20	31,0	0,0775	0,0848	34,0
25	33,4	0,0533	0,0579	36,2
30	35,4	0,0393	0,0432	38,8
40	38,7	0,0238	0,0266	42,5
50	40,5	0,0162	0,0181	45,3
60	42,4	0,0118	0,0132	47,5
70	43,7	0,0089	0,0101	49,5
80	44,4	0,0069	0,0080	51,2
90	44,8	0,0055	0,0065	52,5
100	45,0	0,0045	0,0054	54,0
150	45,0	0,0020	0,0026	58,3
200	45,0	0,0011	0,0016	64,0
300	45,0	0,00050	0,00075	67,5
400	45,0	0,00028	0,00045	72,0
500	45,0	0,00018	0,00030	75,0
1000	45,0	0,00005	0,00008	80,0
∞	—	0	0	—

[1]) Wied. Ann., 46, S. 498, 1892.

In der Tabelle XXXVII sind diese Werthe von N für Cylinder sowohl wie für Rotationsellipsoide (bei letzteren nach den Formeln des § 26) nebeneinander gestellt. Die Produkte $m^2 N$ sind beigefügt, weil sie sich zur Interpolation besser eignen. Aus den Zahlenreihen ergiebt sich, dass die Werthe von N für Ellipsoide stets grösser sind als diejenigen für Cylinder vom gleichen Dimensionsverhältniss (vgl. die Bemerkung auf S. 54); und zwar verhält sich ein Ellipsoid wie ein um etwa 10 bis 20 Procent kürzerer Cylinder. Mittelst der Zahlen der Tabelle lassen sich nun alle an Cylindern erhaltenen Kurven leicht auf $m = \infty$ reduciren. Nach den Versuchen v. Waltenhofen's[1]) darf man weiter annehmen, dass Prismen oder Bündel von beliebigem Profil in ihrem Verhalten wenig von Kreiscylindern gleicher Länge und gleichen Querschnitts abweichen werden.

Zu § 148. **Bestimmung der Magnetisirung durch Messung der Zugkraft.** — Zur Beseitigung der gerügten Nachtheile ist von du Bois eine magnetische Waage konstruirt worden, mit der Magnetisirungskurven und Hysteresisschleifen für beliebige Materialien rasch bestimmt werden können. Das leitende Konstruktionsprincip war, das zu untersuchende Probestück als Hauptwiderstand in einen magnetischen Kreis einzufügen (vgl. Kap. X); da man den übrigen Widerstand zwar sehr verringern, aber nicht vernachlässigen kann, so wird er beim Auftragen der Kurven in einfacher Weise berücksichtigt. Die Zugkraft wird durch Laufgewichte kompensirt.

Die Waage ist schematisch in $^1/_4$ der natürlichen Grösse in Fig. 162, perspektivisch in Fig. 163 abgebildet.

Die Probe T wird automatisch zwischen die Backen V_1 und V_2 geklemmt, nachdem sie auf 15 cm Länge abgeschnitten und, wenn möglich, mittelst einer zugehörigen Lehre auf 1,128 cm Durchmesser abgedreht ist; es entspricht dies einem Querschnitt von 1,000 qcm, dessen Innehaltung zwar nicht nöthig, aber insofern bequem ist, als dann jede Umrechnung erspart wird. Felder bis zu mehreren Hundert C. G. S.-Einheiten liefert die Spule C; diese ist 4π cm lang und mit 100 Windungen bewickelt, so dass die Feldstärke in ihrer Mitte sich durch Multiplikation des Stromes (in Amp.) mit 10 ergiebt. Ueber den Backen schwebt in geringer Entfernung ein Ankerjoch YY; dieses dient zugleich als Waagebalken, dessen Schneide E excentrisch auf

[1]) Wien. Ber. 48 (2), S. 518, 1863.

dem Apparate ruht; durch den Bleiklotz P wird Gleichgewicht hergestellt. Die auf beiden Seiten aus Symmetriegründen gleichen Anziehungen erzeugen demnach — der ungleichen Hebelarme wegen —

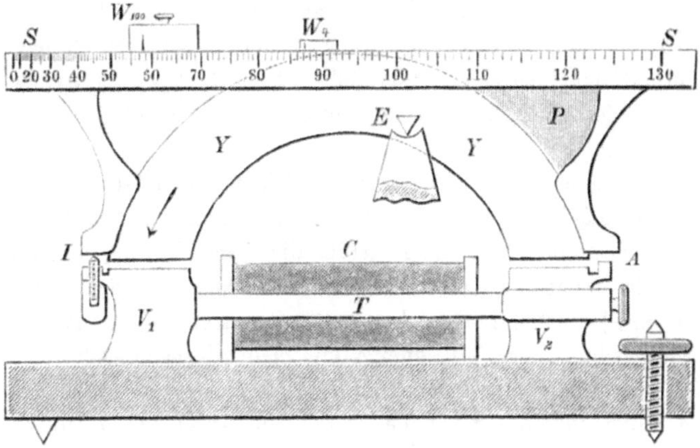

Fig. 162.

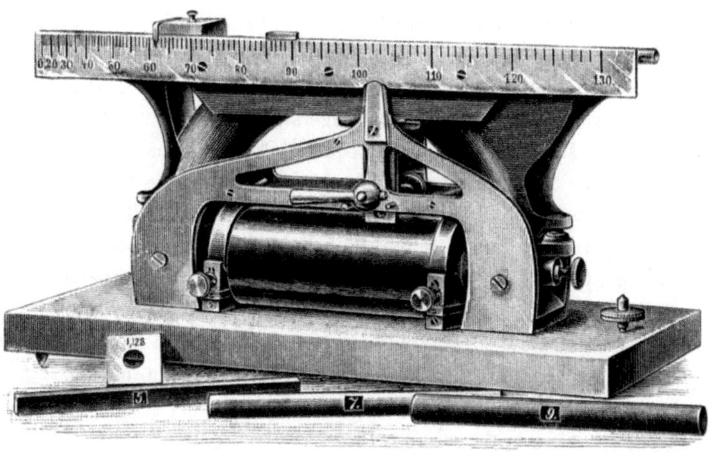

Fig. 163.

verschiedene Kräftepaare. Das resultirende Drehungsmoment ist innerhalb des zu benutzenden Bereichs dem Quadrate der Magnetisirungsintensität I in der Mitte der Probe proportional (§ 147) und zieht das Ankerjoch in der Pfeilrichtung links herunter. Diese Wirkung wird durch Laufgewichte W_{100} oder W_4 von 100 bezw. 4 Gramm, welche an der quadratisch getheilten Skale SS entlang gleiten, kompensirt. Es leuchtet daher ein, wie man aus der Skalenablesung durch einfaches Multipliciren mit 10 ($=\sqrt{100}$) bezw. 2 ($=\sqrt{4}$) die gesuchte Magnetisirung findet, sofern der Probenquerschnitt 1 qcm beträgt; andernfalls ist nach dem Auftragen der Kurven schliesslich die Ordinate durch den gemessenen Querschnitt zu dividiren.

Da das magnetische Gleichgewicht immer labil ist, so kann man keine Einstellung, wie am Zeiger einer gewöhnlichen Waage, ablesen, sondern bestimmt nach dem Gefühl diejenige Stellung des Laufgewichts, bei welcher der Anker von der (mit einem Sicherheitsverschluss versehenen) Justirschraube I gerade abgerissen wird. Bei einiger Uebung gelingt diese Bestimmung mit mehr als genügender Genauigkeit. Der Anker schwebt nach Art der Morsetaster mit sehr geringem Spielraume über der Schraube I und dem Anschlage A; durch sein Umkippen ändert sich der magnetische Widerstand des ganzen Kreises nicht merklich.

Das Auftragen der Kurven geschieht am besten gleich von einer um den Winkel arctg N nach links geneigten Hülfsordinatenachse aus (vgl. § 48). Nach Tabelle XXXVII beträgt für $m = 15$ der Werth von N etwa 0,12; in der beschriebenen magnetischen Waage verringert sich N auf ungefähr 0,02, entsprechend $m = 45$; das Dimensionsverhältniss der Probe wird also durch das magnetische Schlussjoch scheinbar verdreifacht. Noch genauere Resultate erhält man, wenn man statt von der geneigten geraden Hülfsordinatenachse von experimentell ermittelten Richtlinien aus die Abscissen aufträgt (vgl. § 161). Diese werden bei der Aichung des Apparats ein für allemal bestimmt und sind drei an der Zahl: die erste für eine von Null aufsteigende Magnetisirung; die beiden andern für die auf- resp. absteigenden Aeste cyklischer Magnetisirungsprocesse.

Register.

Berichtigung.

S. 25, Formel (3) lies arc sin e statt $\sin^{-1} e$.

GPSR Compliance

The European Union's (EU) General Product Safety Regulation (GPSR) is a set of rules that requires consumer products to be safe and our obligations to ensure this.

If you have any concerns about our products, you can contact us on ProductSafety@springernature.com

In case Publisher is established outside the EU, the EU authorized representative is:

Springer Nature Customer Service Center GmbH
Europaplatz 3
69115 Heidelberg, Germany

Batch number: 10682439

Printed by Printforce, the Netherlands